U0294009

本书编委会名表

编　　委：杨乾辉　韦俊贤　柯元达　侯明顺

主　　编：杨乾辉

副 主 编：陈　晨

执行主编：陈元朋　姚伟钧

编著者（按姓氏拼音排序）：

陈元朋　陈端容　陈玉箴　李净昉

侯　杰　侯远思　金仕起　倪仲俊

王安泰　翁泓文　翁玲玲　夏春祥

夏瑞媛　徐富昌　许佩贤　姚伟钧

赵立新

康师傅中华饮食文化学院

台湾美食的文化观察

——台湾特色美食的形成缘由与文化建构

杨乾辉 主编
陈晨 副主编
陈元朋 姚伟钧 执行主编

華中師範大學出版社

新出图证(鄂)字 10 号

图书在版编目(CIP)数据

台湾美食的文化观察——台湾特色美食的形成缘由与文化建构/杨乾辉主编. —武汉:华中师范大学出版社,2013.5

ISBN 978-7-5622-6007-3

Ⅰ.①台…　Ⅱ.②杨…　Ⅲ.①饮食—文化—台湾省　Ⅳ.①TS971

中国版本图书馆 CIP 数据核字(2013)第 059578 号

台湾美食的文化观察——台湾特色美食的形成缘由与文化建构

杨乾辉　主编

责任编辑:沈继成　　**责任校对:**易　雯

编 辑 室:文字编辑室　　**封面设计:**甘　英

出版发行:华中师范大学出版社　　**电话:**027－67863220

社址:湖北省武汉市珞喻路 152 号

电话:027－67863426(发行部)　027－67861321(邮购部)

传真:027－67863291

网址:http://www.ccnupress.com.　　**电子信箱:**hscbs@public.wh.hb.cn

印刷:湖北新华印务有限公司　　**督印:**章光琼

字数:411 千字

开本:787mm×960mm　1/16　　**印张:29.75**

版次:2013 年 5 月第 1 版　　**印次:**2013 年 5 月第 1 次印刷

印数:1—1500　　**定价:**69.00 元

欢迎上网查询、购书

前言

杨乾辉

被誉为“宝岛”的台湾，不仅风光旖旎，在地饮食更是让人流连忘返。台湾饮食深受殖民文化、移民文化的影响，很多食物并不是台湾独有，在进入台湾后，经过台湾人民长期的改良、创新，走上了“同名不同质”的发展路径，最终发展、演变为特色美食，譬如臭豆腐、牛肉面、炸酱面、刈包、肉臊，同时，台湾人勇于尝试、创新，常常中西混搭，例如棺材板、大肠包小肠等食物已然成为台湾美食的代表，再加上台湾固有的少数民族饮食文化，整个台湾的饮食呈现出多样的风貌。

目前，人们日益关注并重视饮食，诉求卫生、安全、健康、营养等诸多面向，更将饮食上升到文化的高度，食材、食艺、食典、食风、食俗、食文、食事，在每个饮食现象的背后都有“文化”的意涵在支撑。台湾饮食亦如是，台湾的饮食文化自有迷人之处，正如本论文集中夏瑞媛在《台湾特色美食“臭豆腐”的社会文化史》一文中所言，台湾美食“最主要的特色正是展现了‘不同文化异质的全部’”。

开放包容的胸怀、多元文化的共存，使得多域食物在台湾和谐共存，为发展台湾特色美食提供了广泛的素材和思路。随着时间的衍进，台湾特色美食一直精益求精、发展良好，也愈发受到世界各地民众的喜爱。

台湾美食的诸多形态，值得关注、了解，也需要更多专业人士进行梳理、研究并探讨，透过理性探讨，希望可以帮助美食的美味传播，让更多人感知台湾食物的魅力与风采。

值得注意的是，一些极具台湾特色的美食的历史并不久远，本课题涉及

的台湾美食“史料”甚少,更多的是从报纸、杂志、互联网、从业者、田野调查等渠道获得信息,这也恰恰反映出现代台湾美食在文化建构、口碑传播等方面有别于一些古早美食的特点,体现出鲜明的与时俱进的时代特色。

基于此,康师傅饮食文化学院邀请到海峡两岸暨香港共计 17 位学者就《台湾特色美食的形成缘由与文化建构》展开研究:一方面,以跨学科视角,对“台湾特色美食”进行追溯、回顾,结合实际情况对“台湾特色美食”进行解构,溯本求源,挖掘出影响“台湾特色美食文化形成”的主要因素;另一方面,探讨“台湾特色美食”形成文化力的途径和方法,以及在文化建构过程中产生的诸多文化现象和影响力并从中探讨特色美食的文化变迁轨迹。

本次研究的美食在台湾民众的饮食生活中广泛流传,涉及的诸多饮食现象仍有深刻的社会影响,所以,对其进行的理性探讨必将是关心饮食文化的人们感兴趣的,也是从事饮食业的我们乐于投入精力发现、研究、总结并分享的事情。

目录

MU LU

台湾传统食品与食材相关主题研究

饮食习性与食事行为相关主题研究

序

——作为学术研究的饮食文化

陈元朋

这是一本以“饮食文化”作为主题的学术论著。忝作为序,在此要对我们所奉持的旨趣略作说明,以利读者掌握各撰稿人的思想情境与论述脉络。

基本上,在当代的华人世界里,“饮食文化”是个已然被使用几近于泛滥的词汇。一般人不论,单就许多以饮食作为议题的美食著述而言,作家们几乎是无感地使用着这四个字。如斯现象,例证极多,既不胜举,也无需赘述。要之,在学术研究的方域里,情况却是不同。

当代西方社会科学界对于“文化”一词的定义,从广义到精确,说法其实极多。为了方便一般阅读者接触,我列举的是 Edward B. Tylor(1832—1917)在 *Primitive Culture* 一书中的陈述:

> 文化是作为社会成员的人们所习得的复杂整体,它包括知识、信仰、艺术、道德、法律、习俗,以及其他能力与习性。

Tylor 的议论,重点有二。其一强调“文化”是“后天学习”而非“先天遗传”的东西。其二则是对于“文化”的多样性、多层次性的强调。在此,要请阅读者特别留心的是第二项,因为它直接关涉的是这本论文集的体质。

下图出自石毛直道的《食のことば》一书。石毛氏为京都大学教授,并曾担任日本国立民族学博物馆的馆长,是日本研究饮食课题的重要学者。值得注意的是,虽然不是直承 Tylor 之说,但石毛氏对于饮食议题所进行的学科分梳,却与西方前辈学人的看法不谋而合。这个同心圆图的观看办法是:先将日语里的“食学”以“饮食”替换,再将每一层次的学术分类以“文化”看待。换

言之,以这样的观看法,每一个学科其实都代表着“饮食文化”的某一个面相。此情此景,大概称之“多样纷呈”亦不为过。

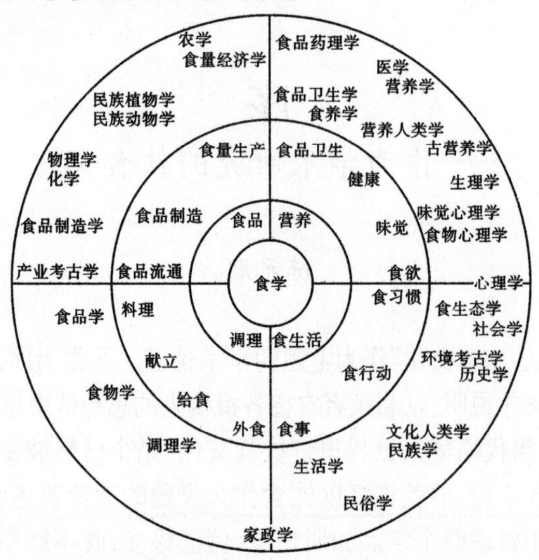

由于任何一种学问,都是围绕着人类这个主体而存在的。于是,我们乃能将各学科对于某一相同事物所产生的看法,当作是该事物的意涵之一。又由于当代学术无远弗届,通才博识之士往往难以企求,因此集体研究乃有其必要性。而这也正是这本论文集的撰述理由:我们不敢自诩是博学者,但透过合作研究,我们终究可以比较仔细、比较谨慎、比较诚实地向读者展现“饮食文化”所具有的知识上的广博属性。

本论文集共邀集海峡两岸暨香港 17 位学者撰稿。由于是初次尝试,因此在“饮食文化”的大方向下,我们又标举出“台湾特色美食”这个子议题来拉近每位参与学者的视距焦点。要特别指出的是,尽管是属于“文化”层次的议题,但各撰稿学者的学术背景却是多样化的。除了“文学”、“史学”、“人类学”这些传统人文研究的老学门外,举凡“公共卫生学”、“大众传播学”、“旅馆餐饮学”、“文化创意学”,乃至于“城乡建筑学”等新兴学门也包括在其内。我要说明的是,“多元”如斯,其实也是刻意之为,而其考虑原因则有两点:第一,我们希冀呈显的原本就是一种“多面相”的饮食文化论述形式。不同学门的研

究者们，就算论题同样是“文化”，但观看与陈述的角度却势必有别。第二，我们发现，某些学门，尤其是新兴学门，饮食文化原非它们学门的主流议题，但现在彼辈则有原发自学门内的关注目光。我必须强调，上述两者，是当下这本论文集的纂成动力；而在未来，它们应该还会是我们呈显饮食文化多元特质的资藉。

就各篇论文所选取的课题走向而言，在全数15篇论文里，计有9篇是以当代台湾社会中具有“共识”性质的特色美食作为研讨的题材。包括侯杰教授、李净昉教授的“牛肉面”，倪仲俊教授的“蚵仔煎”，夏春祥教授的“凤梨酥”，翁泓文教授的“鸭赏、鸭头、烤鸭”，侯远思博士的“珍珠奶茶”，翁玲玲教授的“麻油鸡”，赵立新教授、王安泰博士的“蒙古烤肉”，夏瑞媛博士的“臭豆腐”，以及拙作所论述的“火鸡肉饭”在内，它们有些具有地域上的普及性，有些则有较强的区域性质，要之都是今日台湾饮食生活里常见的食馔对象。在此，要请读者留心体察的是我们“剖析”这些“美食”的方式。我可以明确地指出，这些论述里没有哪一篇论文是单纯地在陈述“掌故”，也没有哪一位作者专门在传授“赏味”的诀窍。那些内容，原本就是“美食专家”的权限，我们并无意越俎代庖。我们另有深感兴趣的方向。例如，我们更想知道的是“食物”成为“美食”的机制，我们更关切的是“美食”在吞咽咀嚼之外所具有的意义，而如果力有所逮，我们之中的某些人还会思及让“美食”在未来能够永续存在的关键。总而言之，本论文集里针对“特色美食”进行研讨的几位作者，大概都不认为饮食书写的趣味仅在读之令人惬意的小故事，或是观之令人赞叹的感官描绘而已。因为除了这些之外，我们其实还可以让这种趣味再深刻些，再宽广些。

本论文集另有6篇论文并不以单一的饮馔项目作为课题，但它们仍然深具旨趣。例如陈玉箴教授探讨“地方小吃”成为“非物质文化遗产”的可能性，就是以“文化产业”的俯视高度，对“台湾特色美食”的“未来性”所进行的评估。许佩贤教授论述日本统治时期，西洋料理技术对台湾饮食文化所产生的影响，则可以拓宽日后学界探究当代台湾日常饮食味觉组成的观察面。金仕起教授对于“特定游憩方式”与“特色美食”所进行的历史观察，预示了当代台

湾的相关风尚，不仅具备人为形塑的过往陈迹，同时也拥有“再形塑”于今后的发展弹性。陈端容教授对于社会成员在“饮食消费”上所展现的阶级特征，以及其所涉及的健康风险之探讨，虽然并不专对所谓的“台湾特色美食”而发，但她的研究其实揭橥的是一种模型，一种有助于我们日后“多层面”观看台湾饮食议题的模型。而徐富昌教授在台湾饮食研究上对我们的诸般期许，则既让我们戒慎警醒，又让我们感到鼓舞，我们应该没有走错路子，虽然我们还有待历练。

感谢康师傅控股有限公司的鼎力襄赞。感谢康师傅控股有限公司“中央研究所”所长杨乾辉先生的构想与鼓励。一般而言，学术研究者在论著序文中对于赞助者的感谢，有时只是针对经费挹注上的感谢，但我想要特别感谢的是，康师傅作为食品行业的一分子的抱负、勇气与无私。因为，严谨的学术研究，有时未必能够立刻增加经营上的利益，但他们义无反顾地投入，与对饮食文化研究的关注，乐意支持我们这群学术上的初生之犊，使我们在寂寥的求知路途上不孤有邻。我必须严肃指出的是，这种无形的资助，绝对是日后扩大饮食文化研究纵深的活水源头。最后，还要向康师傅控股有限公司“中华饮食文化学院”的研究员陈晨，以及台湾师范大学历史学研究所的侯裕郎先生致谢，没有两位从中斡旋诸事，这本论文集是无法顺利出版的。

陈元朋

2012 年 4 月 9 日

书于台北寓所

台湾传统食品与食材相关主题研究

台湾特色美食“火鸡肉饭”的社会文化史

陈元朋①

【摘要】台湾“火鸡肉饭”的社会文化史，是由“食材”、“节庆”与“故事”三个角度的研讨所构筑而成的。这个研究的旨趣在于：多方呈现这种“特色美食”在各种不同时间维度上的身影，并从中发掘其在今日台湾社会与文化中的意涵。尽管全文的大背景是向当代倾斜的，但意义却还是凸显出今日与过去的对话，因此本文的性质仍属史学研究的脉络。

本文拟以三个章节的篇幅，针对作为台湾特色美食的“火鸡肉饭”进行研讨。首则探讨“火鸡”成为当代台湾人肉食来源之一的食材历史，而其主要旨趣则在呈现“外来”之“火鸡肉”成为台湾本地日常肉食对象的变迁历程。其次将藉由对近期地方政府所主办之相关节日的侧写，以凸显“火鸡肉饭”作为区域特色美食的实况。最后，本文要探讨有关“火鸡肉饭”的“创始故事”。本文以为，“火鸡肉饭”之所以能够成为台湾区域特色美食的指针性案例，那些来自“起源”或“元祖”传说的历史记忆，及其所引发的文化认同，或许正是其中最主要的建构因素。

【关键词】火鸡　火鸡肉饭　鸡肉饭　饮食史　社会史　文化史　嘉义　台湾小吃

一、序　论

2012年，台湾三大连锁便利商店的熟食货架上，不约而同地都贩卖着

---

① 台湾东华大学历史学系暨研究所副教授。

如图1所示那般的日式三角形“鸡肉饭团”。其中，“全家便利商店”推出的是名为“嘉义鸡肉饭饭团”，它从属的是名为“饭团屋系列”中的“三角饭团+指定饮品39元”特惠活动①。“OK便利商店”的同类商品，搭配的则是“早餐39元自由配”的促销方案，其中同样也有名为“嘉义鸡肉饭饭团”商品②。至于“7-ELEVEN”，贩卖的则是所谓的“嘉义火鸡肉饭团”③。值得注意的是，在土洋饮食文化融合并存的当代台湾日常饮食风土之下，连锁便利商将传统饮食赋形于东瀛食品外观的商业手法虽然并不足奇，但那种将“地名/食物名”并合呈现的商品命名方式，却还是一种深具文化意义的现象。在此，商业上的命名考虑，显然是一种约定俗成的社会共识，厂商无须就“嘉义/鸡肉饭”，又或是更精确者如“嘉义/火鸡肉饭”的合理性与合法性，对消费者进行再教育。这些个案所言说的要求，都是基于一种认知上的普遍存在：此即，“鸡肉饭”或“火鸡肉饭”原本就是台湾嘉义的传统特色美食。

图1 市售3种鸡肉饭团

本文将进行的是“嘉义火鸡肉饭”的社会文化史研究。而之所以将研讨范畴限缩于“火鸡肉饭”，而不以更广义的“鸡肉饭”为题，则主要是考虑到前者在今日台湾嘉义地区相关商贩上所具有的主流地位④。要加以说明

① 请见“全家便利商店”之官网：http：//www.family.com.tw/Marketing/Integration/Default.aspx?ID=367。

② 请见“OKmart”之官网：http：//www.okmart.com.tw/hotProducts_purchase.asp?ID=20。

③ 请见“7-ELEVEN”之官网：http：//www.7-11.com.tw/711/02-ricerolls/index.asp。

④ 接受本文访谈的嘉义市“大同火鸡肉饭”店东洪昆洲先生指出：“火鸡饲养主要集中于中部以南，以靠近嘉义之邻近县市为主，主要亦均提供嘉义地区火鸡肉饭店之使用，中部以北并没有本土火鸡之养殖，故北部地区很少有以贩卖火鸡肉饭之店家，多半是使用一般鸡只、土鸡之鸡丝饭。”洪氏家族是嘉南地区的土产火鸡盘商，故所言可以作为佐证。

的是，“火鸡”的豢养其实并非嘉义所独有[1]；事实上，这种食用家禽甚至不是台湾本土的原生物种[2]。然而，“火鸡肉饭”终究还是以“特产”、“名物”之姿，俨然成为台湾嘉义地区最具代表性的饮食项目。面对这样的事实，若就“文化人类学”（cultural anthropology）的观点来分析，各种“濡化”（enculturation）机制的复杂运作，很可能还在个中扮演了重要的角色。因此，本文的体质虽然倾向从史学的脉络，对“嘉义火鸡肉饭”这个议题进行“贯时性”（panel study）的研究，但在方法论上还是得借镜当代其他社会科学的研究视野。

总体而言，截至本文结稿之前，有关“嘉义火鸡肉饭”的各种叙述，大多还是属于“美食报导”的一类。这个被本文认知为饶富区域饮食文化旨趣的议题，显然还未受到人文社会学界研究者的青睐。不过，相对于此的是，在包括“畜产养殖”、“农业经济”、“食品加工”、“食品营养”，乃至于“生物学”与“古生物学”等在内的其他学术方域里，却积累了许多有助于扩张本文研究纵深的可观成果[3]。当然，由于知识属性有别，这些学门的相关研究其实也鲜少涉及那些具有文化意涵的人类饮食行为，但它们之中有关“驯化”、“品种”、“饲育”、“屠宰”、“营养”等方面的研讨，则确实

① 关于此，嘉义市“大同火鸡肉饭”店东洪昆洲先生说：“由于家中最早是贩卖生火鸡肉的缘故，得知主要的火鸡饲养地集中在北港（云林县）、朴子（嘉义县）、新营（台南县）、柳营（台南县），而现在嘉义市许多火鸡肉饭所需的火鸡肉亦都由此四处为主要供应产地，嘉义市区的火鸡肉饭并没有使用进口火鸡，完全使用本土火鸡。”

② Schorger A. W.，“The Wild Turkey：Its History and Domestication”，Norman，Okla，1966. Kenneth F. Kiple，Kriemhild Conee Ornelas，“The Cambridge World History of Food”，Cambridge，UK；New York：Cambridge University Press，2000，pp. 578-582. 网络数据则可至 http：//www. eatturkey. com/。

③ Scott M. L.，“Nutrition of the turkey”，Ithaca，NY：1987. Christopher Randal，“Diseases and Disorders of the Domestic Fowl and Turkey”，Second Edition，Mosby，1991. James G. Dickson，“The wild turkey：biology and management”，Harrisburg，PA：Stackpole Books，1992. Robert W. Donohoe，“The wild turkey：past，present，and future in Ohio”，Ohio Dept. of Natural Resources，Division of Wildlife，1991. 周廷模编著：《最新火鸡饲养法》，台中：鸿文出版社，1981 年。简明龙：《火鸡饲养法》，台北：丰年社，1981 年。刘春荣：《火鸡的饲养与食用》，台北：五洲出版社，1988 年。

能够丰富本文对题旨所涉主要食材“火鸡肉”的认识广度。诚如前述，“火鸡肉饭”固然是当代台湾最具代表性的区域食物之一，但它的食材来源“火鸡”，却是一种外来的肉用家禽。换句话说，从“外来的火鸡”到“本土的火鸡肉饭”，或许正暗示着一种饮食习惯的变迁，其历程当然是本文必须加以关注的，但这段历程的呈现可能还得藉助上述其他学门的研究成果，方能得其周全。

本文拟以三个章节的篇幅，针对作为台湾特色美食的“火鸡肉饭”进行社会文化史层面的研讨。首则探讨“火鸡”成为当代台湾人肉食来源之一的食材历史，而其主要旨趣则在呈现“外来”之“火鸡肉”成为台湾本地日常肉食对象的变迁历程。其次将藉由对近期地方当局所主办之相关节日的侧写，以凸显“火鸡肉饭”作为区域特色美食的实况。这部分的论述，比较偏向于当代，可说是本文有关“火鸡肉饭”现况描述的主体。最后则要探讨有关“火鸡肉饭”的“创始故事”。本文以为，“火鸡肉饭”之所以能够成为台湾区域特色美食的指针性案例，那些来自“起源”或“元祖”传说的历史记忆，及其所引发的文化认同，或许正是其中最主要的建构因素。

二、台湾的火鸡食材小史

在动物学的分类里，火鸡属于“鸡形目”（Galliformes）的“火鸡科”（Meleagridides）。野生火鸡分为二属：其一为“野火鸡属”（Agriocharis），其下有一种，名为“犹加敦火鸡”（Yucatan turkey）；其二为“火鸡属”（Meleagris），其下亦只有一种，名为“北美火鸡”（The north American turkey）。现今所有被人类驯养的火鸡，都是由“北美火鸡”驯化而来①。

① Kenneth F. Kiple, Kriemhild Conee Ornelas, “The Cambridge World History of Food”, Cambridge, UK; New York: Cambridge University Press, 2000, pp. 578-582.

图 2　常见七种驯养火鸡品种

第一列：青铜种（Bronze），白色荷兰种（White Holland），波旁红（Bourdon Red）。
第二列：纳拉更塞特种（Narragansett），黑色种（Black），灰青色种（Blue Slate）。
第三列：贝茨维尔小型白火鸡（Beltsville Small White Turkey）。

简明龙在他的《火鸡饲养法》一书中指出，豢养用的火鸡品种，若依“美国国家家禽协会”（American Poultry Association）的分类，共可分为图2所示之“青铜种”(Bronze)、“白色荷兰种”（White Holland)、“波旁红”(Bourdon Red)、“纳拉更塞特种”（Narragansett)、“黑色种”(Black)、“灰青色种”(Blue Slate)，以及“贝茨维尔小型白火鸡”(Beltsville Small White

Turkey）等七种①。而根据台湾省农林厅技正林振衣在其所著《台湾的家禽事业》一文里的报告，1949年以后，台湾地区先是由新化畜产试验分所于1953年自美国引进广胸青铜色大型火鸡（Broad Breasted Bronze），但其后由于该种体型过大不易推广，于是又由高雄种畜繁殖场与台东种畜繁殖场分别于1963年、1964年、1968年、1975年、1980年由美国及加拿大引进以贝茨维尔小型白火鸡为主的火鸡品种，且在嘉义朴子镇与高雄美浓镇设立火鸡研究指导班，辅导农村成立火鸡饲养示范户，奠定之后的台湾火鸡养殖事业②。不过，就现存的史料看来，火鸡之引进台湾，长时间且大规模的推广或许是在1949年之后，但这并不意味在其前的时序里，火鸡就从未现踪于台湾。

Stanley J. Olsen在他为*The Cambridge World History of Food*一书所撰写的火鸡专章中指出，由于古生物学家已在美国科罗拉多州维德台地国家公园（Mesa Verde National Park，Colorado）中的普魏布勒垃圾坡（Pueblo Trash Slope）发现人工饲育的火鸡幼禽，因此有关北美野生火鸡的驯养，目前已可断定是发生在公元750年—900年之间③。而A. W. Schorger则在其所著*The Wild Turkey：Its History and Domestication*一书中，详尽考证了北美野生火鸡在驯化后，继续向整个西半球国家传播的历程④。Schorger的研究显示，自16世纪初Pedro Alonso Nino将火鸡自新大陆携回西班牙后，于1530年—1538年间分别在西班牙、罗马与法国的家禽场进行豢养，而原本北美印第安土著语中指称火鸡的字汇“Toka”，则在此时被西班牙境内的犹太商人更改为希伯来文的“Tukki”，并于16世纪40年代传入

---

① 简明龙：《火鸡饲养法》，台北：丰年社，1981年，第7～14页。

② 图2的火鸡图片分别采自以下网站：http：//breedsavers. blogspot. com/2011/04/beltsville-small-white-turkeys. html；“台湾畜产种原知识库”：http：//agrkb. angrin. tlri. gov. tw/modules/myalbum/viewcat. php? cid=57。

③ Kenneth F. Kiple，Kriemhild Conee Ornelas，“The Cambridge World History of Food” Cambridge，UK；New York：Cambridge University Press，2000，p. 581.

④ Schorger，A. W.，“The Wild Turkey：Its History and Domestication”，pp. 12-48.

英国的时序里，演变出英语中的“Turkey”一词[1]。

欧陆驯化火鸡究竟是何时传入台湾的，目前尚无确切的史料可资佐证。像是李伯年在《台湾之畜产资源》一书的《台湾之家禽》章中所述，“康熙乾隆年间，台湾府志已记载有火鸡的饲养”，并声称“台湾人民食用火鸡已早有习惯”的认知，就是一种尚待商榷的看法[2]。李氏所谓的“康熙乾隆年间台湾府志”，据本文查核应该指的是《重修凤山县志》，该书起纂于乾隆七年（1742），竣成于乾隆二十九年（1764），而在《物产》之部则著录有“火鸡，出傀儡山，食火炭”九字[3]。很明显的，这则史料有其失真之处，因为世上并无能吞吃“火炭”的禽鸟。除此之外，这个“火鸡/食火炭”的关联模式，其实在古代中国博物学文献中早有其长久的传统，其文本渊源至迟在明宪宗成化年间便已确凿出现在陆容的《菽园杂记》里[4]。换言之，尽管18世纪的台湾方志典籍中出现了有关火鸡的记载，我们也不能遽认为它就是我们所认知的“Turkey”，因为这个中所存在的“古代博物学认知传统”很可能会造成“指驴为马”的谬误。关于此，周廷模在《最新火鸡饲养法》中曾说过一段发人深省的话：

> 火鸡和鸵鸟、食火鸡、珍珠鸡，所有野禽品种，在我国的典籍考据上，统称作火鸡或吐绶鸡。[5]

周氏言说的性质，虽非史家议论，但却深具博物学的意涵。事实上，如果不排除台湾火鸡乃是由大陆跨海传入的假设，那么从17世纪以来在明、清两代各种“实录”、“类书”、“笔记文集”，以及“海外地理书”中那些以“贡品”或“珍禽”之姿出现的“火鸡”或“吐绶鸡”，就甚至还能成为一种深具扩张意义的史料。然而，问题在于，如果仔细剖析这类史料，

---

① Schorger，A. W.，“The Wild Turkey：Its History and Domestication”，p. 25.

② 李伯年：《台湾之家禽》，收入台湾银行经济研究室编印：《台湾之畜产资源》，台北：台湾银行经济研究室，1952年，第32～33页。

③ 余文仪修，王瑛曾编纂：《重修凤山县志》，台北：台湾银行经济研究室，1962年，第318页。

④ 陆容撰，佚之点校：《菽园杂记》，北京：中华书局，1985年，第57～58页。

⑤ 周廷模编著：《最新火鸡饲养法》，台中：鸿文出版社，1981年，第2页。

我们就会赫然发现，这些文献对于“火鸡”形象的描述，若非同构型极高，一眼即可辨明彼此之间存在着“转录”的问题，再不然就是其摹画失真，无法与当代人们对于“Turkey”的认识相对榫。一个明显的例证是，曾在清代嘉庆、道光两朝任官长达四十年的姚元之（1776—1852），在其所著《竹叶亭杂记》中写道，他在游历澳门一处洋人花园时，亲眼目睹过一种“大若小驴，额上有肉角，食火”的鸡，而他则遽称其为“火鸡”①。事实上，除却“食火”二字不论，我们其实可以清楚地从图3中发现，姚元之所看见的其实是“食火鸡”（Casuarius），只有这种禽类头部才有“肉角”，体积才能有若“幼驴”，而火鸡则非是②。

图3　食火鸡（Casuarius）

还是有一些现存的清代台湾地方志，为早期台湾的火鸡来源提供了另一种思考方向。例如，成书于同治十年（1871）的《淡水厅志》就在其《物产考》中如是写道：

> 火鸡，状如鸡而颈长，能食火，自洋船购来。③

虽然还是简短数语，虽然同样有着“能食火”的谬误博物传统，但比

① 姚元之：《竹叶亭杂记》，北京：中华书局，1982年，第91页。

② 图3两张图片分别取自“大纪元新闻网”：http：//www.epochtimes.com/b5/8/12/27/n2376881.htm；“农博科技”：http：//science.aweb.com.cn/2008/4/29/359200804291738910.html。

③ 陈培桂：《淡水厅志》，台北：台湾银行经济研究室，1963年，第330～331页。

起前述乾隆年间《重修凤山县志》的载记，《淡水厅志》对于火鸡外观的描述，“状如鸡而颈长”，终究是较为近实的。值得一提的是，上引该志文中那句“自洋船购来”的行文，其实是具有将清代台湾火鸡输入来源导向海外直接输入的史料潜力。而同样的载记模式，在嗣后还有其延续，例如成书于光绪二十一年（1895）之后的《台湾通志》，就同样袭用了《淡水厅志》里的说法，而在1920年付梓问世的《台湾通史》里，连横写的则是“传自外国”[①]。

严格来说，由于无法摆脱传统博物学在认知上的纠缠，今日的研究者终究还是难以据上述的清代台湾文献，就遽以论断彼“火鸡”就是此“Turkey”。有关台湾的火鸡食材历史，大概要在“日治时期”（1895—1945），才开始清晰可辨。

日人称火鸡为“七面鸟”。就现存的史料看来，日治时期确实是火鸡在台湾普遍饲育的关键期。此中，日本统治者的有计划推广，或许是其中最直接的因素。根据学者的研究，此时期台湾的家禽养殖事业概由“总督府”策划，再交由各州的“农事试验场”负责办理各类推广事宜，而“青铜种”（Bronze）、“纳拉更塞特种”（Narragansett）与“黑色种”（Black）则是此一时期的主要饲育的火鸡品种[②]。除此之外，日治时期在台湾所发行的《台湾日日新报》（日文版）里，也不难发现日人刻意在台湾推广火鸡养殖的蛛丝马迹[③]。例如，1927年1月7日，该报日刊登载了《彰化郡下家禽累计》一文，内容叙及自大正十三年（1926）至十四年（1927）间，“彰化郡下各街庄”共蓄养“七面鸟”达2700只。同年11月2日，该报的“夕刊”登载了古川龙城所著《七面鸟と雉子の饲ひ方》一书的新书书讯。而农学博士福田要刊载于1928年5月1日的该报“夕刊”上的《农家の副业として有

① 连横：《台湾通史》，台北：台湾银行经济研究室，1962年，第707页。

② 李伯年：《台湾之家禽》，收入台湾银行经济研究室编印：《台湾之畜产资源》，台北：台湾银行经济研究室，1952年，第32～33页。

③ 本文所采用的《台湾日日新报》（日文版）为“汉珍公司”与“日本ゆまに书房（YUMANI）”合作之“日本北海道大学原件本”。又本文所进入之数据库为“东华大学图书馆”之“电子数据库”项。

望な一七面鸟の饲育》一文，则分别从“肉用”、“产蛋”、“赏玩”、“羽毛加工”四个角度，有系统地向读者介绍了家庭饲育火鸡的优点。事实上，日本人很可能甫至台湾未久，即开始着手火鸡养殖之民间推广。因为，早在1909年（清宣统元年、日本明治四十二年）8月14日的《台湾日日新报》里，就登载了图4里的这张照片。那是该报转录自《农事试验场画报》里的“七面鸟”养殖写真。尽管画面不甚清晰，但火鸡成群的身影仍然依稀可见，而事实上距台湾割让给日本仅有十五年之遥。

图4　《农事试验场画报》里的火鸡

有关日治时期台湾的火鸡饲养与传播，台湾省农林厅技正王铭堪撰有《光复前台湾的家禽事业》一文。内中利用官方数字进行量化统计，颇可作为评估此一时期台湾民间火鸡养殖概况的依据。表1与图5是民国二年（1913、日本大正二年）至民国三十三年（1944、日本昭和十九年）间的台湾家禽饲养简表[①]。可以看见的是，火鸡也在官方统计数据之列，足见日本在台时期确实有将火鸡列为政策推行之举。总体而言，在1913年至1920年间，台湾火鸡养殖的数目都在千只以下，虽然基本维持逐年增长的态势，但幅度并不甚大。值得注意的是，台湾火鸡饲养在民国十年（1921、日本大正十年）首度突破千只之后，便以每年千只的速率飞快增长。而自民国

① 王铭堪：《光复前台湾的家禽事业》，收入台湾的养鸡事业编辑委员会编：《台湾的养鸡事业》，台北：现代畜殖杂志社，1983年，第305～309页。

二十二年至三十二年（1933—1943，日本昭和八年至昭和十八年）则达到了成长的高峰期，可以清楚地看到，这十年中的火鸡饲养只数，大约是以每年 5000 至 20000 只的数目呈现跳跃式的增长。由于这个时段基本上与日本发动侵华战争与太平洋战争的时间重叠，本文因之怀疑其现象或许与军用肉食的需求有关。不过，这点由于目前尚无史料可以明确佐证，只能姑志于此以待来日了。

表 1　王铭堪制《光复前台湾家禽饲养简表》

年份	鸡	鸭	鹅	火鸡	计
	只数	只数	只数	只数	只数
民前 2 年	3,467,024	809,910	171,999	527	4,449,460
1	3,594,516	660,171	178,070	103	4,432,860
民国元年	3,647,046	649,984	173,396	133	4,470,559
2	3,826,039	655,967	162,370	327	4,644,703
3	3,939,677	690,057	166,496	227	4,796,457
4	4,053,564	754,668	175,511	315	4,934,058
5	2,288,327	763,070	186,808	597	5,238,802
6	4,503,028	756,957	186,624	571	5,449,180
7	4,503,516	757,100	192,193	632	5,453,441
8	4,652,429	787,206	206,176	828	5,646,639
9	4,656,926	794,561	217,527	975	5,669,989
10	4,542,327	890,148	189,869	1,196	5,623,540
11	4,043,738	880,116	176,791	1,378	5,102,023
12	4,131,699	852,527	189,838	2,157	5,176,221
13	4,195,931	907,411	221,608	2,787	5,327,737
14	4,231,490	883,053	225,979	3,197	5,343,719
15	4,347,241	920,512	220,396	3,706	5,491,855
16	4,557,168	1,022,937	221,617	4,254	5,805,976
17	4,639,156	1,042,205	218,375	4,551	5,904,287
18	4,755,342	1,115,868	237,307	4,832	6,113,349
19	4,856,211	1,092,604	252,661	5,143	6,206,619
20	5,050,219	1,343,327	263,307	6,631	6,663,484
21	5,266,796	1,379,364	306,303	9,234	6,961,697
22	5,746,514	1,496,165	319,606	11,219	7,573,504
23	6,198,693	1,616,807	336,445	15,144	8,167,097
24	6,466,312	1,771,963	370,759	18,496	8,627,530
25	6,805,225	1,861,768	392,451	24,434	9,083,878

续表

年份	鸡	鸭	鹅	火鸡	计
	只数	只数	只数	只数	只数
26	7,072,534	1,957,558	401,503	29,992	9,461,587
27	7,094,698	2,022,535	394,191	35,031	9,546,455
28	6,680,402	1,931,365	398,838	41,731	9,043,336
29	5,918,470	2,394,026	334,023	46,273	8,692,792
30	5,236,509	2,292,825	343,302	58,173	7,930,809
31	4,952,532	2,764,528	375,211	82,675	8,174,948
32	4,542,599	1,896,233	418,134	83,519	6,940,485
33	3,836,784	1,358,281	345,809	59,812	5,600,586

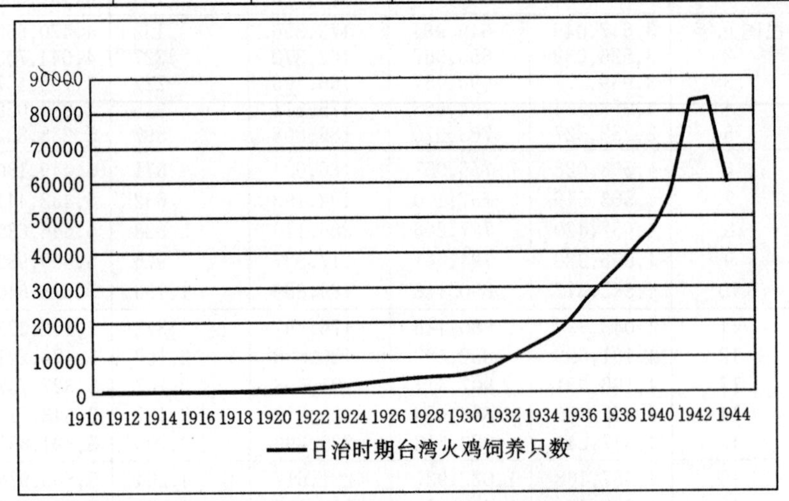

图 5　日治时期台湾火鸡饲养只数曲线图①

1949 年以后台湾的火鸡饲养，同样也被当局视为主要畜禽。其中，有关台湾火鸡品种之引入概况，由于本节前段业已提及，故此处将不再赘述。总体而言，台湾官方农政单位在新品种火鸡引进的同时，也自 1963 年开始

① 图 5 见王铭堪：《光复前台湾的家禽事业》，收入台湾的养鸡事业编辑委员会编：《台湾的养鸡事业》，台北：现代畜殖杂志社，1983 年，第 309 页。

奖励农民饲养火鸡，并补助山坡地的火鸡饲养[①]。关于此，我们也可以从1998年台湾省政府虚级化之前，火鸡在由省农林厅所主办的全省畜牧生产会议中，总是成为次年增产项目的事实，窥见整体政策的动向。林振衣根据台湾省农林厅所编《台湾省农业年报》指出，自1952年至1980年这三十年间，台湾民间的火鸡饲养数，即如表2、图6所示那般，从最初的每年二十万只，激增至80年代的七十万只[②]。值得注意的是，尽管在大多数的情况下，台湾人一般对于生鲜火鸡的日常自发性消费并无明显的知觉，但火鸡其实早以诸如“鸡块”、“鸡排”、“鸡肉火腿”、“鸡肉热狗”、“鸡肉调理包”、“串烤鸡肉”以及各种“鸡杂”（包括肝、胗、睪丸在内）等“加工鸡肉”的形式进入我们的日常饮食生活中[③]。除此之外，在上个世纪80年代以前，伴随台湾日常生活普遍西化的脚步以及旅台外籍人士的激增，本土市场上的火鸡批发与零售价格有时也会出现季节性的扬升。“感恩节”与“圣诞节”就是这样的时间点。例如在“美军顾问团”（Military Assistance Advisory Group，简称MAAG，1951—1978）驻台时期，台湾各官民团体以及居住在阳明山、天母一带“阿督仔厝”的美军眷属，每当这两个节日，或为劳军，或为自家节庆，就都会购买大量的火鸡，甚至导致火鸡市价的高涨[④]。事实上，80年代以前，台湾所生产的火鸡，不仅供应内需市场，有时甚且还能远销海外。这样的事例，在五六十年代的“中央日报”等报刊里就时可得见，通常也都是在“感恩节”或“圣诞节”之前，而地点则常

---

① 林振衣：《台湾的家禽事业》，收入台湾的养鸡事业编辑委员会编：《台湾的养鸡事业》，台北：现代畜殖杂志社，1983年，第310～327页。

② 图6见林振衣：《台湾的家禽事业》，收入台湾的养鸡事业编辑委员会编：《台湾的养鸡事业》，台北：现代畜殖杂志社，1983年，第324页。

③ 谌怡惠：《鸡肉消费行为及营销策略之研究——台北市之实证研究》，“中国文化大学”企业管理研究所硕士学位论文，1988年，第30页。

④ 例如1958年11月28日《联合报》之《感恩节》；1954年12月24日“中央日报”之《庆祝耶诞佳节各县市　民众劳驻台美军粉字画火鸡水果》就是其中类例。本文所采用的“中央日报”（含大陆版）为“汉珍公司”制作之全文检索电子数据库。本文所采用的《联合报》相关新闻，均采自“联合知识库”。本文所进入之数据库为“东华大学图书馆”之“电子数据库”项。

是香港①。

表 2　林振衣制《家禽年底现有只数简表》

年份	鸡		鸭		鹅		火鸡	
	实数	指数	实数	指数	实数	指数	实数	指数
	(1938 年 7,094,698)	100	(1942 年 2,554,528)	100	(1943 年 418,134)	100	(1943 年 83,519)	100
1945 年	3,997,525	55	1,136,054	41	1,838,112	438	61,299	73
1946 年	4,555,271	64	1,646,745	60	755,894	181	93,753	112
1947 年	5,119,125	72	2,246,642	81	758,915	182	99,660	119
1948 年	4,525,486	61	1,984,657	72	822,166	197	101,548	122
1949 年	4,938,887	70	2,216,686	80	986,802	236	124,185	149
1950 年	5,142,514	72	2,547,351	92	1,037,025	248	146,582	176
1951 年	5,837,377	76	2,991,414	108	1,132,171	271	165,807	199
1952 年	5,592,850	79	2,911,883	105	1,245,218	298	204,091	244
1953 年	6,168,418	87	3,103,175	112	1,436,026	343	228,046	273
1954 年	6,423,693	91	3,324,224	120	1,299,830	311	237,229	284
1955 年	6,512,834	92	3,323,383	120	1,297,726	310	263,087	315
1956 年	6,721,378	95	3,351,275	121	1,337,294	320	257,406	308
1957 年	6,699,764	94	3,443,978	125	1,355,601	324	258,932	322
1958 年	7,310,535	103	3,552,738	129	1,427,848	241	285,808	342
1959 年	7,597,550	107	3,251,689	139	1,462,063	350	307,327	368
1960 年	7,650,050	108	3,821,676	138	1,436,765	344	311,827	373
1961 年	7,914,941	112	3,910,794	141	1,474,588	353	328,677	394
1962 年	8,099,823	114	3,957,705	143	1,437,043	344	330,954	396
1963 年	8,192,993	115	4,052,055	147	1,427,348	341	348,556	417
1964 年	8,494,171	120	4,413,420	160	1,451,440	347	357,936	441
1965 年	9,868,451	139	5,377,788	210	1,540,734	368	409,557	490
1966 年	10,885,552	153	5,550,129	216	1,514,549	362	449,546	538
1967 年	12,280,046	173	5,838,220	228	1,397,153	334	472,690	566
1968 年	13,786,639	194	6,732,998	263	1,509,106	361	502,239	601
1969 年	14,435,235	203	6,588,523	257	1,499,545	359	522,089	625

① 例如 1949 年 12 月 17 日“中央日报”之《圣诞前夕火鸡遭劫　今年火鸡外运数目可逾两万》；同报 1955 年 12 月 2 日之《火鸡运港赶节》；1958 年 12 月 16 日之《胶管毛纱桧木等货　大批输往港日等地　火鸡外销可贴现七成　外贸会　通过辅导办法》等报导俱是此类。

续表

年份	鸡		鸭		鹅		火鸡	
	实数	指数	实数	指数	实数	指数	实数	指数
1970 年	14,822,207	209	6,798,458	265	1,484,289	355	546,361	654
1971 年	16,702,354	235	7,303,239	285	1,417,772	339	548,955	657
1972 年	20,331,960	287	8,501,336	332	1,379,100	330	603,481	723
1973 年	19,326,552	272	6,909,398	269	1,357,279	325	605,924	726
1974 年	21,170,224	298	7,038,979	277	1,362,646	326	639,470	766
1975 年	24,766,191	349	7,175,670	301	1,334,554	319	674,973	808
1976 年	28,354,649	399	8,061,073	313	1,370,762	327	702,220	840
1977 年	35,483,698	500	9,585,461	374	1,422,681	340	695,411	833
1978 年	38,360,433	541	10,122,836	395	1,49,7951	358	702,591	841
1979 年	38,940,539	549	9,994,937	390	1,455,245	348	706,156	846
1980 年	41,393,431	533	9,927,708	387	1,399,246	335	676,276	899

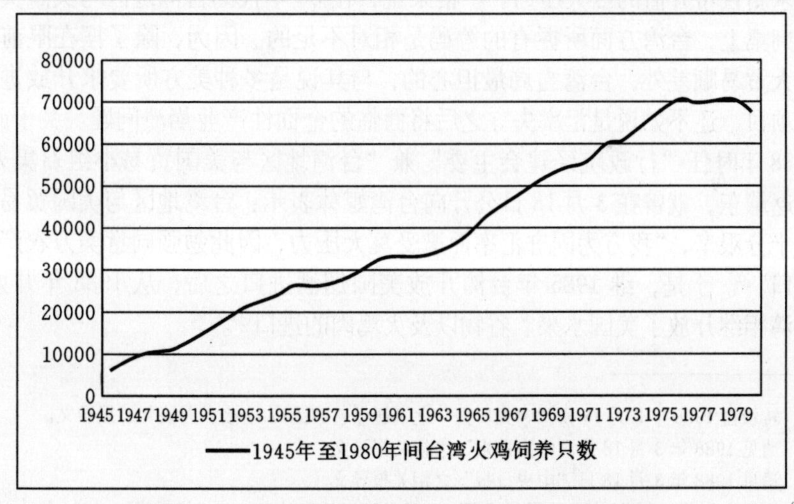

图 6　1945 年至 1980 年间台湾火鸡饲养只数曲线图

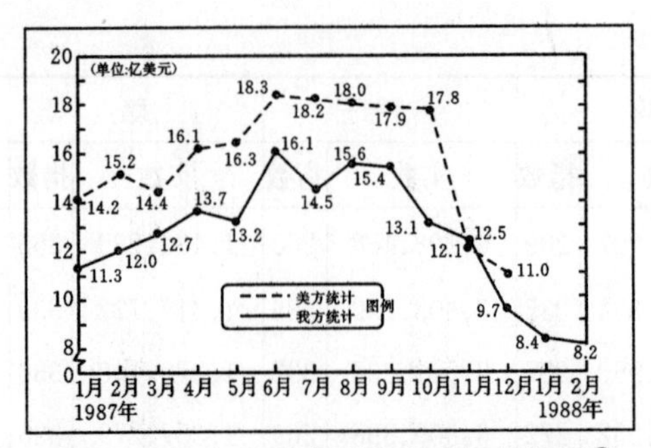

图 7　1987 年台美贸易我方出超趋势图①

20 世纪 80 年代，可说是台湾火鸡饲养的关键转折时期，而台美之间的经贸消长关系，又是其中最主要的致变因素。当时，美国经济开始进入衰退期，台湾的外汇存底则超过 700 亿美元，台湾对美国的贸易顺差常高达 160 余亿美元左右②。因此，在平衡贸易的前提下，美国政府 1983 年开始在台湾地区与美国贸易谈判中，以“301 条款”为要挟，对台湾施加压力。当时，美方期望台湾作出让步的项目很多，除了像是“开放烟酒进口”、“开放大宗谷物进口”、“开放水果进口”等诉求之外，台湾方面还承受着美国要求新台币升值的巨大压力。严格来说，在 80 年代的台湾地区与美国贸易谈判桌上，台湾方面所握有的筹码是相对不足的。因为，除了摆在眼前的巨大贸易顺差外，台湾当局最担心的，与其说是多种美方所要求开放进口的项目，还不如说是汇率失守之后将面临的全面性产业崩溃问题。关于此，1988 年时任“行政院经建会主委”兼“台湾地区与美国贸易小组召集人”的赵耀东，就曾在 3 月 18 日公开向台湾媒体表示：台湾地区与美国贸易谈判十分艰辛，“我方为固守汇率而遭受莫大压力，因此勉强同意美方农产品进口”③。于是，继 1985 年台湾开放美国烟酒进口之后，从 1988 年开始，台湾相继开放了美国水果、谷物以及火鸡肉的进口④。

---

① 转录自 1988 年 3 月 18 日“中央日报”之《通盘省察因应 迎接六月谈判》报导文。
② 请见 1988 年 3 月 18 日“中央日报”之相关报导文。
③ 请见 1988 年 3 月 18 日“中央日报”之相关报导文。
④ 请见许素华：《台湾农业的保护问题——谁是真正的受益者》，《经济前瞻》，1990 年 4 月 10 日，第 18 期，第 149～150 页。

图 8　1981 年至 2005 年间台湾火鸡只数曲线图

表 3　1981 年至 2005 年间台湾火鸡饲养只数简表

年份	火鸡年底头数目	年份	火鸡年底头数目	年份	火鸡年底头数目
1981 年	637,000	1982 年	643,000	1983 年	644,000
1984 年	597,000	1985 年	558,000	1986 年	563,000
1987 年	529,000	1988 年	464,000	1989 年	395,000
1990 年	349,000	1991 年	284,000	1992 年	267,000
1993 年	268,000	1994 年	215,000	1995 年	204,000
1996 年	180,000	1997 年	211,000	1998 年	229,000
1999 年	262,000	2000 年	251,000	2001 年	235,000
2002 年	191,000	2003 年	186,000	2004 年	197,000
2005 年	179,000				

总体而言，1988 年的“美国火鸡肉进口”事件，确实对台湾造成了莫大的冲击，包括农民权益、产销制度、政府政策在内，其范畴是全面性的，而首当其冲的当然还是火鸡养殖者的豢养意愿。尽管许多报导都指出，美国进

口火鸡肉的口感欠佳，并未全面取代台产火鸡的市场。但一个不争的事实是，台湾火鸡的产能确实出现了逐年下滑的趋势。表 3 的数据得自“行政院农委会”，可以清楚看见的是，自 1981 年至 2005 年，短短十四年间，台湾土产火鸡的产能直如溜滑梯般一泻千里，2005 年的饲养数目尚不及十余年前的 1/4[①]。不过，尽管台湾本土火鸡养殖事业已非复上个世纪 80 年代前的荣景，但土产火鸡仍然有其固定的销售对象，此即本文所要进一步探讨的“火鸡肉饭”。

三、当代饮食嘉年华会里的“火鸡肉饭”——侧写 2011 年的“嘉义市鸡肉饭节”

相较于两蒋与李登辉时期，2000 年至 2008 年的台湾宴会餐桌，就如同一个符号（Semiotics）的展场。各种运用台湾特产食材烹制的菜肴，又或是具有代表性的地方小吃，取代了过往的西餐、川扬菜与广东菜，而它们被盛装荐席的目的，除了飨宴宾客之外，还诉说着其他的事物[②]。表 4 是 2002 年 3 月 13 日晚间，陈水扁在嘉义市“衣蝶百货公司”宴请乍得总统 Idriss Déby Itno 的菜色：

表 4　2002 年 3 月 13 日晚宴会菜单[③]

<table>
<tr><td rowspan="6">时间：2002 年 3 月 13 日晚
地点：嘉义市垂杨路 726 号衣蝶百货公司 11 楼“嘉园酒楼”
事由：陈水扁宴请乍得总统 Idriss Déby Itno</td><td>方块酥</td><td>西焗火龙果</td></tr>
<tr><td>百花酿竹笋</td><td>糖醋鱼片</td></tr>
<tr><td>七味羊小排</td><td>白果嫩豆腐</td></tr>
<tr><td>金瓜花胶羹</td><td>嘉义火鸡肉饭</td></tr>
<tr><td>冬笋鲜素饺</td><td>白河莲子芋泥</td></tr>
<tr><td>宝岛三色果</td><td>梅芳茗茶</td></tr>
</table>

① 相关数据可以利用“行政院农业委员会”之“畜牧调查统计数据在线查询系统”。网址为：http：//agrapp. coa. gov. tw/AGS/。

② 请见卓文倩第一届汉学会议论文，2005 年。

③ 请见 2002 年 3 月 16 日《联合报》之相关报导文。

先分析一下这张菜单。首先，“方块酥”是嘉义在地的糕饼名产[①]。“火龙果”以彰化、台南种植面积最广。“竹笋”或许用的是台湾中部的野生品。“百花”不知所指为何，但嘉义县本是台湾花农聚集之地，“百花”当是当地所产。“鱼片”据《联合报》报导用的是“黑鲷”，这是嘉义县布袋港的名物[②]。“羊小排”应该选用的是台中武陵农场的省产绵羊肋排。“白果”也就是“银杏”，产地在台中县的溪头。“金瓜”就是“南瓜”，南投县是主要产地之一。“冬笋”，南投县与嘉义县都有种植。“莲子”已说明是台南白河的主要农产品。“梅芳茗茶”选用的是嘉义县阿里山著名茶商钟文芳所开设“梅芳茗茶行”供应的二等乌龙茶[③]。至于“三色果”分别选用的是“关庙菠萝”、“黑珍珠莲雾”与“哈密瓜”三种水果，而“宝岛”一语则说明它们的身份血统。对这位政党轮替后首位上台的台湾地区领导人陈水扁而言，宴会餐桌其实还是另一种形式的政治舞台。上列菜单，与其说是给外国嘉宾看的，倒还不如说是在对媒体与中南部民众宣示他对地方的重视来得贴切些。引人注目的是，标注“嘉义”两字的“火鸡肉饭”也在菜单之列。根据《联合报》的报导，为了这碗“嘉义火鸡肉饭”，大厨事先尝遍了十几家在地店家，才掌握住口味特色，而乍得总统也很捧场地吃完了一整碗饭，至于陈水扁则是对火鸡肉饭首次搬上餐桌表示肯定[④]。

再没有哪一个案例，会比当代台湾大型宴会里的“火鸡肉饭”更能说明这种米食与嘉义本地庶民文化之间所存在的指涉意涵。在此，政治人物的文化敏感度，其实是建基于社会大众约定俗成的共识之上。换言之，当代台湾人民无需要主政者针对“嘉义/火鸡肉饭”的关联进行再教育，共识

---

① 至少在 2011 年“嘉义鸡肉饭节”的官方网站上，“方块酥”是被嘉义市政府当作是“最佳伴手礼”这样的地方名产而被推介的。请见该活动官网之分页：http：//chickenrice-festival. chiayi. gov. tw/gifts. php。

② 详请见“嘉义区渔会”官网：http：//chiayi. etaiwanfish. com/index2. asp? Name＝渔业概况 &UNIQID＝321&INUM＝146。

③ 这家茶商荣获 2008 年优良食品评鉴“金赏奖”暨“金牌奖”，同时荣获“嘉义市商业会”及“台湾省商业总会”年度“绩优商号”奖。又可见该商家之官网：http：//www. alishantea. org. tw/web/2777541/。

④ 详情请见 2002 年 3 月 15 日《联合报》之报导文。

其实早在人心。

共识具有普遍性的特质，因此它必然也具有特定的说服能力。这意味着某些议题或要求，或许可以藉由对此等特质的运用，进行较为顺畅的运作，并进而获致更为显著的成果。图 9 是成立于 2006 年的“养火鸡协会”于 2008 年主办“嘉义火鸡肉饭节”时的网页图影，而从内中文字则清晰地呈现了上述的脉络。作为主办单位的“养火鸡协会”，一方面彰显“市面上多称火鸡肉饭为嘉义火鸡肉饭，以显示火鸡肉饭的地道”以及“火鸡肉饭普遍位于中南部”这样的共识以彰显其在嘉义市举办该活动的正当性；另一方面又在此一正当性的基础上，导引出此次活动的主要目的：①“提高中南部之美食文化并有效带动中南部之观光”，②“增加本土产火鸡之消费量”。此外，同样的脉络还有另一条铺陈模式，此即“传统的嘉义火鸡肉饭，绝对不会使用进口火鸡肉”的说法[①]，这又无疑是在感官味觉的层次上，将“嘉义火鸡肉饭”的美味原因，归诸“本土产火鸡肉”之上，而其目的无他，还是在凸显消费本土火鸡肉的合理性。

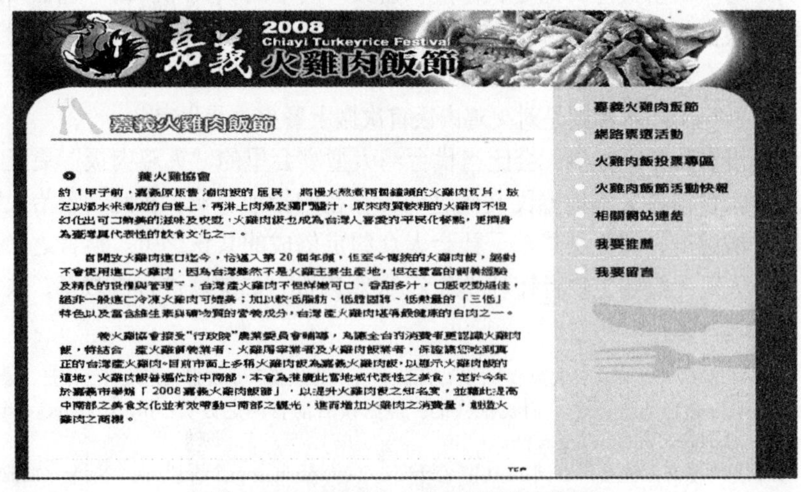

图 9　2008 年嘉义火鸡肉饭节网页图影

---

① 凡此说词，俱请见“2008 嘉义火鸡肉饭节”官网：http：//www. turkey. org. tw/turkey/page-01. htm。

2008年“火鸡肉饭节”的重头大轴戏，概在所谓的“网络票选活动”。根据活动官方网站的报导，总计有包括嘉义、台南、高雄、南投、云林、彰化等县市在内的89家“火鸡肉饭”业者参加，其规模堪称宏大①。尽管这个票选活动稍后因为黑客入侵投票网站以及灌票疑云而遭到抨击②，但这种票选“最好吃火鸡肉饭”的活动形式，终究还是汇聚人气的必要手段。因此，在2011年所举办的同类节庆中，这个模式的活动就同样还是主办单位的重点策划项目之一。

2011年的“火鸡肉饭节”仍然在嘉义市举行，但因正适逢盛大节庆，嘉义市政府于是接手了这个原先由民间社团所主办的活动。事实上，这一次由嘉义市所主办的“火鸡肉饭节”，在宣传上并不特重“火鸡”，而整个节庆其实还从属于范畴更大的官方计划。根据“观光局”在2011年首度发行的《台湾美食手册》所述，为了落实“台湾各县市美食特产整合营销计划”所规划的“一县市、一美食”的政策，所谓的“台湾美食节”，将配合原有行之有年的“台湾美食展”一并推展③。图10所示即是当时整年度“美食节”的活动日程。总计台湾共有22个县市参与举办各自辖区内的特色饮食节日，其活动时间则绝大多数是属于跨月的形式，仅有极少数的个案局限于一个月之内。而“嘉义鸡肉饭节”所从属的主题活动“台湾美食一从嘉起跑”，则是这系列的最先开展者④。

---

① 关于此次参加票选活动的店家，请见“2008嘉义火鸡肉饭节”官网下之“火鸡肉饭投票专区”，http：//www. turkey. org. tw/turkey/page-03-01. htm。

② 相关争议，可见于“养火鸡协会”所设“部落格”之最“新回应项”下：http：//tw. myblog. yahoo. com/turkeytw。

③ 相关网络新闻以“NOW NEWS（今日新闻网）”所载最详，请见：http：//www. nownews. com/2011/04/11/153-2703689. htm。

④ “台湾美食一从嘉起跑”相关活动报导最详尽者为2011年4月10日之《自由时报》，请见该报所发行之“电子报”，网址为：http：//www. libertytimes. com. tw/2011/new/apr/10/today-center1. htm。

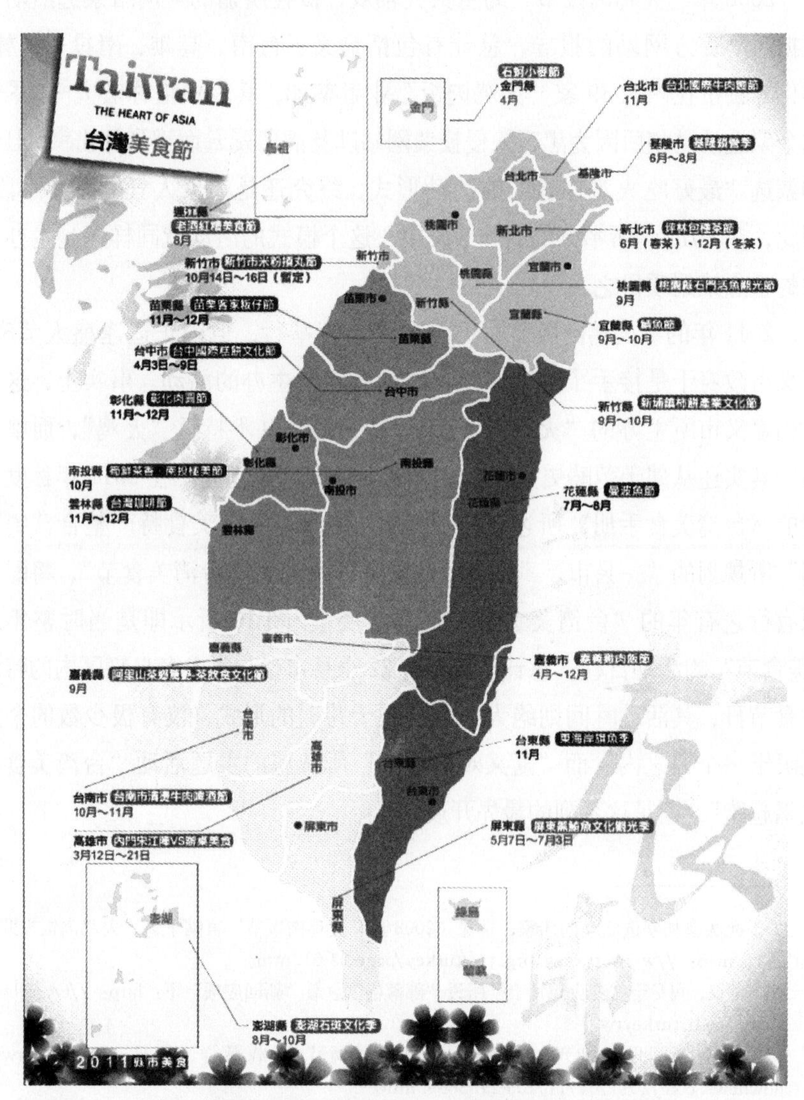

图 10　2011 年“台湾美食节”活动项目与举办县市

“台湾美食—从嘉起跑”这个活动起始于2011年4月9日。图11所呈现的图影取自各种媒体，我们可以发现，不论是嘉义市当局，又或是更高层级的“观光局”，似乎都有意营造一种属于群众的、愉悦的、欢乐的、轻

图11 2011年4月9日“台湾美食—从嘉起跑”活动照片集

松的节庆氛围[①]。此外，还可以看到的是，尽管嘉义市的美食节日尚未开始起跑，但象征“嘉义鸡肉饭”的“活动造形标章”与“卡通鸡”已然提早出现在这个作为先声的美食嘉年华会里。

有关2011年嘉义市同样主办特色美食节，但又舍却“火鸡肉饭”而改用“鸡肉饭”作为节庆名的原因，不论是嘉义市当局还是“观光局”，至今都没有公开进行正面的说明。不过，在“嘉义市鸡肉饭节官网”里，却有ID名为“嘉义火鸡肉饭粉丝”的网友，在2011年8月27日针对这个问题在官网上提出质疑：

嘉义市的名产是火鸡肉饭，不是鸡肉饭，为什么要降格呢？鸡腿饭、鸡排饭是不是用鸡肉做的饭？不是真正用火鸡肉做的鸡肉饭，干脆吃鸡腿饭、鸡排饭算了？这常识嘉义市民没有人不知，为什么主办单位还要继续误导外县市不知情的民众呢？[②]

且看主办单位的官网版主是如何响应的：

您的观察很细心喔！会以“嘉义市鸡肉饭节”作为本次活动主题，是因“嘉义鸡肉饭”，已是街头巷尾口语化用词，虽多数业者以火鸡来作为料理主菜，但亦有业者为求口感差异性，运用巧思以非火鸡来作为料理。今年度更是融合多元化的食材，特别邀请素食业者，于活动当天精心调制“素鸡肉饭”，来满足不同饮食习惯之饕客胃口，感谢您对“嘉义市鸡肉饭节”的关心。

从提问的语气，到“这常识嘉义市民没有人不知”，再到“误导外县市不知情的民众”等行文看来，我们可以明确地断定这位网友必定是一位嘉义出身的人士。他因为不满身为主办单位的嘉义市当局弃“火鸡”而择

---

① 图11为一组图。其中，图首之宣传图影，采自“city' super official page”于2011年7月14日载于其Facebook上之截图，从“Festival”的用语看来，官方刻意营造节庆的态度是很明显的。至于其下之活动照片，则皆取自嘉义市长黄敏惠所设之“黄敏惠市长的部落格”。图片所出网址为：http：//blog. udn. com/cycgmayor/5075892。

② 这段争议见于“嘉义市鸡肉饭节官网”首页项下之“留言版”中。发言与答复时间俱为2011年8月27日。详见网址：http：//chickenrice-festival. chiayi. gov. tw/message. php?page=13。

“鸡”的举措，于是乃有“降格”之疑义。再说官网的回应文，所谓“‘嘉义鸡肉饭’，已是街头巷尾口语化用词”、“但亦有业者为求口感差异性，运用巧思以非火鸡来作为料理”，以及“素鸡肉饭”等的说词看来，其实只说明了主办单位意欲扩大这种在地特色美食涵盖范畴的企图。就“符号”的意义上来说，如果排除“误植”或“缺乏概念”等因素不做揣测，那么市里所宣称的理由，其实主在达成“看见鸡肉饭就想到嘉义”的效果，而非仅局限于“火鸡肉饭”所能引发的联想范畴。

事实上，尽管包括“手册”、“海报”、“官网首页”等在内的官方文宣标题采用的是“鸡肉饭节”的名义，而市里网管又以“融合多元食材”为由响应了“留言版”上的相关质疑。但一个确凿的实情是：嘉义市长黄敏惠女士，却还是在 2011 年 6 月 21 日的个人部落格上，发表了一篇题名为《这是一碗有“感情”火鸡肉饭》的文章。其中如是写道：

> 很多人常问我，“市长，为什么嘉义市的火鸡肉饭特别好呷”，答案就是嘉义火鸡肉饭是用“心”来烹煮，有放感情的，所以又有人说，火鸡肉饭前面一定要加上“嘉义”二字，才能显出它的“地道”，套一句现代年轻人的话，就是有“fu”啦。
>
> 我们就是这么幸福，嘉义市又刚好位于台湾最重要米仓——嘉南平原的北端，稻米收割的季节，阳光般闪耀的稻穗就像老天赐给我们最美的礼物，有这么好的东西做基础，加上有浓浓嘉义人的人情味，让嘉义火鸡肉饭“上港有名声、下港尚出名”，成为嘉义市最佳小吃的代表。
>
> 因此，今年嘉义市在“中央”的支持下将举办“嘉义鸡肉饭节”，除一方面鼓励民众多食米食，二方面也藉此将嘉义火鸡肉饭做有系统整体营销。[①]

---

① 《这是一碗有“感情”火鸡肉饭》，见黄敏惠市长的部落格：http：//blog. udn. com/cycgmayor/5348499。此外“新浪部落”亦有刊载：http：//blog. sina. com. tw/chiayichicken/article. php? pbgid=115201&entryid=618504。

为了引发阅听者的亲切感，所以用语浅白俚俗；意欲言说美食特色之所在，因此描述风土、物产与民情；最后则是点出兴办活动的主要目的。值得注意的是，从题名到内文，黄市长完全使用的是“火鸡肉饭”而非“鸡肉饭”，甚至在末段条陈目的时，那个被设定为“有系统整体营销”对象的食物也还是“火鸡肉饭”。6 月 21 日 PO 网的这篇文章，其时间尚在前述阅听者向市里提出有关名称的疑义之前，当非黄市长为安抚不满所为。看来，由在地人民选出的在地市长，尽管场面上因为种种考虑，开办了一个“鸡肉饭节”，但她脑海通常浮现的“鸡肉饭”其实还是“火鸡肉饭”。

为了宣扬嘉义特色美食“火鸡肉饭”而举办的“2011 嘉义鸡肉饭节”，其主体活动始于 2011 年的 10 月初。在此之前，嘉义市当局架设了一个官方网站，其中建构了包括“活动源起”、“最新消息”、“诸罗纪”、“嘉义飨宴”、“吃在台湾”、“留言版”以及“主题活动”等分项的选择按键。比较值得注意的是“诸罗纪”这个分页，介绍的并非活动主体的“鸡肉饭”，而是嘉义在地的其他美食与伴手礼，而“嘉义飨宴”、“吃在台湾”则是以 Google 地图系统标示了嘉义市与台湾全岛著名“火鸡肉饭商家”的所在地。此外，该首页也注意到当代网络社群无远弗届的信息传递力量，并藉此向有意来台观光旅游人士进行宣传。因此，在图 12 的左下方，我们除了可以看到 Facebook、Twitter，以及 Plurk 的分享选项外，还可以看见该网站其实还以“简体中文”、“日本语”、“英语”等形式向国际发声。

相对于上列的虚拟宣传机制外，图 13 呈现的则是包括活动海报、导览、餐具、围裙，以及专门装这些实体文宣物与纪念品的纸袋。其中，两份海报上都明确标示了各阶段活动的日期与场地，手册则以图文并存的形式介绍了嘉义市著名的“火鸡肉饭店家”，至于饭碗与纸袋则是与“台北故宫博物院”合作推出的商品，而右下方那款围裙，则是另外一种公开贩卖给民众的实用纪念品。

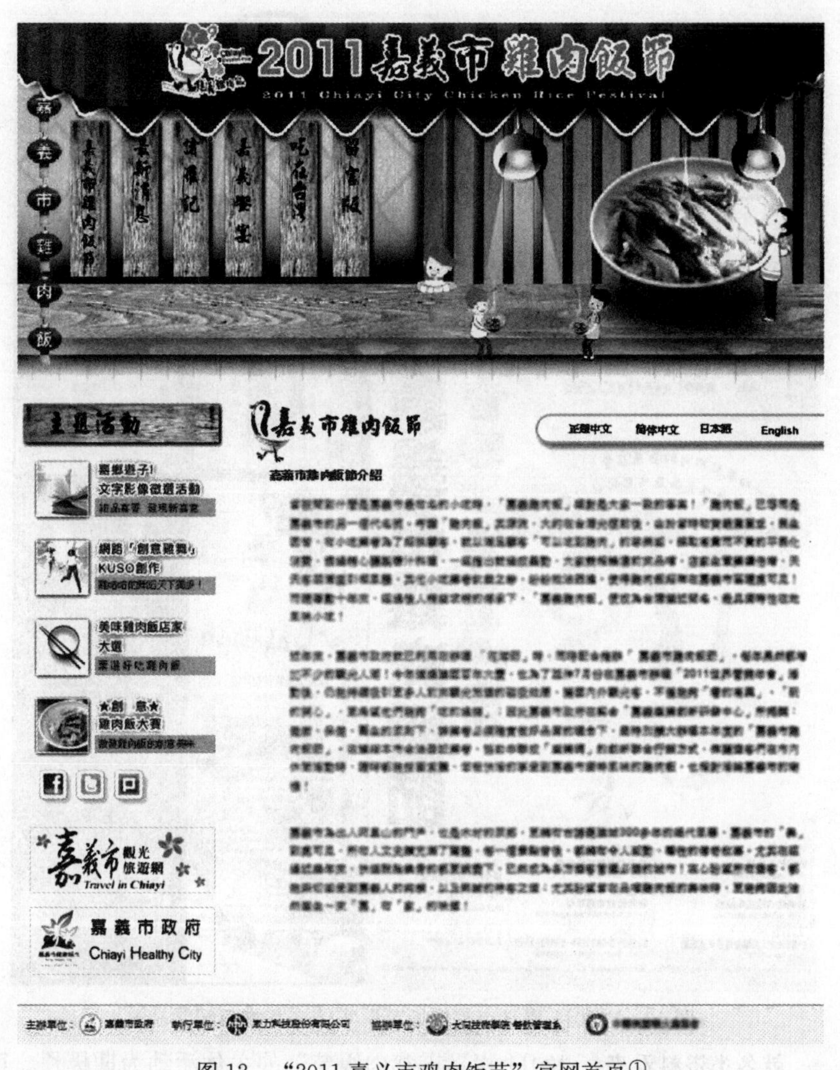

图 12 “2011 嘉义市鸡肉饭节”官网首页[①]

① “2011 嘉义市鸡肉饭节”官网网址：http：//chickenrice-festival. chiayi. gov. tw/aboutus. php。

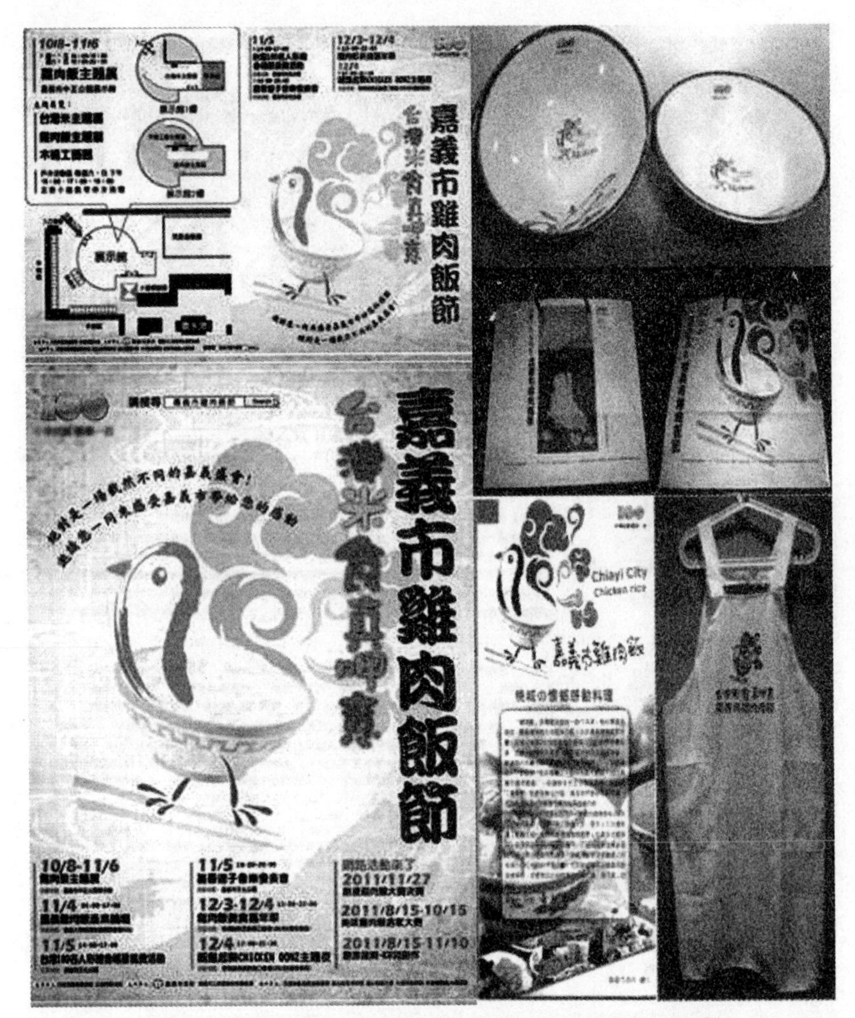

图 13 “2011 嘉义市鸡肉饭节”实体文宣物与纪念品[①]

就各类资料看来，“2011 嘉义市鸡肉饭节”的主体活动为期极长。其中，11 月 2 日在“台北故宫晶华”所举行的“2011 嘉义市鸡肉饭节系列活

① 图 13 所载各物品，皆承嘉义市政府建设处工商科陈嘉丽科长惠赠，谨此致谢。

动记者会”只是官方宣传实体节庆活动开展的日期，而像是“美味鸡肉饭店家大选”、“嘉乡游子文字影像征选活动”、“创意鸡舞KUSO创作”等藉由虚拟网络平台开展的活动时间，则更早在同年的8月15日。事实上，在8月到11月间，嘉义市当局还举办过一场“台湾米食之美——鸡肉饭主题展”的实体活动，并在该活动开展前的10月7日，又专门为其举办了一次记者会[①]。这里，有一点是值得注意的，此即连同前述4月9日的“台湾美食一从嘉起跑”大会在内，嘉义市总共为“鸡肉饭”这个议题，在一年之中开了三次记者会，而后两次还相距颇近。那么，究竟是什么原因使得一个活动的主办当局要如此频繁地透过大众媒体来进行宣传？关于此，一个可能的考虑在于：针对一个长时间的系列活动，官方也许有意藉此以强化阅听大众的记忆。但还有另一个原因也是应该被考虑的，此即嘉义市当局或许并不只是要利用所谓的“鸡肉饭节”来推广他们的特色美食，又或者是黄市长笔下的“将嘉义火鸡肉饭做有系统整体营销”。关于这个设问的合理性前提在于：既然存在于“嘉义”与“火鸡肉饭”或“鸡肉饭”之间的联系，确实如黄敏惠市长与官网版主所宣称的那样：是“上港有名声、下港尚出名”，是“嘉义市最佳小吃的代表”，又或者是“街头巷尾口语化用词”。那么，官方又何需大费周章地再来宣示主权？毕竟，参与“台湾美食节”的县市很多，但也没有哪个城市将相关活动的规模办得比嘉义市更大。

限于篇幅，图14里的照片当然说不上清晰。不过，尽管影像质量欠佳，但仍足以传递一些意念上的端倪。总体而言，在全数12项节庆活动之中，嘉义市长黄敏惠笔下那碗被预期将要进行“有系统整体营销”的“嘉义火鸡肉饭”，其实体的出现频率或许并不甚高。有时，它只化身为记者会里的广告牌文字，而站在其前的却是各层级的首长；又有时，它则成为爱心义

---

① 有关“2011嘉义市鸡肉饭节”各项活动举办日期，除可见于官方所发行的活动导览手册外，亦可参考“台湾旅游网”的报导，该网为“IP电视”所架设之整合平台，网址为：http：//www.twsfood.com/hotnews/news-1.php?p=72。

卖会场，又或年轻族群劲舞晚会的背景。还有一些场合，那一碗碗的“火鸡肉饭”虽然可以看得见、吃得着，但它的处境若非是“侧身”于其他相关农牧产品的促销行列之中，就是已然经过“改良”而非传统之物①。而最明显与“主题”无涉的，则是“嘉乡游子文字影像征选活动”，网络上流传的作品显示，连“小孩儿逛嘉义公园”与“嘉义的日出”也堪胪列其中②。

如果从“功能论”的角度来进行分析，那么已然形成社会共识的“嘉义火鸡肉饭”，显然在有心人士的运作下，将会深具各种社会功能上的旨趣。图15围绕中心项目“火鸡肉饭”而胪列的七个分项，是本文归纳图14各种相关节庆活动的举办目的后，所得出的类别区分图。由于政治人物，特别是地方政治人物，每每以“主事者”或“大家长”的身份出现在相关的节庆活动里，因此聚焦人群所能够带来的政治效益，很可能是跨涉个人与区域两方面的。其次，由于人群聚集的理由，乃是深具区域指涉意涵的地方特色美食，再加上某些活动主题在设计上具有年龄层的针对性，所以区域意识不仅得以强化，也很有可能带来世代层面的延长效益。再者，在声望提升、认同强化的前提下，诸如公益、促销等活动的遂行度也将大幅提升。严格来说，在图15中被操作的“火鸡肉饭”，只有在社教学术与整合营销两事上，才能够说得上是对作为本体的传统美食产生直接性的反馈作用，其他都属于衍生效益的性质。不过，即便是如此，前者仍属纸上谈兵，真正涉及感官审美的项目，大概只有关乎这个嘉义特色美食的网络票选活动③。

---

① 从“TTNews大台湾旅游网”记者罗惠文于2011年12月4日所发布的新闻照片可知，此次活动中虽然不乏“火鸡肉饭”店家所提供的试吃活动，但同时也有各地畜产加工品混身于其间。详见该网之“台湾旅游新闻”，该报导题名为“嘉义市鸡肉饭节 闻鸡起舞CHICKEN DONZ主题夜”。而该网网址为：http：//tw. tranews. com/。

② http：//chickenrice-festival. chiayi. gov. tw/txtimage-vote-in. php? O_Id=162。
http：//chickenrice-festival. chiayi. gov. tw/txtimage-vote-in. php? O_Id=35。

③ 请见“2011嘉义市鸡肉饭节”官网下之“美味鸡肉饭店家大选”项。网址为：http：//chickenrice-festival. chiayi. gov. tw/selected. php。

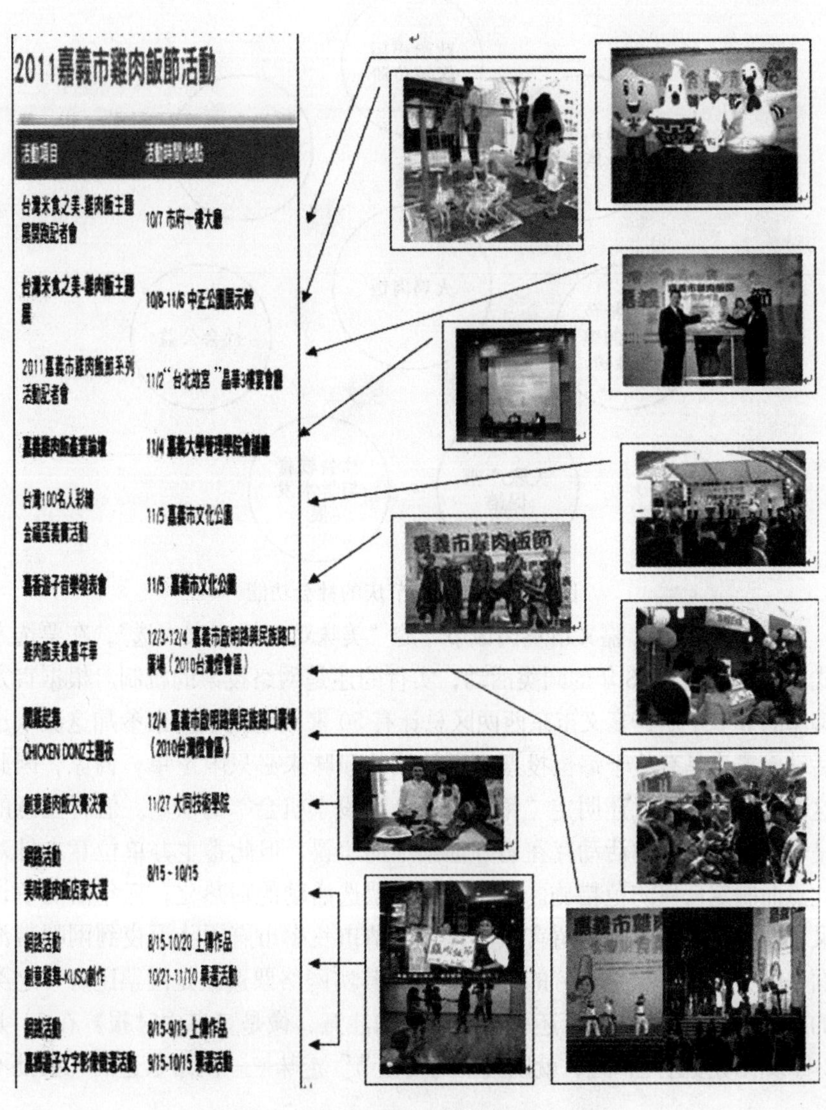

2011嘉義市雞肉飯節活動

活動項目	活動時間/地點
台灣米食之美-雞肉飯主題展開跑記者會	10/7 市府一樓大廳
台灣米食之美-雞肉飯主題展	10/8-11/6 中正公園展示館
2011嘉義市雞肉飯節系列活動記者會	11/2"台北故宮"晶華3樓宴會廳
嘉義雞肉飯產業論壇	11/4 嘉義大學管理學院會議廳
台灣100名人彩繪金雞蛋義賣活動	11/5 嘉義市文化公園
嘉番逍子音樂發表會	11/5 嘉義市文化公園
雞肉飯美食嘉年華	12/3-12/4 嘉義市啟明路與民族路口廣場（2010台灣燈會區）
聞雞起舞 CHICKEN DONZ主題夜	12/4 嘉義市啟明路與民族路口廣場（2010台灣燈會區）
創意雞肉飯大賽決賽	11/27 大同技術學院
網路活動 美味雞肉飯店家大選	8/15 - 10/15
網路活動 創意雞舞-KUSO創作	8/15-10/20 上傳作品 10/21-11/10 票選活動
網路活動 嘉番逍子文字影像徵選活動	8/15-9/15 上傳作品 9/15-10/15 票選活動

图 14 “2011 嘉义市鸡肉饭节”组图

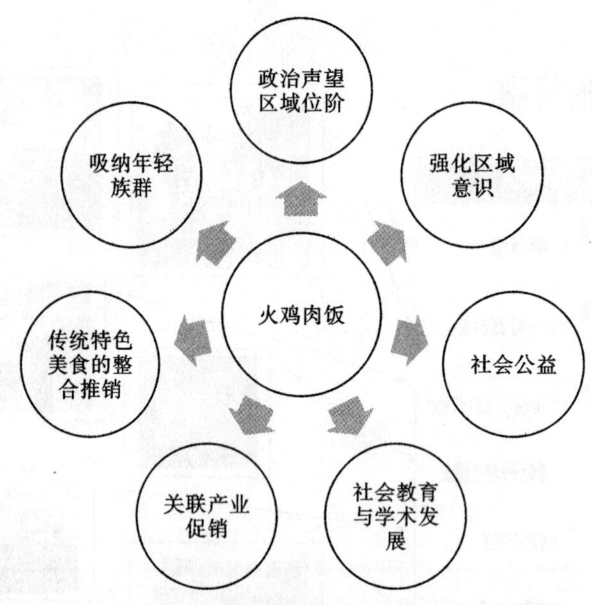

图15　特色美食节庆的社会功能

从属于“2011 嘉义市鸡肉饭节”的“美味鸡肉饭店家大选”，在票选方式上仍然一如2008年的同类活动，实行的还是网络投票的机制。根据官方编印的导览手册，嘉义市东西两区总计有50家火鸡肉饭商家参加这次票选活动。或许是有鉴于每位投票者所认同的口味未必只限于单一商家，因此这次票选活动规章还明定“每人每天3次投票机会”的法则。值得注意的是，尽管之前同类活动存在着“灌票”的争议，但此番主办单位竟未针对此点而制定任何防范措施。于是，随着票选活动的白热化，三年前的争议又再度浮现。不仅官网留言版上像是“请市长率市府团队深夜到网吧带泡面去慰劳一票工读生辛劳的在灌票”、“其实网络票选就是灌票比赛”之类的口水争执不断[①]，甚至还引起了媒体的注意，像是《自由时报》在11月2日该活动接近尾声时，就以《“鸡肉饭节”走味——网络票选活动挨批不

① 这些不平之鸣，可见于该活动官网项下之“留言版”：http：//chickenrice-festival. chiayi. gov. tw/message. php。

公》为题，详细报导了相关争议的细节[①]。然而，比起“不公”批评，更加引人注目的是主办单位嘉义市当局的态度——在官网上，版主响应的是：“网络投票活动只是鸡肉饭节的热身”；在新闻上则说：“本来就应该动员，以提高投票率。”关于此，本文并无意论断是非，但侧写至此，我们其实不难察觉，主办单位的目的或许已然达成——现在，就在争议之中，大家心中都有了“嘉义火鸡肉饭”；不单如此，那还是一碗属于个人“偏好”的“嘉义火鸡肉饭”。

四、“被陈述”的“嘉义火鸡肉饭”

今天嘉义市商家所提供的火鸡肉饭，大抵可以分为图 16 中的三种形式。第一种是以“手撕肉片”的形式呈现，去皮，但肌理分明，且挂得住卤汁，使用部位以“胸肋肉”、“上腿肉”为主。第二种是以“剖钉”的方式将火鸡肉大切成片，多不去皮，强调的是肉质的紧实以及火鸡皮的弹牙口感，而使用部位则同第一种。第三种则是采取“鸡肉丝”的形式，大多亦采取手工撕制，去皮，适合食量较小或不耐大油的人士，使用部位大多以“胸肋肉”为主，但间或也有使用“下腿肉”的业者。一般而言，大部分的商家都只提供下列三种形式火鸡肉饭中的一到两种，且各自有其立基于口感味觉的理由。而有些业者还供应“火鸡油饭”，根据他们的说法，那是因为有些客人习惯单点火鸡的某部位的切盘。

就烹调的程序而言，作为嘉义市特色美食的火鸡肉饭，其实并不甚繁难：解冻的火鸡先以“盐煮”或“水蒸”的手法烹熟，离火，然后将鸡置于滚水中，俟凉，取鸡待用，撇取鸡油与红葱头另行加工，而原汁则再以火鸡骨架浓缩取汁。接下来，便是将烹熟的火鸡肉以下列图示的方式铺放于米饭之上，浇上鸡油、红葱头与浓缩鸡汁，外带一片日式黄咸菜“Takuan”

① 请见《自由时报》2011 年 11 月 2 日发行之“电子报”，其标题为《“鸡肉饭节”走味——网络票选活动挨批不公》之报导文。网址为：http：//www.libertytimes.com.tw/2011/new/nov/2/today-center1.htm。

图 16　嘉义市三种火鸡肉饭形式①

（泽安腌萝卜），即可登桌荐食。当然，上述这个程序也只是一个大体，它并不是标准程序，因为每位商家都各自有其主张的味觉审美，因此实际的

① 图 16 所摄图影，均为本文自摄。自上至下，分别取自“大同火鸡肉饭”、“喷水鸡肉饭”、“阿楼师火鸡肉饭”。

做法可能每位业者在大同之外，尚会有些小异之处[①]。

都是火鸡肉饭，但烹调者不同，所产生的感官体验就会不同。此中机制，与其说是烹调手法的精粗良否，倒不如说是商家的刻意追求更恰当些。事实上，在商业的竞争中也必须如此，否则商家将无法凸显本身的特色，更遑论吸收客群以形塑固定的消费群。而前章所提及的，发生在 2008 年与 2011 年的两次“网络票选”争议则告诉我们，这种藉感官特色以遂行区分的策略是确然有效的。因为消费者们会自发性地依据自身主观的味觉喜好而形成支持社群，并在所属店家票数落后时发出主观性的不平之鸣。

“火鸡肉饭”诚然是台湾的特色美食。然而，如果把视距再缩小到“嘉义市”这样的区域范畴，我们就会赫然发现，所谓的“特色美食”在味觉感官上其实是充满歧义的，比较咸、比较淡、比较香、比较不油、比较有嚼劲。事实上，这每一种立足于感官的“比较”，都有赖于“专家”的建构。值得注意的是，此处所谓的“专家”，并不限于制作贩卖的业者，吃客本身也是另一种形态的“专家”。关于此，2012 年 2 月 24 日接受本文采访的嘉义市“大同火鸡肉饭”业主洪昆洲，就曾经在访谈中透露过以下两个足资为证的案例：①数年前有一阵子由于鸡瘟导致火鸡肉价格大涨，因此该店曾经使用过土鸡肉，但此举却立刻引起顾客的负面批评，而洪老板对此提出的解释是“因为内行人一吃就能区别”[②]。②当采访人问及嘉义市火鸡肉饭的“肉源”时，洪老板指出，基本上嘉义的同业们都只使用北港(云林县)、朴子（嘉义县)、新营（台南县)、柳营（台南县）所饲养的本

---

① 关于此，接受本文访谈的“大同火鸡肉饭”店东洪昆洲的回答就是明证：“一年的时间，虽然知道如何去烹调，却不了解整体的逻辑，只好自己不断地尝试与改良，店内的火鸡肉饭、咖喱饭、卤肉饭以及各式小菜，每样均研发于尝试数十次以上，才有现今之口味。”换言之，当店家强调“不断地尝试与改良”的同时，属于他个人的主观味觉审美也在形成之中。

② 关于此，接受本文访谈的“大同火鸡肉饭”店东洪昆洲的回答原文是：“火鸡肉本身有弹性，纤维与口感非一般鸡只可以比拟，更重要的一点是火鸡肉本身多汁，内行人一吃就能有很大的区别。数年前有一阵子由于鸡瘟之关系导致火鸡肉价格大涨，使得店内曾经使用过一般鸡只，却造成顾客之食用反应不良，火鸡与一般鸡只之口感立见不同。”

土火鸡，因为其肉质的弹牙、多汁，十分特殊，而许多内行的老顾客则是“一吃便知”[①]。

问题在于，在众多同类馔肴中所产生的“偏好”，又或者是“一吃便知”的敏锐感官，这些都是后天习得的文化，它们并不是与生俱来的人类天赋。对于时常拿火鸡肉饭当作午餐、晚餐、消夜，甚至是早餐的嘉义市人来说，他们也许可以因为地利之便，又或者是“濡化”之功，而易成“专家”。但是对于外乡人而言，“专家级”的感官就很可能是他们难以轻易企及的能力。那么，对这一群不是本地人，但却有心消费“嘉义火鸡肉饭”的外乡食客而言，还有什么管道能够让他们“精准地”体验在地人的独特味觉经验呢？一位新加坡观光客的游记，为本文提供了觇见后续的门径：

> 对于常吃鸡饭的新加坡人来说，难免会感到好奇：鸡肉饭，为何要选用火鸡肉？火鸡饭，又为何以嘉义最负盛名？切片火鸡肉放在白饭上？据说，嘉义鸡肉饭的鼻祖老店是在中央喷水池边的“喷水鸡肉饭”，1949 年营业至今已有超过半个世纪的历史。创始人林添寿原本卖卤肉饭，当时民间经济情况普遍不佳，只有逢年过节才有鸡肉吃，林添寿有一天突发奇想，把切片的火鸡肉放在白饭上，再淋上猪油肉臊，经济实惠，果然大受欢迎。……寻找原始口味的鸡肉饭，还是要回到“喷水鸡肉饭”。60 多年后的今天，老店还在，由第三代后人经营；喷水池也还在，已成为嘉义地标。……话说到访当天，一车人坐着游览巴士在喷水池一带绕了几圈，下着雨，停车也不容易。……基本上，肉质扎实有弹性，却不似圣诞节吃火鸡的粗糙口感，搭配淋上了鸡油的白饭，入口芳香四溢，感觉朴实家常，吃起来舒服自在。[②]

---

① 关于此，接受本文访谈的“大同火鸡肉饭”店东洪昆洲的回答原文是：“非火鸡肉饭，基本上米饭所淋上的酱汁调配（鸡油混猪油）差异不大，最大的差别仍旧在鸡肉的口感上，火鸡肉本身的弹牙、多汁不是一般鸡肉可以比较，而许多内行的老顾客最在意的亦是鸡肉的口感。”

② 这篇游记见载于“数据库：慧科大中华新文网”，出处是 2012 年 3 月 3 日的《联合早报》（新加坡版）。又本文所使用的该数据库为“东华大学图书馆电子资源整合查询系统”所收。

观光客虽然来自万里之外，但似乎并不蒙昧于台湾的特色美食。尤有甚者，彼辈还能抱着“寻找原始口味”的情怀，最终落脚在嘉义市的喷水池前。从文字的前后逻辑分析，游台行程中与嘉义地方美食相关的部分，或许正起始于引文里那句由“据说”开启的“火鸡肉饭创始故事”。再看看文末对于口感味觉的表述——此处新的，而且还是外来的“专家”其实正在养成之中。

尽管还没有登上 MICHELIN“Green Guide”或“Red Guide”的推荐之列，但像是“1949 年由林添寿创立，原本卖卤肉饭”、“因台湾穷一般人吃不起鸡肉，于是忽发奇想”、“经过二代林昭正，再传三代林建弘”之类的陈述，不独是上述新加坡人规划来台旅游的依据，它还见诸中国大陆和香港、日本、美国、加拿大等地的旅游书或网络部落格之上①。当然，它也为店家“喷水鸡肉饭”带来了惊人的经济效益。总体而言，这个有关“火鸡肉饭”的“起源陈述”，应该是现在最具权威性，同时也是流传最普遍的“创始故事”。尤有甚者，就连黄敏惠市长在 2011 年举办相关节庆时，相关文宣也都采取了这个陈述，所差者只在避免为单一商家宣传之嫌，因此没有指名道姓而已②。

台湾很多特色美食都有属于它们自己的起源故事。像是“蚵仔煎是郑

---

① 香港网站：http：//www.discuss.com.hk/viewthread.php?tid=9226329&extra=page=1&filter=0&orderby=dateline&ascdesc=DESC&page=1。
中国大陆网站：http：//www.kbcool.com/read-htm-tid-802235-ordertype-desc.html。
日本网站：http：//tsuredure-taiwan.cocolog-nifty.com/blog/2009/09/post-2ccd.html。
美加网站：http：//www.yelp.com/biz/bobee-5-rowland-heights。

② 关于此，请见“2011 嘉义鸡肉饭节”官网首页。网址为：http：//chickenrice-festival.chiayi.gov.tw/aboutus.php。黄市长文章原文如下：“考证‘鸡肉饭’其源流，大约在台湾光复前后，由于当时物资严重匮乏、民生困苦，有小吃业者为了招徕顾客，就以满足顾客‘可以吃到鸡肉’的尊荣感，采取高贵而不贵的平民化消费，透过精心酿制酱汁料理，一经推出就造成轰动，大家竞相蜂拥前来品尝，店家生意业绩倍增，天天客朋满座引领风骚，其他小吃业者钦羡之余，纷纷效法跟进，使得鸡肉饭招牌在嘉义市区随处可见！而随着数十年来、经过后人精益求精的传承下，‘嘉义鸡肉饭’便成为台湾远近闻名、最具独特性的在地风味小吃！”

成功发明的”、“担仔面是鱼汛枯竭期民间为度过小月之设”等，这些多少都带有一些道听途说的成分。然而，有志于美食溯源的人们，无感者通常全盘信任，有感者则或喜在典籍文本之中别寻更悠远的传承。前者无需置评，后者则常落入文献的陷阱，其缺失概在不明学术脉络①。其实，在当代人文社会学门的范畴里，这只是很寻常的大传统与小传统（great tradition and little tradition）的区别问题，而探索“起源为何”的旨趣，也不在确认真正的发明者是谁。事实上，这类问题的真相几乎是很难被探寻的，因为比起掌握书写权的菁英阶级，更广大的庶民却通常无声。不过，彼辈也未必真就是“下愚”到连日常生活都欠缺创发的能力。他们或许无法如“上智”那般留下文字记录，但口耳相传的能力终究还有，只是通常会模糊些而已。

比起许多原本是庶民小吃的当代台湾特色美食，属于“火鸡肉饭”的“创始故事”确然独特。它不论在人、事、时、地的哪一个方面，都清晰可辨；它亦且还活在当下，因为作为故事主角的创始老店就坐落在嘉义市的“中央喷水池”边。值得一提的是，如果追溯故事著录文本的时间，其实也非甚早。根据本文目前掌握的资料，它或许最早出现的时间点是在1988年3月12日台湾《经济日报》的“商业版”上，性质是“喷水鸡肉饭”二代传人林昭正与记者李佳纶的访谈记录，而有关“创始故事”的内容，则只提及了“四十八年前，生活水平低，一般人平常吃不到鸡肉的滋味，所以

---

① 关于此，之前认为台湾另一种特色美食“卤肉饭”之来源为古代山东的朱振藩就是个很好的例子。此事起源于2011年4月，当时《Michellin Taiwan：The Green Guide》指出“卤肉饭”源自山东，故名之为“鲁肉饭”，此说造成台湾舆论极大骚动，台北市长郝龙斌还为之正名，但一向被台湾阅听大众视为美食家的朱振藩，却在媒体上说，“他推测鲁肉饭百分之九十九点八出自山东应该没错”。朱氏并博引《孟子》中之“脍炙”，以及郭沫若的相关考证来说明其与台湾卤肉饭之间的始源关系。朱氏之说，囿于古经，不论背景、时空、风土，仅以文献上的巧合，遽断两千年后两千公里外的台湾民间饮馔为古人所始源。此等论断，史料是被拿来建构的物件，却不是言说史实的凭依，故言其不明学术脉络。详见《联合报》2011年6月19日题名为《美食家：古书“脍炙”就是卤肉臊》的报导文。

当时鸡肉饭的推出造成不少的震撼”寥寥四十字①。接下来，随着台湾各种传媒的活跃发展，疑似援引这则报导内容的文字开始迅速传播。而最后一次面对面的详尽访谈，则见于著名媒体人谢向荣的部落格“漫游·慢游”，时间在2007年9月9日，受访人仍是林昭正，至于故事的内容则大体与其前相同，只是多了“有一天拜拜剩下的鸡，拿起来切丝，再淋我们那个卤肉汁，口感还不错，这样就脑筋一动，就卖鸡肉饭了”的陈述，而这个说法后来也被部分网络文章所采用②。要特别加以说明的是，本文之所以呈现差异，并不是在质疑业者所宣称的正统性。本文的目的只在如实反映手边现有数据中的“陈述”历史，因为它明确显示今日这个有关“嘉义火鸡肉饭”的“创始故事”，其实存在着“层累”的历程。

时间越晚，故事越详尽，这原是古史传说研究中的“层累”现象。但文本性质不同，就不能按史学习惯遽以论断真伪。访问者的兴趣导引、受访者的回忆状态，甚至是事后文字编辑时的“去芜存菁”，都有可能造成传说的“层累”外观。事实上，“喷水鸡肉饭”的盛名，以及其悠久传统是无庸置疑的。一个明显的例证是，早在1980年6月23日，它就被蒋经国选定为巡视地方时，“临时起意”的品尝据点③。不过，这个具有“层累”意涵的“火鸡肉饭起源说”，就算对“创始”不具分辨或解释的效力，它终究还是能够作为当代台湾特色美食历史源流的观察模型——此即，美食故事是被陈述的，而且通常是被阅听大众“综合”陈述的。

最后，有一点要提及的是，被阅听大众所“陈述”的火鸡肉饭创始故

---

① “早期生活困苦，一般人吃不起A，于是有人发明A的一部分来吃，于是受到大家喜爱”之类的说法，同样也出现在“卤肉饭”的起源传说里。例如“行政院文建会”的“台湾大百科全书”，在言说“卤肉饭”这条目时，就如是写道：“卤肉饭的由来，据说是因为早期生活较艰困，一般人买不起猪肉，所以有些主妇会跟肉摊老板索取切割剩余的零碎肉块、猪皮等，回家后混杂细切，加上葱蒜、香料混炒，再以酱油卤制成锅。吃饭时，浇洒在主食上。”换言之，这里出现了一种类同的语式，值得深思。详见“台湾大百科全书”之“卤肉饭”条，网址为：http：//taiwanpedia. culture. tw/web/content? ID=23427。

② 这则资料见于“漫游·慢游”，网址是：http：//chentravel. blogspot. com/2008/12/blog-post. html。

③ 详见《经济日报》1980年6月23日的报导文。又该报收入“联合知识库”。

事，一方面固然为被指涉的业者带来丰厚的经济效益，但另一方面也间接促成了一些疑义与转向的出现。首先，不论是在网络平台，又或者是店家访谈，都出现了关于“创始”的其他说法[①]。当然，由于言说者亦提不出有力证据，所以也可以合理质疑其真确性，是故这部分目前可以先存而不论。因此，比较值得注目的，还是有关转向的部分。此即，在网络社群与本文所进行的街头随访里，许多嘉义本地人士开始对上文提及的那家“创始店”做出以下几种评论：①“观光客最爱的鸡肉饭”，②“以嘉义人来说，的确喷水是最后的选择”，③“原本的味道变了”[②]。必须承认的是，在意见多方纷呈的当下，这些评论的存在，很可能只是“口之于味，人各有好”的自然表述。但同样不可否认的是，负面意见的提出，也很可能正隐喻着当代嘉义人意欲在“火鸡肉饭”的感官评鉴上，重构崭新的价值体系，并从中区分出一种具有真伪对立意涵的“专家级别”。当然，倘若这个转向确实正在发生中，那么在地人士永远将会是“真正的”专家。

五、结　论

台湾“火鸡肉饭”的社会文化史，是由“食材”、“节庆”与“故事”三个角度的研讨所构筑而成的。这个研究的旨趣在于：多方呈现这种“特色美食”在各种不同时间维度上的身影，并从中发掘其在今日台湾社会与文化中的意涵。尽管全文的大背景是向当代倾斜的，但意义却还是凸显今日与过去的对话，因此本文的性质仍属史学研究的脉络。

---

① 例如网络上有网友指出，嘉义市的“原始火鸡肉饭”是百年老店，也有名为Jane TALKs的网友以“嘉义，观光客最爱的喷水鸡肉饭和当地人介绍的原始鸡肉饭之PK”发表意见。详见网址：http：//www.wretch.cc/blog/janelin0829/17142071。此外，虽然没有证据，但在地店家也有私下接受访谈时透露“嘉义城隍庙附近的一家店开始贩卖”，时间约在“迁台后不久”之类的说法。

② 这三种说法，可以依次见诸“嘉义，观光客最爱的喷水鸡肉饭和当地人介绍的原始鸡肉饭之PK”文项下之网友“回应推文”。详见网址：http：//www.wretch.cc/blog/janelin0829/17142071。此外，它们亦散见于各种网络文献之中。

在火鸡的食材历史中，日本人统治台湾时的相关作为，其实是一个比何时何处输入更值得投注目光的议题。火鸡之进入台湾人的饮食文化，大概不能舍此时而他论。事实上，战后台湾农政单位的相关措施，在策略上仍然延续日本人的规划，而1910年至1980年间台湾本土火鸡饲养数量基本呈现持续上升的大势，则足以说明这个时间纵轴上的发展特征。此外，尽管台湾火鸡的饲养数量在80年代之后，由于国际贸易平衡的压力而出现长时期的衰退，但由于内需市场的始终存在，因此也并未完全萎缩消失。值得注意的是，根据本文田野采访所得到的信息，作为嘉义市特色美食的“火鸡肉饭”，一直是这个内需市场里的重要成员。

“嘉义”与“火鸡肉饭”两者间的指涉关系，大概是普遍存在于当代台湾人心目中的一种认知形态。而正因为社群间存在着共识，因此探讨这种具有“符号”意涵的食物所具有的社会功能乃有其必要性。在此，以“火鸡肉饭”作为主题的节庆，则无疑是一个完美的功能展示场所。在晚近官方所主办的“嘉义鸡肉饭节”里，我们可以清楚地看见这种特色美食，在政治、经济、社会，乃至文化方面所能够扮演的角色。食物无语，但正确的人为操控，却显然能够让无语的食物发挥言说的作用，而这正是属于“火鸡肉饭”的社会功能。另一方面，节庆中的“火鸡肉饭”，虽然较少涉及感官审美的议题，但官方为了促销地方特色美食所举办的网络票选活动，多少还是透露出味觉层面的旨趣。“灌票”当然不是值得鼓励的行为，但如果除却个中的道德判准，那么这种言说个人主观的极端举措，其实背后掩隐的是人们在味觉上的偏好。本文以为，这种“偏好”应该得到重视，因为那可是“专家”才能提出的意见。

本文最后一章探讨的是“火鸡肉饭”的“起源故事”。与美食家那种视“故事”为添趣之资的态度相较，社会文化史脉络里的“故事”，无宁更注重的是其形成的历程，及其后续所能够产生的影响。就后者而言，本文除了发掘出当代台湾嘉义“火鸡肉饭起源故事”所具有的“层累”性质外，还特别侧重探讨了这个故事在广泛传播后所能够产生的作用。本文发现，“起源故事”其实是一个“专家”的养成场域。因为对于“外行人”而言，

它总能发挥指引门径的作用，而“创始老店”则又为彼辈提供了学习检证的空间。凡此，观乎“嘉义火鸡肉饭”元祖店家在近期所展现的荣景，大抵就能觇见全豹。不过，就在“外地专家”聚结形成的同时，另一种转向也在悄悄发生中，此即在“本地人”间逐渐形成的那种针对“创始老店”而发的负面评论。本文要特别指出的是，这是一种带有“区分”意涵的看法，它或许尚在成长之中而未成气候，但在未来，在社会文化的范畴里，它绝对会是有关“嘉义火鸡肉饭”的最新议题。

Cultural History of Taiwan Delicacy-Sliced Turkey Rice

Yuan-Pong Chen
(Associate Professor of the Department and Institute of History, National Dong Wha University)

Abstract: The cultural history of the sliced turkey rice in Taiwan is based upon a research from three viewpoints— "ingredients," "festivals" and "stories." The major goal of this research is to present the images of the so-called "local delicacy" at different periods, and discover its significances within the contemporary Taiwanese society and culture. Despite the fact that the general background of this article inclines to modern day, it's still focus on a comparison between today and past, which belongs to historical study.

This article will discuss our local delicacy— "sliced turkey rice" with three chapters. First chapter will describe the history of how "turkey" becomes one of the meat dishes of modern Taiwanese, especially the progress of "foreign" turkey gradually turning into a daily meat dish in Taiwan. Then we will introduce some samples of sliced turkey rice being local delicacy by profiling the related festivals recently held by local governments. Finally, our research will end up with the origins of sliced turkey rice. We think, perhaps, those histories/memories from "origins" or "tales," and cultural recognition which result from might be the major elements that the "sliced turkey rice" could become an indicating example of Taiwanese delicacy.

Keywords: Turkey, Sliced Turkey rice, Chicken rice, History of foods, Social history, Cultural history, Chia-I, Taiwan delicacies

生嬴鸡酒香

——“麻油鸡”的补养与仪式性展演意涵

翁玲玲①

【摘要】“麻油鸡”是台湾居民，尤其是女性相当喜爱的食品。除了台菜餐厅及夜市都可见其踪影外，也是家庭中常见的“妈妈味”。麻油鸡受到欢迎的原因，除了滋味本身香浓馥郁，是一项美味的食品外，更被大家列为补品。对台湾妇女而言，无论是平日或产后，“麻油鸡”都是补气血调养身体的最佳选择，其重要性由妇女坐月子时列为必备补品可见一斑。当麻油鸡不只具备食品的性质，也具有补品的功能，甚至与中国妇女最重要的人生关口“生育”联系上之后，我们对麻油鸡的探求，也就不能止于美食这个层次，更应将其推升至仪式性展演的层次，方能一窥其社会文化意涵及建构的机制。本研究除了进行“麻油鸡”这项美食的历史发展与补养功能的了解外，亦透过“麻油鸡”在坐月子仪式中所扮演的角色，探究其在社会文化脉络中的象征性意涵。

【关键词】麻油鸡　坐月子　补养　仪式　象征

一、序　论

台湾特色饮食以小吃为主，小吃则与庶民生活息息相关。举凡民情、物产、风俗习惯、社会发展甚至社会结构等层面，皆可透过庶民小吃加以

① 佛光大学文化资产与创意学系副教授、系主任。

了解。一般知名的台湾小吃，如蚵仔煎、猪血糕、切仔面、肉圆等，大多男女通吃，相关报导或饮食作家也常加以介绍。相对而言，“麻油鸡”却明显较少论及，以至成为大家既熟悉又陌生的一项台湾特色美食。说熟悉是因为在台湾“麻油鸡”无人不知，说陌生则因其常在相关介绍中被遗忘。像焦桐先生的《台湾小吃》一书中，几乎将台湾小吃搜罗殆尽，却没有一字提及麻油鸡（焦桐 2009），而少数提到麻油类小吃的作者大多是女性，例如邀集了 25 位素富饮馔素养的名士，谈论推荐他们心中美食的著作《吃出风格》一书中，只有林文月教授、何丽玲女士及蔡澜先生提到了麻油腰只，对麻油鸡并无着墨，另同书中，吴淡如女士提到她会做的菜之一是“啤酒麻油鸡”，也只点到为止。全书两百多页的篇幅，只有寥寥数语碰触到麻油类食物（钱钦青 2006），除了不受饮馔文字青睐以外，在四位提出“麻油食品”的名家中，三位是女性，一位是外地人——蔡澜先生是香港美食家，这不但说明了麻油类食品的台湾特色（才能引起外地食家的注意），也在某种程度上显示其“女性特色”，致使本地男性食家多只谈姜母鸭，不谈或不甚在意麻油鸡。这个现象，与较常食用者的性别分布也是符合的，无论在摊前或家中食用的人，确以女性居多，男性则常常是因为陪同女性才一起食用。就小吃或美食而言，这种“以女性为主体”的现象十分独特；加以报刊曾报导“麻油猪肝”荣膺大陆游客最喜爱的台湾小吃之一（另一项为菜脯蛋），引起了笔者的兴趣，想要一探同属麻油调理食品，但更接近庶民生活的“麻油鸡”所具有的庶民性格及内在意涵。

麻油鸡，顾名思义，在食材上，以麻油与鸡为主，另外佐配以姜与酒。这几项食材又另有讲究，麻油以乌麻油，鸡以乌鸡或土鸡，姜以姜母（老姜），酒以米酒，为上。烹调时，先以乌麻油爆香老姜，加入鸡块略炒，复入米酒熬煮，待酒气尽发，即可食用。调味上，如为经、产后进补，一般不加盐；如为平日养生则少盐[1]。在台湾，麻油鸡以“产后坐月子的补品”为人所熟知，产后妇女无论爱不爱吃，都要吃上几回。成为小吃中的一个品项，除了独特的香气口味以外，主要也是因为其滋补的特质而广受欢迎。

---

① 依笔者的经验，虽无甚调味，然因各项食材相互辉映，滋味鲜美且后味悠长。

在这样的认知脉络中，本文将从其在饮食史上的发展背景、与补养的关系，以及在坐月子中的仪式性展演意涵等几个层面加以探讨。在研究方法上，除了参照古籍与今人的相关研究外，也做了台湾地区的田野调查，以期较真切地了解常民百姓的认知与实践，并与相关理论相映照。

二、麻油鸡的发展简史

小吃的来由，常因其较强的庶民性格，多属民间传说，少见正式的文献记载，以致考证不易。食材则不然，于相关史料中多有较详实的记载，从食材的使用及发展情况，应能有助于我们了解食物的形成背景。因此，本节将从传说及饮食史的角度，简要说明麻油鸡的发展背景。

（一）传说

关于麻油鸡的来源传说，流传较广的一则与明朝的开国皇帝朱元璋有关。相传朱元璋打到锦州时，天寒地冻，兼以粮草不继，面临断炊的窘境。此时刘伯温令军士上山打猎，得了不少山鸡，就命厨师做了麻油鸡，不但解决了民生问题，并获朱元璋大加赞赏。从此常用于宴客，上行下效，也开始在民间广为流行。这个传说固然有趣，可能也是麻油鸡进入日常生活且广为流传的原因之一，但从补养以及食材的数据来看，麻油鸡的来源与食用应早于明朝，最晚在唐朝已可见相关的记载。

（二）饮食史料的记载

在食疗养生的资料中，明确提出麻油鸡做法的首推《食疗本草》[①]，本书为唐代孟诜所撰，书中即记载了类似如今麻油鸡的做法：“新产妇可取（鸡）一只，理如食法，和五味炒熟，香，即投二升酒中，封口经宿，取饮之，令人肥白。又，和乌麻油二升，熬令黄香，末之入酒，酒尽极效。”（孟诜 1992）可见“产妇、麻油、鸡、酒”这个核心结构，最晚在唐朝就已经被建构出来了。

---

① 此书为世界现存最早的食疗专著，成书于唐开元年间（约公元 701 年至 704 年），总结了唐开元前之营养学及食疗经验，相关论述后世多有引用。

这样的组合，在唐代是否具有普及性，也就是说，麻油鸡是否已经是一般民众熟知且可得的补养食品呢？这点我们可以从相关食材——麻油、鸡、酒、姜在饮食史上的发展及使用情况来看，或许能够得到一些线索。

(1) 胡麻与麻油

麻油来自胡麻，胡麻这项食品，按《汉书》所载，乃是张骞从西域携回的种子，故称为胡麻；沈存中在《梦溪笔谈》中也提到："汉史张骞始自大宛得油麻种来，故名胡麻。"此外，如成书于公元3世纪中叶的《吴普本草》、西汉刘向的《列仙传·关令尹》、北魏贾思勰的《齐民要术》、东晋葛洪的《抱朴子·神仙传》、北宋高承的《事物纪原》以及元朝忽思慧的《饮膳正要》等书都有胡麻的来源及使用的记载。相关内容大同小异，较有歧义处，在于名称；有胡麻、油麻、芝麻、脂麻、巨胜、方茎、狗虱等别名。明代编撰《本草纲目》的李时珍则总结性地指出，胡麻因气候、土壤条件不同，于茎有粗细，于子实有多寡，于色泽有黑白赤，基本上则指同一类物品（李时珍 1991：第16册卷22）。如果在名称上，我们可以接受李时珍的论断，则胡麻最晚在汉朝的时候传入中土，应可无疑义。

胡麻何时成为麻油并入菜？依宋应星的《天工开物》所载，汉朝时不但引进了胡麻，大量种植，也已发展出了榨植物油的技术；三国时已有榨芝麻油作为点灯燃料的记载。成为食用油则始于晋朝，唐代渐用于烹饪，到了宋代已成为日常生活中极普遍的油料了（宋应星 1987）。根据以上所列各时代的记录，在麻油的食用这个层面，我们可以做出一个初步的结论，最晚从唐朝开始，麻油使用于烹饪已逐渐普及①。

---

① 根据笔者的田野调查，现今麻油鸡或麻油类食品食用最普遍的地区，以台湾为首，因此对台湾引进芝麻及麻油的使用略作了一些了解。台湾种植芝麻最早可追溯到隋代（李荣钧 2004），按《隋书·琉球传》载称："琉球国在海中……土宜稻、粱、禾、菽、麻、赤豆、胡黑豆等。"且产量颇丰，是重要的输出品，清康熙中叶《裨海记游》一书中就有这样的记录："五谷俱备，尤多植芝麻。"《台海使槎录》记载："诸邑收早麻（正月、二月间种）。"《淡水厅志》亦载称："少播秫稻，多种黍、芝麻。"《诸罗县志》"山川"篇描述商港载运货品的情形："商船往来台湾西部各港口，载运产品皆以脂麻、粟、豆为大宗。"麻油的使用在《台湾通史》中亦有记载，"芝麻为'黍'之属，芝麻即胡麻。出产多，炒以榨油。性热，或用以制饼饵，销用甚广"。

(2) 鸡

另一项主要食材“鸡”又是何时进入汉人的生活乃至登上餐桌？史料上并无明确的记载。从考古的资料来看，在距今大约一万年前的西安半坡遗址中，发现了鸡骨的留存，已可见人们食用鸡的痕迹。其他文献或俗谚也显示了鸡在人们生活中的重要性及普遍性，如《诗经·郑风》、《诗经·齐风》中都有“鸡鸣”之类的章句。俗谚中亦有“鸡犬升天”、“鸡犬不宁”等常用说法，祭拜时的牲礼也常包括“全鸡一只”，《神农本草经》将鸡列为上品。除了医书中如前述《食疗本草》、《千金要方》等多有以鸡为补养食品者，饮馔类文献如《饮膳正要》、《调鼎集》、《随园食单》等书皆对鸡的料理多所着墨。如宋代《吴氏中馈录》中，对鸡就已有相当细致的料理手法了：炉焙鸡，用鸡一只，水煮八分熟，剁作小块。锅内放油少许，烧热，放鸡在内略炒，以旋子或碗盖定。烧及热，醋、酒相拌，入盐少许，烹之。候干，再烹。如此数次，候十分酥熟取用（吴氏 1983）。凡此，皆充分说明鸡在人们生活中所扮演的角色及食用的情况。

(3) 酒

麻油鸡的第三项食材是酒，酒的使用在中国有非常悠久的历史，造酒的传说，如仪狄、杜康等大家也都耳熟能详，无庸赘言。除了作为饮品外，酒还有补养或入药的功能。唐朝苏敬等人所撰，于公元659年颁行之《新修本草》，是世界上最早由国家颁行的药典，总结了唐以前的药学成就。书中第19卷论及酒的部分，特别指出：“大寒凝海，惟酒不冰，明其热性独冠群物……酒有黍、糯、粟、曲、蜜、葡萄等，诸酒醇醨不同，惟米酒入药用。”（苏敬 2004）当时所谓的酒，应多为酿造酒之属，蒸馏酒古称烧酒，是元朝时期才为国人所知的制酒法。按李时珍所言：“烧酒非古法也，自元时始创其法，用浓酒和糟入甑，蒸令气上，用器承取滴露……近时惟以糯米……和曲酿瓮中七日，以甑蒸取，其清如水，味极浓烈，盖酒露也。”（李时珍 1991：第17册卷25）无论酿造酒或蒸馏酒，以酒达成药补或食补的功效，最晚自唐朝起就相当盛行，相关知识及做法也大致完备；唐孙思邈的《千金要方》、王焘的《外台秘要》等书中除了说明酒的宜忌外，有许

多方子以酒来行药或入药，即可说明。

(4) 姜

麻油鸡的最后一项食材为姜，姜在周代已经为人所种植，《吕氏春秋》对姜就有所描述：和之美者，有杨朴[①]之姜。《论语·乡党》亦记述了孔子对食姜的喜好及节制："食不厌精，脍不厌细。食饐而餲，鱼馁而肉败，不食。色恶，不食。臭恶，不食。失饪，不食。不时，不食。割不正，不食。不得其酱，不食。肉虽多，不使胜食气。惟酒无量，不及乱。沽酒市脯，不食。不撤姜食。不多食。"（武修文 1990：216—217）元朝忽思慧的《饮膳正要》也有许多食用姜的记载，其中也有入鸡汤的用法："乌鸡汤，治虚弱劳伤，心腹邪气。乌雄鸡一只，挦洗净切作块子。陈皮一钱去白，良姜一钱，胡椒二钱，草果二个。"（忽思慧 1971：卷第二食疗诸病）李时珍《本草纲目》则认为："姜辛而不荤，去邪避恶，生啖，熟食，醋、酱、糟、盐和蜜煎调和，无不宜之，可蔬可和，可果可药，其利博矣。"（李时珍 1990：第 17 册卷 26）以上各项数据都说明了，姜之为用，起源甚早，有近三千年的历史，不但用法多广，且相当家常；俗谚有云："冬服萝卜夏生姜，不劳医师开药方。"即可见一斑。

从麻油鸡的各项食材在饮食史上的使用与发展情况来看，都有相当悠久的历史。由此我们可以推论，唐《食疗本草》所载者，在当时应该已是可得之物了。也就是说，最晚在唐代，麻油鸡的组成结构以及作为产后补品的意象已经形成，也可能由此而成为后世麻油鸡之滥觞，一直流传至今。

三、汉民族的补养观

调补是汉人饮食观的一个特点，其概念则来自围绕着《黄帝内经》[②] 所形成的身体与医疗体系。《黄帝内经》，包括《素问》及《灵枢》各九卷，是现存医学文献中最早的典籍，也是中医理论体系的基础。尽管随时代不

① 杨朴为地名，在西蜀。

② 本文所引《黄帝内经》之言，皆出自 1994 年印行，南京中医学院所编之《黄帝内经素问译释》。

断的发展，中医理论皆未离《内经》其宗。本节即以《内经》的思维为基础，简要说明调补这个概念的知识建构背景。

《内经》以阴阳五行学说解释人体生理、病理、诊断、治则与治法，并用“天人相应”的整体观说明人体内外环境的统一性。基本上将人体视为小宇宙，认为身体运行之道与天体运行之道是相合的。在这样的思维架构下，阴阳是最基本的概念，指涉万事万物，也形成了华人对身体及性别认知的基础。就阴阳的本质与关系而言，《内经·素问·阴阳应象大论篇第五》，指出：

阴阳者，天地之道也。万物之纲纪，变化之父母。生杀之本始。神明之府也。治病必求于本。故积阳为天，积阴为地，阴静阳躁，阳生阴长，阳杀阴藏。阳化气，阴成形。寒极生热，热极生寒……故清阳为天，浊阴为地。地气上为天，天气下为雨。雨出地气，云出天气……故曰：天地者，万物之上下也。阴阳者，血气之男女也。左右者，阴阳之道路也。水火者，阴阳之征兆也。阴阳者，万物之能始也。故曰：阴在内，阳之守也。阳在外，阴之使也。

这段文字说明阴阳是宇宙的根本，万物都可分为阴阳两面。两者的关系是既对立又统一的；互相转化，互相涵摄。

除了说明阴阳的关系外，《内经》也指出了阴阳、人体功能与饮食的关系：“水为阴，火为阳。阳为气，阴为味。味归形，形归气，气归精，精归化，精食气，形食味，化生精，气生形。味伤形，气伤精，精化为气，气伤于味。”基本上说明了人体的功能属阳，食物属阴，所以形体的滋养全靠饮食。如果饮食不节，反会损伤形体，机能活动太过，亦可使精气耗伤。只有阴阳平衡协调，才能维持健康。《内经·素问·生气通天论篇第三》就说“……阴平阳秘，精神乃治；阴阳离决，精气乃绝”。因此，中医治疗疾病是以调治阴阳，使其恢复平衡为目的。随着阴阳的原则，药物及食物之性味和功能，也以阴阳来分类。如辛、甘味、温热、躁烈、升散者为阳，酸、苦味、寒凉、滋润、降敛者为阴。

以阴阳为分类的基础，再加上五行的生克概念，就形成了中医动态、

有机，追求均和的身体观。这样的身体观深植于汉人心中；对汉人而言，一个健康的身体，就是一个阴阳协调中正平和的身体。这样的身体，基于其动态及有机特性，是可以透过调补来追求的。例如，马王堆帛简医书深受《内经·阴阳应象大论》的影响，其涉及调补概念的论述，主要集中在《养生方》与《十问》。两者都强调了养生健身与呼吸、饮食与调补的关系（马继兴 1992：653，869，969）。马王堆以降，有关调补的医书，如唐代孙思邈的《千金要方》，宋代的《太平圣惠方》，元代忽思慧的《饮膳正要》，明代高濂的《遵生八笺》，乃至日本的著名医典《医心方》[①] 或近人的补养之作，基本上都承袭了此一思维。在此一总体的概念下，操作的手段，则又依不同性别、年龄及状态而有更细致的区别。本文主题麻油鸡主要以女性为补养对象，下文即针对女性的身体及补养概念加以说明。

四、汉族女性的身体与补养观

医家认为，女性的身体以血为本，血赖气行，气血充盛，相互协调，则五脏安和，经脉通畅，经、带、孕、产、乳便正常（陈自明 1992：12-14）。巢元方也十分强调气血的重要性以及对女性的影响：

> 风虚劳冷者，是人体虚劳而受于冷也。夫人将摄顺理则血气调和，风寒暑湿不能为害。若劳伤血气便致虚损，则风冷乘虚而干之。或客于经络或入于腹内，其经络得风冷则气血冷涩不能自温于肌肤也，腹内得风冷则脾胃弱不消饮食也。随其所伤而变成病，若大肠虚者，则变下利。若风冷入于子藏，则令藏冷，致使无儿。若挎于血则血涩壅，亦令经水不利断绝不通（巢元方 1976：371）。

巢氏并进一步指出月经正常与不调的机制：

> 妇人月水不调，由劳伤气血，致体虚受风冷，风冷之气客于胞内，

① 《医心方》问世于公元984年，为日本现存最古老的养生、医药与房中名典。这部书荟集了中国204种唐代及更早时期的医籍资料，其中包括许多久已失传的奇书秘籍。因其统摄多家之言，颇具承先启后之地位（丹波康赖 1993）。

伤冲脉任脉，损手太阳少阴之经也。冲任之脉皆起于胞内，为经络之海，手太阳小肠之经，手少阴心之经，此二经为表里。主上为乳汁，下为月水。然则月水是经络之余，若冷热调和，则冲脉任脉气盛，太阳少阴所主之血，宣流以时而下。若寒温乖适，经脉则虚，有风冷乘之邪挊于血，或寒或温，寒则血结，温则血消，故月水乍多乍少为不调也（上引书：375）。

血气不顺、经血不调的后果是什么呢？除了上文所述会影响生养外，还会影响外貌。巢元方就指出："……诸经血气盛，则眉、髭、须、发美泽；若虚少枯竭，则变黄白悴秃。若风邪乘其经络，血气改变，则异毛恶发妄生也。"（上引书，卷 27 毛发不生候）至于皮肤，则"面黑皱者……皆令血气不调，致生黑皱。……夫人血气充盛，则皮肤润泽，若虚耗疵点变生黑子者"（上引书，卷 39 面黑皱候，面黑子候）。孙思邈也指出："气血不顺，内伤五脏，外损姿颜。"（孙思邈 1992 卷二求子）陈自明也认为："血既不能滋养百体，则发落面黄，日渐羸瘦。"（陈自明 1992：20-23）可见气血顺不顺对女人的外貌是有影响的，而改善的方法就是调补，虽然无法使矮人长高，令口鼻更秀气，但可以荣发养肤，明目润体，而这些正是构成好女外貌的重要条件。

此外，气血调顺与否，对于性爱顺利进行并能补益男性的津液，也会产生影响。陈自明就指出："若经候微少，渐渐不通，手足骨肉烦疼，日渐羸瘦，渐生热潮，其脉微数，此由阴虚血弱，阳往乘之，少水不能灭盛火，火逼水涸，亡津液。当养血益阴……"（上引书：23）由此可见，血气是贯通养生与生养的阀门。女性需要调经养血，才能达到滋阴的目的，以兼修内外，使女人的身体不但适于养生，也适于养育。

现代社会对待女性身体的理论与实践，基本上也多承袭自前人。调经补血是基本的，几乎每一位尚未停经的女性报导人，都表现了她们对月经是否正常的关切，以及对调经补血的热情；滋阴补血的食物则极为女性所熟悉。报导人表示：

补血平常就要注意啦。像我就经常的买些红凤菜、猪肝、红枣来

吃。喔！还有猪脚也很好，多吃皮肤会漂亮喔！如果再加青木瓜下去煮，胸部会ㄉㄨㄞ ㄉㄨㄞ喔！中药嘛，加减啦。大部分都是四物，炖鸡汤，赤肉，麻油鸡也很好，又补又好吃，尤其天冷的时候来一碗，多幸福啊！补什么？应该是补血吧。

也有很多女性报导人就算平日不特别吃补品，但在经后多会喝点四物汤，一方面去瘀，一方面补虚。产后的调养则更为讲究，包括男女两性的报导人多认为产后的身体非常虚冷，一定要好好进补，补的原则就像老人家所说的：

女人生完孩子后，脚手都冰冷冰冷的，为什么？唉呀！流那么多血出来，用尽力气，人当然会虚啊！人如果虚，身体就会冷嘛！所以一生完马上就要补一些热的进去。坐月子的时候，也都要补热的，不可以吃冷的，这样满月以后，身体才会较实、较热，不容易生病；孩子也比较有奶吃。

除了让自己更健康美丽以外，调经补血另一个重要的目的就是强化生育能力，多数报导人都表示，虽然现代社会生子的压力较轻，但具有生育能力还是女性意象的重要表征，就像报导人所说的：

虽然现在生不生孩子的压力不像古时候那么大，可是大部分人在你结完婚后就会一直问你何时生孩子，朋友聚会的时候，没有孩子的人根本插不上话。我有一个朋友，被检查出来有问题不能生，婆家对她的态度马上就变了。先生起先还安慰她说时代不同了不生孩子也没关系，可以去领养之类的。后来还不是去外遇，理由就是想要有一个自己的孩子来传宗接代。我朋友只好去自杀，被救回来后，问她干嘛做傻事，她说不能生孩子就不算是个女人，她又不能变性去当男人，这样什么都不是很痛苦，她觉得这是上天给她的惩罚，不如早早了断，希望下辈子可以做个真正的女人。我才不要这么惨，如果补补气血可以有帮助的话，我当然会做。所以我平时都有加减补一补，稍微注意一下饮食，像我是比较冷底的，月经来的时候绝对不吃冰，平常也尽量不吃太寒的东西。一段时间如果不是太顺，就去看看中医调一调。

我是觉得能不能生跟要不要生不一样，不管怎么样，我才不要被人家说我不是个女人。

因此，在生活中，女性除了较偏好所谓的“女性食物”，如猪肝、猪脚或其他含胶质的食物、麻油鸡、葡萄、黑糖等，以其偏温热的性质来调整女性普遍的冷性体质外，还会用中药来调补。补气血的中药，多为当归、熟地、黄芪；去淤血，则多桃仁、红花之属。很多女性报导人，平日就服用各式调经丸药（如白凤丸、中将汤都颇负盛名），目的就像某牌调经丸所说的，能够一顺、二水、三春风（台语发音），希望透过调经补血，换得汉人社会所想望的健康、美丽与幸福。

五、麻油鸡的补养功能

如前文所述，中国传统医家及笔者的田野数据显示，在人们的认知中，女性的身体大多属于较虚寒的体质，所以在饮食上偏好性质较温热的食物，以使身体达到均衡和谐的健康状态。尤其产后，咸信因生产过程导致体力下降、失血过多，产妇的身体处于虚、冷的状态，因此产后特别需要补充热性的食物或药物，不但能均衡产妇的身体，也能补血补奶以应母子的健康需求。在食补方面，甚且将生冷之物列为禁忌，以求充分达成均和的健康目标（翁玲玲 1994）。

在诸多食补品项中，“麻油鸡”被台湾居民列为首选。其调补的原则即依上述思维而来；其调补功效，除了前述《食疗本草》对麻油鸡的综效有“令产妇肥白”的说明外，亦可从各项食材及特殊的烹调手法——不加盐或少盐的补养意涵，获致进一步的理解。

（一）食材与补养

如前文所述，麻油鸡在人们的认知中，是一项热性的食物。所谓“热性”，包括温度及性质两个层面。温度方面其义甚明，无需赘言。性质方面除了与食材的药理及补养效果有关以外，也涉及对食物的分类概念。

(1) 食材的性质与补养效能

胡麻的功效，汪讱庵《本草备要》中提到："胡麻补肺气，益肝肾，润五脏，坚筋骨，明耳目，耐饥渴，乌髭发，利大小肠，逐风湿气，凉血解毒"；《神农本草经》也记载，"芝麻，味甘平，主伤中虚羸，补五内，益气力，长肌肉，填髓脑，内服轻身不老"，《名医别录》更将其列为上品。医家的看法在李时珍的《本草纲目》中做了总结性的说明[①]，并指出胡麻及胡麻油对产妇的补效：

"气味"甘平。无毒。

"主治"伤中虚羸。补五内。益力气。长肌肉。填脑髓。久服轻身不老。坚筋骨明耳目。耐饥渴延年。疗金疮止痛……补中益气润养五脏。补肺气。止心惊。利大小肠。耐寒暑。逐风湿气，游风头风。治劳气，产后羸困，催生胞落……(李时珍 1991：第 16 册卷 22)

除了医家以外，食家对胡麻也持正面的看法，《随息居饮食谱》对胡麻的功效更做了整理：

胡麻一名脂麻，俗名油麻，甘平。补五内，填髓脑，长肌肉，充胃津，明目，息风，催生，化毒。大便滑泻者勿食。有黑、白二种，白者多脂。相传谓汉时自大宛来，故名胡麻。生熟皆可食，为肴为饵，榨油并良，而不堪作饭。《本草》列为八谷之麻，误矣。古人救饥用火麻，即《本经》之大麻，殆即八谷之麻也。小儿初生，嚼生脂麻，绵包与咂，最下胎毒，频咂可稀痘。妇人乳少，脂麻炒研，入盐少许食之。此方可作小菜，杭人呼为脂麻盐，余最喜之。且可治口臭，孕妇乳母，尤宜常食，甚益小儿也。腰脚疼痛，新脂麻炒香杵末，日服合许，温酒蜜汤任下，以愈为度。溺血，脂麻杵末，东流水浸一宿，平

① 下文说明各项食材的补养功效，为免过于重复冗赘，将以李时珍《本草纲目》的相关论述为主。选择本书之论述为主要依据，系因本书上承秦汉时成书之《神农本草经》以下诸家草本，后启本书成书（公元 1578 年）后之本草类著作，各家所言，大同小异，多不出其论；兼以本书流传甚广，自明代刊行后，在国内翻印近三十次，并译成多种文字流传于世界，其说影响人们于各类品项之认知，更较他书深广。

旦绞汁，煎沸服。头面诸疮，妇人乳疮、阴疮，生脂麻嚼烂敷。谷贼，稻芒阻喉也。脂麻炒研，白汤下。汤火伤，诸虫咬伤，脂麻生研涂。(王士雄 2002)

另一为人称道的食家，清朝的童岳荐，在其选编的饮撰巨著《调鼎集》中亦提及：用芝麻与米合煮粥，以黑者为上，令乌须、明目、补肾，修炼家美膳也（童岳荐 2006：329）。总而言之，传统上医食两家皆认为芝麻不但对一般人而言，能够强身延年，对产妇尤能补虚劳并利于分泌乳汁。

鸡的补养效果，在《本草纲目》第23册卷48中，有相当详尽的介绍。书中将鸡分为丹、白、乌等雄鸡肉及黑、黄雌鸡肉，并乌骨鸡、反毛鸡、泰和老鸡等类。总体而言，其气味甘或甘酸，温平无毒。本经将之列为上品，能生热动风、补益五脏绝伤与虚羸，其中黑、黄雌鸡肉与乌骨鸡则更能“补新血……及产后虚羸……治女人崩中带下，一切虚损诸病”。

酒在医疗上的使用，也有相当长久的历史，目前所见最古老的药酒制方，载于湖南长沙马王堆汉墓出土的帛书《养生方》、《杂疗方》以及《五十二病方》中；用以治疗蛇伤、疽疥等病，有内服药酒也有外用酒剂。马王堆为西汉时期之墓葬，出土物品的年代距今约2300年。因此我们可以说，最晚自西汉以来，汉人已经以酒入药。《名医别录》将酒列为中品，气味苦甘辛，大热有毒，损益兼行。米酒的效能依《本草纲目》第17册卷25所载，在适量的前提下，主要在于“行药势，杀百邪，恶毒气，通血脉，厚肠胃，润皮肤，散湿气，消忧发怒，宣言畅意，养脾气，扶肝，除风下气……热饮之甚良”。

姜，《名医别录》列为中品，气味辛，微温无毒，然食用亦需有节。其补养效果见于《本草纲目》第17册卷26所载，主治“……除风邪寒热……去水气满……散烦闷开胃气……病人虚冷宜加之……温中去湿”，干姜更能“引血药入血分，气药入气分，又能去恶养新，有阳生阴长之意，故血虚者用之”。

就今人从营养学的角度而论，综合笔者所访问的医师及营养师的说法认为：产妇在分娩时消耗了大量的体力及血液，营养补给自须充分，尤其是对喂母奶的产妇而言，所需要的热量较一般人更多，如果营养不良，则

对产后伤口及身体各处机能的复原、新生儿的哺育都会产生不良影响。所伤害的不仅是产妇，同时也是婴儿的体质。当他们检视传统坐月子的食品时，也认同麻油鸡的高热量高蛋白，是有助于修补身体机能、补给营养及热量的。就各项食材而论，鸡肉大多为白肉，比起牛肉等红肉，不但盐分较低，对营养的摄取而言，更为健康。芝麻含有芝麻准木质素（Sesame Lignan）、芝麻烯（Sesamin），具有增强抗氧化、延迟老化、降低血中胆固醇、促进肝脂肪酸分解、强化肝脏机能等功能；也含有不饱和脂肪酸、卵磷脂和高纤维，有强化血管弹性、防止动脉硬化及预防便秘的作用。麻油鸡的矿物质含量也并不缺乏，如酒酿中即含有磷质，能维修细胞，传递遗传型态，促进能量以及神经输送，也含有铬质，可调节血糖量，促进利用葡萄糖的能力。姜则除了含有多种维生素及铁、钙、磷等矿物质以外，还有较丰富的植物杀菌素，能对多种细菌起到杀菌作用。

以上传统与现代医食两家的论述，都说明了麻油鸡的各项食材在性质上皆为温热之属，在功效上则具有补血、益气、发奶、治产后虚劳及去风之能。不但符合人们对女性身体的认知，也能充分达成对身体补益的想望。

(2) 食物性质的分类原则

在药理上，麻油鸡诚然相当符合汉人对女性的身体观与补养观。然则，食物性质的冷热又如何分辨？对汉人而言，这似乎是一套理所当然的知识。我们从小耳濡目染于文化的概念，谁都可以大致说出食物的性质，如瓜类较寒、辣椒属热等。对于麻油鸡及其各项食材的属性也没有什么疑义，大家都很“理所当然”地认定或接受就是热性的。但进一步问及分类的原则，或“如何分辨食物性质的冷热”这一点，人们却说不出一个所以然来，多将其认知归结于传统。中医师的说法也莫衷一是，有以经验为导向的，有以典籍为依据的，也有象形模拟的。笔者综合这些纷杂的说法之后，发现仍然跳不出李亦园先生在《科学发展的文化因素检讨》一文中所提出的分析：

> 根据 Eugene Anderson 的说法，这种难于了解的分类现象是由于采用多重分类标准所致（Anderson 1982）。综合加以分析，我国传统食

物系统中冷热观念分类的标准可包括下表所列各种：

		冷	热
1.	成分	低蛋白质，低热量	高蛋白质，高热量
2.	色泽	绿色，白色	红色，红褐色
3.	生态	近水，生于水	不近水
4.	豢养	家生	野生
5.	区域	北方	南方
6.	烹调	低温，水煮	高温，油炸

在上述各种分类准则之中，如成分、色泽、生态等项，似乎已具有分类的客观标准，但是实际上，这些标准在作用时都归并于实用的前提之下，仅作次要或辅助的标准而已。换言之，标准的设定乃是以主观的实用为根本，合乎实用意义者，即可任择一标准界定其类别，而完全忽略了实质的客观类缘关系。（李亦园 1988：109—110）

我们以月内妇女在饮食方面的规范禁忌为例，与上表对照，结果是相当吻合的。例如麻油鸡，须以麻油、酒烹煮熟食，颜色呈红褐色，鸡肉的蛋白质含量以及麻油、酒的热量按现代的营养常识亦知是相当高的，生态上亦不近水，豢养这项如果从“土鸡”的角度来看，也有某种程度的吻合，这样看来，除了区域这项较模糊以外，其他项目都能符合这个标准。禁食之物如蔬菜、水果之属，其性质就更明显了。在澎湖靠海的渔村中，村民以生于水的鱼类作为月内期中的主要补品，则恰可为“这些标准在作用时都归并于实用的前提之下”作一脚注，在澎湖那样一个土瘠粮缺，家禽饲养不易，而海洋资源相对较为丰富的生态环境中，以鱼类作为补品毋宁是更为实际的，况且其仍以麻油、酒烹调煮食的方式也相当程度地反映了上表中的冷热分类观念。

（二）食盐禁忌与补养

除了上文所述麻油鸡各项材料的补养效能外，在烹调上，麻油鸡不加盐或少盐的“食盐禁忌”原则，也体现了汉人的补养观念。此一烹调上的禁忌，不但一般人奉行，中西医也都以不同的说法加以认同。报导人对食盐禁忌的解释，可以老人家的说法为代表：

月内的头十二日，最好都不要放盐，如果感觉不好吃也只能放一点点，因为头十二日脏血都要流出来，如果吃盐就比较流不出来。那脏血很毒，如果留在身体里会流去奶水里，小孩子吃了对身体不好，对我们“查某人”也不好。还有就算过了十二日也最好少吃盐，人家都说吃盐会生风，以后很会腰酸背痛。

中医的解释认为“血得咸则凝濇”而易致口渴，一方面不利于恶露的排除，另一方面会使产妇因渴而多喝水，如厕次数增加容易牵动伤口，则不利于下体的伤口愈合。西医并不只从坐月子的角度来看，而认为在任何一种情况下摄取过量的盐分都会导致血压高及水肿，当然对产妇而言更为不利。有趣的是 T. W. Neumann 的食盐禁忌研究 *A Biocultural Approach to Salt Taboo：The Case of The Southeastern United States* 却涵盖了这三种不同的观点，颇能帮助我们从生理及文化的角度，进一步了解食盐禁忌对产妇健康所具有的意义。

Neumann 的文章是根据“钠盐——肾上腺皮质系统（sodium-adrenocortical system)”，一个以尖端科技发展出来的生理学理论，来解释一批古老民族志中所记载的食盐禁忌。原文很详尽地介绍了钠盐在人体内的平衡机转，限于篇幅，本节仅摘录与本文主题相关的部分，来说明食盐禁忌对产妇补养所具有的科学意义。作者提出按照肾上腺皮质系统的生理学理论，人体在有情绪压力时、月经期、怀孕时、婴儿期这些情况下，体内的醛固酮(aldosterons) 以及促皮质激素（ACTH）的分泌都会增加，因此体内会保存较多的水分及钠盐，如果不限制钠盐的摄取，将可能造成高血压及肾脏病。Neumann 所提到的食盐禁忌，并非单纯地只限制食盐的摄取，鱼类及肉类也包含在内，如鹿肉、牛肉等。对这些含盐食物的摄取加以限制，便构成所谓的“低钠盐饮食”。作者并举出 Cherokee 、Creeks 、Chickasaw 、Choctaw 等印第安族群，会在女性处于经期时，禁用食盐并限制食用鱼和鹿肉的民族志记载，来加以辩证说明（Neumann 1977，丁志音 1986）。

以 Neumann 的研究来看坐月子饮食的食盐禁忌，是更具有解释功效的。根据中西医以及有经验的妇女所言，产妇在月子期间恶露的排除须十天到二周，这个情况相当于一个较长的月经期，身体会处于如同 Neumann 研究所示的状况。因此产后或坐月子时，前十二日的饮食应少盐，以保护产妇

及婴儿，不致因饮食的盐分太高而招致病痛。综合以上来自村民、中医、西医、学者等各个不同层面的论点和看法，我们可以看出麻油鸡，甚或坐月子仪式中饮食层面的规范与禁忌，并非“老妈妈调”，而是一项具有实证基础，对母体与婴儿都有实质健康利益的文化设计。

六、麻油鸡的仪式性展演意涵

小吃摊前的麻油鸡固然温暖补养了许多人，尤其是妇女的身心，然其最活跃的舞台仍是产后坐月子的时刻。对台湾妇女而言，“产后吃麻油鸡”可说是一项当然且必然的事，使得麻油鸡几乎成了坐月子的代名词；也因为与坐月子有如此强固的纽带关系，麻油鸡除了具有实质上的补养功能外，抑或包含了象征上的意义。笔者将从社会结构及仪式的脉络，来说明麻油鸡在坐月子仪式中的象征展演意涵。

（一）汉人社会结构与妇女的社会地位

传统汉人社会，根据英国人类学家 Mary Douglas 的“群”、“格”理论(Douglas 1973)，可归类为团体约束力极强，而个人角色地位规范极严格的社会；十分着重于社会界限的控制、个人角色的本分以及社会秩序的维持。费孝通先生所说的“差序格局”（费孝通 1939），王崧兴先生所说的“有关系、无组织”（王崧兴 1986），乃至于台湾早期移民的拓垦组织与械斗冲突，都说明了社会界限（social boundary）的难以跨越。在社会秩序的维持上，神明的存在，不但在于主宰宇宙合理的运行，更重要的意义在于控制人类社会使之和谐有序（Hsu 1969；李亦园 1992）。张德胜先生则明白指出：儒家伦理千条万条，但归根究底，不外乎从一个追求秩序的情结衍生出来(张德胜 1989)。日本学者坂出祥伸先生也认为中国思想家养气、治气的目的，在于重建社会秩序（坂出祥伸 1993）。

在这样的社会结构思维下，家的意义对汉人而言又更为重大，因为家庭是社会界限划分以及社会关系建构的起点与基础，数千年来汉人实际上就生活在这一套家族文化的网络中（李亦园 1990：113-124；王崧兴 1991）。凡此，皆可见传统中国社会之特质；也点出了从人我内外关系以及社会秩

序来了解汉人行为意义的重要性。

“家庭”既是汉人社会建立人际关系网络的社会结构基础，则敬祖传宗、绵延香火也就成了汉人思维中最重大的人生义务。因此，“生育”对汉人而言所包含的意义，除了使家族得以传承延续的生物性意义外，也包含了家庭成员身份地位转换、社会结构重组及权力资源重新分配的社会性意义。使家族延续传承所依赖的条件固然很多，然其中首要者为妇女的生育力，这也使得“生育”成为妇女以及家庭社群在社会结构与互动上产生转换的“关口”。

在传统社会中，妇女社会地位取得的基地并不在“生家”或娘家，妇女的“成人”之道是“出”嫁、生子，为自己在另一个家庭中取得一席之地；而真正成为“内”人的关键，则在生子而非结婚。中国家庭的最小单位“房”，是人们成为祖先的结构性基础，必须要有子嗣才能构成。为了避免死后成为游荡无依的孤魂野鬼，妇女的产育功能被极度强调，使得“无子”成为七出之条中的首恶，不孝也以“无后”为大。这些社会价值说明了女子必须在“房”的架构下，也就是生子之后，才有机会成为祖先（自己人）而非野鬼（外人）（陈其南 1991）。日本学者池田敏雄也指出：女人在生下初儿以前，只被认为是家庭中的工作人员，直到生下男孩之后，才被接纳为家庭的一员（池田敏雄 1962）。诸位学者的研究以及常民俗谚在在说明，传统社会中“生子”才是女性被确认为“自己人”的关键。换言之，结婚所取得的只是“候选人”的资格，得等到生子之后，才算真正得到“自己人”的文凭，才能确立其在系谱上及人际网络中的位置。

其身份之转换，除了体现在内外的关系上，也体现在权利和义务上。妇女在生了孩子之后，就从单纯的妻子转而成为母亲，对其社会地位的提升具有关键性意义。“母亲”，在中国社会所具有的崇高地位，从小说、戏曲到社会史料随处可见，显示此一价值实深植于人们心中。跟随着母亲此一身份而来的，则是与其在系谱上及人际网络中的位置相应而来的权利。为人母之后，不但在家庭及村子中或居处的社群中都开始拥有了发言权（Wolf 1972）；也会随着影响力的扩大而逐渐成为一个掌权者，参与家庭资源的分配。换言之，透过“生育”所转换的不只是“称谓”，也是“权利”及“影响力”。

从这样的观点来看，妇女透过“生育”所产生的身份地位的转换及社会关系的改变，于社会既有秩序之影响不可谓不巨，不但会引起家庭及社群结构较重大的秩序重组，亦可能因权利的重新分配，对既有社会秩序带来威胁甚至破坏。这样重大的“身份转换”，汉人社会又是以怎样的文化设置来因应呢？笔者认为“坐月子”，就是汉人社会用来帮助社群及妇女，面对此一关口的一项仪式性设计。

（二）通过仪式与坐月子

“仪式”是每一个社会都有的文化活动，除了看热闹以外，仪式常与生活中的特殊情境相伴随，例如婚丧喜庆等。人们为什么选择以这样的方式来面对生活？研究仪式的学者多能同意，是因为“仪式”具有沟通的性质。如Mary Douglas所指出的，一个普通的行为，一旦置于仪式的脉络中，就产生了力量，传达了特别的意义（Douglas 1973）。Leach也认为：我们遵行仪式，就是为了传递集体的信息给我们自己（Leach 1966：403-404）。另有多位学者指出，所有的社会信息都可藉由仪式的规格化语言或表演布局来加以传递（Bell 1992；Moore & Myerhoff 1977；Rappaport 1979；Tambiah 1979）。因此，仪式是透过将信息形式化及规范化的过程来呈现意义（Moore & Myerhoff 1977）。换言之，仪式透过一套规矩和过程，来规范人们沟通的方式及知识的使用，从而形成了社会控制及权力关系体现的场域（Bell 1992）。

由此观之，“仪式”可说是人类社会维持其动能所必需的媒介。我们一方面可以从制度化的仪轨（仪式进行的形式）中，了解该社会结构性的一面，例如：集体共识、宇宙观、价值观及社会的基本结构等。另一方面也可以从仪式的实践中，观看社群内的成员，如何使用各种“象征”从事彼此间的“对话”，互相将关于对方角色地位的认定、与对方的关系距离、对对方的观感、今后的意图等，在仪式中作某种程度的沟通，以作为此后社群间社会关系的调整、重组及社会互动等赖以进行的依据，从中了解行动者个人的情感欲求、生活经验、与其他成员的互动、选择行动的机制，乃至于文化论述的形成。换言之，仪式是个人与集体在文化概念与社会互动上紧密交缠的场域，透过仪式我们得以更贴近社会文化繁衍（reproduce）及创制（produce）的内容、机制、过程及动力。

在诸多仪式中，尤以通过仪式（rites of passage）与社会生活关系最为密切。人虽为万物之灵，但忝为动物界之一员，自也无法摆脱自然法则所支配的各个人生阶段与经历。这些阶段与经历，常带来身份的转换与权力资源的重新分配；也形成了个人或社会都须面对的关键时刻或关口。为了顺利渡过这些关口，每一个社会都会设法因应，种种礼俗仪式也就应运而生。尤其在结构较严谨的社会中，社会秩序的维持来自结构的明确稳定，因应这类关口的仪式在文化中的地位就相对重要，仪式的内容与规范也较为繁复，而透过象征所表达的意象，则极为丰富细腻。

通过仪式（rites of passage）又称生命仪礼，为荷兰学者 Arnold Van Gennep 所主张。Van Gennep 在其大作 *The Rites of Passage* 书中指出：人从出生到死亡之间的种种阶段，会产生很多不同的发展过渡情形。这种过渡阶段，也都是社群内关系及互动必须作若干调整的时机。通过仪式就是使用一再重复的礼仪模式，将社会地位以及角色转换的信息确实地通知社群中所有相关的成员，以便彼此能据以调整重组其间之互动关系，重新界定互相的权利和义务；也使通过者本身得以借机调整其身心状况，以便顺利肩负起新身份的责任，表现出适当的行为，以符合该文化情境的需求。因为这类仪式所欲表达的信息是相同的，所以具有一个共同的礼仪模式，即分离仪式（rites of separation）、过渡仪式（rites of transition）与结合仪式（rites of incorporation）。这三个隐含不同象征意义的仪式，在不同的情境下所占的比重可能不同，例如：象征分离的仪式在丧礼中是不可或缺的，象征过渡的仪式常特别表现于怀孕、订婚、入会等习俗中，而象征结合的仪式在婚礼中则是最重要的（Van Gennep 1960）。

Victor Turner 对这三个层面的礼仪模式也有过一番阐释，他认为：所有通过性的仪式（过渡性仪式）都可以从三个阶段来看，脱离、中介或边缘以及整合。第一个阶段包括意味着个人或群体脱离的象征性行为；可能是从社会结构中一个先前的定点或是从一个相当稳定的文化情境中脱离。进入中介状态时，仪式当事人（通过者或中介者）的现状就变得模棱两可，并不具有或只有少许过去或未来地位的属性，是夹在各种有明确定义的文化分类当中（betwixt and between）而并不属于任何一种明确的文化类别的状态。在第三个阶段中，整个过程已经圆满完成了，当事人也回到了某种

分类清楚的、神圣的或凡俗的社会生活中。此时不论这个仪式的当事人是个人或团体，他们又重新处于一个稳定的状态中，并且在明确定义的结构形态里，具有他的权利与义务。同时人们会期待他的行为举止能符合大家所熟悉的社会规范，也会希望其道德标准能合于新身份的要求（Turner & Turner 1978)。此外，多位学者也都指出，通过仪式透过分离、过渡、结合等仪式的象征意义，发挥了帮助人们顺畅通过生命关口，稳定社会秩序的功能（Kimball 1960；La Fontaine 1986；Lewis 1976〔1990〕)。

上述各家的论述，说明了通过仪式在人类社会中的普遍性，也说明了通过仪式对于社会整合的功能性意义。在此一理论架构下，“坐月子”可以说是一个结构完整功能明确的通过仪式。汉人社会即以坐月子的种种规范、禁忌与仪式过程，使人们得以顺利通过“身份转换”的关口，尤其协助了妇女，跨越由“外人”转换为“自己人”的重大社会界限（social boundary)，继而建构其社会网络以及相关的权力与资源①。

七、麻油鸡与身份转换

从通过仪式的角度来看，坐月子仪式包含了分离、过渡与结合三类型的仪式行为，也显示了坐月子期间的中介状态及其反结构特性。也就是说，在仪式中，透过分离仪式来隔离产妇，将其置于一个有别于世俗结构环境的神圣空间中，以使产妇完全脱离平日的生活范畴，而后藉补身、不可劳动等仪式行为，使产扫得以不依原身份的行为规范行事，而能得到转换后较高的身份待遇，并藉此象征人们对产妇身份转换的接纳与认同。

当我们检视产妇的饮食项目时，可从各地区不同的坐月子饮食中归纳出一个特点，即无论该地区人民认为何种食物对产妇最具补效，该食品除了可以分析到医疗上实质的效用外，同时也是该地区人们在世俗生活中较珍贵的，一般而言是较有权力、地位较高者才能享用的食品。换言之，食物与实际功效之间的联系不只是因果性的，同时也是隐喻性的。例如：鸡，

① 关于坐月子的仪式过程与转换身份之间的关系与机制，非本文主题，故不予细论。相关论述请参见列于参考书目中笔者所撰著的相关论文。

不但是祭祀神明祖先重要的祭品之一，在传统的汉人社会中，所象征的珍贵意义也是众所周知的事；在许多较年长的人们记忆中，只有逢年过节等重大时刻，才能在餐桌上看到鸡。即便有些渔村因为生态环境的关系，无法给产妇提供鸡，而用较易得的鱼来取代，但仍须选用“有鳞无毒、新鲜活捉”的好鱼，如石斑、鲫鱼等，都是经济价值高，渔民们等闲不会自己享用的鱼类。单以麻油鸡来论，除了鸡以外，麻油、酒也都是在传统社会中较贵重或庆典祭祀时才会见到的食品。反过来看禁食之物也符合同样的原则；白菜、萝卜、地瓜、“毒性”较重的鱼等食品，都是价廉易得，一般日常生活中所食用的东西，拜拜祭祀时多半不会加以采用。简言之，月内期给产妇进补的食品都必须是较珍贵，平日人们尤其是为人媳的晚辈很难吃得到的东西。但是在坐月子时不但应该吃，而且要天天吃、顿顿吃，大大违反平日的生活规范。

除了饮食是平日神明、长辈或有权力地位者才能享用的食物以外，在劳务上也完全跳开了平日所须负的责任。按照传统理想型态的坐月子规范，产妇在月内期间是完全不可以劳动的，不要说挑水、耕种等粗活，在不可碰冷水、不可费眼力的规范下，连洗碗、洗衣、刺绣、缝纫等细活也一概全免，反而还要由别人来给予其一切生活上的照顾与情绪上的配合。这些服侍照顾产妇的人，往往就是日常生活中被产妇服侍照顾的人，例如：婆婆。角色转换的反结构状态，使产妇进入神圣的阶段，当产妇处于神圣阶段时，即打破了平日上下尊卑的行为模式，进入由命运和意图上的类同性而致感情上达于共通性的交融状态，使人们甘愿为其付出；而产妇也才有机会发泄抚平因遵守正常行为规范而累积的不平情绪，消除因操持家务而带来的长期积劳，并由此而得到产妇与家人（尤其是婆婆）之间关系上的平衡。

我们由一个静态的或和谐稳定的社会结构来看坐月子仪式，诚如 Van Gennep 所言，是一套十分周延绵密且严谨细致的通过仪式，帮助汉人妇女顺利通过一生中最重要的身份转换关口，使主要及次要的通过者（产妇及相关的成员）在生理、心理及社会结构都已重新建构的状态下，重返社会生活；并进而稳定了社会秩序，使社会能够和谐稳定地继续运转并传承下去。然而，社会生活并不总是处于和谐稳定的状态；妇女“自己人”的这

个身份，固然需要“生子”作为转换的必要条件，但在一个不和谐的社会氛围中，却不见得能够成为转换身份的充分条件。也就是说，仪式的实践（practice）并不只受结构规范的影响，仪式也并不只是像曼彻斯特学派Gluckman等人所认为的像泻药一样，具有宣泄情绪、巩固团结的作用，发泄完了之后，社会终究还会回归到固有的均衡和谐的状态。当妇女与婆家不和时，“生子”不一定能使妇女取得“自己人”的身份；而婆家对媳妇转换为“自己人”的拒绝，也一样透过坐月子仪式来传达“不接受、不认同”这个信息。仪式中的行动者，就像Kertzer所言：他们不只是仪式或象征物的奴隶，也是仪式的创造者或塑模者。行动者之间的互动关系，也不只有支配和被支配的关系，而是相当辩证性的（Kertzer 1988）。

田野数据显示，人们除遵循仪式的规范外，亦对其形式与内容的象征意义加以操弄；取消、加强或是漠视某些部分，同时将自身化为仪式中最有力的象征物，来表达或是释放他们的情感意图。透过这样的操弄，不但反映既有的关系及秩序，也试图重新建构未来生活的蓝图。当然，规范与情感之间的关系，常常是互为主体交缠得厉害，很难截然二分。不过从资料来看，似乎是在没有问题没有冲突的状况下，社会的结构面比较容易发挥力量；可是当我们面临冲突与问题的时候，个人的情感欲望就会伸出手来，不停地搔弄我们的心，甚至于我们的脑，来影响我们的选择。

从身份转换来看，在一个正常和谐的状况下，人们通常会按照“规矩”来给产妇坐月子，这就意味着，这个产妇本身及其身份的转换是被夫家接受的，也是乐于昭告各有关单位的。但在笔者的田野资料中，也出现了很多例子是不按“规矩”来的。当媳妇生产时，有随便弄弄煮两次麻油鸡意思意思的，有只照顾孙子不照顾媳妇的，也有第一次坐月子被虐待而第二次被善待的。最极端的表现，就是夫家完全撒手不管。主要原因都在于产妇与婆家不和，例如：有一家媳妇生了儿子，一般来说，就算婆媳不和，也会看在孙子的分上，多少帮点忙。可是这个婆婆却告诉笔者，因为儿子和媳妇都不孝顺，所以“这个不孝的死孩子，不理他，去死好”。这样的语句所表达的，不只是情绪上的反感，更透过仪式的沟通性，表达了他们的意图。他们不参与一个“规范上应该参与”的仪式，选择用“有意的缺席”来象征对通过者身份转换的不接纳以及不承认。这种“宣告”，在一个传统

的聚落里，如同一把无形剑，这些被拒绝纳入夫家社会网络的女性，在此剑下几乎无法全身而退，处境都相当艰难。

由此可见，经过坐月子仪式以后，产妇的社会地位，不一定都会被提升，也有可能被贬抑。这个现象就不能支持西方学者的说法：通过仪式的功能在于提升通过者的地位（Turner 1969：176）。这样的结论从成年礼来看，是可以得到支持的，但从坐月子仪式来看，在关系正常和谐的状态下，产妇的地位固然是被提升了；然而在一个不和谐的状态下，就像我们刚才所提到的这些例子，产妇的地位却不升反降。这也显示，西方学者偏好以成年礼作为讨论通过仪式的数据，是不够周延的。在许多社会中，成年礼所标示的，只是生理上的成熟，以及社会关系的起点，并不能完整地呈现社会关系的样态。只有在有了子嗣之后，才能被视为“成人”，完整而较稳定的社会关系才得以建立。因此对于以“家和社会关系”为核心的社会而言，从产后仪式来看社会身份的转换以及社会关系的建构，似可提供一个比较清楚完整的视野。

地位的升降，从一个更深的层次来看，就牵涉到了权力关系。在传统社会中，基本上婆婆的权力还是大于媳妇，所以整个坐月子仪式，包括给产妇怎么补、满月礼怎么送等象征意义的表达，事实上是由婆婆来操控的。可是这种现象在比较年轻化的都市居民的数据中就不同了，简要地说：在比较年轻的都市居民中几乎都由产妇（媳妇）主导。所决定的事情包括，第一，在哪里坐月子。可以选择的地点原则上有婆家、娘家、自己家以及坐月子中心。第二，由谁来做。这些可能的人选包括婆婆、妈妈、外佣以及医护人员。地点跟人员的组合不一定是相对应的。也就是说可能出现请婆婆到自己家来做，或是请外佣到娘家做。第三，怎么坐。包括要怎么补，要举行哪些仪礼，油饭蛋糕送给谁等。

这些决定所隐含的意义，不只是表现谁跟谁较亲近这类的情况，更重要的是由身份的转换而来的社会网络的建构。传统社会中是婆婆来决定要不要把媳妇纳入夫家的社会网络中，现代社会则常常是媳妇决定要不要让婆婆进入她的社会网络中。例如在娘家坐月子，婆家的人自然比较少参与，我们继续追踪这样的个案，会发现孩子和丈夫也会跟娘家的关系比较密切，这就带动了整个社会关系及网络建构的改变。更极端的情况是媳妇拒绝接

受婆婆。在一个个案中，婆婆已经跟亲友宣布媳妇会回来坐月子，也都做好了所有的准备。可是最后这个媳妇完全不理会婆婆的心意，宁愿花钱去坐月子中心。据媳妇所言，她是故意这样做的，就是要让她婆婆丢脸，要矮化婆婆的地位。换言之，她利用坐月子来选择不接受她婆婆，把婆婆排除在她的社会网络之外，并且用“有意的缺席”来“宣告”这件事。透过这些在坐月子仪式中所显示的权力关系，无论是传统社会中婆婆拒绝媳妇或是现代社会中媳妇拒绝婆婆，都是赤裸裸的挑战，旗帜鲜明，并非如同M. Bloch所言，要藉由神秘化的过程来掩饰权力的剥削关系（Bloch 1986）。

无论是年长的婆婆掌权或年轻的媳妇主导，是按规矩好好坐月子或脱轨演出，“麻油鸡”都在其中扮演承载象征意义的重要角色。当产妇的身份转换被接纳时，双方为了要明确传达此一信息，婆家拚命送麻油鸡来为媳妇进补，媳妇则博命吃下麻油鸡[①]，以确认互相接纳身份转换的信息，并由此建构未来社会网络的基础。反之，则麻油鸡的数量相对减少甚或不做。除了上文所提笔者的研究实例可资证明之外，陈韵帆的研究也提供了资料，说明即便婆家尊重媳妇的意愿或身体状况，没有准备米酒来做麻油鸡，娘家父母知道了仍不以为然，婆家则要拚命解释没有亏待媳妇（陈韵帆 2009：109）。以上种种都说明了，“麻油鸡”不只具有实质的营养意涵，人们透过麻油鸡也传递了对身份转换、社会网络以及权利义务建构等象征意涵。

八、结　论

从历史发展的背景而言，麻油鸡传承自古老的汉民族文化，然而当这颗饮食的种子飘散到台湾后，却在台湾发扬光大，不但成为有别于其他华

① 这里用“博命”二字，一方面为修辞上与前句拼命二字相对应，以博读者一粲；另一方面也某种程度地描述田野调查时报导人的心声。有不少产妇虽也认同麻油鸡的补养效果，但对每日皆以麻油鸡进补是有些畏惧的，原因不一；有的是吃多了觉得腻，有的是怕酒味，也有一些人怕胖；当然也有一些人较倾向现代中、西医的立场，认为用太多酒反而会引起伤口发炎、血崩等问题。无论如何，如果是婆家做来的，多仍努力吃一些，因为都知道这是婆家的看重，不吃怕会破坏关系。

人地区的特色美食，也不同于许多其他的台湾特色美食，像台南渡小月担仔面或嘉义鸡肉饭等，麻油鸡并没有南北地区之分，也无所谓“元祖”或“正统性”的争议，呈现了既独特于华人地区又包容于台湾岛内的特质。它在台湾美食中的地位与存在，则如同其另一项特点——“女性主体”，就像传统社会中的女性一样，没有太多报导，没有什么活动，不喧嚣张扬却踏踏实实地成为人们心中极具力度的美食。

麻油鸡在台湾人民心中的力量，除了它的美味以外，还来自它所承载的文化传统及仪式象征意涵。透过麻油鸡，人们不但具体地补养了身体，也表达了对妻女媳妇的疼惜宝爱，更体现了汉文化最核心的均衡和谐的宇宙观以及香火传承的愿望。另一方面，藉由与坐月子仪式的结合，麻油鸡也帮助人们恰当地演出人生的社会剧。诚如 V. Turner（1974）所言，社会生活的进程如同一出社会剧（social drama）。汉人社会透过坐月子仪式，为人们尤其是妇女的社会身份转换，提供了演出的场域，表现了社会网络建构的复杂多样，以及建构过程的不确定性与操弄性。无论“参与”或“缺席”，人们透过坐月子这个通过仪式的形式、内容、象征以及它们之间序列上的关系，宣告了身份转换的信息，使妇女以及社群顺利渡过此一关口，得以维持和谐有序的社会互动。

麻油鸡在这出社会剧中，虽然不是主角，但却扮演了一个穿针引线的角色，联结了所有的社会成员，父母、子女、婆媳与夫妻，缝织出汉人社会的结构样态。透过它，人们得以委婉细腻地传递情感与意图，以其选择或对仪式的操弄，在身份转换的关口，展演其情感欲求，甚至重构生命的蓝图，进而完满自我。捧着一碗热腾腾、香喷喷的麻油鸡，我们品味了美食，也品味了人生。

Aromatic Chicken after a Successful Birth—The Recuperative and Ritual Performance Significance of Sesame Oil Chicken

Ling-ling Wong
Department of Cultural Assets and Reinvention
Foguang University

Abstract: Sesame oil chicken is a favorite of the inhabitants of Taiwan, especially women. In addition to its frequent availability at restaurants and night market stands, it is also a common part of the culinary repertoire of most home-cooking mothers. The reasons that sesame oil chicken is so well liked goes beyond its rich and aromatic flavor; it is also universally regarded as a recuperative food. For women in Taiwan, it is the optimal choice in daily life or after giving birth to compensate for blood and pneuma deficiencies, and regain a healthy physical state. Its importance is evident from it being considered an essential food for mothers recovering from the physical toll of childbirth during the month-long post-natal sequestration period in Han Chinese society commonly referred to as *zuo yuezi*.

After drawing connections between the properties of sesame oil chicken as a food, its recuperative functions and even the most important physical experience of women—childbirth, merely examining it as a foodstuff becomes insufficient; it must be explored at a higher level of ritual performance before its cultural significance and the socio-cultural mechanisms constituting it become

evident. This study, in addition to delineating the historical development of sesame oil chicken as a cuisine and explicating its recuperative functions, also examines the role it plays in the post-natal sequestration ritual to explore its symbolic significance in the greater social and cultural context.

Keywords: Sesame oil chicken, post-natal sequestration (*zuo yuezi*), recuperation, ritual, symbol

旺来与金砖

——台湾“凤梨酥”的社会起源及其文化经营

夏春祥[①]

【摘要】凤梨酥，这种在台湾社会始终存在的糕饼，为何在进入21世纪之后，会成为台湾社会经济发展的流行产品之一呢？本文的探究始于这样的好奇，在考察过作为凤梨酥主要原料的菠萝、冬瓜与面粉之后，作者尝试以文化史的论述来作为凤梨酥社会根源与相关经营的响应。结论中，作者指出：在经济变迁中，与文化要素的结合日形重要，毕竟凤梨酥的发展体现了传统被发明的建构特色，只是我们在经济发展之余，绝不能忽略文化治理的相关问题，以期待华人制饼文化在此的传承与创新。

【关键词】凤梨酥　文化史　社会根源　传统的发明　文化治理

一、绪　论

生活在台湾，凤梨酥是从小便熟悉的生活食物。当然，若摊开上世纪50年代台湾的新闻报纸，这个字词是很少出现的；在平均国民所得（GDP per capital，Gross Domestic Product at purchasing power parity Per capita）仍在200美元左右的那个时代，逢年过节、民俗祭典，或是有人结婚嫁娶时，我们才有可能在送来的方形或圆形大饼中（请参见图1），找来上面浮

① 世新大学口语传播学系副教授。电子邮件：chhsia@cc. shu. edu. tw；联络电话：886-2-22368225转3169。

现有图腾纹路、内里有菠萝馅口味的大快朵颐，这约略是今日台湾名产凤梨酥的最早雏形；当然，说是雏形不一定精确，毕竟它们类似处也就是有菠萝内馅的口感，而外皮的视觉感官与制作方式却有所不同。而作为凤梨酥的爱好者，从小到大的生活记忆与消费经验，便是这篇文章的酝酿动机与发展基础。

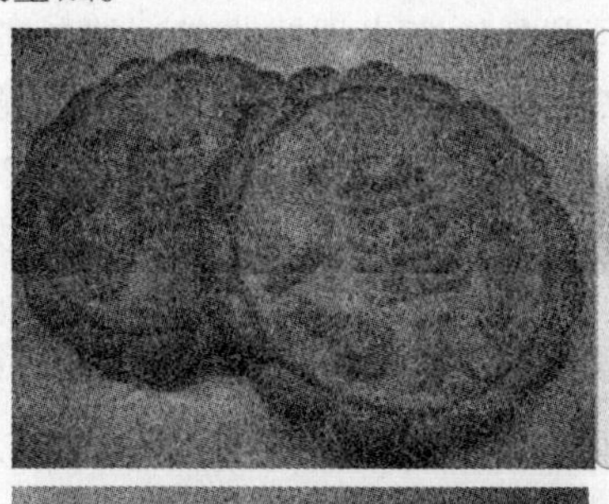

1　内包菠萝馅的传统喜饼（图片来源：左上为嘉义汉洋喜饼铺网页中图，右上为木栅麦园龙凤喜饼图，左下则为淡水新建成饼铺之菠萝饼。各图中之龙凤图形的处理方式不同）

在构思过程中，或是电视新闻，或是网络信息，凤梨酥这个词也都时常听到，它已是近一两年来台湾社会生活中最常见的词汇之一；并且，在很多次与海外友人谈及台湾时，凤梨酥必然会成为追忆此地的象征物①。在这样的背景下，个人不禁好奇：凤梨酥之于台湾社会的代表性，究竟是如

① 现任台北市长郝龙斌便曾描述自己在美国留学时，以凤梨酥抒解思乡情怀，可参见杨蕙瑜：《名震日本的台湾果子——凤梨酥》，《小草》，上网日期：2012 年 3 月 21 日，网址：http：//www. mychinabusiness. com/magazine/0911/home01. html。

何发展起来的？而在台湾社会中，凤梨酥的现况又是如何？当然，这两个问题牵涉的都是当前情形以及它是如何发展成今日面貌的过程。只是在继续探究之前，个人想要厘清的是：这种在个人经验中的代表性感受是否有坚实的物质基础呢？换句话说，这是属于个人的生活体验，还是一个普遍值得探究的公共议题呢？

通过寻绎相关文献，发现台湾凤梨酥近来出现的脉络，常是在贸易、商业、旅游的范畴里，尤其是当台湾的观光人口数增加时，凤梨酥的相关信息便更加普遍。根据“交通部观光局”的统计数字显示，除了2003年SARS事件期间，入境台湾的人口数（包括旅游、工作、求学等）不断增加，从2004年的二百二十四万余人次，到2010年的五百五十六万余人次，成长幅度惊人[①]。其中，在入境台湾的地区分类中，来自大陆的观光客已超过日本（2011年在入境台湾的人士中，大陆人士占了35%，日本人占了26%）成为台湾最大观光客源与最高消费金额的市场来源[②]。而在这些旅游人口离开台湾之际，人手一份特产名物的伴手礼几不可少，而凤梨酥便是个中翘楚，吸引着中外人士的目光；报导指出，平均每位陆客团购买台湾特产的花费为新台币1300元至1500元[③]。

在这样的背景下，个人的经验反映出公共议题的一个断面或缩影，整个研究也因而由此出发，至于具体的研究问题，简单陈述如下：

①在台湾社会中，凤梨酥的现况为何？

②凤梨酥之于台湾社会的代表性，究竟是如何发展起来的？

③在这发展历程中，有何关键性的事件与变化呢？

二、凤梨酥的现况

在2012年的今日，凤梨酥每年的产值究竟有多少，其实很难精准估算；

---

① 请参见“行政院”统计数字：http：//admin. taiwan. net. tw/statistics/year. aspx？no=134。

② 请参见邱莉燕：《大趋势8/台湾大观光年　观光人次突破600万非梦事》，《远见》，2011年1月号，第295期。

③ 请参见杨芙宜：《创汇小金砖——凤梨酥》，《光华》，2011年9月号，第30～32页。

最常被引述的是在第十三任台湾地区领导人选举时，国民党候选人马英九为了阐述治理绩效时引用的说明：2007年以前，全台凤梨酥销售额为二十亿台币，但到了2010年已成长至二百五十亿台币[①]；只是民进党及其支持者却常查考台湾烘焙业与食品饮料业的年度整体产值并加以反驳[②]。当然，所有的数值都是相对阐释，阐述一种在凤梨酥概念中愈来愈蓬勃的产业发展；因此无庸置疑的明显事实，便是越来越多的商家投入生产凤梨酥的相关行列。一则地方版上的新闻这样叙述着：

> 新北市再添观光工厂！知名饼店“维格饼家”耗费巨资，在五股打造占地一千五百坪、以凤梨酥为主题的“凤梨酥梦工厂”观光工厂。昨（0310）正式开幕，馆内由花博梦想馆团队主导设计，除可实地参观凤梨酥生产线外，还能现场体验制作。……维格饼家董事长孙国华说，维格饼家采用南投民间与关庙等地菠萝为原料，生产基地在五股，日产十万颗凤梨酥，销售量最少五万颗，与早两个星期、同样在五股设立观光工厂的对手相比，“我们的主顾客是外国观光客”，有信心做出市场区隔。[③]

图2　以台湾形状制作凤梨酥，并打造观光工场的维格饼家及其商品（图片来源：“中央社”及维格网页）

---

① 在报章上，这些数字最早是由台北市观光传播局在宣传台北国际花博时所提出，请参见：《配合花博　凤梨酥节飘花香味》，《联合报》，2010年8月10日。

② 请参见：《米酒牌被讥　马改打凤梨酥牌》，《自由时报》，2011年7月30日，http://www.libertytimes.com.tw/2011/new/jul/30/today-fo2.htm。

③ 请参见：《门票抵消费》，“中国时报”，2012年3月11日，北部都会C2版。

事实上早在一年前,《商业周刊》在进行产业报导时,便以“年销4亿凤梨酥　准备上市柜”① 为题来描写这个原本在糕饼业中的小商家——维格饼家(请参见图2),如何透过中国大陆观光客购买凤梨酥,转变成为准备上市的大型公司。而不仅原来是面包、糕饼的店家纷纷扩大凤梨酥的生产,甚至转型成为凤梨酥专卖店与上述新闻中的观光工厂,更多原先非酥饼业者的各式店家与行会组织,也都纷纷投入凤梨酥的生产或销售行列,典型如综合超商的统一、全家,原属农、渔从业者信息交换的各地农会、糖厂,生产沙茶酱的牛头牌商家②,生产小笼包的鼎泰丰(请参见图3),以及五星级饭店等。

图3　以生产小笼包闻名的美食餐厅鼎泰丰店面与其凤梨酥产品　摄影:夏春祥

在这样的背景下,凤梨酥的销售情形可说是蔚为风潮,再加上文化创意产业的发展趋势,更使得凤梨酥成了台湾最具代表性的烘焙产品,大大

① 吕国祯:《年销4亿凤梨酥 准备上市柜》,《商业周刊》,2011年4月18日,1221期。

② 《牛头牌土凤梨酥礼盒　预购热烈》,《工商时报》,2012年1月11日,产业信息/D2版。

小小的糕饼店，都将凤梨酥视为必备美食。当然，销售、展示的目的是满足需要与刺激消费。在网络上，各式各样关于凤梨酥的美食介绍与评论比比皆是；而日人铃木里沙也因为在2004年来台自助旅游时，喜欢上凤梨酥，因此日后又多次来台搜集相关资料，并在2006年前后架设名为“凤梨酥地图”的网站（图4）[①]，这些都说明了喜爱凤梨酥的狂热景况及其与民众的生活关联。

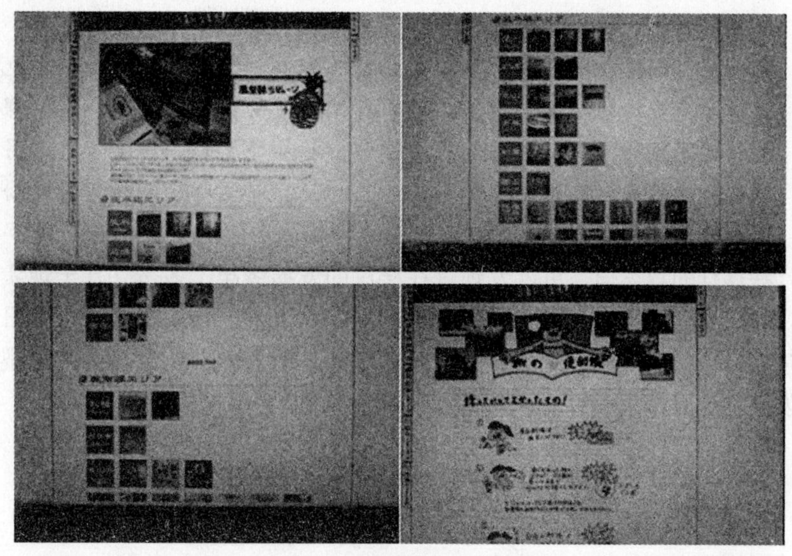

图4 “凤梨酥地图”网页

说明：左上为凤梨酥地图网站首页

右上与左下则为凤梨酥地图网站中各品牌凤梨酥的呈现方式，其排列乃是根据各路线不同的捷运站名称；右上为台北捷运站红线各站，左下为蓝线各站的不同商家图片

右下则为铃木里沙来台旅游次数与路径说明

当然，这股热潮并不是原先如此，凤梨酥的销售增加便可反证起初并非如斯。已逝的民俗学者林衡道（1915—1997）在台湾传统食品的讨论中，

① 请参见：http：//umashi-umamo. com/fenglisu/index. html。

虽已提到很多古老的糕饼店，例如：台北万华贵阳街的黄合发糕饼店、台中太阳饼、丰原雪花斋之丰原月饼、犁记糕饼、鹿港凤眼糕、台南万川婚嫁喜饼等，但根本未有凤梨酥的字词用语；而在这篇凸显台湾饮食传统的文章中，林衡道指出在传统的台湾饼铺中，其食品类型可以区分为：

属于“生命的旋律”者和属于“生活的旋律”者等两大类。前者计有：婴儿出生仪礼所需要的面点；婚礼时所需要的糕饼；寿辰时所需要的红龟、红面龟、包面等；丧礼时所应有的面点。总而言之，人之一生所经过各种仪礼所需要的各种各式糕饼、点心……后者，也就是属于“生活的旋律”的食品，计有过年时的甜粿、发粿、菜头粿等等；清明节的清明粿；端午节的粽子；七月普度的各种面点；八月中秋的月饼等等。此外还有……各寺庙神诞、佛诞所应有的各种面粉制造的供品。①

在这样的叙述里，可以发现过往糕饼的发展缘起，多是立基于现实需要。而在这样的历史发展中，凤梨酥绝非台湾地道的传统饮食。从今日角度与前言叙述加以回想，大概只有八月节传统的中秋月饼会在后来凤梨酥的发展里起着作用。

三、菠萝产物史：字辞、产业与酥饼

凤梨酥会在此地有着如此发展的关键因素之一，实因为它是台湾社会在地生产的主要物资（main staple），而从17世纪末清朝的康熙皇帝以来，凤梨（大陆地区称此为菠萝）便在台湾的各类历史资料中被记述着，这包括高拱干编撰的《台湾府志》（1694）、知县周钟瑄与陈梦林编撰的《诸罗县志》（1717），知县王礼、李丕煜与陈文达编撰的《凤山县志》（1719）、《台湾县志》（1720）等。在《台湾府志》卷七《风土志》“土产”中（图5），便载有：

果之属……波罗蜜，亦荷兰国移来者，实生于树干上，皮似如来

① 林衡道：《台湾的传统食品》，《台湾风物》，1995年，第105～106页。

顶，剖而食甘如蜜。凤梨，叶似蒲而阔，两旁有刺，果生于丛心中，皮似菠萝蜜，色黄味酸甘，果末有叶一簇，可妆成凤，故名之。

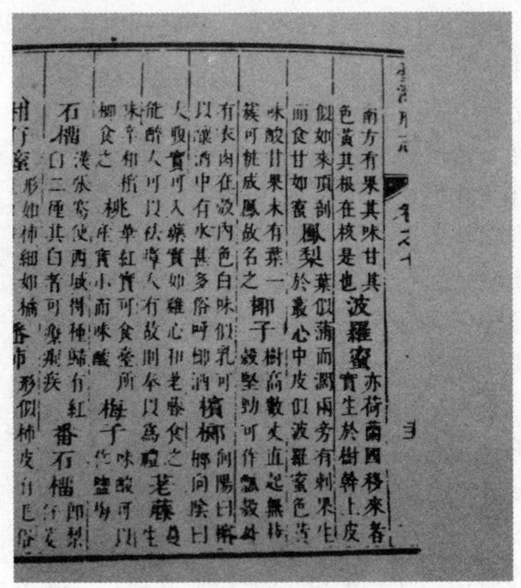

南方有果其味甘其色黃其根在核是也波羅蜜亦荷蘭國移來者實生於樹幹上皮
似如來頂剖而食甘如蜜鳳梨葉似蒲而濶兩旁有刺果生於叢心中皮似波羅蜜色黃
味酸甘果末有葉一簇可妝成鳳故名之椰子樹高數丈直起無枝殼堅勁可作瓢
有長肉在殼內色白味似乳可以釀酒中有水甚多俗呼椰酒檳榔向陽曰檳榔向陰曰
大腹實可入藥實如雞心和老葉食之能醉人可以袪瘴人有故則奉以爲禮荖藤生
味辛和檳榔食之桃華紅實可食所產實小而味酸梅子味酸可以作鹽梅
石榴張騫使西域得種歸有紅白二種其白者可療痢疾番石榴

图5 《台湾府志·风土》

《诸罗县志》卷十中的《物产志》亦有相关记载：

> 菠罗蜜，种自荷兰，实生甚异，或根、或干、或枝丫、或梢，皆结焉。熟大如斗，色绿，磊砢似释迦头；气香如蕉，液黏如漆，房如石榴，味甘酸。子如皂，中核微赤；煮熟味类芋。……黄梨，以色名，或讹为王梨，实生丛心，味甘而微酸，盛以瓷盘，清香绕室，与佛手、香橼等。台人名菠萝，以末有叶一簇如凤尾也。取尾种之。着地即生。[①]

在这两段历史数据中，我们可以理解到：今日的凤梨酥虽非传统食品，但着实因为菠萝物种原来即有。只是酥饼产制乃是人为技术，因此当明、清两朝由唐山（大陆）来台者虽亦带来糕饼制作的种种文化，但凤梨酥在

① 周钟瑄编，詹雅能校：《诸罗县志》，台北市："行政院文建会"，2005年，第281页。

此时并未出现。换句话说，在17、18世纪的传统社会中，菠萝虽生于台地，但并未有今日栽种之情形，而且在认识上，亦与菠罗蜜不同。两者的外形远观虽有近似，但近看的差异实在不小，更何况内容也截然不同，各有滋味。在今日的两岸交流中，大陆与香港一样，也将凤梨称为菠萝，常有人因而在菠萝与菠罗蜜等字词中迷糊。

然而，凤梨毕竟作为台湾本地的主要物种，它也一直在此地人民的生活中扮演重要角色，这可以从台湾农产物资分布图中看出（图6）。经济史学家殷尼斯(Harold Innis，1894—1952）曾针对加拿大的经济发展，提出大宗物质理论（staples thesis），指出社会中边陲地区（hinterland）主要生产物资的使用与出口，会影响或决定心脏地带（heartland）的政治、经济势力等社会组织形态[①]。他根据这种心脏地带与边陲地区之间的剥削关系，推论、演绎出传播技术（文化）偏倚（the bias of communication）的观点[②]。

图6　台湾农产物资分布图

当然，在台湾的经济发展过程中，菠萝不仅影响着台湾乡村的地理景观(图7)，它也是那种创造出社会偏倚的经济作物，只是，随着时间的变化，它有着不同的作用[③]。历史上，菠萝的第一个重要角色便是在日本统治台湾时期（1895—1945）的菠萝罐头。在这个阶段，菠萝罐头的销售曾为殖民政府与地方发展带来一笔可观的收入。这可视为是菠萝发展的第一种

---

① Alexander John Watson，*Marginal Man：the Dark Vision of Harold Innis*. Toronto：University of Toronto Press，2006.

② Harold Innis. *The Bias of Communication*. Toronto：University of Toronto Press，1964.

③ 菠萝的种植地并没有很多限制，一般来说多在山麓的缓坡地或丘陵地带，而沙砾地亦可。因此在乡村中，早期是柑橘与菠萝并种，借着柑橘树来替菠萝遮阳，在文献中则常见到原先大规模种植柑橘的改种菠萝，或者是由菠萝改种柑橘，这种大量摘种就影响了地理景观。

类型，而第二种类型则是除了切成圆形菠萝片以外的菠萝生果加工，这包括蜜饯、果汁、果酱、果醋、酵素等。而鲜食与观赏用菠萝则是它返璞归真的第三个重要角色①。

图 7　台湾乡村的菠萝②

① 关于菠萝用途的完整说明，请参见“行政院农业委员会农业试验所”著：《台湾的菠萝》，台北县：远足文化，2007 年。

② 摄影：夏春祥，说明：上方左为台湾日常食用之菠萝图像，右边则为在地农民在削菠萝准备食用，中间两张图片可看得出种植菠萝的土壤特性与地形特色。下方左则为香蕉树、龙眼树与菠萝栽种比邻而处的情况，下方右则为结果菠萝近拍。

在这个脉络下，凤梨酥可视为这三种发展类型下共同作用的结果。第一种发展类型可说明凤梨酥源起的发展背景，虽然与菠萝罐头相较，凤梨酥在当时可能微不足道，但绝不能忽视；第二种发展类型有助于凤梨酥的内馅形成今日模样；而第三种发展类型则有益于凤梨酥形象的被接纳。根据文献上的记录，凤梨酥在何时、由何人最早制作出来的起源问题，并无明显、可靠的资料，但有绝对的依据指出，上述历史发展的背景对于凤梨酥的今日形象有着相当作用的间接影响。只是为了更清楚地将凤梨酥发展的一些变化指陈出来，整个叙述有必要交代一下菠萝产业的整个发展历程。

前面的历史记录指出：台湾原本就有菠萝，但真正大规模的种植要等到 1895 年，日本政府将台湾变成帝国第一个殖民地之后。19 世纪末，正值 1868 年明治维新以来已有二十余年现代生活经验的日本人，已从英、美等国的马口铁皮罐头①感受到西方国家的进步，更喜欢当时由新加坡进口的菠萝罐头。此时，积极向外扩张的日本帝国，在“富国强兵”、“殖产兴业”与“文明开化”的政策下，更需要罐头物资来改善军人饮食。1902 年，日人冈村庄太郎便在凤山设立台湾第一座菠萝罐头工厂。同年 9 月，台湾总督府民政部殖产局更从国外引进全台首见的菠萝种苗，栽种于工厂附近②。这样的一段过往，可用来象征今日菠萝品种中“本岛仔”（或称本地种、在来种，英文名为 Queen Pineapple）与“开英种”（cayenne，或称外来种、改良种）的发展背景③，只是从 20 世纪初至今，开英种菠萝已经过不断改良，甚至也有与本地种杂交育成，而产生出各系编号，例如：台农一号、二号、

---

① 马口铁皮罐，一种为保存食品而存在的包装容器。最早，玻璃罐头食品加工贮藏法发明于法国，而马口铁皮罐则是发明于英国，却是在美国逐步研发工业量化生产技术，形成今日庞大的罐头食品企业。请参见 Tom Standage 著，杨雅婷译：《历史大口吃：食物如何推动世界文明发展》，台北：行人文化实验室，2010 年。

② 请参见渡边正一：《台湾菠萝之研究》，台北市：“中国园艺学会”；高淑媛：《台湾近代产业的建立：日治时期台湾工业与政策分析》，成功大学历史系博士论文，1966 年。

③ “象征”一词，表示这些在工厂边的菠萝只是试种，真正大量引进是在 1922 年以后。cayenne，原系法属圭亚那首都名称，法国探险家在此发现的菠萝品种，遂以此名称之。开英种菠萝在台湾普遍种植并用于制罐约当始于 1920 年代，在此之前的菠萝罐头，内容物都是本岛仔菠萝。请参见陈寿民：《台湾菠萝事业年谱》，《台湾银行季刊》，1951 年，第 4 卷第2 期；赖建图：《日治时期台湾菠萝产业之研究》，台湾师范大学历史研究所硕士论文，2001 年。

三号，直至二十一号等，而每一种系的发展，往往需要十余、二十余年，以台农 18 号为例，便经历了 22 年的时间①。

在菠萝罐头的第一个发展阶段，由于主要是为了加工制罐并出口外销，因此原先气味香郁、甜度也佳，且在高雄地区极为普遍的“本岛仔”菠萝便因不适合机械去皮而在 20 年代以后被制罐公司放弃，而水分相对较少、纤维较细的开英种则开始在台湾中部的八卦山区推广，并成为目前台湾菠萝的主要品种②。而从 1902 年以来，菠萝罐头制造量不断增加，菠萝罐头制造工厂也逐步发展③；报纸上便曾记载在 1912 年（时当大正元年）的东京拓殖博览会菠萝罐头被皇族选定的新闻④。1938 年，台湾的菠萝罐头工厂数量因为合并而减少，但产量达到 167 万箱，乃是日治时代最高纪录，也让台湾的菠萝罐头出口跃居世界第三⑤。至于第二种发展类型的菠萝生果加工，包括日治后期因为罐头制造需要去了心的轮状菠萝片，因此被废弃的菠萝心，就被腌制成菠萝干的蜜饯，以及农民种植罐头公司需要的合同菠萝（日治时期）、契作菠萝（50 年代），但后来因为各种因素而未被收购，转而寻求各种加工方式以作出路，例如：制成菠萝醋、菠萝果汁与菠萝酒等。

而就在这两种菠萝产业的发展类型中，菠萝被制成糕饼所需的内馅，开始在文献资料中出现。在《中式面食制作技术——酥糕类面食》⑥ 一书中

---

① 请参见“行政院农业委员会农业试验所”著：《台湾鲜食菠萝之父张清勤》，《台湾的菠萝》，台北县：远足文化，2007 年，第 67 页；翁瑞龙：《张清勤吃了许多的苦——以台农 18 号为例》，《瑞龙关庙菠萝》，http：//home. so-net. net. tw/wmzpineapple/1. htm。

② 水运少的菠萝品种比较适合制罐过程中的搬运使用，关于菠萝品种与种植技术的讨论，请参见汪冠州：《技术的共变转换：牛奶菠萝乡的技术与社会》，东海大学社会学研究所硕士论文，2009 年。

③ 根据台湾总督府殖产局特产课的《热带产业调查书——菠萝产业ニ关スル调查书》，1930 年，第 10 页的记录，1912 年全台菠萝罐头工厂有六家。

④ 请参见月出皓编：《台湾馆》，《台湾日日新报》，1912 年 11 月 3 日，第 4462 号，(二)。

⑤ 请参见赖建图：《日治时期台湾菠萝产业之研究》，台湾师范大学历史研究所硕士论文，2001 年，第 14 页。

⑥ 周清源主编，吴招亲 、黄云霞 、林致恩协编：《中式面食制作技术——酥糕类面食》，台北：“中华谷类食品工业技术研究所”，2007 年。

提到了：台中县清水镇颜家糕饼店将自家做的“龙凤饼”的“凤饼（菠萝饼)”改良为方块，而成了现在的凤梨酥。而在清水“颜新发饼铺”的网页[①]中，有着“凤梨酥起源”的描述：

凤梨酥起源于龙凤饼，所谓龙凤饼，龙是肉饼，凤是凤梨酥，一般当作订婚喜饼。由于糕饼老铺第二代颜树木先生为了参选公职，将自家的饼拿来作宴客食用，加上讨个旺来的好兆头就将大饼改良为小饼的凤梨酥，重量每个改为二十五公克，传统的圆形改为方块，成了日后很受欢迎的凤梨酥。

果真如此，那么，今日的方形凤梨酥就此产生出来。在一篇新闻报导中，参选公职的时间被标记为1946年[②]，其时正当第二次世界大战日本战败、台湾光复的翌年。于此，菠萝做馅，究竟是源于何时呢？龙凤喜饼向来便是中国人的传统民俗，以菠萝作凤饼内馅，自也适当，只是如前面所提的，确切起源难以判断。毕竟糕饼与内馅制作都非难事，至今也都是很多糕饼烘焙班的入门课程。而在台中的一些糕饼老铺，也有着类似起源说的描述：

日治昭和三年，一福堂创办人陈周财老师傅，选定紧临人潮聚集的大墩梅枝町（今台中竹广市场中正路上），开创以糕饼专卖的“一福堂果子铺”，小小店面内不时飘散着四溢的作饼香味，特别是“手工凤梨酥”的出炉，总是吸引无数过路的生意客与日本人上门捧场。一福堂“手工凤梨酥”，乃日据时期最出名的中部糕点……

日治昭和三年，约当1928年；两相参照，不禁让人好奇：今日凤梨酥究竟是40年代，还是20年代就酝酿出来了呢？与此相较，台湾知名食品公司的义美，在凤梨酥起源叙述上又是另一种说法：

台湾最具代表的糕点凤梨酥、绿豆糕还有蛋卷当之无愧，日据时代日本总督府曾在1935年的时候在台湾举行博览会，当时各产业抢着参展要争取曝光，包括糖业和茶产业都在那时候打出名气，连现在食品业

---

① http：//www. ysfa. com. tw/web/02 _ story/story. asp.

② 参见月金武凤报导：《凤梨酥创始店：改为“台湾伴手礼”更好》，《联合报》，2006年9月5日。

龙头义美当时才刚开发出来的凤梨酥，就是那时候参展，一亮相就红到现在。……还有台湾史上第一款凤梨酥、铁盒子蛋卷，都是1930年代的老产品。义美员工李协理："凤梨酥是我们董事长说，应该是我们第一间，全台湾第一个做凤梨酥的。"……当年制作糕饼的纯铜机器有200公斤重，古早年代的糕点全都是手工压模出来，编号一号馅包的是菠萝，编号二号是豆沙，日据时代的台湾博览会经过半世纪，当年许多小店家积极参与抢曝光，因为在展示会打出名号，就意味着有契机迈向大企业。[①]

30年代？这使得凤梨酥发展的根源问题更加扑朔迷离，因此，我们有必要转向更大的社会背景来检视。另一则新闻如此叙述着：

义美食品董事长高腾蛟周一骤逝！……高腾蛟出生于公元1922年，当时是日本统治台湾的大正年间，16岁时因父亲早逝，还在台湾商工学校就读的他承继家业……1935年日本总督府举办台湾博览会，义美蛋卷、凤梨酥、绿豆糕都是活动期间热门伴手礼。[②]

这两则论述同样都指出了1935年的凤梨酥起源。当然，这一说法根据的是商人年少时的回忆，而主要媒介则是举办于1935年10月10日的"始政四十周年纪念台湾博览会"[③]。在《台湾史上第一大博览会：1935年魅力台湾show》的专书中指出，这个基于日本帝国统治等政治需要而举行的活动，确实因为规划完整且由官方大力支持，因此在全岛南北各地引起广泛注意；博览会期间，居住人口为三十万上下的台北市也涌入了近三百万的参观人潮，加上全岛各州、厅都设有地方分馆，如：基隆水族馆、板桥乡土馆、嘉义特设馆等，使得由上而下的动员相当有效地产生。而人潮一旦产生，与政治有关的商业经营，亦会有着利益需求的自身逻辑，只是在目

① 请参见林婉婷报导：《"第一块凤梨酥"台博览首亮相　红70年!》，《TVBS》，2010年9月10日，http：//www. tvbs. com. tw/news/news _ list. asp？ no＝yuhan081120100910192637。

② 请参见记者周小仙、彭慧明台北报导：《财经人物/义美老董高腾蛟 做饼的人生谢幕》，《联合报》，2010年9月9日。

③ 此字词保留为日文原本写法，其意义即中文的始政四十周年纪念暨台湾博览会，简称台湾博览会。

前的各地名物、特产贩卖与全市联合大甩卖的各种活动中，并无相关数据或证据可以说明有凤梨酥的出现。专书作者程佳惠，在讨论当时博览会中的买气时，这样写道：

台博会是台日各地商品促销宣传的好时机，各会场的商业活动相当热络，其中卖店、食堂，因大量人潮刺激买气，收入可观。……最佳卖店是森永糖果公司……来自日本国内的许多水产、蔬菜罐头、调味品，都是台湾不容易买到的，由于价格合理，现场抢购热烈……与台湾同为殖民地的朝鲜馆在开幕之初，人参即销售一空。反观会场内台湾各州的特产品，业绩平平，仅台北州销售状况较佳，可能是参观者以本岛人为主，对于外来货有较高新鲜感。①

全市商店不论日人、台人经营的料理店、市场、饮食店、咖啡店、百货店等，都加入了拍卖活动，景气一片看好。……有台人提出："台湾博览会举办，岛内一般内地人，能趁机牟利公私，本岛人虽不能及，亦宜追之。"②

图8　日治时期台湾博览会产业馆中的菠萝模型（来源：翻拍自程嘉惠）

① 程佳惠：《台湾史上第一大博览会：1935年魅力台湾show》，台北：远流出版事业有限公司，2004年，第169页。

② 程佳惠：《台湾史上第一大博览会：1935年魅力台湾show》，台北：远流出版事业有限公司，2004年，173～174页。

由这样的叙述可以想象，在当时由内地人构成的消费主力，似乎并没有足够的社会基础可以构成凤梨酥的食用市场，而代表帝国主义的台湾总督府更是积极捍卫日人的文化与利益；因此，凤梨酥的雏形若有可能出现，乃是因为汉人喜庆与过节的需要，如前述的凤饼。而从困苦生活中的文化需求出发，自然各种剩余资源会被充分利用，前面关于菠萝罐头的叙述，便试图揭示这种物资是如何的普遍，因此某一个人或特定商家都很难说是发明人，只能说是在日本治台的殖民地时期，菠萝作为酥饼内馅应该开始成为台人在面对现实生活挑战的响应资源。毕竟在整个博览会过程中，作为重要的产业经济作物，菠萝与罐头成品确实是当时的重要象征（可参见图8），只是未有凤梨酥饼的进一步记录，再加上林衡道在讨论传统食品时，亦未见到这样的词汇。历史学者霍布斯邦在《被发明的传统》一书中曾经指出，人类有意的创造、建构，与在一段时间内不知不觉下的形成，乃是传统被发明的两个方式[①]。因此，诚如前面已经提过的看法，凤梨酥不是台湾地道的传统饮食。只是，它也是在文化传统的召唤中被发展出来，而关于最早制作凤梨酥的根源探问，目前仍没有进一步的证据与共识，虽然只能各自表述，但都已成为今日台湾凤梨酥文化的一部分，这也会在下一个部分仔细讨论。

至于用于鲜食与观赏的第三种类型，则是菠萝在80年代以后的主要发展。这一种发展对于凤梨酥的作用在于形象的影响。因为鲜食菠萝与制罐菠萝不同，它不再是远离消费者目光的背后加工，而是在市场上让消费者选购，这就使得菠萝不仅和农夫、商人生活紧密关联，也开始进入常民大众的生活世界，民众因而更直接地认识与感觉这个物种。

一般来说，在台语中，凤梨的发音类似“旺来”，总让过往生活困苦的人们充满喜气与希望，因而有了正面的形象，再加上60年代以来，台湾作为水果王国的营销与宣传，更让菠萝带来生活富庶与经济发展的积极联想不断普遍。90年代前后甚至更早，每逢过年过节或生意开张，每个家庭、

① 霍布斯邦：《被发明的传统》，台北：猫头鹰出版社，2002年。

店家也都喜欢把连有冠芽的菠萝置于供桌、客厅，与挂于门廊之上，以求吉利、兴旺，这种将乐观期待具象化的观赏价值又使其变成美好事物的代表。而“台湾新闻局”的光华杂志，更直接将由菠萝制成的酥饼描述为“创汇小金砖”（创造外汇）[①]，并指出它体积很小、方便携带，加上本身有甜度、含水量低、容易保存的特性，所以就成为记忆或记录台湾的象征。而这些点点滴滴使得过往传统在菠萝上的文化习惯，遂转化成为凤梨酥饼在新世纪中的成长动力。在《曾经卖一牛车还不够缴注册费　菠萝变金砖　农民不再心酸》的新闻中，记者如此写道：

> 两块凤梨酥的价格，竟然可以买个便当过一餐！那是早期农民难以想象的景况，因为过去曾经是卖一牛车菠萝，还不够缴一个孩子的注册费。现在，经过熬煮的土菠萝，却如浴火凤凰重生，成为热卖商品，农民感叹：果真世事难料！一九九七年，彭百显以无党籍身份挑战南投县长成功，当时他的竞选歌曲《南投调》歌词“旺来金蕉少年梦”（台语），犹如电击触动农村子弟的心弦，更勾起老农少年时代的回忆，心比菠萝还酸。因为，八卦山上多数人不是家里种菠萝，从小在烈日下和菠萝叶倒勾刺搏斗，就是在暑假时到台凤公司打工赚取微薄工资，贴补家用和支付注册费完成学业。但是，当时，甚至十年后，大家都没有想到，菠萝竟然以“金砖”形式引领风骚，一块凤梨酥动辄三十元上下，消费者还竞相抢购。创意和营销让菠萝咸鱼翻身。各家业者大量收购菠萝，农民直接受惠，名间乡菠萝栽培面积达六百公顷，农会总干事蓝芳仁说，每公顷菠萝产量约五万公斤，每公斤收购价平均提高二元，鲜果出售价格也随之提高，对农民帮助极大。[②]

从“旺来”到“金砖”，作为主要物资的菠萝经历了多次品种的改良，而看待与使用它的文化内涵与社会环境更是大幅更动。目前，酥饼便是这

① 请参见杨芙宜：《创汇小金砖——凤梨酥》，《光华》，2011年9月号，第30～32页。

② 廖志晃南投报导：《曾经卖一牛车还不够缴注册费　菠萝变金砖　农民不再心酸》，“中国时报”，2011年10月9日，焦点新闻/A3版。

个菠萝产业史的新方向之一，本论文主标题的“旺来与金砖”，便是在这层意义上得到开展。

四、凤梨酥文化史

在前面，关于凤梨酥的起源，有三种说法被讨论，时间分别是20年代末、30年代与40年代，孰为确切时间点的考证，牵涉到我们是以现今的凤梨酥形象去思索，还是指涉以菠萝作为内馅的制作技巧。因为在外貌上，早期喜饼（请见前文图1）与今日凤梨酥的酥皮面貌（请见前文图3）不同。毕竟在传统糕饼与西式饼食、烘焙业之间，都经历过一场饮食习惯转变的调整与冲击，这从喜庆文定的送聘便可以观察到。根据数据显示，糕饼的类型可区分为：酱饼皮类、油皮类、酥皮类与糕仔类①等。因此，每一种叙述都隐含着一种说法；这种关联到起源的论述方式，一直到近来都还见得到：

> 台湾最出名的伴手礼之一——凤梨酥，其实早期一直是用冬瓜酱混合，2005年台湾媒体揭露凤梨酥中不一定有菠萝一事后，反而让糕饼业者重拾用菠萝酱做凤梨酥，第一家以土菠萝做的凤梨酥，正在台中日出。日出创立于2002年，短短几年内以新鲜健康的奶酪蛋糕闻名台湾，2006年研发出第一块土凤梨酥，之后台湾各地的糕饼店纷纷群起效尤，故说日出是土凤梨酥的始祖一点也不为过。

在此，起源说又有了另一种展现：土凤梨酥始祖。而在面点师傅之间习以为常以冬瓜酱制作凤梨酥的习惯，也开始被注意、被讨论，以至于被改变。底下，本文将针对凤梨酥的社会文化史，做出一个整理。一如讨论中所指陈的，20世纪初，台湾人已懂得以菠萝作馅并结合传统喜饼与庙会的需求，只是这在当时并不生产小麦来制作面粉的穷困年代，只能作为一

① 陈美慧：《台中地区传统糕饼商品研发之探讨》，《2006台中学研讨会——饮食文化论文集》，台中：台中市文化局，第67～84页。

种奢侈品。而后随着台湾在美援的支助①与政府部门鼓励面食的政策引导下，凤梨酥也随着一般糕饼成为普及品。在当时，较知名的凤梨酥品牌有基隆的李鹄饼店、台中的美珍香、一福堂与俊美饼店等。而凤梨酥形成今日的风潮，关键在于 2006 年的台北市“台北凤梨酥，健康新气象”活动；由于活动成功地形塑出“伴手礼”的议题，以至于在此之后，凤梨酥文化节的名称更形普遍。为了更有效地将这段发展历程描述出来，本文将凤梨酥在 20 世纪以迄于 21 世纪的发展，区分为三个部分加以说明，分别是介绍 20 世纪凤梨酥发展的“美食口碑的经营”，以及 21 世纪的两个关键变化：“台北的凤梨酥文化节”，以及“冬瓜与菠萝：传统的正名”。

（一）美食口碑的经营

诚如前面的描述，由于美国小麦入台加工，使得台湾的面粉生产渐次稳定，加上美援与政府部分合力成立许多免费的烘焙训练班，进行相关的教育训练与巡回推广，以改变国人米食习惯②。这大概就是凤梨酥第一次关键发展的政经背景。

然而深究其中，则是此时的饼食制作，不再仰赖过往前人所习用的猪油、茶油，更多时候乃是以奶油和搅面粉。只是，普遍推广面粉饮食的结果也使得凤梨酥制作的门坎进入并不难，但费工费时，烘焙也需要有机器投资等。因此，从好吃美食到可以销售，关键在于糕点专业烘焙的制度建立，而随着台湾社会的经济日益发展，一些地方性的品牌开始建立。

基本上在这个阶段，凤梨酥并没有与地方产生联想上的关联，不像文旦与麻豆、太阳饼与台中、牛舌饼与宜兰，以及花莲与麻糬之间的关系，继而形成充满地方性想象的特产。只是店家要能够生存下去，一定得要依赖口碑。于是，一些面包糕点的商家开始在自己店面所处的地方，建立起美食的形象，一些饼食业者得以开始建立自己品牌。

---

① 请参见萧子新报导：《“中美牌时代”面粉袋大内裤！美援时代台湾缩影》，《TVBS》，2011 年 3 月 5 日，http：//www. tvbs. com. tw/news/news _ list. asp？ no=arieslu20110305215159。

② 陈玮全：《战后台湾推广面食之研究（1945—1980）》，中正大学历史研究所硕士论文，2009 年。

这种美食口碑的经营方式，与地方特产的经营方式不同。地方特产的经营方式，强调的是在地生产的物资，使得食材的取用方便，因此对于来自不同地方的外地人来说，生活当地不一定会有的物资，自然也应该在离开局限的同时，也增加体验的范围与记忆的媒介，因此地方特产常会因为被广泛购买而有了延续。但美食口碑的经营则略有不同，若能美食口碑与地方特产两者同时相加，那当然很好，但很容易让外地人或消费者忽视美食口碑的独特性，乃是制作技术的凸显。这放在凤梨酥的议题上来说，就是糕饼烘焙师傅如何将一般数据都可查考到的外表与内馅的制作原则，具体地转化成为一块凤梨酥的技术细节。

这种美食口碑的建立，在目前凤梨酥的研究结果上，可以观察到某种跨越时间的一致性，从日治时期开始，经过"两蒋"时期，到今天，都是如此。美食滋味的口耳相传，常是一个品牌的生存关键，而这绝非因特网之后才有的情况，反倒是在 70 年代与 80 年代，这是唯一且重要的商品经营原则，更是 20 世纪凤梨酥制作业者要生存的典型发展方式。发展于 1989 年的台中俊美（图 9），便这样地陈述：

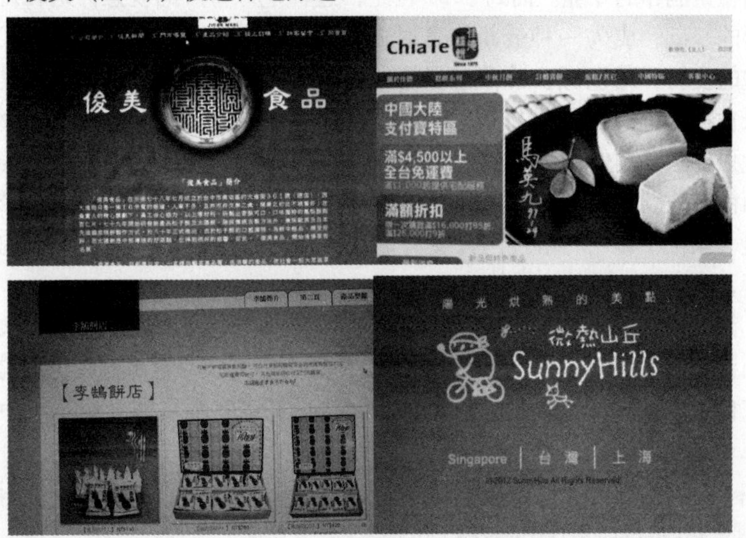

图 9　台湾凤梨酥知名品牌之网页图片

当初会想要做凤梨酥只是因为过年快到，又失业在家，想做点小东西送亲朋好友，就想到自己会做凤梨酥，于是就做凤梨酥送人。朋友吃过之后觉得不错，继续订购……开启了做凤梨酥的契机。因为我们从创业至今都没有打过折，也没有提供回扣给旅行团，所以基本上我们并不会因为市场变大而营业额跟着倍数成长，但庆幸的是营业额还是有稳健地往上，而且也有不少慕名而来的大陆客指定要买我们公司的产品，只要认真做，就一定有人会肯定。有些时候官方的活动都会强制商家的配合，因为有些要求跟我们的原则相抵触，例如买一送一、买二送一等活动，常常造成我们的困扰，因此在这个部分我们采取比较低调的做法。至于官方这样的活动，当然帮糕饼产业制造很多机会与产值，所以我们是认同的。

凤梨酥并不是近几年才开始有的东西，并不会因为这样流行，产生与蛋塔、铜锣烧一样的结果。我们还是坚持本业，将自己的质量、服务顾好，来回馈给我们的顾客。①

当然，美食口碑不是与地方特产的经营截然相反，只是它更细腻地凸显出糕饼制作的专业。而到了21世纪，这种地方特产的观念，则转化成为隐形的基础，成为一种最新饮食时尚的环保生态信念，那就是选用当季、在地的食材，藉以减少冷藏、保温所消耗掉的能源，以及缩短运输里程，降低食物转运过程的碳排放。再加上菠萝本身便有天然糖分，又多纤维，因此只要糕点制作过程的处理得宜，地方的主要物资往往可以藉由美食口碑而被有效利用，例如前往新加坡设店推广台湾凤梨酥的微热山丘（图9），便是一家位于彰化、南投两县交界的新兴品牌，他们与在地菠萝农的契约生产，改变了农民的生活状态。

简单来说，地方特产的经营方式，强调的是在地生产的物资，而美食口碑凸显的则是制作技术。一位资深的饮食文化研究者邓景衡在讨论台湾各地的饮食变迁时，经常指出乡土食品应该具有文化的本真性（authenticity）②，

① 李宗宪：《台湾糕饼业之社会文化分析——以中部地区凤梨酥产业为例》，逢甲大学经营管理硕士在职专班，2011年，第53～57页。

② 邓景衡：《符号、意象、奇观——台湾饮食文化系谱》，台北：田园城市文化，2002年。

而前面提过的林衡道也慨叹传统食品的消逝，继而流露出无可奈何的伤感。本研究认为：食物的本真性不应该由食物外貌或形式来界定，反倒应该强调食品制作过程的文化传承，继而在古今类似的技术上追求臻于细致的操作，以凸显对于食材、食工与食物的永恒尊重。在《百年饼店旧振南/干毛巾拧出水，揪出浪费根源》的杂志文章中，一家老饼店董事长这样叙述着[1]：

李雄庆说，过去师傅做饼，量秤没那么精准，譬如：凤梨酥每个是三十公克，但做出来都有个误差，变成三十五公克。旧振南一天出货八车八千三百多颗，如果把这些误差省下来，就可以多做一千三百八十七颗凤梨酥。除了良率控制，旧振南也在包装材料上省钱……旧振南控制成本的第三步，就是以量制价，跟原物料厂商议价。

在这里，美食口碑已经转化成为对整个食物制作过程的细节计较，而这种看似在乎经济利益的作为，其实就是在意食物本身的文化尊重。只是这一转变已是20世纪凤梨酥美食口碑的演变，在认识的同时，实有必要对另两个21世纪凤梨酥的关键事件有所认识。

（二）台北的凤梨酥文化节

基本上，在21世纪以前，凤梨酥的美食口碑在台湾便四处都可听闻；有些美食口碑是与老店招牌结合一起，如基隆的李鹄饼店；有些则原先是地区性，后来渐渐为众所知的人气名店，如：台中的一福堂以及木栅的麦园等。但若要厘清今日的凤梨酥热潮所有，那2006年开始举办的凤梨酥文化节则不得不提。典型的论述，如：

台北市政府举办凤梨酥节后，成为陆客指定必买的糕点，走进台北市知名的糕饼店，陆客挤得水泄不通，看准商品，大喊“我要两万块的凤梨酥”、“给我十盒凤梨酥”，店员忙着结账，脸上始终带着微笑，他们深知，陆客已成为他们另类的“衣食父母”。

“呷饱没?”是台湾人的问候语，但陆客到台湾的问候语却成为

[1] 陈一姗：《百年饼店旧振南/干毛巾拧出水，揪出浪费根源》，《天下》，2008年7月30日，第54～55页。

"你买了几箱"，凤梨酥成为陆客最爱，购买数量不是以"盒"计算，而是一箱箱搬走。维格饼家副总经理陈俊安说，陆客买凤梨酥，可用"抢购"形容，甚至还有人一进门，就指定要买最贵的凤梨酥，准备当伴手礼送友人。

陈俊安说，过去日本客是购买主力，但日客大多买一两盒凤梨酥，自从政府开放陆客来台观光，购买数量已远超越日客，陆客购买凤梨酥占总营业额三到四成，年营业额原本仅七千万元，暴增至七亿元，成长了十倍之多。

"每到晚上陆客就挤进店里，一箱箱搬回家。"佳德糕饼董事长林月英说，陆客一口气买两三万元的凤梨酥很常见，还要帮忙打包送回饭店……①

在这则2012年的新闻中，凤梨酥的热潮已经形成，但报导者或经营者都会提到台北市政府所举办的"凤梨酥文化节"。事实上，这个举办于2006年的活动，刚开始并不是专以"文化节"名义对外说明。当时的报导记载着相关的变化：

北市政府今天举办"台北凤梨酥，健康新气象"活动，宣布"凤梨酥"为台北市伴手礼，现场还有凤梨酥打造的"台北城门"及"台北101"，象征台北城的古往今来。九月四日至六日在市府中庭广场有"凤梨酥大赛"，三十七家糕饼业展示上百种凤梨酥作品，邀民众票选心中最优的凤梨酥。

"新竹米粉"、"台中太阳饼"、"嘉义方块酥"、"宜兰牛舌饼"，台湾各地都有特色名产，台北市的特色名产是什么？台北市政府与台北市糕饼商业同业公会今天在市府中庭举办"台北凤梨酥，健康新气象"活动，宣布凤梨酥为台北市伴手礼。

台北市糕饼商业同业公会理事长廖本苍表示，菠萝是台湾人拜拜常用的贡品，取其"旺旺"、"旺来"之意，深受民众喜爱，西式派皮

---

① 林佩怡台北报导：《靠凤梨酥赚饱　业者怕陆客不来》，"中国时报"，2012年1月4日，A6版。

与中式的菠萝馅料，可说“中西合璧”，西方人也不排斥，最适合当作观光客来台的伴手礼。①

当时的活动名称为“台北凤梨酥，健康新气象”，并未有“凤梨酥文化节”的统一词汇，而不同的新闻报导都是以“系列活动”、“嘉年华”等来描述这场活动：

台北市政府举办凤梨酥嘉年华会，正式将凤梨酥列为台北伴手礼，此举让台中县市糕饼业者跳脚，直呼凤梨酥明明是台中名产，“说凤梨酥是台北的”根本混淆视听，阿明师老店太阳堂负责人林祺海更呛声要台中市政府出头和北市府比个高下。

名产名摊、美食活动已成为各县市政府创造人潮、商机最常举办的活动，台北市政府最近大肆举办凤梨酥嘉年华会，台中市最近则举办肉圆选拔活动，动辄数百万的经费，却张冠李戴，把台中名产当成台北伴手礼宣传，这头却舍弃自家名产凤梨酥，把彰化小吃肉圆当成台中特色小吃营销。这回，台中名产被台北捷足先登办观光嘉年华，令糕饼业者相当不满，对市政府乱花钱乱办活动，还混淆视听举办很“感冒”。②

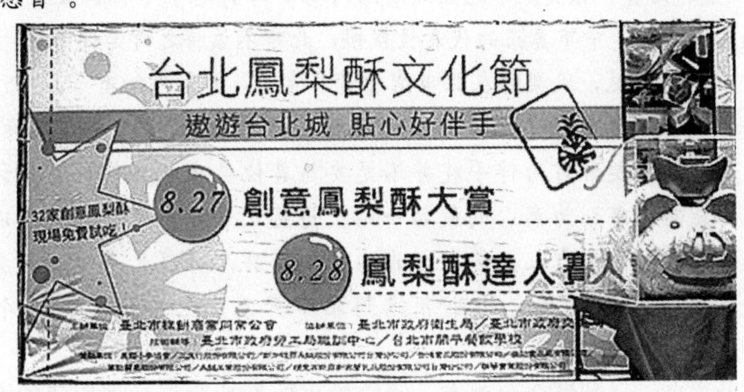

图 10 2007 年台北市凤梨酥文化节海报

① 《北市伴手礼凤梨酥 市府今起举办凤梨酥大赛》，“中央社”，2006 年 9 月 4 日。

② 冯惠宜台中报导：《台北抢食大饼业者促正名：凤梨酥 正港台中名产!》，“中国时报”，2006 年 9 月 5 日，C1 版。

在这则报导中，可以发现2006年，确实未有“凤梨酥文化节”的说法，这个字词要到翌年（2007）才会成为具有普遍共识的词汇（图10），并使用至今。这种逐步发展的历程正符合本文前面论述的被发明传统中的那种“建构”特色，更何况向来以糕饼重镇闻名的台中业者，也在新闻中提出挑战，更适切地凸显出建构过程里不同权力拥有者彼此竞逐的样态。只是一个容易被忽略的用语是“伴手礼”，市府透过这个传统文化的说法，灵活地将前面提过的“美食口碑”与“地方特产”的物资推销方式，转化成为既与华人传统文化兼容，又能符合当代台北都市场景的精致美食：

> 台北市将凤梨酥订为伴手礼，引发同是以凤梨酥闻名的台中市抗议，认为北市混淆视听，台北市长马英九昨日出面缓颊说，北市凤梨酥的消费量大，1个月就有5000万个的市场，因此才将凤梨酥订为伴手礼，并不是要与一些历史悠久的县市相比较，他欢迎各县市糕饼业者到北市开分店，共享这块市场。
>
> 北市糕饼公会与市府卫生局、商管处共同举办的“台北凤梨酥、健康新气象”活动，目前正在市府大楼中庭热烈举办，马英九今日还要为“凤梨酥大赏”颁奖，不过热热闹闹的场面却引起中市糕饼业者的不满，认为凤梨酥是中市真正的代表性糕饼，北市不该将之订为伴手礼。
>
> 马英九说，凤梨酥在北市消费量非常大，1个月约有5000万的量，一年就有6亿元的市场，而台湾也有好几个地方以出产凤梨酥闻名，台北市将凤梨酥订为伴手礼并不是要与其他县市相比较，而是许多游客都是将北市列为离台的最后一站。马英九表示，凤梨酥是可以放比较久的礼物，来台人士常在台北购买凤梨酥，所以北市欢迎各县市制造凤梨酥有悠久历史的业者能到北市开店，他一定是第一个去买的人。①

在此之前，凤梨酥全台都有，销售量也随着社会与经济局势的变迁而日益增加。在这样的背景下，台北市政府将资源集中，并以“伴手礼”传

① 刘添财台北报导：《凤梨酥订为伴手礼　马：欢迎各地业者开分店》，“中国时报”，2006年9月6日，北市新闻C2版。

统作为发展论述的主要基础，便成了这场嘉年华活动的仪式策略；换句话说，伴手礼的象征巧妙地将台湾社会的生产物资、饮食习性，与传统文化中的馈赠情谊构成联系（articulate），于是，小小的凤梨酥开始浓缩也因而承载了许多意涵，而这些隐喻的指涉物其实一点也不小。而在台湾社会中，这样的仪式活动吸引了新闻报导的焦点，引起了社会舆论的关注，自然也让观光客增加的同时也必然伴随的购买行为，有着相互配对的结构性助力。这种在文化经济发展过程中的治理作为，其实不只是经济利益的创造，更重要的是改变或形塑了民众的认知，这种文化性的作用与影响常被忽略[1]，而这也是本研究想要记录、阐述与解释的。

（三）冬瓜与菠萝：传统的正名

在凤梨酥的发展历程中，台北市的凤梨酥文化节确实扮演着重要的角色，可视为关键事件。而在上面的新闻报导中，可以看见一旦涉及面子问题，那种封建社会的山头主义便会浮现，只是当时的市长马英九清楚地以伴手礼文化与经久耐放的产品说明，来解释台北市府的做法，也使得凤梨酥文化得以容纳更多现代元素。在另一篇《凤梨酥争正名　车拼北市》的新闻，这样的脉络便很清楚地展现：

> 马英九敲锣打鼓选出凤梨酥为台北市伴手礼，台中市长胡志强也要互别苗头，将举办“天下第一酥”凤梨酥促销活动，不能使文化城60多年历史的糕饼凤梨酥，拱手变成台北市特产。
>
> 中部凤梨酥六十年老店“颜新珍糕饼老铺”第三代业者颜景修说，凤梨酥早在三国时代就有，但到六十年前，由他的祖父颜瓶将结婚时必备的龙凤大饼，经过研究创新后，成为现在让大家齿颊留香的凤梨酥。不能被外县市坐享其成，取代台中市糕饼业前辈的心血结晶。
>
> ……台中市凤梨酥已经有超过一甲子的时间，市府有责任发扬光大，让凤梨酥成为台中市地道正牌的名产，同时也是“台湾的伴手

---

① 请参见夏春祥：《文化与传播：关于地方社会经营的几点思考》，《彰化文献》，2012年，第17期，第6～22页。

礼”，透过活动让观光客知道买 Made In Taichung 的凤梨酥最有面子。

起源最早的“颜新发食品工厂”第三代传人颜景修也出示当年祖父在中市中山路老店前的合影照，历时一甲子的泛黄老照片，还清楚见到店门前玻璃橱窗，印有“凤梨酥”的广告。颜景修也提出“官方证据”，台中师范学院一九八九年出版“乡土文化补充教材”，证实太阳饼及凤梨酥都是台中名产。凤梨酥到底是哪县市最早上市？颜景修说，他不是要争祖父是凤梨酥的发明人，而是“研究创新”者，因为他的祖父颜瓶将过去包菠萝馅的大喜饼，研究创新出凤梨酥，糕饼业界也一致认同他的祖父是凤梨酥创新研发者。①

在这则新闻中，凤梨酥的起源已溯至三国时期。事实上，这是借用历史上东吴孙权弄假成真的嫁妹传说，作为论述合理化的历史基础，因为在很多数据中显示，糕饼业者也将诸葛亮视为糕饼祖师，因为他在征讨南蛮的过程中也用了面粉制作的事物来获取征伐上的胜利。只是同样的新闻来源在前面提到的凤梨酥发展背景不全然一致，这里并没有真、伪、对、错的证据问题，反倒呈现出一种论述上的不断尝试，藉以使得相关言说被广为接受。这些都在在地例证了那种自然而然、绝对正确的历史，常常只是由很多沿袭相传的习惯而决定，也就是人类建构的文化因素在起着作用。

在凤梨酥于 21 世纪的发展中，另外一件起着重要作用的事件则是凤梨酥内馅的厘清与正名。依照第三个部分“菠萝的历史、产业与酥饼”的讨论，菠萝由于在台湾是大宗物资，因此早就有尝试做成菠萝馅的习惯，以作为糕饼内馅。而在目前可以查考的新闻报导中，在 50 年代，“凤梨酥”词汇的使用已相当普遍，或是以类似柯南卡通片中的角色出现在贿赂或命案的社会新闻之中②，也有的则是以赠送的礼品的形式出现在社会新闻之中③；

① 卢金足台中报导：《凤梨酥争正名　车拼北市》，“中国时报”，2006 年 9 月 7 日，中市新闻 C2 版。

② 请参见：《难消凤梨酥　显形村民会　暗中监视明里试探　一拘而服罪无可逭》，《联合报》，1963 年 4 月 13 日，3 版；《中兴村营建弊案　沈普霖被判处有期徒刑八年　十一被告分别判刑》，《联合报》，1958 年 2 月 13 日，3 版。

③ 请参见：《台北人语/明星梦迷几女郎》，《联合报》，1957 年 3 月 4 日，2 版。

但无疑地，当时还在农业社会的人们饮食口味比较传统，嗜喜甜食而畏惧酸味，且菠萝若直接做馅，常常会因为酸度而无法被民众接受，加上当时菠萝品种的纤维较粗，口感并不理想。因此从20世纪中叶以来，很多糕饼师傅便尝试使得这个在喜庆场合一定会出现的凤梨酥饼能被大众接受。

根据糕饼公会的资料与说法，冬瓜便是在这种背景下成为名称“凤梨酥”的酥饼食材。在食物属性上，冬瓜性凉，清热解毒，可促进人体新陈代谢，而较细密的纤维也不容易黏牙，改善了以往缺点。而这就是在凤梨酥发展过程中，一场充满真假趣味的故事演变：

> 中秋节要到了，凤梨酥开始热卖！不过您大概不知道每年中秋节吃的现做凤梨酥，其实原料不是菠萝，而是冬瓜！
>
> 业者说，因为冬瓜便宜又健康，口感比菠萝好！
>
> 但为什么要叫做凤梨酥呢？原来是大家习惯了！……凤梨酥师傅廖先生：“冬瓜酥比较不好听啊，凤梨酥不是蛮好听的吗，市面上都用冬瓜来做。”
>
> 我们找上多家凤梨酥制造公司，现做的凤梨酥，都不是“正港”菠萝做的，TVBS不说，您可能不知道，菠萝被冬瓜给“篡位”，是有原因的。业者张国荣：“冬瓜酱的好处是可以养颜美容，健康的素材。”凤梨酥师傅廖先生：“成本，菠萝会比较贵，冬瓜比较便宜。”是的！“幼绵绵”的馅料，除了颜色是菠萝黄色，其他的跟菠萝一点关系也没有！①

在此，冬瓜似乎成了以假混真的次级品，事实上绝非如此。但也就是这样的一则报导，使得在凤梨酥社会文化史中，绝不能忽视“土凤梨酥”的这个改变。前面提过了有所谓的“土凤梨酥始祖”，便是首先尝试以全菠萝馅入味的店家，这可视为是传统的正名。然而，仔细地加以检视，这一说法并不全然精确，因为糕饼公会在2006年的凤梨酥活动中规定，在内馅材料中，菠萝与冬瓜的比例得要占20%才能被称为“凤梨酥”，加上对于材

---

① 记者廖盈婷、孙铭遥报导：《凤梨酥是冬瓜做的！民众喷饭》，《TVBS》，2005年8月24日，http：//www.tvbs.com.tw/news/news_list.asp？no=lili20050824175125。

料内容的说明要清楚界定的规范，更使得整个凤梨酥的文化趋于成熟。而这个比例分配，甚且也成了很多新兴凤梨酥品牌形成的基础。在整个凤梨酥的材料、内容上来说，面粉、奶油、糖、蛋、冬瓜、菠萝酱便是主要原料，也有的添加玉米粉，以降低水果馅的成本及甜度。当然，糖可以是砂糖，也可以是麦芽糖，这也是很多品牌各自有着自己顾客与消费群的一个原因。

而在上述新闻之后的一段时间内，“土凤梨酥”往往隐含着比“凤梨酥”更为本真的指涉，甚且也在新闻版面成了很多报导以至于竞赛的焦点。

> 这几年标榜不加冬瓜馅、纯用菠萝馅的土凤梨酥大受欢迎，彰化芬园乡农会推广股股长林淑苑表示，“以往多数土菠萝都交给罐头工厂制作菠萝罐头，但去年开始，多数转给烘焙业者”。就连世界面包冠军吴宝春也推出纯菠萝馅的土凤梨酥。《苹果日报》搜罗27家共28款原味土凤梨酥，邀请张丽蓉、连爱卿、辜惠雪评比，最后，甫在本报今年超商中秋月饼评比中，得到凤梨酥类第1名的铁金刚关庙凤梨酥因内馅调味得宜，再度夺下冠军。
>
> 土凤梨酥的风潮从去年开始延烧，根据南投县八卦山专种土菠萝的农民谢基风表示：“5、6年前台中糕饼业者开始收购土菠萝，从去年开始，本地、彰化小型糕饼业者也开始指定要土菠萝。”另外，彰化芬园乡农会推广股股长林淑苑也表示，“全乡大概有1/5栽种土菠萝，从去年开始，多数都交给烘焙业者”。①

发展到这个时候，不管是内馅还是外皮，凤梨酥已更加为人所熟知。而它的演变历程，也创造出一种“专家”与“生手”的区分纵深，继而成为很多街谈巷议的谈话素材。当然，这里的专家与生手，和平日我们在企业工作中的那些认知并不全然一致，因此，以双引号标示它的特殊性。有趣的则是凤梨酥的风潮，就是在这种纵深中日益普及，甚至也产生一种磁吸作用，而更多文化上的改变，也是因此而发生。

---

① 黄翎翔报导：《土凤梨酥红翻全台：28款原味评比　关庙凤梨酥再夺魁》，《苹果日报》副刊，2010年8月28日。

为了口感，凤梨酥几乎都是冬瓜做成的。不过走访店家，却发现真正有诚实标示的，寥寥可数。……上面完全没有提到冬瓜。不过老字号的李鹄饼店及郭元益，就清楚标示，还说这是为了中和菠萝的酸味。……郭元益企划部专员黄婷："菠萝的味道会很酸，那其实最主要是要取菠萝的口感，那另外加入冬瓜的原因，就是希望要把那个甜度，把它拉上来，提升上来，中和菠萝的酸味。""卫生署食品卫生处长"陈陆宏："这个食品在制作过程当中，放了什么成分，它的标示就要清楚标示出来，因此如果它只是标，我里面含有菠萝，但没有标冬瓜的话，这是违反食品卫生管理法的规定，那按照食品卫生管理法的规定，这是要处 3 万到 15 万的罚款。"……有放什么，就得写什么，才不算欺骗消费者。不过管他凤梨酥还是冬瓜酥，只要不是黑心酥，全部都好吃！[①]

成分说明，便是凤梨酥所促成的一种社会习惯改变，而这也是在凤梨酥文化史中很容易被忽略的。事实上，在目前的凤梨酥制作过程中，很多品牌都只是代工，甚至有专门厂商生产这种内馅（请参见图 11）[②]。

图 11　菠萝酱、冬瓜酱的销售商品图片

① 记者：张惠民、高智亮 台北报导：《凤梨酥放冬瓜，义美、新东阳未写》《TVBS3》，2005 年 8 月 24 日，http：//www.tvbs.com.tw/news/news_list.asp? no=lili20050824175217。

② 另请参见：《凤梨酥解密》，《曾乔治信息》，2012 年 8 月 27 日，http：//touchedbyarticle.blogspot.tw/2012/08/blog-post_27.ht，上网日期：2012 年 12 月 1 日。

当然，凤梨酥容易制作的低门坎促使很多个人，以买现成的酱料为基础来尝试烘焙。只是也有更多的品牌是建立在内馅与外皮都是自己制作的，而这种冬瓜与菠萝的区分，继续成为很多故事的发展起点。

世界冠军面包师父吴宝春，现在加入一年40亿的月饼战场，打出“纯菠萝”为号召，不加任何冬瓜，相较于一般凤梨酥，口味偏酸，也由于成本较高，因此一个凤梨酥价格，比一般凤梨酥足足高出近3倍……美食专家吴恩文认为，纯菠萝纤维太多，反倒不顺口，加一点冬瓜还是比较好。……挑菠萝，亲自出马，吴宝春以“全菠萝”为号召，不加任何冬瓜来充数，一颗土菠萝，最多只能做10个凤梨酥。纯菠萝纤维多，分段打成泥格外费事，就连外皮也很不一样，加了咸鸭蛋黄，色泽深黄色，味道带点咸味，切开来看，内馅会“牵丝”，纤维一清二楚。吴宝春：“凤梨酥最主要是煮那个馅，煮那个菠萝馅，面包就是整个流程都很重要。”记者：“所以凤梨酥比较简单?”吴宝春：“凤梨酥比较简单。”①

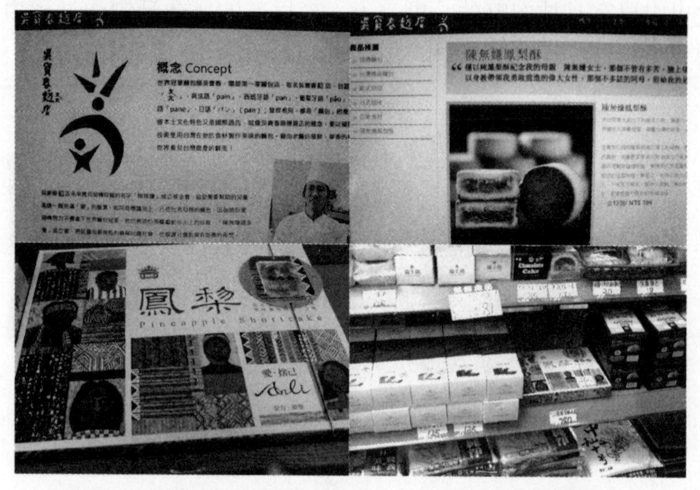

图12　陈无嫌凤梨酥与义美食品公司店面之凤梨酥图片

① 《吴宝春的第一次凤梨酥大曝光》,《TVBS》，2010年8月11日，http://www.tvbs.com.tw/NEWS/NEWS_LIST.asp? no=sunkiss20100811193746。

“一颗土菠萝，最多只能做10个凤梨酥”，这个由台湾知名面包师傅所做的说明，充分地解释了为何凤梨酥的发展必须放在菠萝产物史的脉络下才会更加清晰。而在另一篇《吴宝春说故事　从凤梨酥开始》的报导里，这些元素就清楚地产生关联：

小时候，我很讨厌菠萝，直觉就把“菠萝”和“贫穷”画上等号。如今，我用土菠萝制作怀念妈妈的“陈无嫌凤梨酥”，菠萝酸中带甜的气味，转化成幸福的人生滋味。菠萝田是我年少记忆中，永远无法抹灭的景象。妈妈靠着采收菠萝的微薄收入养育子女，三十多年前，采收菠萝的工人，从天未亮做到天黑才收工，一天辛苦所得仅约150元到200元。卖相不好的“淘汰”菠萝，可以免费带回家。“淘汰”菠萝和野生竹笋、野生龙须菜、雨来菇、野生蜗牛、田里的青蛙，都是妈妈取自周遭自然环境中，不必花钱买的免费食材。妈妈的餐桌上，餐餐都有菠萝。最简单的吃法是将新鲜菠萝抹盐，去除酸涩味。菠萝佐以豆豉和盐，一起腌渍在大罐子里，可以存放一年。妈妈拿腌渍菠萝炒野竹笋或炒龙须菜，都不需再加盐。……腌渍菠萝也可以当作沾酱料使用，小时候我钓的青蛙，只需用滚水煮熟，青蛙腿肉沾着腌渍菠萝酱料食用，非常美味。因为菠萝是妈妈最唾手可得的免费食材，小时候我只要看到“菠萝”就会联想到“贫穷”。一看到餐桌上，又是出现菠萝，就会摆出臭脸。……记忆中的菠萝滋味，是酸的、纤维粗粗的，吃了嘴巴还会破皮刺痛。17岁时，我到台北去当面包店学徒，之后看到路边水果摊卖的菠萝，价格竟然不便宜，我连一眼都不想看。幼年时讨厌的土菠萝味道，逐渐转化成为怀念妈妈的酸甜幸福滋味。2010年10月，我终于开了第一家“吴宝春ㄆㄤˋ店”，除了冠军面包，也以妈妈的名字制作“陈无嫌凤梨酥”（图12），就是为了怀念妈妈。有趣的是，很多人不知道“陈无嫌”是我妈妈的名字，常有人打电话询问“这是‘无咸’的凤梨酥吗？是没有放盐的吗？”令我啼笑皆非。[①]

① 《吴宝春说故事　从凤梨酥开始》，2011年5月28日，“中国时报”，吴宝春口述，林秀丽整理。

幸福、贫穷、菠萝田、土菠萝、菠萝果肉、菠萝面包，这些与菠萝或近或远的事物，都因为意义的浓缩成了本文指涉的事物，而菠萝与台湾民众的生活确实是交织绵延。在凤梨酥文化史中，这一情况正可以说明类似模式的发展，也间接地例证了土菠萝在其中所具有的支配性作用。

五、结 论

在这篇文章中，个人从自己的生活经验出发，结合了台湾近来经济发展的趋势，继而以凤梨酥作为研究对象，探索与此相关的几个面向与问题。而架构中的“二、凤梨酥现况”、“三、菠萝产物史”，以及“四、凤梨酥文化史”等，便是分别响应这篇文章所提的三个问题。

当然，在整个探究历程结束之际，我们可以清楚地知道过往作为“旺来”象征的菠萝，如何转变成为台湾常民生活中的“金砖”。只是经济发展之余，本文也想指出：在人文精神的面向上，治理的作用日益重要。

而新世代的这种文化治理，绝非只是文化政策这一面向而已，还包括了整个社会将会如何发展等更长远的问题，毕竟在菠萝产物的整个演变历程中，凤梨酥的现况只是一种过渡状态的生成，它的出现当然有利于经济与社会，只是这种相对稳定的情况是否可以延续，继而避免了台湾社会在20世纪末曾经有过的蛋塔风潮，则是我们念兹在兹的部分。

换句话说，在今日经济竞争与社会发展的过程中，谁能更仔细地发展自身过往的文化面向，谁就掌握新一波的发展契机，只是这种掌握不能只是一时冲动的决心，更需要永续恒常的治理经营；一旦忽略了这种人文化的种种，那么经济化的作为只会变成一种泡沫，无法根本改变社会的文化内涵与发展局限①。

① 请参见夏春祥：《彰化形象：媒体再现的探索与分析》，《彰化文献》，2012年第18期。

The social origin and cultural development of pineapple shortcrust pastry in Taiwan

Chun-Hsiang Hsia
(Associate Professor, Department of Speech Communication, Shih-Hsin University)

Abstract: As a traditional delicacy, pineapple shortcrust pastry has long been part of our daily life. Now it suddenly becomes a critical product for Taiwan's socio-economic developments in the second decade of 21st century. Curiously asking why, this essay investigates those arts and works behind the related agrarian products, such as pineapple, wax gourd, flour and sugar. Then the social origin of the shortcrust pastry is explored, via the cultural history approach, so as to boost a cultural awareness in all the industries involved. Behind the popularity of a fresh-from-oven taste is a culturally created and the invented tradition that still awaits our careful and artful devotions. Issues of cultural governance are therefore of top significance if Chinese pastry culture is to be maintained and renewed today.

Keywords: pineapple shortcrust pastry, cultural history, social origin, the invention of tradition, cultural governance

台湾美食牛肉面的起源与传播

侯杰[1]　李净昉[2]

【摘要】长期以来，牛肉面在台湾拥有广泛的社会基础，经民间人士的积极努力，使之在各地流传，并呈现出不同的特色和风格，进而成为一种台湾美食。自2005年起，台北市主办“台北牛肉面节”，旨在打造“世界牛肉面之都”。此后数年，每年一届的“台北牛肉面节”均分别确立了不同的主题，表达地方当局的要求与愿望。而灵活多样的活动方式，密切了地方当局与民间的互动，也扩大了台湾牛肉面的社会影响。通过讨论台湾美食牛肉面的起源与传播等议题，可以拓展社会史研究的路径。

【关键词】牛肉面　“台北牛肉面节”　文化建构

一、序　论

台湾牛肉面是台湾社会各阶层人士的共同创造，很多人都有属于自己的牛肉面故事。因此本文所要进行的“台湾美食牛肉面的起源与传播”研究，将采取社会史的研究进路，在继续法国年鉴学派于第二次世界大战前开始的食物历史研究之基础上，采取自下向上的视角，寻找进而再现那部分被传统史学遮蔽的历史[3]。然而，这并不是本文所要达到的终极目标，笔

---

① 南开大学历史学院教授。

② 南开大学文学院博士后研究员。

③ 菲立普·费南德兹—阿梅斯托著，韩良忆译：《食物的历史——透视人类的饮食与文明》自序，台北：左岸文化，2005年，第10页。

者还将考察上对下的呼应，上与下之间的彼此互通及其共同创造，进而提出新的社会史阐释方法。而台湾牛肉面的起源与传播历程恰好提供了这样一个不可多得的案例，为我们透过台湾美食牛肉面的探讨，拓展社会史研究的一个路径。

不仅如此，在社会史研究中，还人类以情愫也是非常重要的学术要求。台湾牛肉面由于浸透了芸芸众生的喜怒哀愁苦，所以每位倾述者的言谈话语间，都充满各种各样的情感。又由于这一大众美食凝聚了人们的不同时段的历史记忆，因此借助口述历史、记忆研究的某些方法和手段，可以还原生动细节，进而实现文化建构。

值得注意的是，生活在媒体时代，人们的日常生活与媒体的关系非常紧密。在台湾牛肉面起源，特别是传播的过程中，媒体扮演了非常重要的角色。自2005年台北市举办牛肉面节以来，主办者充分利用媒体，尤其是因特网，发布信息，影响受众，回馈信息，因此，要想深入探究和阐明牛肉面的文化内涵，就必须充分利用媒体数据，展开深入分析和讨论。

二、台湾牛肉面的起源

“今天的台北，牛肉面已经成了大众食品了。不论大街小巷，只要有小摊子，就可以吃到一碗价廉物美的牛肉面。”① 著名台湾饮食文化研究专家、台湾大学历史系教授逯耀东的这番话，揭示了牛肉面在台北十分流行的事实。那么，这种局面又是怎样形成的呢？民众在咀嚼清炖和红烧两种不同口味的牛肉面时，为台湾牛肉面的起源和传播提供了坚实的社会基础，同时也创造了历史。

谈及台湾牛肉面的起源，人们往往会首先想到眷村的老兵。毋庸置疑，他们确实为此作出过巨大的贡献，后面将有专门的论述。然而在台湾牛肉面的历史流变中，回族民众也曾扮演过非常重要的角色，不应该忘记。这

① 逯耀东：《只剩下蛋炒饭》，台北：圆神出版社，1987年，第185页。

是因为在台湾拓垦初期，牛是农家宝贵的生产工具，是一家老少生活的重要依靠。以农耕为主的民众对牛宠爱有加，因此舍不得吃掉它，久而久之，遂形成戒食牛肉的民间禁忌。另外，佛教所倡行的戒杀生和民间宗教所劝导的戒食犬牛等均得到民众的广泛认同。只有回族民众在台北市城中区开设了一些清真牛肉面馆，为消费者提供清炖牛肉面。

如前所述，1949 年以后从大陆来到台湾的老兵及其眷属确实将清炖牛肉面带进台北。不少寄居眷村的北方老乡，每天宰杀一头牛，牛肉卖给肉贩子换取家用，剩下的内脏和杂碎则以简单的佐料清炖，煮成一大锅牛肉汤，下点面条，煮成牛肉面。这主要是因为当时物质比较匮乏，加之这些北方老乡经济能力不足，没有办法购买牛肉，只好用别人买剩下的牛杂和牛骨头清炖煮面。

后来，在台北市怀宁街与博爱路一带的廊下，开始出现多是由外省老爹经营的清真牛肉面摊。他们采用每天现宰的黄牛肉，用面摊子上的铝制大锅烹煮，锅上架着个铁箅子，铁箅子上摆着几大块刚出锅的牛肉。顾客坐在摊前的长凳上，指着牛肉自由选择。然后冲入热腾腾的牛肉汤，撒上葱花、香菜提鲜。若当主食，就先加一把下好的面条，一碗清澄味鲜的牛肉面于焉而成[①]。足见，来自大陆不同地区的普通民众到台湾生活、工作后，也将纷繁多元的美食习俗与烹饪技术一起带到台湾，并落地生根，不断传承和发展。

透过对台湾清炖牛肉面起源的探寻，人们不难发现这一美食既离不开回族民众的努力，也有来自北方的军人及其眷属的引入，还有外省老爹的经营。他们的身份或许有部分的重叠，但是有一点却是肯定的，是普通民众的生活创造，使清炖牛肉面在台北的街头飘香。可惜的是，清炖牛肉面后来虽然“逐步发展至全省各地，但为数不多，能保持原味美味尤少”[②]。

---

① 参见利基整合营销：《牛肉面教战手册》，台北：旗林文化出版有限公司，2006 年，第 22～23 页。

② 《台北牛肉面》，请见：http：//www.soku.com.tw/%E8%87%BA%E5%8C%97%E7%89%9B%E8%82%89%E9%9D%A2/。

这与清炖牛肉面多附设于红烧牛肉面店不无关系。

那么红烧牛肉面又是怎样发展起来的呢？逯耀东教授认为现今在台湾各地能够品尝到的红烧牛肉面最初源于老兵牛肉面摊，而且“流行的是川味的红烧牛肉面”[①]。他认为冠上“川味”的红烧牛肉面是台湾独创，并推断说它是从成都小吃“小碗红汤牛肉”转变过来。换言之，将小碗红汤牛肉加上面，就成了川味红烧牛肉面[②]。为此，他还对四川和高雄县冈山眷村进行了实地调查。逯耀东教授在调查研究中发现：一、冈山这个从四川成都迁到台湾高雄来的空军官校所在地，居住着很多四川人，不论是军人还是眷属都是如此。二、闻名遐迩的冈山辣豆瓣酱，其实就是仿照四川郫县豆瓣酱制作而成的。而辣豆瓣酱则是烹调川菜的主要佐料，烹调川味红烧牛肉面也非得用辣豆瓣酱才够味。所以，他断定四川味道的红烧牛肉面的发源地就是冈山空军眷村[③]。由此可见，军人与眷属在川味牛肉面起源和传播中确实发挥了重要的作用。

需要特别指出的是，台湾川味牛肉面虽然起源于高雄冈山，却流行于台湾各地。在这个过程中，川籍退伍老兵居功至伟。这些老兵虽说是为了糊口，到不同的地方摆起了面摊，卖起了川味牛肉面，但是在艰辛的牛肉面贩卖中，却创造了历史和文化。俗话说得好：民以食为天。为了服务消费者，他们在台北宝宫戏院旁的信义路廊下，同时摆上了好几个川味红烧牛肉面摊。后来，有一个面摊迁到永康三角公园，即日后的永康公园川味红烧牛肉面。林森南路康矮子担担面与仁爱路、杭州南路交叉路口的老张担担面也都发源于此。

20世纪50年代初，在整顿中华路一带违章建筑的过程中，八幢四层楼的中华商场矗立于中华路自北门至小南门这个区域。于是，各地小吃云集此地，多家川味红烧牛肉面馆都想捷足先登。无奈英雄所见略同，于是在

---

① 逯耀东：《只剩下蛋炒饭》，台北：圆神出版社，1987年，第185页。

② 将大块牛肉汆去血水后，入锅煮沸，再转文火煮至将熟，再将处理妥当的郫县豆瓣酱、花椒、八角、葱姜等，加入牛肉汤锅内，微火慢熬而成。

③ 参见利基整合营销：《牛肉面教战手册》，台北：旗林文化出版有限公司，2006年，第23页。

中华商场附近的桃源街一下子就出现了一二十家打着川味牛肉面大王旗号的面馆，竞售牛肉面。各家牛肉面大王比邻而居、一字排开，被视为台北街景一奇。香港游客来台北观光，必到此地摄影留念，并品尝美味。台北人与亲朋好友聚会，能挤进桃源街吃一大碗牛肉面便心满意足[①]。由此不难想见，台湾红烧牛肉面的黄金时代也离不开来自四面八方消费者的热情捧场。不论是川味牛肉面店家，还是跑堂服务的伙计以及男女老幼、各行各业的消费者，多为普通民众。他们共同创造了以牛肉面为代表的台湾饮食文化，其中“有一点离乡背井，又有一点新起炉灶；有一点昔年风味，却又有一点就地取材”[②]。这样的概括，似乎有些随意，也不够全面，虽然不可避免地带有一定的时代印痕，但是却阐释出台湾牛肉面初起之时的真实状态，真情实感足以勾起人们的无限联想。

台湾牛肉面由于根植于民众的日常生活，具有广泛的社会基础，所以从北到南，自西徂东，随处可见牛肉面店的招牌。而牛肉的选择，佐料的调制，肉汤的炖煮，甚至小菜的搭配，店面的装潢，价钱的公道，贴心的招呼，纯朴的宣传等也都成为各家店主争取消费者和推销牛肉面的利器。于是，世代相传的独门秘籍，迎合时尚以及消费者不同口味的种种变通，使得台湾牛肉面在传播的过程中更加色彩纷繁，争奇斗艳。

在台北，尽管西式餐饮猛烈地冲击着以牛肉面为代表的中华美食，桃源街牛肉面风光不再，但是这里所散发的牛肉面香气却传播到台北乃至台湾各地。正是由于台北市牛肉面店数量多，密度大，高居台湾之首，行业竞争异常激烈，所以店家各出奇招，在口味多元、价格实在、物美量足等方面下了很大的工夫，以引起更多民众的垂青，稳住既有的消费者群体。不仅如此，一些店家还以传统老店及代代相传的牛肉面私房食谱或独门秘制配方为卖点，吊足台北乃至台湾各地民众的胃口。

在吃牛肉面的时候，台北民众往往对历史悠久、特色明显的店家情有

---

① 参见利基整合营销：《牛肉面教战手册》，台北：旗林文化出版有限公司，2006 年，第 24 页。

② 舒国治：《穷中谈吃——台湾五十年吃饭之见闻》，台北：联合文学出版社有限公司，2008 年，第 164 页。

独钟。这已然成为他们的一种消费心理。故而1897年创立于大稻埕（今圆环附近）的金春发牛肉店，历经几代人的艰苦奋斗和不懈钻研，终于开花结果，各自开立分店。位于承德路上的一家金春发全牛店，虽是分店，但是却得到真传，采用台湾本地牛肉制作的清炖牛肉面，赢得媒体记者和消费者的高度称赞："自然逸出人参香。"①

实际上，每家传统老店牛肉面馆都经历过几代人持续不断的努力，才在消费者心中留下挥之不去的记忆。由当年从大陆四川省永川县来台的退伍军人廖清云、魏荣安在新明市场开设小面摊，逐步发展成为闻名遐迩的中坜市永川牛肉面，共走过六十年的创业之路。因为深受民众的喜爱，该店经过三代人的努力，已经拥有了18家连锁店，创造了牛肉面店的奇迹②。

不论是连锁经营的传统老店，还是体量不大的个体牛肉面馆，都形成一定的经营特色，创造出各自的面馆文化。在苗栗县有家沈记牛肉面，从1981年开业至今已超过三十年。该店空间虽然不大，但是常常挤满消费者。因为光顾过这家店的顾客都说这里的牛肉面好吃，还有一些网友在部落格大力推荐，更有饕客专程从花莲赶来品尝。值得深思的是，牛肉面的生意虽好，该店却只在中午时段营业，为消费者提供牛肉面③。这是否也是保持品质，不求量多的理性选择？

时光荏苒，孕育台湾牛肉面的眷村已经逐渐淡出人们的视野。而两位退伍的上校在新竹办了一家"洛杉矶牛肉面"，在凉面、炒饭、饺子等平民百姓的食物中，融入了地道眷村菜的回忆和西式料理的观念。这里的美味佳肴既迥异于各地牛肉面的大同小异，而且散发出令人难以忘怀的眷村味，堪称新竹一绝，让年长者在回味中生出无限感慨，令年轻人在好奇一试中多了一些人生体会④。

在台中，也有很多风味独特的店家，提供特色美食，让消费者在享受

---

① 参见《生活周报国民美食大集合》，《联合报》，2010年12月11日，第G05版。
② 参见《桃园综合新闻》，《联合报》，2009年11月1日，第B2版。
③ 参见《苗栗生活》，《联合报》，2012年3月1日，第B2版。
④ 参见《竹苗综合新闻》，《联合报》，2009年9月14日，第B2版。

美味的同时，也体会到饮食文化的博大精深。隐身在台中市梅亭街的家味小馆，卖的是市面上不容易见到的清炖牛肉面，味道比较奇特。加之选用砂锅装盛，上桌时，汤、面都还在滚，使消费者大开眼界。邻近这里的中国医药大学的学生、老师都很喜爱这家的牛肉面和各式菜品。老板萧耀宗是彰化人，从 14 岁开始就入行当学徒，煮得一手地道的四川菜，面食也很内行①。

此外，在台中市以卖牛肉面闻名的店家中有三家特色比较鲜明。他们都是靠摆小面摊起家，经过艰苦创业，终于苦尽甘来，靠着特色牛肉面改变了自己和家庭的命运。因此，这三家店多多少少都被赋予了某些传奇色彩，成为当地消费者的共同记忆。特别是这三家店各自都拥有独门绝技，制作出来的牛肉面口味几乎截然不同，令人津津乐道。

第一家店名是菜根香，老板王长乐在 60 年代退伍之后，先是在台中市府后街的一排凤凰树下摆起小摊，由一碗牛肉面五元卖起，走上创业之路。因为该店与市的办公区、省女中比邻而居，方便公职人员和师生就近品尝牛肉面。大约十年以后，他向银行贷款，在四维街买下三个店面，后来复改建楼房，扩大店面。这样的发展速度，在很多人看来与面馆坐落于黄金地段有关，实际上就单靠卖面建立这番事业来说，无论如何也是一个不大不小的经营奇迹。尽管王长乐早已衣食无虑，生活状态发生很大改变，但是仍念念不忘自己出身贫寒，遂取店名为菜根香。说到自己经营的牛肉面特色，王长乐特别强调要精选上好的牛肉，先炒至七分熟，然后加入一些材料，并把水分炒干，以便牛肉既没有腥味，又有漂亮的肉色。除此之外，他所创造的让客人按照自己的口味添加酸菜的做法，为其他台湾牛肉面馆所吸收、采纳②。

第二家牛肉面馆主打湖南风味，老板汪月涛于 60 年代退伍后，即在太平路上摆面摊，后来搬到精武路，找了间店面经营牛肉面馆。恰逢精武路拓宽道路，他趁机买下邻居的房子，扩大了店面。尽管营业面积扩大了，

---

① 参见《大台中综合新闻》，《联合报》，2011 年 11 月 27 日，第 B2 版。

② 沈征郎编：《中部小吃之旅》，台北：联经出版事业公司，1994 年，第 22～23 页。

但是汪老板的营业时间没有增加。他依旧是每天下午四时开门，到晚上七时卖完就打烊。此举充分体现出汪老板“卖精不卖多”的经营理念，并得到广大消费者的认同。人们集中在他开门营业的这三个小时内密集品尝风味独特的牛肉面，毫无怨言。这种情况在台湾也不多见。汪月涛毫不讳言自己使用了“祖传秘方”，但是更强调食材的重要，以保持牛肉面的新鲜特色。为此，他宁愿选用价钱比较贵的牛肉，也不要价钱合适但是必须切油去筋的食材，以便真正做到烂而不散，口感十足。他的汤头也比较讲究，以黄豆芽为主料，经过适当熬煮，真是清爽而不油腻，味道极佳。

第三家号称将军牛肉大王，店名已经突出了老板的主体身份。外貌如张飞的大胡子老板张北和早年曾是一位悍将，涉足餐饮业比较晚，但是旗开得胜。他在东兴市场设摊不久，生意就很红火，销量直线上升。因为应接不暇，张北和决定转战学士路，摆开了更大的阵势。这位将军牛肉大王的老板粗中有细，与唐鲁孙、张佛千、夏元瑜诸位美食家结缘，切磋技艺，以提高牛肉面品质。其中，牛肉呈现出来的淡红胭脂色就是因为放了福州红糟。此计便是唐鲁孙口传心授的。为显示自己的“豪放”性格，他还在面中放了自称是台湾业者中“最大块”的腱子头肉，即小花腱。他放的牛肉不仅量大，而且经过精挑细选，要肉中带筋，就像一块莲藕似的。经过他的精心煮炖，每块牛肉不仅有咬劲，而且入口即化。凭着这般厨艺，他取得蝉联四届金厨奖的骄人战绩，而且应邀到大陆表演、交流，使台湾牛肉面声名远扬①。

作为大众美食，台湾各地独具特色的牛肉面既让台北及周边地区的业者不能专美于前，也使台中的店家不能独享于后。

在南投县有各种各样的牛肉面馆，数量多得惊人。其中，草屯镇有家老董水饺牛肉面，因为采用了独特的中药配方，所以吸引了众多消费者，以至到南投、日月潭观光的许多游客特意绕道虎山路前来品尝这道以牛肉面为主的“佳肴+药膳”。实际上，老板董清正的成功要拜岳父之所赐。他

① 沈征郎编：《中部小吃之旅》，台北：联经出版事业公司，1994年，第24～25页。

的岳父早年在四川省经营中药铺，对药理、药性都非常熟悉，加之勤于钻研，善于试验，经过长期摸索，形成一套将中药融入烹饪的独特秘方。董清正从岳父那里继承了这笔宝贵的“遗产”，并将中药美食处方用到炖制牛肉之中。可是，这套熬煮牛肉的秘方所需要的肉桂、大茴、小茴、甘草等18种药材，在南投却不易购得，必须向台中市的药商订购。每次熬煮牛肉，董清正都是把这18种中药用布包好，加入精心选择过的上等牛腩之中，放到大锅里小火熬煮大约三个小时，直到肉熟而不烂的时候，再将炒过的正宗川味辣料放入炖煮30分钟，方大功告成。经过这番熬煮的牛肉具有浓厚的醇香味，牛的膻味和药材味道全都消失得无影无踪。一些消费者品尝过董清正的牛肉面后，赞不绝口，还纷纷表示要学着做。每次董清正都会非常耐心地详细解说烹调的全过程，一个细节也不放过。只是这18种中药处方，被他视为家族财产，不肯轻易透露给外人。一般来说，传统美食往往因为顾客盈门而出菜慢、价格高，可是老董水饺牛肉面却以出菜快速、价格合理而闻名。不论顾客来了多少，只要点完菜，保证在一分钟内上菜，决不怠慢客人；一份水饺、一碗酸辣汤只需六十元的价格持续了很长时间，可见价钱十分公道。因此，老董水饺牛肉面大受中兴新村上班族的喜爱，很多人都是他的老顾客。经过多年的经营，老董水饺牛肉面早已经由一间租来的店面，扩大到可容纳150人的大卖场，并持续发展①。

南投的中华牛肉面馆则以“酸、甜、咸、麻、辣”的川味特色牛肉面和红油抄手吸引消费者。老板林荣福继承了坐落在中兴新村的传统老店成都牛肉面馆之特色，并有所创新，集中体现在以下几个方面：其一，他用牛肉和牛骨一起熬煮牛肉汤，上桌前还要淋上特制的豆瓣酱油，保证汤汁香醇味浓。其二，他将上等肌腱牛肉放到锅中，用小火煮焖，长达四个小时，使牛肉特别入味。其三，以口感滑嫩的牛肉配合酸菜一起食用，味道更加特别。其四，他调制并免费供应的辣酱，可以让顾客辣得出汗，大呼过瘾。干食的红油抄手同样被赋予川菜的“麻、辣”特色，与牛肉面搭配

① 参见《药秘方调理　水饺牛肉面吃香》，载张家乐图，沈征郎编：《中部小吃之旅》，台北：联经出版事业公司，1994年，第168～169页。

在一起堪称美食[1]。此外，林老板的素椒炸酱面、酸辣面和各式小菜也很有特色，深受消费者青睐[2]。

除南投之外，其他地方的牛肉面也凝聚着不同的巧思，共同参与、创造着牛肉面的文化、历史。例如，古城台南的十八巷花园香草艺术餐厅曾推出的香草牛肉面，不但选用了四种色彩亮丽的面条，而且和腴嫩的牛肉搭配，加上新鲜香草熬煮的汤头、调味和装饰，达到了色香味俱佳的程度[3]。另外一款好吃的牛肉面“药膳翡翠牛肉面”充分体现出台南民众喜爱药炖口味的饮食偏好。南部现代化都市高雄的牛肉面店则以牛肉拌面闻名遐迩，吃拌面时搭配的佐料和小菜也特别讲究。此外，港园牛肉面店的蒜泥和自制辣椒酱，牛老二牛肉面店腌制的香辣酸菜，王冠牛肉面店用牛筋、牛肚和牛肉组合成的可脆、可爽、可绵、可Q的“牛三宝”构成口味多重奏，均为一时之选。经受太平洋海水洗礼的台东，也汇聚了不同风味的牛肉面。其中，位于南回公路旁的“台湾牛”牛肉面，是南来北往的顾客们之最佳选择，口碑极好。开始卖牛肉面的时候，这家店的老板就把目光聚焦于公路上来来往往的司机们。忙着赶路的司机们一碗牛肉面下肚，路上还回味着面香，自然也会怀着感恩的心，到处替老板作义务广告。于是，经过司机们的口耳相传，使“台湾牛”这个名号越来越响[4]。具有诗人、美食家、食谱书作者、饮食杂志总编辑多重身份的焦桐多年后回味道：“最难忘的牛肉面回忆，是在台东太麻里，望着太平洋，背后是雄伟的海岸山脉，然后坐着享受‘台湾牛’的牛肉面，此情此景至今难忘。”[5]

为什么台湾社会各阶层人士对牛肉面情有独钟？主要是因为其中凝聚

---

① 即“加红”的馄饨，顾客点用红油抄手时，可事先告知店员要不要吃辣，店员会减轻红油的麻辣程度。

② 参见《红油抄手牛肉面　酸甜咸麻辣》，载兰凯诚图，沈征郎编：《中部小吃之旅》，台北：联经出版事业公司，1994年，第176～177页。

③ 西式香草可以将牛肉的鲜甜引出来，使得口感更加清爽。

④ 参见《吃喝玩乐》，《联合晚报》，2012年3月17日，第A7版。

⑤ 《牛肉面在台北之世界牛肉面之都的魅力》，请见：http：//www.tbnf.com.tw/m_intaipei.htm。

了大量有关民众与牛肉面的历史记忆，充满了他们各自相同、相通又有些许差异的情感。通过言辞生动的口述、笔述，笔者仿佛进入了他们的心灵世界，对台湾牛肉面与民众乃至社会各阶层人士的生活以及社会的实况有了更多的认识和了解。

焦桐肯定了老兵卖牛肉面的历史价值和作用，说他们“像随手撒下一大把油麻菜籽，把牛肉面这味外省小吃，播送到整个台湾，启迪了本省人的味觉探险领域”[①]。台湾观光协会会长张学劳则透过自己的观察和生活体验，讲述了他的牛肉面历史：

> 我是台北长大，从吃面地方来的外省人，对牛肉面有一种非常特殊的感情。十二岁以前我在西安长大，辗转来到台湾，第一个落脚的地方在今天晶华酒店旁的14、15号公园旧址，那里聚集着大陆撤退来台的军人和眷属，一半来自苏北，一半来自山东莱阳。早年物资缺乏，我记得眷村里的山东人每天杀一头牛，拿到市场卖，牛肉卖给肉贩子，剩下的内脏和杂碎另外煮成一大锅，那一大锅的牛杂高汤，下个面条就煮成牛肉面。在台湾，牛肉面的三大支柱是军人、公教人员和学生。他们或因为怀乡、或因为价廉物美，热情支持着牛肉面，让牛肉面在宝岛发扬光大。[②]

借助他的话说，我们仿佛重新回到历史现场，沉浸在台湾牛肉面初起时的情景之中，感受到眷村里的军人和眷属为台湾牛肉面的兴起所付出的辛劳，了解到军人、公教人员和学生是牛肉面三大消费人群的基本事实。

其实，牛肉面不仅是人们对学生时代的记忆，也或多或少影响到自己长大之后的职业选择，有些人就实现了由顾客到从业者的身份转变。曾经为知名快餐牛肉面料理包做研发的烹饪专家李梅仙就是如此，不过还是听听他对牛肉面的评说吧：“从前同学家里就是卖牛肉面的，以大块牛肉炖煮入味后，再将牛肉片削下，加入高汤中，滋味一绝。从前我常到罗斯福路

① 《牛肉面在台北市的变迁》，请见：http：//www. tbnf. com. tw/m _ know. htm。

② 参见《牛肉面在台北市的变迁》，请见：http：//www. tbnf. com. tw/m _ know. htm。

及和平东路附近的巷口牛肉面摊吃面，老板总是会询问是否要加辣？只要添一勺以牛油冲成的红油入碗，就足以麻口，让人至今记忆深刻。”[1] 曾任亚都饭店中餐行政主厨的曾秀保对杭州菜及川菜都有独到见解，但觉得自己就没有李梅仙那么幸运，即在上学的时候就能品尝到牛肉面的美味。他“小时候因为妈妈不吃牛肉，所以总是点榨菜肉丝面配没有牛肉的牛肉汤”，直到“长大后领到第一份薪水，就冲去吃一碗有牛肉块的牛肉面，觉得味美异常，牛肉汤就是比猪骨汤来得浓香够味”[2]。或许正是由于受到补偿意识的驱使，此君不仅成为美食家，而且选择的事业也与厨灶有关。

足见，吃牛肉面的经历让人记忆深刻，难以释怀。焦桐甚至还清晰地记得吃牛肉面时的特殊氛围及其个人感受。“这么多年来，吃牛肉面已经变成我们生活的一部分。享受牛肉面跟一般美食不同，不需要有钱有闲，豪迈是牛肉面的基本性格，快意享受一碗牛肉面毋需讲究店面排场，好吃才是重要因素。我常常觉得牛肉面里带着一种野性，吃一碗面时间很短，不需要音乐和气氛，鼎沸的人气、稀里呼噜吸吮面条的声音，才是吃牛肉面该有的氛围。”[3]

顾客与牛肉面馆老板的近距离接触，是供求关系中一种原初的形态，既满足了充饥和品尝等物质需要，同时也是一种情感消费，人情的累积。在逯耀东教授的眼里，摆牛肉面摊、开牛肉面店的老板都很有性格。例如，从前高雄凤山不知名牛肉面摊的老板，连军官来吃若稍有异议，老板都照骂不误；台大侧门的汕头牛肉面摊，老板可以挂个招牌就很性格地休长假去；还有一家牛肉面口感极佳，老板原来是民初驻德公使的姨太太，与夫婿逃难到台湾后，以牛肉面来谋生计。早年许多牛肉面都有着丰富的故事。诗人商禽曾经在台北开了一间“风马牛牛肉面”，教授逯耀东下堂招呼客人，商禽下厨

---

① 《牛肉面在台北之世界牛肉面之都的魅力》，请见：http：//www. tbnf. com. tw/m _ intaipei. htm。

② 《牛肉面在台北之世界牛肉面之都的魅力》，请见：http：//www. tbnf. com. tw/m _ intaipei. htm。

③ 《牛肉面在台北之世界牛肉面之都的魅力》，请见：http：//www. tbnf. com. tw/m _ intaipei. htm。

煮面[①]。这种充满人文气息的牛肉面店，是一道难以再现的美丽风景。

联合报系可乐报创意总监、品牌营销总监、美食书作者吴仁麟比较了解牛肉面店老板讲究店面的装潢设计，多是为了使店面能够散发出更多的文化情怀。例如广告名人曾百川开设的牛肉面店，装潢中充满后现代风格，烹出了多国风味，堪称一绝；摄影名人叶清芳开设的牛肉面店，营造出极有艺文气息的空间，牛肉面以手拉胚碗装盛，桌上还摆有红酒供搭配，可谓特妙；而台东四学士姐妹以人文诉求卖牛肉面，所以颇为成功[②]。从牛肉面摊到牛肉面店，反映出时代的发展和变化，也凝结了几代人的生活变迁和记忆转换。在台湾牛肉面兴起和传播的过程中，店家和消费者的关系虽然有所变化，消费者的记忆也随社会发展而改变；但是彼此的情感联系弥足珍贵。

曾几何时，吃牛肉面既是家庭成员的共同生活和集体记忆，又是表达关爱，以解思乡之情的依托。由于牛肉面店的老板们既提供不同消费标准的美食，又打造出良好的就餐环境，所以吸引了不同年龄、性别、地域、阶层的顾客，在牛肉面店表达着或满足着情感的需要。其中，有的女子带着北上的母亲来到牛肉面店，偷偷地指名要享用三千元的牛肉面，为的是让妈妈享享口福。这份孝心让老板和其他顾客颇为感动。也有士林高中一年级的男生带着女友，直接从皮夹掏出六千元，要请女友吃顶级牛肉面。这让老板再次体会到人与人间的美妙情感，也看到了时代的变化和商机，于是毫不犹豫地为这对小情侣煮两碗香喷喷的面[③]。善于营销牛肉面的业者王聪源给我们提供的这些真切感人的故事，使人们领悟到牛肉面寄托着人间最美好的情感。烹饪名家傅培梅之女、资深烹饪老师、专业食谱作家和出版人程安琪一家一直都在永康街一带吃牛肉面，形成难以割舍的牛肉面

---

① 参见《牛肉面在台北之世界牛肉面之都的魅力》，请见：http：//www. tbnf. com. tw/m _ intaipei. htm。

② 参见《牛肉面在台北之世界牛肉面之都的魅力》，请见：http：//www. tbnf. com. tw/m _ intaipei. htm。

③ 参见《牛肉面在台北之世界牛肉面之都的魅力》，请见：http：//www. tbnf. com. tw/m _ intaipei. htm。

情结。后来，在美留学的女儿特意请她拍一张牛肉面照片给自己作为电脑桌面的图片，以解思乡之情①。从吃牛肉面的生活经历中，每个消费者都自觉或不自觉地感受到并参与到文化的建构之中，体会生活的美好和文化的真谛。

在解析台湾牛肉面兴起和传播的时候，不能仅着眼于牛肉面摊、牛肉面馆以及老板和顾客等元素，更要看到家庭也是台湾牛肉面创造辉煌的重要支撑。作为画家、艺术家的于彭讲述了这样一段故事：

> 舅舅是宰牛高手，常常提着一袋新鲜的牛杂回家，而且是本地黄牛肉，炖煮出一大锅极鲜美的牛杂汤，喝过至今难忘，无店家可与之媲美；老妈则善烹牛肉，会用客家的酱冬瓜与老姜来煮牛腩汤，是记忆中最美好的滋味。现在牛肉面店多用进口牛肉，煮出来的味道都不对了。②

虽然不可能人人都有这么厉害的舅舅和厨艺不错的母亲，但是享受与牛肉面有关的家庭温暖的童年记忆应该不会绝无仅有，应该是很多人都有的相同或相似的经历。这也说明人们在家里品尝牛肉面时，不仅可以细细感受汤、面的美妙滋味，更重要的是享受到生活的温暖和幸福。毋庸讳言，饮食是家庭生活的重要组成部分，而生活即是文化的不竭源泉。家庭是文化传承的重要载体，充满父母对子女的关爱、子女对长辈的孝敬等情感。一碗碗牛肉面，承载着家人的关爱。

综上所述，经过民众的共同创造，牛肉面已经深深根植于台湾，成为社会各阶层人士倍感亲切的大众美食。对一些普通民众而言，他们也许无法说清楚牛肉面是在何时、由什么人传入当地或由当地人制作的，却能如数家珍般述说居住地周边各家牛肉面的风格、特色，一口气讲出属于自己

---

① 参见《牛肉面在台北之世界牛肉面之都的魅力》，请见：http：//www.tbnf.com.tw/m_intaipei.htm。

② 《牛肉面在台北之世界牛肉面之都的魅力》，请见：http：//www.tbnf.com.tw/m_intaipei.htm。

的牛肉面故事。在这些历史记忆中，包含着极为丰富的情感。这些回忆和讲述共同构成了关于台湾牛肉面的集体记忆，成为台湾饮食文化不可分割的重要组成部分。而牛肉面也因此镌刻上更多的历史印痕，被赋予了浓郁的人文气息，在文化建构中不断彰显其价值。

三、台湾牛肉面的传播——以历届“台北牛肉面节”为例

在民众的参与和努力下，台湾牛肉面终于成为大众美食。而台北市则因缘际会地汇集了南北东西各种风味和流派的牛肉面，牛肉面店的数量及密度位列全台第一。许多历史悠久的著名牛肉面店，更成为台北人甚至台湾人享受这一美食的所在。据时任台北市长的马英九估计，当地牛肉面面店及面摊在 700 家以上[①]。在这种情况下，地方当局通过举办牛肉面节等方式，高调介入台湾牛肉面的文化创造。

为保障“台北牛肉面节”取得圆满成功，每届主办者都非常重视媒体，举行大规模的宣传和造势活动。于是，各类媒体皆充当了宣传、动员民众参与“台北牛肉面节”的重要媒介。制造新闻凝聚焦点遂被主办者当作抬高“台北牛肉面节”人气的主要手段之一。行动牛肉汤车，为 2005 年首届“台北牛肉面节”拉开序幕。从 9 月 18 日至 9 月 22 日，行动牛肉汤车每天下午巡游市区，并于下午 5 时停驻在京华城的市民广场，现场发放店家最自豪的牛肉汤，供民众免费试饮、品评风味，同时更期待品尝过美味的民众到自己喜爱的牛肉面店，选择牛肉面为晚餐。

在 2008 年牛肉面节的开跑记者会上，除邀请担纲台湾首富郭台铭婚宴主菜的“老董牛肉面”，让民众大啖亿万富豪钦点的美食之外，更请到 2007 年牛肉面节双料冠军得主“洪师傅”、创意组冠军“Q 老大”、高人气“北

① 参见利基整合营销：《牛肉面教战手册》，台北：旗林文化出版有限公司，2006 年，第 6 页。

平田园馅饼粥”等前几届牛肉面节冠军获得者莅临，并一展厨艺。现场不仅备有150碗牛肉面，同时展示了60间入围优良牛肉面店家的牛肉面，让民众回味无穷。黄志雄和陈怡安，这两位金牌选手还站出来与民众一起分享自己心中的金牌牛肉面。黄志雄说，他每天午餐有一半以上都是吃牛肉面，陈怡安则说自己尝遍了台北的牛肉面美食。他们两人都是牛肉面的最佳代言人，也都认为“金牌牛肉面就是要面Q、肉嫩、汤浓淡适中，才算得上是金牌”。可见这一年的“台北牛肉面节”透过金牌代言人的站台、新兴的网络互动合作等灵活多样的方式营销牛肉面，也希望民众多利用网络以及购买餐券等来认识牛肉面，进而支持优质的牛肉面业者，让牛肉面成为台湾观光美食的一大特色①。

除了造势宣传之外，票选优秀牛肉面店也成为“台北牛肉面节”吸引民众参与的重要手段。当然，互联网在媒体时代具有传播信息大、速度快、范围广等诸多优势，发挥了前所未有的作用。随着民主化进程的加快，网民的意见已成为公共舆论中不可忽视的重要组成部分，甚至影响公共事务的讨论和决策。因此，网站票选便成为牛肉面节庆活动的重要一环。正如2005年优质牛肉面的网络投票说明所言：优质牛肉面的评选既为喜爱牛肉面的网民们提供了一个分享美食信息的开放平台，也为店家宣传自己创造了条件，更使得传统饮食文化讲究的“口碑”从个体的口头传播升级为更具规模的品牌效应。下面就是主办者在网上公布的《票选优质牛肉面投票说明》。

开放的网络空间，不容易制造轰动的现场效果，因此，2007年“台北牛肉面节”的主办者就举办了秘境牛肉面票选活动，即透过出租车队司机、专业评审团及美食专家等通报台北市内好吃的牛肉面店家，为市民提供更多美味店家，并进行票选。最后，得票数最高的“红牌牛肉面饺子馆”店家成为这届的王牌牛肉面店。

---

① 参见“2008年牛肉面节”之官网 http：//nrmf. tw. tranews. com/。

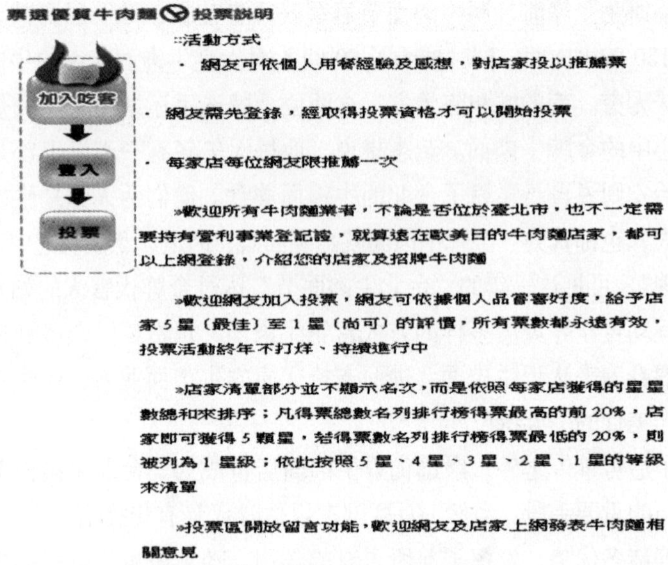

票選優質牛肉麵投票說明

::活動方式

加入吃客

登入

投票

· 網友可依個人用餐經驗及感想，對店家投以推薦票

· 網友需先登錄，經取得投票資格才可以開始投票

· 每家店每位網友限推薦一次

»歡迎所有牛肉麵業者，不論是否位於臺北市，也不一定需要持有營利事業登記證，就算遠在歐美日的牛肉麵店家，都可以上網登錄，介紹您的店家及招牌牛肉麵

»歡迎網友加入投票，網友可依據個人品嘗喜好度，給予店家5星（最佳）至1星（尚可）的評價，所有票數都永遠有效，投票活動終年不打烊、持續進行中

»店家清單部分並不顯示名次，而是依照每家店獲得的星星數總和來排序；凡得票總數名列排行榜得票最高的前20%，店家即可獲得5顆星，若得票數名列排行榜得票最低的20%，則被列為1星級；依此按照5星、4星、3星、2星、1星的等級來清單

»投票區開放留言功能，歡迎網友及店家上網發表牛肉麵相關意見

图1　票选优质牛肉面投票说明①

为提高评选结果的权威性，增强评定的公信力，2009年“台北牛肉面节”把世界上最具权威性的饮食评分系统——米其林评荐②引入优质牛肉面店的评选之中。这次的米其林评鉴活动分别从餐饮美味、环境卫生、用餐环境、服务质量、价格合理5个方面展开评鉴；由媒体记者、专业评审及民众等32位评审组成的秘密评审团来进行。为了保证评审的客观、公正，征求秘密评审团成员的工作也借助了网络，即从上网报名者中抽选20人加入秘密评审团，至各牛肉面店品尝评分。第一波先征召“牛肉面达人先锋队”，第二波强力征求“秘密食客”，吸纳喜爱牛肉面的老饕加入美食评选专家行列③。他们果然不负众望，从100多间牛肉面店中评选出50间台北

① 请见“台北牛肉面节”之官网：http：//www.tbnf.com.tw/m_eat.htm。

② 为餐厅评分的米其林星级评分系统于1926年开始使用，1930年实行2星及3星评分，评分的依据是烹调技术、服务、装潢等。如今，米其林星级评分已成为全世界较具权威性的饮食评分系统。

③ 请见《北市综合新闻》，《联合报》，2009年8月7日，第B2版。

市牛肉面店，并在各项目中精选出 30 间优质店家，最高分即可获得 4 个拇指的满意评价。最终，荣获美味四个拇指的评选店家为三犇精炖牛肉面、牛爸爸牛肉面、美浓现做刀切牛肉面馆、许家黄金牛肉面饺子馆、喜乐满足牛肉面、粟家牛肉面、绝活蔡牛肉面店、诚记越南米粉、蒋记家乡面；荣获价格四个拇指的店家为七十二牛肉面、美浓现做刀切牛肉面馆、真善美牛肉面、喜乐满足牛肉面、飘香牛肉面馆、面面俱到面馆等。这不仅增强了评选的权威性，而且让民众可以根据自己的需求、喜好，选择牛肉面店家，品尝牛肉面。他们只要登录相关网站，就能查到美味价平的牛肉面店家！除此之外，这届所评鉴出的 50 名优秀牛肉面店家可于“2009 台北牛肉面评鉴指南”手册中免费刊登，供台湾人和观光客，尤其是喜爱牛肉面的朋友们按图索骥，可谓皆大欢喜。

2011 年的“台北市牛肉面节”与年轻人喜爱的网络互动平台相结合，实行脸书（Facebook）打卡享优惠。同时，依客层选出不同族群最喜欢的牛肉面店：“观光客群好店”、“上班族群好店”及“学生族群好店”，吸引了台北市 102 家牛肉面店报名参加。“台北市商业处”还招募“乔装客人”，参与活动[①]。

牛肉面嘉年华堪称整个牛肉面节的高潮，是一场业者同场竞技、厨师各展身手、食客大快朵颐、民众欢聚的狂欢节。其中，必不可少的是举行牛肉面料理竞赛，为店家提供自我展示、自我宣传的机会。2005 年牛肉面节的“创意牛肉面料理王”竞赛不限定食材，也不限定参赛者资格，不论是牛肉面店世家，或是家中善烹调的老奶奶，甚至餐饮科的同学，都可以报名参加，从而彰显了人人皆能有创意的策划理念。在初赛阶段，主办单位在台北市开平中学设立了烹调竞赛区，配备基本炉具、锅具、调味品及料理器材，三十名参赛者将自行携带所有食材、惯用的锅具、摆饰的餐具、个人偏好的调味品等入场，在三个小时的比赛时间内，制作出个人创意口味的牛肉面，再由八位评审现场品鉴、当场评分，立刻公布进入决赛的最

---

① 请见《Upaper》2011 年 10 月 18 日之《焦点》，第 4 版。

佳三名。取得决赛资格的参赛者在人流密集的西门町红楼广场一决高下，优胜者可获颁"创意牛肉面大王"的荣誉头衔。

2006年牛肉面料理对决分为传统组及创意组，旨在激励不同组别的厨师们大显身手，烹制出更多牛肉面的好口味。在经过两个多小时的激战，与百位专业及民众评审试吃之后，最后的冠军，传统组由老董牛肉面店师傅刘正雄的上品清炖牛肉面获得，得票数只比获得第二名的洪师傅多出了两票，略胜一筹，夺冠的关键就在于清炖浓郁的口味。至于创意牛肉面，最获评审青睐的是，由铁板烧师傅陈麒文跨行参赛，创意的重点在于铁板烧师傅精准掌握牛肉的鲜度口感，加上传统的板条，制作出意想不到的新口味。

2006年牛肉面节特地邀请了美国、加拿大、法国的厨师及外县市的牛肉面老店，到现场设摊，让民众品尝。在为期两天的"牛肉面嘉年华"上，亮相最早的是台北市以外的一些县市的牛肉面名店。它们分别来自宜兰、彰化、嘉义等地，多是第一次到台北设摊。其中，宜兰一品香牛肉面店的吕老板说：他们的牛肉面店已经是三十多年的老店了，而牛肉面的特色，就是选用了宜兰最有名的三星葱。另外，远道而来的高雄牛肉面店老板说：他从清晨就已经开始熬大骨，绝对要在这次的"台北牛肉面节"上，打出南部牛肉面的名号。言谈话语间，流露出他们的自信和决心。为了在台北市同行面前有上佳表现，许多南部的牛肉面店从清晨就开始准备食材，带来顶好的台湾各地牛肉面风味，以证明自己的实力。

同场竞技的美国、加拿大、法国选手也有不俗的表现。其中来自法国的选手，曾经在米其林三颗星餐厅服务过。这一次，他用牛小排、牛腱以及牛尾的搭配，获得第三名。在最后进行的"国际大师交流赛"上，法国、日本、美国等九支队伍参加了牛肉面食料理的大比拼，台北市长马英九担任评审，并由评审团最终将第一名颁给新西兰的选手。他凭借着在新西兰牛肉中添加了亚洲传统风味，一举夺得这一组别的牛肉面王。

为了让参赛者能够充分发挥精湛手艺，呈现牛肉面的美味，2007年的牛肉面竞赛"挑战牛魔王"，则分成红烧、清炖及创意三组。同时，现场还

有“TOP人气王比赛”，由外县市店家与台北的人气店家进行现场竞赛，开放给民众投票，得票数最高之店家即为本次现场人气王。

除了全面展示牛肉面的制作技术，2008年的“台北牛肉面节”还推出了激烈的营销争霸战，以促进各家牛肉面店在营销策略和方法上的更新换代。为此，各店家纷纷使出高招。北平田园馅饼粥推出一个馅饼加一碗小米粥只要50元；田老爷买牛肉面即送九折优惠券；一品山西刀削面之家送八折优惠券再加一颗新鲜西红柿；上届双料冠军洪师傅面食栈更直接推出买一送一活动，麻辣天堂买牛肉面送乌梅汁、昆阳牛肉面送利乐饮料包；最特别的是必富禄斗（beefnoodle）买牛肉面送火辣辣的热吻一个，与猛男、美女亲密接触。这些营销手法让民众眼花缭乱，应接不暇，更让店家人气急升，销量递增。有的店家，活动结束时间还没到，做牛肉面的材料就都已经用光了，营销的业绩超出预料。最终，高雄小王牛肉面馆在一小时之内进账近六万元，一举夺得销售王；北平田园馅饼粥则以一个馅饼加一碗小米粥只要50元的优惠酬宾，拿下近四万的销售额，紧随其后；嘉义半亩田北方面食馆则以近两万的销售额位居第三。这样骄人的成绩，也冲高了人气。

在2010年的“台北牛肉面节”上，主办者安排了一系列精彩活动，如犇牛健康操、千人百花犇牛宴、惊牪四方料理厨艺秀，以及最受民众喜欢的牛肉面料理王大赛决赛等。在与“花博会”相映成趣的“千人百花犇牛宴”上，各国厨师以制作该国料理的方法烹煮牛肉面，让喜爱尝鲜的民众尝到不一样制作方法和风味的牛肉面。“惊牪四方料理厨艺秀”则邀请台湾名厨以“百花犇牛，惊牪台北”为厨艺秀的主题，以同样的食材，进行传统牛肉面示范教学及创意作品制作的公开展示，以便让民众了解牛肉面制作的奥妙。“犇牛健康操”旨在推广健康、养生的生活理念，既要养成健康的饮食习惯，还要适度运动，以保持身体健康。为此，主办者邀请健身、有氧等相关专业人员至活动会场带领民众亲身体验，让民众在享受美食的同时，保持健康体态。

牛肉面料理大赛往往是“台北牛肉面节”中的重头戏，牛肉面店家、

厨师、爱好者等参与其中，或希望藉牛肉面节提升人气，增加营业额，或为店家或为厨师个人赢得荣誉，增加新菜色，或为在大庭广众之下一显身手。因此，在2010年的健康牛王料理大赛中，作品的实用推广性成为比赛评分的重要依据。

不仅如此，这些竞赛紧紧地抓住了民众对比赛结果非常期待的心理，使之成为吸引民众参加牛肉面节的重要策略之一。在激烈的竞争气氛中，参赛选手的出色表现，团队的密切协作，粉丝的呐喊助威以及各界、评审的评论和各式各样的宣传、组织、活动等共同建构了“台北牛肉面节”的狂欢。

实事求是地说，“台北牛肉面节”的成功举办对于牛肉面的传播起到非常重要的作用，不论是在岛内，还是岛外，也不论是场内，还是场外。值得关注的是，“台北牛肉面节”的主办者还采取灵活多样的方式，在各地传播牛肉面。2009年10月16日至18日，“台北牛肉面节”主办者组织11个牛肉面店家来到澳门渔人码头，参与“台澳牛肉面交流嘉年华”，推销台北好吃的牛肉面①。

2012年，“台北牛肉面节”的主办者组织历年在“台北牛肉面节”上取得骄人成绩的名店，首次集体亮相香港，获得成功。其中，2011年清炖组冠军“功夫兰州”、2011年创意组冠军“Q老大日本赞岐乌龙面”、2011年红烧组亚军及清炖组季军“新九九牛肉面”、2011年清炖组亚军及创意组季军“皇家传承”、2011年红烧组季军“正立牛肉面”、2008年优选人气王及营销王“北平田园馅饼粥”、2007年嘉义市代表“半亩田北方面食馆”、2007年至2010年间奉献5碗冠军牛肉面的“洪师父面食栈”等，或牛肉面店携带美食，或美食经面店隆重推出，在香港公开展示了台湾牛肉面的美与妙②。

上述足见，在“台北牛肉面节”上取得佳绩者，就等于拥有了一道耀眼的光环，也多了向各地各阶层人士宣传牛肉面的使命和责任。2011年赢得“台北牛肉面节”红烧组冠军的侯圳生，应邀到美国巡回展示厨艺。今

---

① 《北市综合新闻》，《联合报》，2009年10月10日，第B2版。

② 《两岸》，《联合报》，2012年1月5日，第A13版。

年2月8日，他在美国谷歌总部担任客座主厨，为员工准备了400份牛肉面，不料被1200多位慕名前来分享者抢个精光，成为一大新闻①。2月15日，他又在华盛顿"佛利尔艺术馆"（Freer Gallary of Art）备下牛肉面，不料超过2000人赶来品尝，盛况空前。侯圳生还不失时机地向品尝者们介绍说，自己花费3至4年的时间研发红烧牛肉面，将东、西方饮食元素融入其中，将西餐惯用的西红柿糊、台湾家庭饭桌常见的豆腐乳，以及他自行调配的中药等冶为一炉，终于缔造出这样一道美味佳肴②。3月31日晚间，他又为高雄一家精品百货公司举办冠军美食飨宴，到场烹煮冠军牛肉面，请店内VIP消费者品尝③。

"台北牛肉面节"的连续举办，引起其他城市关注和效仿，同样举办牛肉面节。例如，2009年中坜市举办了首届牛肉面节。平镇市"好品味牛肉面"单亲妈妈叶翠玲凭借自己6年的烹调经验，在第一届中坜牛肉面达人PK赛中，击败18家店家荣获冠军。许多消费者评价叶翠玲料理的好品味牛肉面，除了好吃外，还有"妈妈的味道"等④。中坜市古华饭店及中坜市公所合办"步粱份仔"部落格美食牛肉面及鲜笋品尝，30名网友花50元吃到了价格近两百元的牛肉面，大呼赚到了⑤。

由此可见，不论是台北市，还是其他城市举办的"牛肉面节"，都程度不同地制造了牛肉面话题，引起人们的普遍关注，掀起了吃牛肉面的热潮，极大地增加了牛肉面店家的营业收入，同时也有助于传播牛肉面，传扬与牛肉面相关的文化习俗等。而各大媒体和网站的争相报导，为牛肉面的迅

---

① 请见"中央社新闻网"之相关报导，网址为：http：//www.cna.com.tw/Views/Page/Search/hySearchws.aspx?q=Google+&type=&channel=2。

② 《台湾冠军牛肉面师傅侯圳生访问湾区》，请见：http：//www.ktsf.com/%E5%8F%B0%E7%81%A3%E5%86%A0%E8%BB%8D%E7%89%9B%E8%82%89%E9%BA%B5%E5%B8%AB%E5%82%85%E4%BE%AF%E5%9C%B3%E7%94%9F%E8%A8%AA%E5%95%8F%E7%81%A3%E5%8D%80/。

③ 《冠军牛肉面》，请见：http：//news.sina.com.tw/article/20120331/6364423.html。

④ 请见《联合报》2009年4月20日之《桃园》，第C1版。

⑤ 《桃园综合新闻》，《联合报》，2009年6月2日，第B2版。

速传播提供了新管道，增加了新内涵，使牛肉面的千般滋味与万种风情给无论是生活在台湾，或者是偶尔造访台湾的人均留下了深刻的印象。

四、综合创造——台湾牛肉面的文化建构

不论是牛肉面在民间的起源和传播，还是牛肉面节的大力宣传和推荐，对于牛肉面来说，都是非常重要的。其中，台北市对于民众愿望和需要的尊重，创设牛肉面节这样一种形式，应该说也是一种文化建构。那么，在牛肉面传播过程中，这种节庆活动究竟有何价值和意义？与民众以及牛肉面店的日常经营有什么样的联系？官员与民众有关传播牛肉面的想法和做法又有哪些异同？

首先必须指出的是，“台北牛肉面节”的成功是建立在深厚的民众基础之上的，这与地方当局重视民众要求有很大的关系。2005 年，台北市首次主办“台北牛肉面节”，便开始寻根之旅，探索牛肉面的源起与演变，追溯台北市牛肉面文化的变迁，传承牛肉面的品味之道等。在牛肉面高峰会谈上，人们围绕牛肉面到底是从哪传来的，牛肉面到底有几种口味，桃源街的牛肉面店都搬到哪里去了，牛肉面为什么要配酸菜品尝，[①] 台北市有哪些牛肉面店能赢得美食名家青睐等主题畅所欲言。这些热烈讨论不仅梳理了牛肉面流传和发展的轨迹，而且揭示出一碗普普通通的牛肉面里所蕴含的历史、文化信息，特别是普通民众的创造。这也直接或间接地反映了地方当局对民众在牛肉面起源与传播过程中的历史作用比较尊重。

由于首届“台北牛肉面节”关注民众，所以成功地唤起民众对牛肉面的热情，以至于牛肉面的创造者和拥有者——普通民众相见时，都会以“你，吃过了牛肉面没”来问候。这一方面来源于他们的朴素生活，另一方面也与地方当局主导的媒体造势活动有关。节日期间，各种媒介都在争分夺秒地播送牛肉面的各种画面和节日活动消息。各大网站上，只要输入

① 请见“2005 年台湾牛肉面节”之官网：http：//www. tbnf. com. tw/main. htm。

“牛肉面”这个关键词，各种信息就会扑面而来。报刊杂志更以“人气牛肉面系列报导”、“探索牛肉面美味秘诀”、“牛肉面高手示范创意作品”等为题，向台北、台湾乃至华人世界传播着牛肉面的各种信息，图文并茂，让人感到应接不暇。各牛肉面店想方设法搭上节日消费这班车，吸引民众慷慨解囊。“全民品评牛肉面”的热潮，为牛肉面相关产业创造了超过一亿元的商机，更让牛肉面成为年轻人争相品尝的人气美食。牛肉面所展现出来的巨大商机，还促使更多餐饮业者加大投入，继续研发各式各样的牛肉面，实现全民合力推广牛肉面文化的目标。

为了实现取之于民，还之于民，使民众更好地掌握牛肉面的做法，2005年“台北牛肉面节”的主办者特意请来烹饪名家梅仙公开家传牛肉面的美味绝学，让爱好烹饪的民众学习制作。梅仙从原料、汤头、配料等方面一一叮咛：第一，牛肉面要好吃，选肉、用料非常重要，自家料理尤其要舍得用料，本地产的新鲜黄牛肉是首选，按工序料理出来的原汤原汁则确保汤头的鲜浓醇郁。第二，红烧和清炖的牛肉用料部位不同，红烧选肋条，也就是中间部位的腩肉，靠近前端的牛腩比较肥，肉质口感虽好，但不适合用于制作牛肉面，吃起来容易腻。清炖要选五花的半筋半肉，这个部位的肉吃起来油润，又带着筋皮，口感特别丰富。第三，红烧用的卤包，选用那种最简单的花椒加八角卤包即可。第四，辣豆瓣酱是红烧牛肉面的关键，梅仙使用的是古亭女中巷子里的宝川辣豆瓣，此外，内湖的李记也不错。第五，红烧牛肉一定要一次落足汤料，中间不能再加水，烧好之后试味道，再依个人喜好加入盐巴调咸度，但绝不可以直接加酱油，破坏原汤味道。第六，面条完全依个人口感喜好，可自由选择宽板的刀削面、圆扁的阳春面或纤细的拉面。梅仙个人比较偏好用阳春面配红烧，细拉面做清炖。在下面条时，切记宽锅沸水，水滚之后，放下面条，让面条在滚水中彻底翻滚，中间点两次冷水，就可以让面条起锅，放在碗中，再浇淋上牛肉原汁，铺上肉块，撒把切细的蒜苗和葱花[1]。烹饪名家的专业讲授，对

---

① 参见利基整合营销：《牛肉面教战手册》，台北：旗林文化出版有限公司，2006年。

于普及和提高牛肉面制作技术，传播牛肉面文化，是非常有效的。

由此可见，民众的喜爱和支持，是台湾牛肉面存在和发展的社会基础。因此，与此相关的文化建构，仍有赖于民众的积极参与和热情投入。除了牛肉面店家的用心经营，一般民众在名厨、名师的指点下，也可以做出烹香可口的牛肉面，从而使以牛肉面为代表的饮食文化进入家庭，巩固和扩大其在民间的根基。而牛肉面节的举办既通过这种直接的方式，推广牛肉面制作，又借助节庆文化的建设，加强与民众的互动，唤起人们的牛肉面记忆，创造牛肉面新文化。

即使“台北牛肉面节”已经结束，民众还可以品尝夺得锦标的牛肉面味道。2005年那三碗曾在9月24日“创意牛肉面料理王竞赛”中抢尽风头的创意牛肉面作品，究竟有多好吃，创意有多精彩，不再只有现场的一百位幸运的评审才知道。经过日夜研究，获得第二名的林健龙已成功将这款美味量产化，从10月5日起，在自家的“六丁目”拉面店，每日限量提供三十碗“台北野菜牛肉面”供食客一尝究竟[1]。至于那些在牛肉面料理竞赛中胜出的店家一定会吸引更多的顾客上门品尝。足见比赛不仅提高了牛肉面的制作水平，增加了牛肉面的新品种，而且吸引更多的民众分享比赛的成果。

从牛肉面节比赛环节的设计上，也充分体现出主办者既要保留传统，又要鼓励创新的良苦用心。2006年，在竞赛中首次设立传统组，这让老董牛肉细粉面店的老板刘正雄非常兴奋，表示一定要拿出真本领让大家领略传统牛肉面的好味道。他用牛骨高汤清炖，使用的牛肉是胸口肉以及一条牛只有两块的嘴边肉，增加整体嚼劲[2]，从而使传统牛肉面更上一层楼。同年，在创意组比赛中胜出的年轻厨师陈麒文，年纪不大，但是比赛经验丰富，已经参加过客家菜、酱油料理、米食创意料理等7次竞赛。他在老店红

---

① 《“台北野菜牛肉面”正式开卖　三位高手再相聚评比创意风味》，请见：http：//www.tbnf.com.tw/m_news9.htm。

② 《台湾来鸿：台北的“牛肉面王”》，请见：http：//news.bbc.co.uk/chinese/trad/hi/newsid_6120000/newsid_6120700/6120790.stm。

林铁板烧担任主厨，两个月前品尝泰国菜时，产生将其移植到牛肉面上的创意。因此，他在比赛中挑选上等美国去骨牛小排，用宽板条包裹成圆柱状，再淋上浓郁的牛肉蔬菜酱汁，不仅有创意而且色、香、味俱全，因此赢得评审与民众的一致喜爱①。

对于牛肉面店生产和销售牛肉面更有帮助的是，“台北牛肉面节”的组织者还开展了“麻雀变凤凰”的活动，重点帮扶经营不善的牛肉面店，使其脱胎换骨，获得新生。位于台北师大夜市龙泉街的宝岛牛牛肉面店因长期经营不善，濒临倒闭。当承办单位在寻觅“麻雀”时，宝岛小吃店便雀屏中选。在2008“台北牛肉面节”的协助之下，老店新开。10月28日下午新开幕后，该店摇身一变成为师大夜市的美食新据点，由麻雀变凤凰，大批民众参加一百碗10元牛腩面感恩回馈活动②。

“台北牛肉面节”的连续举办，创造和发展出一系列新的节庆文化，逐渐形成一种以牛肉面为主题的节庆传统。其中，民众的参与受到重视，传播形式备受关注。在信息传播的过程中，如果说口耳相传能够拉近人与人之间的距离，增进情感的交流，那么文本书写则更有利于信息的保存和更久远的流传。就像反映传统节庆的各种文本一样，论坛、正文、手册等形式也被“台北牛肉面节”的组织者视为及时记录相关信息，为牛肉面和牛肉面节的记忆形成、保存和传播提供有效的载体，因此大加倡行。2007年，牛肉面节的组织者通过举办美食文学讲座，提倡相关创作，开展“我与牛肉面”征文比赛等活动，使民众有机会将属于自己的牛肉面故事或对牛肉面的情感行诸文字，记述下来，传扬出去③。为了使牛肉面和牛肉面节为更多的人所认识、了解，2008年牛肉面节的征文比赛还增设了短片组、摄影组及KUSO组，用影像和照片等与文字迥然不同的光影方式记录节庆的完

① 请见：http：//www. rti. org. tw/big5/se-taiwan/webForm32. aspx。

② 《“2008台北牛肉面节”麻雀变凤凰活动　限量百碗10元牛腩面》，请见：http：//106. tw. tranews. com/Show/Style3/News/c1 _ News. asp? SItemId = 0271030&ProgramNo = A100045000001&SubjectNo=60263。

③ 《台北生活圈　牛转世界　独当一面　2007台北国际牛肉面节即将上桌!》，请见：http：//blind. tpml. edu. tw/sp. asp? xdurl=superxd/PictorialContent. asp&icuitem=545082 &mp=10。

整过程和精彩瞬间①。另外，在嘉年华中设立的"牛肉面文化馆"，用写实的方式，记述民众的牛肉面历史与情感，巧妙地把节庆文化和民众的日常生活与饮食习俗等紧密地结合起来。

作为媒体时代的新宠——"台北牛肉面节"，备受因特网的关注。节庆活动的组织者和参与者也特别提倡将一路的所见所闻，藉由网络延续传播，从而使每一位对牛肉面有兴趣的食客、读者，都能找到感官上的、情感上的、回忆里的或纯粹消费需求的一份满足。

可喜的是，牛肉面所承载的文化传统，并没有淹没在信息时代的喧嚣以及信息爆炸所产生的碎片中，而是透过牛肉面节这样的新形式得以传承下来。尤其值得关注的是，历届牛肉面节的主办者深入挖掘和展现牛肉面所蕴含的人文内涵，赋予各种活动以新的价值和意义，从而彰显了传统文化中敬老、爱家等观念，表达了浓厚的关爱社会、服务社会的情感。

2008年"台北牛肉面节"结合一年一度的九九重阳节，举办了以"重阳敬老 孙贤子孝"为主题的敬老活动，邀请100多个家庭聚集在充满眷村文化气息的信义公民会馆，免费品尝500碗面Q、肉嫩、汤头浓的牛肉面。这项活动吸引了超过100个家庭搀扶着70岁以上的长者一起参加。当每位长者在子女、孙辈的搀扶之下走来时，浓浓的亲情令在场的人都十分感动。更为精彩的是，一对对母子或母女，婆媳或翁婿组合，现场烹煮家传牛肉面，然后进行爱心义卖，义买者争先恐后，把活动的气氛推向高潮。最后，义卖所得全数捐予慈善团体，充分表达了爱心②。本来，民众就非常重视节日，常常借着节日及其节庆活动表达爱心。宜兰县罗东镇"川味牛肉面店"在母亲节的时候，为妈妈们奉送牛肉面③。

---

① 《2008年台北国际牛肉面节征件 下一个食神就是你》，请见：http://nrmf.tw.tranews.com/Show/Style7/News/c1_News.asp?SItemId=0271030&ProgramNo=A400062000001&SubjectNo=57802。

② 《"2008台北牛肉面节"九九重阳敬老活动 爱心义卖牛肉面》，请见：http://nrmf.tw.tranews.com/Show/Style7/Info/c1_Info.asp?SItemId=0021030&ProgramNo=A400062000001&SubjectNo=12。

③ 《宜花综合新闻》，《联合报》，2009年5月9日，第B2版。

在日常生活中，民众还将牛肉面当作特殊的奖励，用于关爱儿童的成长，提倡体育运动。开台式热炒店的黄阿聪喜爱棒球，儿子在他的耳濡目染之下加入板桥新埔的学校棒球队。为了让这群小选手表现得更为出色，黄阿聪准备特制牛肉面帮他们补充营养，受到小球员们的欢迎。后来，他索性开店专卖牛肉面，而且说凡是球队学生来吃面，一律 50 元吃到饱[①]。

由此可见，牛肉面节上被集中放大的事件以及被极力渲染的美好情意，实际上在普通民众，特别是牛肉面店家的日常生活中并不罕见，也不缺乏。三商巧福牛肉面连锁店向南投家扶中心埔里服务处捐赠 700 张牛肉面兑换券，后者特别举办“祖孙感恩餐会”，邀请 19 对受扶助家庭的祖孙，一同分享美味牛肉面和难得的轻松欢喜的聚餐气氛[②]。由此可见，经营牛肉面的店家用实际行动表达爱心，向弱势群体、特别需要帮扶的家庭，转达社会各阶层人士对他们的关怀。不仅如此，三商巧福牛肉面连锁店的 13 位店长还到嘉义县东石乡圣心教养院，烹煮牛肉面供院生品尝。5 岁的庄姓院生激动地说：“我第 1 次吃到牛肉面，好好吃喔！”由于从来没吃过牛肉面，不知道这么美味，所以他满心欢喜，充满感激[③]。

一些普通牛肉面店堪称关心社会弱势群体，彰显慈善精神的楷模。新竹市文化城牛肉面店为回馈社会，上月免费招待米可之家的学员吃牛肉面，这个月再请仁爱之家孩子用大餐。弱势孩童因为很少吃得那么丰盛，所以不停地说：“这是我这辈子吃过的最好吃的东西！”老板吴景顺一边忙着端面，一边充满感情地说：“看到孩子的笑容再忙都值得。”[④]

当自然灾害发生的时候，牛肉面店家还秉持互相扶持、共渡难关的理念和精神，向需要帮助者伸出援手。而店家自已也养成不向灾难低头的顽强性格，被杰鲁德台风吹垮后重建的台东“台湾牛牛肉面”，再遭莫拉克台风重创，主持面店的四姊妹态度十分坚定地说：“我们会再站起来，那边是

---

① 《北市综合新闻》，《联合报》，2011 年 2 月 21 日，第 B2 版。

② 《彰投综合新闻》，《联合报》，2011 年 11 月 13 日，第 B2 版。

③ 《云嘉综合新闻》，《联合报》，2012 年 2 月 17 日，第 B2 版。

④ 《新竹》，《联合报》，2012 年 3 月 16 日，运动，第 B1 版。

我们家发迹的地方，意义不一样。”[①] 正是当初的创业艰难，使她们拥有了一笔宝贵的财富：不屈服，不退让。重新开张后，该店的红色大招牌在南太麻里桥一片灰蒙蒙的灾区中十分醒目，彰显着屹立不倒的精神[②]。

众所周知，2009 年 8 月初莫拉克台风重创南台湾，灾情十分严重。为此，台北众多店家在公馆商圈发起义卖赈灾。老董牛肉面和其他店家一起加入了义卖行列，并支持将这次义卖赈灾所得近百万元，全数投入灾区重建[③]。

然而，我们也应该清楚地知道，台北市在主办历届“台北牛肉面节”时，并不仅仅是引领着民众重新回味悠远深长的台北牛肉面，而且要集各家之力，为“台北观光美食资产之一”的牛肉面重新定位，将台北打造成“世界牛肉面之都”。这既是马英九等台北市领导主办“台北牛肉面节”的初衷，也是 2005 年首届“台北牛肉面节”的主题。

2006 年，台北市将第二届“台北牛肉面节”的主题设定为“面向世界，牛转奇迹”。2007 年，台北市把第三届“台北牛肉面节”的主题定为“牛转世界，独当一面”，意在打造亚洲的重量美食。2008 年，台北市将第四届“台北牛肉面节”的主题选定为“牛恋台北”。台北市长郝龙斌解释说，为了顺应“环保、养生、关怀”等概念，将鼓励民众使用环保餐具导入健康养生料理与社会关怀等观念，延请店家设计“养生牛肉面”，加入健康元素，推广少盐、少油、低热量的概念，让民众在品尝牛肉面的同时，吃在嘴里，补在身体。

2009 年，台北市把第五届“台北牛肉面节”的主题定为“群牛乱五，舞动群牛”。2010 年，台北市将第六届“台北牛肉面节”的主题设成“百花犇牛，惊牪台北”。缘于当年适逢花卉博览会在台北市举办，因此，以牛、牪、犇三种变化字来凸显“牛”肉面节，六只牛的组合也象征着 2010“台北牛肉面节”已经举办了六届！此外，百花犇牛除了象征“花博会”上百

---

① 《屏东台东》，《联合报》，2009 年 8 月 12 日，运动，第 B1 版。

② 《高屏东综合新闻》，《联合报》，2009 年 12 月 27 日，第 B2 版。

③ 《北市综合新闻》，《联合报》，2009 年 8 月 15 日，第 B2 版。

种花卉将绽放美丽之外，更代表这一年的牛肉面节会有各种各样的牛肉面让民众一饱口福；牛肉面料理竞赛也以“花”为主题，希望以各式各样的创意牛肉面，让民众为之惊艳！

2011年，台北市将第七届“台北牛肉面节”的主题定为“牛香一世情”，以搭配台北市推广米食政策方针。“牛香一世情”系取自“‘留’香一世情”之谐音，象征尝过牛肉面滋味的人都无法忘怀它的香味；除此之外，“留香”的另一层意涵则指“记忆里的留香”。因此这一届节庆活动除了要让民众尝到牛肉面的难忘香味外，更希望他们在品尝之余也能勾起记忆的余香，让牛肉面印象深入心底，成为生活中不可缺少的味道。

尽管每届“台北牛肉面节”的主题有所不同，阐释得有详有略，但都是围绕着牛肉面展开的，皆要为将台北市打造成“世界牛肉面之都”。因此，借助举办“台北牛肉面节”，营销台北市在这个过程中就显得很重要了。很多节庆活动，也都是围绕这个战略意图展开的。如2007年的牛肉面节上推出的美食音乐飨宴、从善如牛、爱心料理东西军公益活动、妈妈私房食谱大公开、感觉城市、美食观光大优惠等，可谓多姿多彩。其中，“感觉城市、美食观光大优惠”活动从2007年10月1日一直持续到2007年11月30日，将台北市林语堂故居、十三行博物馆、台北偶戏馆、芝山文化生态绿园、黄金博物馆等13个著名观光景点，搭配这届参与牛肉面节的牛肉面店家共同举办“二人同行，一人免费”或“买一送一”的优惠活动。消费者只要持有活动联络簿，即可轻轻松松品尝牛肉面，快快乐乐畅游北台湾！似乎是一举两得，但营销台北市，推动旅游业的意图非常明显。

民众在这一过程中，喜欢牛肉面的美好愿望也难免被“绑架”。2008年的牛肉面节组织者在营销手段上有一大创举，那就是首度与“ibon”购票系统合作，推出使用ibon系统购买优质牛肉面店家所推出的产品餐券之活动，销售活动自9月17日至10月31日止，为期一个半月。主办单位还进一步表示，除了在牛肉面节的相关网站可以投票给喜欢的店家外，只要民众至7-11便利店购买餐券，也能马上为支持的牛肉面店家投下一票。作为协办单位的信超媒体戏谷分公司副总林东豪，一边赞扬“台北牛肉面节”取得

了很大的成就，一边宣传本公司所属的戏谷游戏平台与牛肉面节合作推出的在线游戏“YES!（夜市）大亨”，运用台湾观光客最喜欢的夜市美食元素，涵括全台知名夜市景点，置入牛肉面、蚵仔煎等美食，希望藉由游戏，让牛肉面等美食成为推广台北旅游观光的营销利器。

2010年，为了与在台北市举办的“花博会”相呼应，牛肉面节也融入了很多花的主题和元素。在创意组的比赛设计中，就是将花卉植入其中，期望在本届比赛中出现更多元而且更具创意的作品。在这届牛肉面节上，花香有压住牛肉面的面香之嫌。

为了说明民众掌握信息，既能吃好又可以最划算地品尝远近驰名的台北各家牛肉面，台北市等不到2012年牛肉面节举办，就推出了“台北牛肉面名店严选”手册。除有2011台北牛肉面30大好店等信息外，在2月1日至29日还举办“凭手册消费集章、享优惠”活动，民众只要拿着手册到指定店家盖章就能享受优惠价格[①]。这显然是将准备品尝牛肉面的民众当作来台北旅游的游客，用发展旅游业的方法，直销牛肉面。

以上足见，台北市乐此不疲地举办“台北牛肉面节”，所要推广的不仅是牛肉面这一大众美食，更重要的是借此打造城市形象，实现城市文化的强势营销。参与这场营销者，既有地方当局、企业，也有普通民众和牛肉面业者，但是身份不同，态度也不完全一样。经过精心策划、周密组织的牛肉面节一方面获得了可观的经济收入，另一方面在营销台北城市形象等方面也取得了明显效果。毋庸讳言，牛肉面节树立了台北的城市形象，也可以进一步促进以牛肉面为代表的台湾美食广泛传播。

然而，这虽与民众和牛肉面店的追求方向一致，但方法不同，即所谓同中有异。著有《100家牛肉面评鉴地图》的王治宇，狂爱牛肉面，从牛肉面现实处境等实际问题中寻找着希望：

> 有人曾经预言台湾的牛肉面会在20年之内绝种，为什么？因为吃西式快餐长大的新一代食客，味觉记忆里只找得到汉堡、炸鸡，没有

---

① 《北市综合新闻》，《联合报》，2012年1月22日，第B2版。

牛肉面。牛肉面的形象如果一直无法提升，店面老是脏脏旧旧的，口味内容不能兼顾营养和卫生，很难不被时代洪流冲溃。这几年西门町传统老店老董牛肉面积极更新店头，改走西式快餐的明亮路线，就予人不一样的印象。①

显然，他更关心牛肉面的现实处境以及改变牛肉面命运的具体举措所带来的变化。而位于西门町的传统老店老董牛肉面店的变化，让他看到了希望。

身为民俗文化作家、广播节目主持人以及用脚踏遍大陆南北的专业美食作家郜莹也为如何使年轻一代愿意走进牛肉面的世界、留住年长一代民众贡献巧思妙想：

喧嚣热闹是吃牛肉面的氛围，那种吃得一身大汗的畅快，是年长一代的记忆。对冷气房长大的年轻一代来说，这样伴着汗水下肚的牛肉面，真的很难吃下去。但是牛肉面如果变时髦变新潮，那感觉仿佛又不对劲，我想到这些年不是流行怀旧吗？如果能用怀旧的心情重新包装牛肉面，我想不只年长一辈感觉亲切，年轻一代也愿意走进牛肉面的世界。②

前面提到过的亚都饭店中餐行政主厨曾秀保则主张从牛肉面的味道上作些改变，以适应不同年龄的牛肉面消费者的口味：

年轻时喜欢重口味，但川味红烧牛肉面辣咸浓郁，能引爆味蕾刺激，却吃不出肉质鲜甜；如今更欣赏清爽简单的牛肉面，若能以好牛肉、好汤头，烹出有清炖牛肉的鲜嫩肉质，又带点红烧的酱香的融合风味，一定更能讨好不同年龄食客的味觉。③

在台湾生活多年的美国人梅仁杰建议牛肉面店家可以设计一套“老饕

---

① 《狂爱牛肉面，著有“100家牛肉面评鉴地图”王治宇》，请见：http：//www. tbnf. com. tw/m_intaipei. htm。

② 《民俗文化作家，广播节目主持人，行脚踏遍大陆南北的专业美食作家　郜莹》，请见：http：//www. tbnf. com. tw/m_intaipei. htm。

③ 《亚都饭店中餐行政主厨，对杭州菜及川菜都有独到专研的曾秀保说》，请见：http：//www. tbnf. com. tw/m_intaipei. htm。

菜单 Tasting Menu”，包括不同口味的各种小碗牛肉面，供消费者尝鲜。他相信此举能吸引更多欧美人士爱上牛肉面[①]。

美食专栏作家胡天兰则以如何让西方人大为欣赏立论，并坦言：“牛肉用得多、舍得用料，牛肉面的质量自然好，再加上摆盘的设计、分量的拿捏，好看精致又滋味一流的牛肉面，西方人必定大为欣赏。”[②]

还有人从制度层面展开思考，主张借鉴大陆的评鉴制度，加强牛肉面店的管理。在他看来，大陆针对特色小吃实施的一套评鉴制度，即凡是评鉴合格的店家，就能获得一个“流动红旗”的认证，让消费者有参考的依据。但负责评鉴的人员，每隔一阵还会回到店中，定期进行审核，以维持质量与服务水平的一致，未来台北市或许也可比照办理，建立牛肉面店家的评鉴制度[③]：

> （兰州）当地人最厉害的地方是，每一个卖拉面的店家，谈起拉面来都能说得头头是道。台湾牛肉面今后如果要向外营销，这一点很重要。牛肉面既然是台湾的特产，我们一定要把台湾牛肉面的特色理出来，甚至想出属于台湾牛肉面的口号。这对营销、宣传都很有帮助。

在他看来，台湾牛肉面若想在更大范围传播，就必须像那些在甘肃兰州卖拉面的人一样，对拉面要“能说得头头是道”[④]。

上述这些意见，对于我们理性而客观地分析台湾牛肉面起源、传播中的某些问题一定会很有启发。这也是我们在作学术研究，进行文本分析的时候，特别强调的要注意文本的内容分析，关注言说者的语境，探讨其主体身份的主要原因。身份不同、处境不一样，必然会出现很多差异。然而，我们也必须看到，台湾牛肉面在大陆已经卖出了天价，同样拜“台北牛肉

---

① 《台北异国美食节主办人，在台多年的美国人梅仁杰》，请见：http：//www. tbnf. com. tw/m _ intaipei. htm。

② 《美食专栏作家胡天兰》，请见：http：//www. tbnf. com. tw/m _ intaipei. htm。

③ 《民俗文化作家，广播节目主持人，行脚踏遍大陆南北的专业美食作家 郜莹》，请见：http：//www. tbnf. com. tw/m _ intaipei. htm。

④ 《台北中华美食展筹委会执行长蔡金川》，请见：http：//www. tbnf. com. tw/m _ intaipei. htm。

面节”的影响越来越大和两岸关系越来越亲密所赐，据报导，近年来，在上海可以看到越来越多台湾的牛肉面店，上自人民币298元（约1350元台币）一份的牛肉面礼盒，下至20多元人民币（约100元台币）一碗的红烧牛肉面，都吸引了不同的客群①。在成都，台湾顶新国际集团旗下的餐饮品牌康师傅私房牛肉面馆预计今年开设五家面馆，更将推出一碗约新台币540元（约人民币108元）的天价牛肉面②。

类似上海、成都的例子在大陆还有很多，说明牛肉面店家在实际运作中充分开发和利用台湾牛肉面的商业价值，创造商机，占领市场。中国海协会会长陈云林访台时最爱台湾牛肉面，不仅让圆山饭店和晶华酒店的牛肉面红遍两岸，也使牛肉面已成为台湾美食代表。看好牛肉面风潮，台北国际会议中心也卖起牛肉面，深受世贸大楼内上班族及会计师和律师族群喜爱③。

从“台北牛肉面节”崛起的老董牛肉面，计划今年以F—老董返台申请兴柜挂牌，并将举行法说会，会前举办一场牛肉面试吃大会，藉以揭开序幕。老董牛肉面董事长刘正雄表示，进军大陆市场，将积极扩展店面，在大陆寻找有力合作伙伴入股④。台湾牛肉面在商海中不断跃升，对于台湾美食是一大利处。

五、结论——寄语牛肉面的传人们

在民众的共同参与和创造下，台湾牛肉面经历了并不平凡的岁月，如今在继承中华传统饮食文化的基础上，已发展成为可满足不同阶层、不同年龄、不同地域、不同性别的消费者的特色美食。从开始的清炖牛肉面、

---

① 《两岸》，《联合报》，2011年4月5日，第A13版。

② 《顶新要卖540元牛肉面》，《两岸企业》，《经济日报》，2009年7月16日，第A13版。

③ 《世贸联谊社 卖起牛肉面》，《零售流通》，《经济日报》，2009年7月16日，第E2版。

④ 《台股多元化　牛肉面、废轮胎都能上市》，《财经综合》，“中国时报”，2012年2月28日，第A5版。

红烧牛肉面到创意十足的各式牛肉面；从街头巷尾的面摊、面馆，再到各地加盟的连锁店，台湾牛肉面一方面把握住现代社会律动的脉搏，逐步编制、完成美食版图，另一方面也借助这一特色美食不断传播亲情、乡情，加强了海峡两岸民众和社会各界、各阶层人士的联系。在这方面，顶新集团康师傅及其红烧牛肉面扮演了特殊的角色，功不可没。

由于台湾牛肉面的起源是从回族和汉族的民众、军人、眷属等开始的，具有广泛的社会基础，因此也被赋予某种象征意义。更为重要的是，从牛肉面摊到牛肉面馆……随着享用牛肉面的空间不断扩大，档次不断提升，人们对牛肉面的记忆越来越多，口述和笔述越来越丰富，情感越来越充沛。当快餐时代降临之后，方便面、快餐厅应运而生，而跨越浅浅的海峡落户津门的康师傅在这历史性的跨越中获得了极大的成功，将台湾和各地口味的牛肉面等送到大陆同胞的手中，受到各地民众的欢迎。这个发生在现实社会当中的故事似乎也在阐明一个道理，即便是海峡两岸隔绝的时候，彼此音讯不通，但是生活还是相通的，一旦出现际遇，便会创造出巨大的奇迹，牛肉面可以为证。当两岸关系在大量行走于海峡两岸的企业家、学者、学生等各界、各阶层人士的探索中，走出一条条新路的时候，台湾牛肉面必将迎来新的希望，新的前景。盼望着台北牛肉面节有朝一日移师康师傅的诞生地——天津举办，共同书写两岸民众乃至社会各界、各阶层人士的共同的牛肉面历史，牛肉面节历史，共同打造若干个牛肉面之都，向人类展示华人综合创造的巨大力量，让世界分享两岸和平、发展的成果。

牛肉面在被文化建构的同时，也建构着文化。同样，牛肉面在被人们记忆的时候，也制造着人们的记忆。顶新集团康师傅有幸参与了这样的文化建构和历史记忆制造的过程，在组织实施台湾美食历史、文化书写的同时，必将把自己也写进历史。

The Origin and Spread of Taiwan Delicacy—Beef Noodles

Jie Hou
(Professor of the History College, Nankai University)
Jing-Fang Li
(Postdoctoral Fellow of School of Literature, Nankai University)

Abstract: Over the years, the beef noodle in Taiwan has owned a broad social base. Under the active efforts of members of civil society, the beef noodle spread around very quickly. It has gradually developed to have a different character and style to occupy a very solid and important position of the Taiwanese cuisine. Taipei City Government has organized Taipei Beef Noodle Festival since 2005, aimed to build Taipei as "Beef of Noodle Capital of the World". During the following few years, as an annual activity, Taipei Beef Noodle Festival set different themes, in order to express the official demands and aspirations. Various kinds of activities enhance the close interaction between the official and the private sector, and expand the social impact of Taiwan beef noodle. By discussing the topics such as the origin and spreading path of the Taiwan beef noodle, we can open up a new path of studying the social history.

Keywords: beef noodle, Taipei Beef Noodle Festival, cultural construction

台湾特色美食“臭豆腐”的社会文化史

夏瑞媛[①]

【摘要】本文从臭豆腐在台湾常民生活中的饮食位置谈起，从外省小吃、不洁净的路边摊小吃到台湾美食小吃，说明臭豆腐的“臭”随社会文化变迁而改变。笔者认为，台湾臭豆腐的特色不是臭/香的口感呈现，而是通过臭豆腐口味、配料创意变化展现出不同文化异质混搭的“台湾臭”（台湾味），这是台湾美食特色所在。

【关键词】臭豆腐　台湾特色小吃　臭

一、序　论

每逢外籍人士到台湾，夜市几乎是来者必访的朝圣之地，夜市里除了你来我往的汹涌人潮，还有琳琅满目的闪亮招牌、此起彼落的吆喝声，以及众多饮食摊位溢出的千百气味，任何人进到这样的空间环境，不论是寻常市集，抑或进阶而成的观光夜市，犹如进入一处活力四射的“乐园”。如果说夜市是台湾文化中重要的一环，那么夜市中最具灵魂的当属小吃，从泡沫红茶、药炖排骨、蚵仔煎到各式卤味、猪血汤、米粉炒、卤肉饭、大肠面线等，点数不完的各家口味，华丽了夜市的空间场景。更重要的是，这些小吃不仅仅是“小吃”，也丰富着台湾饮食文化发展的每次转折，进而成就了美食岛屿。并且，在诸多小吃里，总有那么一样是台湾人特别喜欢

① 台湾云林科技大学共同科兼任讲师（台湾大学建筑与城乡研究所博士候选人）。

介绍，而外国游客总也捏鼻皱眉敬谢不敏的，那就是“臭豆腐”。

2011年米其林出版台湾旅游指南英文版，书中力赞台湾小吃，且列出到台一游“必吃”（Must-try specialties）的美食，包含了牛肉面、卤肉饭、芒果牛奶冰、牛舌饼、蚵仔煎、木瓜牛奶、大肠包小肠、臭豆腐、豆浆、珍珠奶茶等。同年夏天，英国、美国的杂志与有线电视适巧进行全球恶心食物与全球美食排行，其中皮蛋被选为最恶心食物，此结果引来海峡两岸不满之声，连带地，与皮蛋之味不相上下的臭豆腐也备受讨论，如此之臭的食物在华人饮食圈里成了美食，或许不稀奇古怪，但要从一种在地口味转而被赋予特色成为全球品味的话，那我们就得先理解“臭豆腐”是如何、因何能成为“台湾特色美食”的？如此才能理解诗坛大师余光中那句“外国人想学好中文，第一要会吃臭豆腐，第二要懂得‘江湖’”的话中的深蕴。

二、臭豆腐起源争议

说到臭豆腐，许多资料都溯源到清朝康熙八年（1669）的王致和传说，有说是秀才王致和进京赶考没了盘缠，遂以家学做豆腐营生糊口，若逢夏日，卖剩的豆腐多了，就切块以盐腌制，几天过去传出异臭味，始发现豆腐上竟长出青灰色的霉丝，弃之可惜，一尝却滋味极香，分送邻人共尝，迭获佳评，开了铺子遂成了后来臭豆腐的起源。

对此，大陆学者刘朴兵（2007）曾为文提到“中国嗜臭饮食区位于长江中下游”，具体而言，从江浙地区的宁波、绍兴，过上海往西，中间经安徽南部的徽州、江西北部的鄱阳、上饶，最西达湖北的武汉、湖南的长沙[①]。嗜臭之饮食习俗早在战国时期《韩非子·五蠹》即有记载：“上古之世……民食果蓏、蚌蛤，腥臊恶臭而伤害腹胃，民多疾病。”后世虽经饮食习惯多次改变，部分地区饮食仍保有常民社会里以腌渍发酵作为保存食物的习惯，其中臭味食材的使用，仍常见于长江中下游地区。例如作家周作

① 刘朴兵：《独具一格的中华臭味菜肴》，《中华饮食文化基金会会讯》，2007年第2期。

人即写道：这一类的食品在我们乡下出产很多，豆腐做的是霉豆腐，分红霉豆腐和臭霉豆腐两种（棋子霉豆腐），有霉千张、霉苋菜梗、霉菜头，这些乃是家里自制的。外边改称酱豆腐、臭豆腐，这也没什么关系，但本地别有一种臭豆腐，用油炸了吃的。据此以推，原籍绍兴的周作人家乡的食臭之俗早于明朝嘉靖年间（1522—1566）即已有之，算来已有400多年的历史。

除此之外，朱振藩（2001）也提到明代李日华在《棚栊夜话》中的叙述：安徽黟县人喜欢在夏、秋之季用盐使豆腐变色生毛，再把它擦洗干净，投入沸油中煎炸，随即捞出和其他食物同煮，据说颇有“海中鳄鱼”之味。甚至还有一说，乃与明太祖朱元璋有关，据称他在饿乏之中发现此一长毛豆腐，便以此果腹，食之甚美，久久难忘，后起义反元，挥师攻徽州前，特命伙房制作，以犒赏三军，此后，油煎毛豆腐便在徽州、屯溪、休宁等地流传。

由此可见，综合刘朴兵与朱振藩的研究来推论，臭豆腐的出现并非始自清初，而是更早之前就存在于长江中下游一带常民百姓的生活饮食之中。而王致和的传说或许可解释为将寻常百姓家的食臭文化增添故事，进而改良精致了食材并发扬光大，且在慈禧太后时受封为“御青方”，此御青方所指的即是腐乳。豆腐乳与臭豆腐在制法上相近，仅在豆腐块制作的最后两道程序：“成型”与“加压”时会根据成品而烹调方式有改变，例如油炸的臭豆腐块则与蒸臭豆腐或麻辣臭豆腐有所不同。

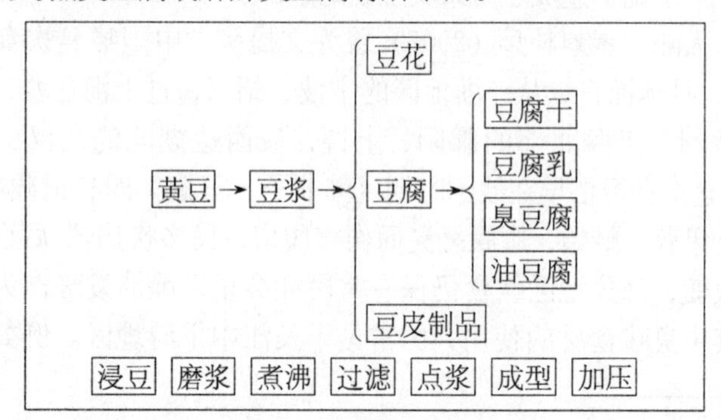

图1　豆制品关系图

三、臭豆腐在台发展

臭豆腐，在台湾给人的第一印象，一般都指向油炸的臭豆腐干，此印象源于台湾五六十年代推着臭豆腐车沿街叫卖的常民生活记忆，这些臭豆腐车到了 90 年代逐渐被店铺化的臭豆腐店取代。

臭豆腐何时开始在台湾出现？台湾作家杨逵 1948 年曾写《上任》的新诗：

今天上任去视事，
菜瓜藤，肉豆须，
也有姨太太，
也有大囝小叔和媳妇。
茶役，股员：
股长，课长和秘书
应有尽有；
什么货都有，
也有烂盐菜，
也有臭豆腐！①

诗中即以烂盐菜、臭豆腐讽喻当时官僚风气之恶，可见在 50 年代前后的台湾民间已有臭豆腐制品；此外，也有学者认为臭豆腐乃是与战后外省移民入台有关，如学者逯耀东（2005）在《台湾饮食文化的社会变迁——蚵仔面线与臭豆腐》一文中就提到臭豆腐为中国大陆的料理，由上海移民传至台北。

大体而言，1949 年以后的台湾，成了中国各方饮食荟萃相融一炉的地方，尤其是生活居处困窘难以安于原业时，或是找个摊车卖点小吃，或是骑楼廊间摆个小桌小凳，再找个原料易取、烹调容易的小吃，也就成了“生意”。然而，从豆腐（或豆腐制品）到臭豆腐的饮食喜好差异，并不只

① 杨逵：《新文艺》副刊，《力行报》，1948 年 8 月 9 日，第 2 版。

是多一道发酵加工程序上的技术差别，更是饮食气味的改变，一如杨逵诗中讽喻地将贪腐官僚比作“臭豆腐”般，感官知觉上对臭味料理的排斥是如何转换，以至今天成为台湾特色美食？

若要理解臭豆腐饮食与台湾人民生活间的关系，大致上可从以下三方面探索臭豆腐的在地变迁发展：

（一）家乡味——作为常民经济生活指标

60年代对于臭豆腐的报导几乎都与“双十节”有关。

自1949年国民党从大陆撤退来台后，几乎年年“双十节”皆举行阅兵仪式，而阅兵会场的新公园（1992年后改称“二二八纪念公园”）作为台北城市文化与政权转移的历史场景缩影，格外具有空间政治的意涵。因此，每到“双十节”，报纸媒体便会将台北新公园描述成“人声鼎沸的午市与游乐场”：

> ……三百多摊贩，没有分类或分角落摆设，不过在靠音乐台那边比较集中，饮食摊贩都摆在大树的底下，有台式面点，大陆风味，也有日本料理。冰水、糖果和花生米、烧饼之类的摊贩最多，臭豆腐干生意鼎盛。在标准钟的后面，还有人卖烤麻雀。平时静悄悄的这块地方，一时“来坐”，“五角一杯”，“一块钱三条”（手绢拍卖），还有卖冰果的铃声……①

> ……约有一千六百多摊，摆满了每一个角落。其中以饮食摊最多，水果扣冷饮类次之，再次是游艺摊及推销药品的广告性的表演。臭豆腐干有两百多担，生意很好，江湖卖艺者的锣鼓喧天，摊贩们的叫卖声，尤其卖冰水的“五角一杯”和饮食的“来坐”喊个不停，另外还有奇奇怪怪的钟声铃响，夹杂着小孩子的笑声和哭声，交织成一片嘈杂的“交响曲”。②

---

① 陈启福：《临时成闹市　百业入公园/游人如织对花野餐　哭笑吆喝蔚为大观》，《联合报》，1960年10月11日，第3版。

② 陈启福：《满城仕女看阅兵/公园临时成闹市》，《联合报》，1961年10月11日，第2版。

连续两年的“双十节”阅兵报导，内容看似大同小异，然从两篇报导中透过台式面点、大陆风味，也有日本料理、糖果、冰水与花生米、烧饼等小吃并陈的情景，隐喻了60年代前后日本殖民文化、台湾本地文化已能和“外省人”融合共处，其中最特殊的描述莫过于臭豆腐干摊子的统计数字。在1961年的新公园周边一千六百多小吃摊中即有二百多臭豆腐摊，数量之多、之密可谓奇景，试想，如此数量的臭豆腐摊车聚集下的气味岂不熏传数里？再者，当时各式摊贩业种繁杂，饮食摊之外，还有冷饮、游艺与药品推销、江湖卖艺等摊子聚集，臭豆腐摊车犹能在其中备受突显，可想见臭豆腐摊在阅兵仪式市集中之所以数量如此之多，如果不是臭豆腐在当时已是日常生活饮食中的普及物，那么就是将臭豆腐转化为非寻常小吃饮食，具有政治象征性的饮食物、家乡味。

关于家乡味，被标志为解严后眷村文学代表作品《想我眷村的兄弟们》的作家朱天心（1991）曾描述饮食与眷村生活间的关系：

多想念与他们一起厮混扭打时的体温汗臭，乃至中饭吃得太饱所发自肺腑打的嗝儿味，江西人的阿丁的嗝味其实比四川人的培培要辛辣得多，浙江人的汪家小孩总是臭哄哄的糟白鱼、蒸臭豆腐味，广东人的雅雅和她哥哥们总是粥的酸酵味，很奇怪他们都绝口不说“稀饭”而说粥，爱吃“广柑”就是橙子。更不要说张家莫家小孩山东人的臭蒜臭大葱和各种臭丑酱的味道，孙家的北平妈妈会做各种面食点心，他们家小孩在外游荡总人手一种吃食，那个面香真引人发狂……①

这段叙述中，不论是糟白鱼、蒸臭豆腐、粥的酸酵味或是称橙子为“广柑”，由所吃的食物到身体所逸散出的气味，都成为眷村生活空间里各自祖籍认同身份辨识的凭据。此外，60年代的眷村回忆里，曾居住在“台南空军供应司令部第二供应处”眷村的梁幼祥也有过描述：

许多妈妈会做家庭手工，挣一些小钱贴补贴补，打毛线，糊火柴盒，切茭头，圣诞灯，还有些手巧的妈妈开早餐店，阳春面，凉面，

① 朱天心：《想我眷村的兄弟们》，台北：麦田出版社，1991年。

凉皮，豆浆，烧饼油条，下午有卤味，韭菜盒子，锅贴，大卤面，肉丝面，干面，杂酱面，臭豆腐和汤圆……应景的时候，萝卜糕，年糕，甜酒酿，湖南腊肉，腊肠，豆腐香肠，川味豆腐乳，麻辣萝卜干……数不尽的大陆风味，尽在贴补家用的风气下，在眷村中生生息息![1]

一直到60年代战后穷寂稍歇、百业待兴，门口摆个桌椅的臭豆腐小吃摊成为家庭剩余人力藉以“贴补家用”的美食记忆。到了70年代，臭豆腐干俨然与常民生活饮食更为密切，从过去节庆市集才得以一尝的吃食，转而变成日常生活中的家庭点心。

孩子们喜欢吃街上叫卖的臭豆腐干，主妇们可以在买菜时，顺便买点炸给他们吃，四片一元五角，比小贩叫卖的要便宜。[2]

除了在日常吃食上的改变，臭豆腐在当时也是一种民生消费价格的指针。

70年代各地方对于在地市场物价行情的反映大致上表现在食用油（麻油、花生油）、乌鱼子、干货（木耳、金针）、青菜（红萝卜）等的价格上，除了上述食品干货外，臭豆腐的零售价格也经常出现其中，成为掌握70年代的市场物价涨跌消费的指标。例如臭豆腐从1968年四块一元五角[3]（阳春面一碗约两元），1969年每块五角[4]，1971年每块三角五分[5]，到了1973年油炸臭豆腐干则从三块两元涨成一元一块[6]，1975年时甚至涨到了三块五元或六元[7]，涨幅高达三倍，家庭主妇都能从市场中臭豆腐的单价变化感受一二。当时报导即举臭豆腐价格为例：

一位家庭主妇和一位未婚的青年工人说，日常用品涨价，影响大

① 梁幼祥：《我们的母亲——二空》，二空文史工作室网页：http：//airforce2studio. blogspot. com/2009_11_01_archive. html。

② 刘宪：《经济日报》，1968年10月9日，第6版。

③《经济日报》，1968年10月9日，第6版，市场行情。

④《经济日报》，1969年1月21日，第6版，市场行情。

⑤《经济日报》，1971年2月10日，第9版。

⑥《联合报》，1973年9月27日，第3版。

⑦《经济日报》，1975年5月3日，第11版。

众生活。这些日子，多年来售价稳定的肥皂等涨价了，连油炸臭豆腐干也从两元三个涨成一元一个，但家庭收入未增加。希望政府重视这一事实。①

表 1

年	1968	1969	1971	1973		1975
价格单位	1.5/4	0.5/1	0.35/1	2/3	1/1	6/3
与前年度涨跌幅度	—	133%	70%	191%	149%	200%

此时期臭豆腐物价的波动浮涨，无疑反映了与日、美断交，退出联合国与两次国际石油危机等连番带来的经济冲击，再加上 70 年代国际农产品（黄豆）期货行情动荡不稳，臭豆腐价格遂成了反映国内民生物价的指针，臭豆腐价格高，连带地也影响榨油业、传统加工业等中小企业。然而，在 1975 年美国黄豆价尽管一直挫低，豆腐制造成本降低，然而在这波浮动中却不见降价，豆腐零售价居高未退，尤以臭豆腐干单价一再上涨。由于家庭收入未随物价上涨而调升，因此买卖臭豆腐等物料时难免从斤两大小上增减以便从中获取多一点的利润，无形中衍生出豆腐业者间的恶性竞争。于是，1971 年台北市豆腐同业公会则实行豆腐模板规制化的新规定，统一由公会制发模板，以杜绝私制模板尺寸差异引发的纠纷，藉以确定交易的公平性，稳定业者间市场价格一致化，例如高度一寸二分，一尺四方的嫩豆腐及高度八分，一尺四方的硬豆腐为十二元一板，而四方形臭豆腐干则每块三角五分②，然而此规制化后来无法顺利在各地推动。

在六七十年代前的台湾，臭豆腐尽管除了摊贩、手拉车等之外，也存在于江浙小馆的菜单中，然而上馆子吃食向来不是常民生活模式，如非官场应酬便是节庆远客来访时，才会上馆子打打牙祭。再加上，臭豆腐在当时随着“国民政府”军队移台后，臭味料理中所谓的“家乡味”往往得从市场中就地寻找，自行凭着记忆拼凑复制做法，而手拉车的臭豆腐摊贩则

① 《联合报》，1973 年 9 月 27 日，第 3 版。

② 《豆腐业破例有公休　农历每月初三　十七》，《经济日报》，1971 年 2 月 10 日，第 9 版。

可替补满足家乡味的记忆，即便是经济困窘的常民在当时仍可便宜地满足怀乡的味觉。

（二）受污染的食物——健康论述下的路边摊小吃

尽管1961年的“双十节”有多达二百多摊的臭豆腐摊车，但这并不表示臭豆腐的臭味在当时已经广为台湾人接受，因此在当时报导中即可见到“台湾省政府”发文请示“警政司”基于卫生考虑是否该取缔气味熏人的油炸臭豆腐。“内政部警政司”的回应是：油炸臭豆腐干的气味，虽然不佳，对于人类身体健康没有什么妨害，不必依违警罪责予以取缔[①]。因此，在1961年的“双十节”，新公园周边才会出现有二百多臭豆腐摊的盛况。

由此报导可推知，当时对于臭豆腐气味与健康之间尚未有直接关联，仅止于臭味是否造成闻者身心不适的考虑，且决定气味有无不良影响的单位不是由卫生单位或医疗主管单位判断，而是“内政部警政司”，也就是在60年代臭豆腐的气味、设摊乃至管理，属于公共秩序、社会安全，而非“内政部卫生司”[②]，不属公共卫生、医疗范畴的讨论。

1965年国外医学研究发现B型肝炎病毒（HBV）的表面抗原(HBsAg)，对肝病病因的确定有很大的贡献，由于肝病自日治时期以来便被视为台湾人，甚或是华人的通病，罹患肝病比例相对其他国家族群更加偏高，造成此现象的原因常常归之于华人喜食腌渍、发酵（旧称生毛）与油炸等饮食习惯，因此举凡臭豆腐、豆腐乳、皮蛋、酱瓜、香肠等发酵、腌渍食品在当时报章媒体中屡次被视为是引发国人肝病变的可能原因之一。到了70年代，医学报导将油炸臭豆腐与肝癌之间拉上了关联。

> 根据医学文献报告，原发性肝癌，在美国全国一年难得找出几十个病例，占癌症患者的百分之五以下，而在台湾每一年可找出几百个原发性肝癌的病例，占癌症患者的百分之十六至十七……这位在肝病

---

① 《油炸臭豆腐　无碍人健康 / 内部释示不必取缔》，《联合报》，1961年6月30日，第3版。

② 今日的“行政院卫生署”在1949年8月到1971年3月划归“内政部卫生司”，至1971年3月17日改组为“行政院卫生署”至今。

方面有长年研究的“三军总医院”医师指出，台大医学院董大成教授曾将发霉食物中取出的黄色霉菌在老鼠身上做实验，发现老鼠食用这种带黄色霉菌食物若干时间后，大部分呈现肝硬化，也有部分发生肝炎。

程东照医师表示，由于饮食习惯不同，许多人喜欢吃酱油、火腿、香肠、酱瓜、臭豆腐、豆腐乳、皮蛋、香菇等经过长久处理而发酵、发霉的食品，可能因为这些食品，使得患肝癌的比率增多。[①]

尽管报导内容仍采用的是“可能因为这些食品”，使得台湾人“患肝癌的比率增多”[②]，但足以造成当时食用臭豆腐者产生恐慌不安。

那么，油炸臭豆腐到底安不安全？卫不卫生？当时臭豆腐大多在家庭小规模制作，或者搭棚新辟，或者将原有的屋舍猪圈改造，再加上家庭式酿造的材料与制程各家各户不一，质量管理本就不易，因此对于臭豆腐食用安全卫生与否的问题，从地方卫生单位到“省政府环境卫生试验所”都以臭豆腐是家庭小规模加工制造贩卖，到目前还没有人设厂大量生产，因此其质量、卫生究竟如何，以“不知其详”回应[③]。由于对臭豆腐食品研究的相关文献在当时并不多，官方的“不知其详”并不能排除臭豆腐“可能”对健康有害的疑虑，或者可以说，“可能”的目的并不在于完全禁制或改善饮食习惯，而是将传统食品加工纳入食品工业管理规范。

食品工业发展研究所……在这项研究计划中指出，在这些自然发酵过程中常易受各种病原菌污染，例如沾上了 Aspergillus flavus，便会产生霉菌毒素而引起肝癌，故必须从各种方法中筛选出优良的菌种及改良式家庭自然发酵方法，以机械产制质量更优、味道更佳的臭豆腐，供嗜食者安心享用。

食品工业发展研究所也将从事调查，以了解目前市面上所售臭豆腐的污染程度，并分析臭豆腐的成分及其营养价值。

---

① 《含有黄色霉菌食物可能引起肝癌》，《联合报》，1972年5月1日，第3版。
② 《含有黄色霉菌食物可能引起肝癌》，《联合报》，1972年5月1日，第3版。
③ 《卫试所将研究臭豆腐卫生否》，《联合报》，1976年11月5日，第2版。

报导中提到的 Aspergillus flavus 即是黄曲菌，常生长在储存的玉米、花生或黄豆上，高湿高温下会产生黄曲毒素，人畜食后会引发肝癌。因此如果要对臭豆腐浸卤发酵质量加以管理，就必须统一这些原本散落的家庭式臭豆腐工场的产制流程，“筛选出优良的菌种及改良式家庭自然发酵方法，以机械产制质量更优、味道更佳的臭豆腐”① 也正说明台湾臭豆腐制造从家庭自然发酵转向机械加工，从小型产出转向机械量产。

台湾开始重视 B 型肝炎始自 80 年代，在官方一波又一波强力倡导下引发的恐慌心理从过去的肝癌转至“B 肝带原者罹患肝癌比一般人高出两百倍”，因此，如何防治传染途径成为当时控制恐慌蔓延的解决之道，除施打当时甫进行研发的新疫苗之外，“卫生署”当时公告预防 B 型肝炎的预防知识中则有一项“不吃路边饮食摊贩的食物”，尽管从 70 年代到 90 年代初期，许多研究者都指出除血液传染外，其他传染途径并不是十分确定，但“不要在路边摊进食”的防治知识则显然已将路边摊食物视为 B 肝病毒传染途径的“不卫生”之物，其中发酵、腌渍后的臭豆腐类食品更是经常被列举为饮食卫生不佳的饮食目标。例如在 1995 年即出现标题《逐臭之夫注意，未炸前每五块中三块检出生菌，炸过后生菌少了，却可能致癌》的报导，内容指出：

> ……即使臭豆腐本身没有问题，浸泡液也可能受到病原菌及有害菌的污染。结果发现，不管在哪个地区买的臭豆腐，最少五块中会有三块受到大肠杆菌、大肠杆菌群、金色葡萄球菌、仙人掌杆菌及沙门氏菌等的污染；许多臭豆腐更是检出多种生菌。
>
> 炸过的臭豆腐，被生菌污染的情形虽然大减，但是炸臭豆腐比生臭豆腐有明显的诱突变性，较高的诱突变性，被认为较有可能产生有害人体健康的物质，如较高的化学致癌性物质。②

---

① 《臭豆腐越臭越好　惟须防病菌侵入　食研所致力研究改进》，《经济日报》，1976 年 4 月 11 日，第 3 版。

② 《逐臭之夫注意　未炸前每五块中三块检出生菌　炸过后生菌减少　却可能致癌　臭豆腐生菌污染严重》，《联合晚报》，1995 年 4 月 10 日，第 5 版。

臭豆腐的食品安全疑虑从臭豆腐延伸到浸泡液，除强调浸渍的生臭豆腐因处于开放环境，因而各种病菌容易孳生，而就算以高温油炸熟食方式料理臭豆腐，可杀灭致病生菌，却反而“可能”因此诱发致癌物质。这么一来，臭豆腐臭不臭显然不是太关键的问题，而是在嗅觉、味觉、视觉之外看不见的细微却可致命的病菌，以及无法通过加热熟食过程小心处理就能解决的致癌因素，使得油炸臭豆腐在八九十年代几乎等同于不洁净、对人体有害的饮食。

对于这样的负面报导，“卫生署食品卫生处”仅能消极回应：所有的加工食品制造过程中都易有微生物发生，但是只要谨记确实加热食用，并注意油脂质量，且不要太常吃，就可降低风险。然而关键是臭味已联结到食用者对于身体健康的潜在恐慌，并无法仅从减少食用频率与熟食就能切断嗅觉与恐慌知识之间的链接，因此“卫生署”续以“改食蒸臭豆腐，既可杀菌，又可减少油炸的后遗症”[1] 的说法作为解除过去二十年来的臭豆腐饮食卫生与致病疑虑，简单来说，致病论述的解决之法即在于推动臭豆腐的“口味转型”。

图 2

（三）混杂后的创意——臭豆腐口味转型

90 年代之前，多数的臭豆腐生意以手推车的炸臭豆腐摊为多，而毛豆蒸臭豆腐则得去江浙馆子里才尝得到，两者虽同名为臭豆腐，但发酵原料却不尽相同，因此在臭度上也有差异。为了生臭，也往往会产生各式的菌

① 洪淑惠：《既杀菌又减少油脂　改吃蒸臭豆腐》，《联合晚报》，1995 年 4 月 10 日，第 5 版。

种以利发酵，但由于长时期以来对于臭豆腐卤水原料发酵过程的掌握有限，安全卫生的问题一直伴随臭味存在，到了90年代台湾生物科技技术发展渐趋成熟，进而分离培养出对人体健康有益的细菌，使得臭豆腐的发酵液不再被视为大肠杆菌、沙门氏菌等细菌的温床，也可以是对人体健康极为有益的饮食原料，例如阳明大学在臭卤中发现存在有益的乳酸菌可分离另作为其他食品应用。

90年代，店铺式经营的臭豆腐店日渐增加，反而是沿街叫卖的摊车逐渐消失。过去由于炸臭豆腐的技术门坎相对于其他小吃简单、易于入手，因此一度成为许多因经济不景气而失业的民众营生糊口的选择，从较早期的沿街叫卖，到后来随着早市、黄昏市集到夜市的定点设摊，到了90年代则转为店铺专营，臭豆腐也不再只是营生糊口，而成为“创业”。臭豆腐走向店铺式经营后，最主要的改变在于臭豆腐的货源不再是自家制或由家庭工厂提供，转而由专门制造商供货，技术分工使得臭豆腐口味不仅如以往着重于臭卤发酵程度，店铺如何调味、掌握火候与口味营销则逐渐成为差异化的关键。不同于早期臭豆腐摊以油温火候、调味佐料等技术差异来拼口碑好坏，店铺式、连锁式经营技术门坎则在口味调味之外，多了资金、经营等营运营销面向，相对地，比以往摊车或定点设摊的门坎更高些，也因此这个时期开始出现臭豆腐口味转向创意研发。

图3

90年代的臭豆腐专卖店开始强调“养生”、“素食”，一反过去对油炸臭豆腐“可口却不健康”的印象，臭卤原料从传统加入鱼虾的发酵土法，转化为“以苋菜、冬瓜、竹筒、桂皮、冰糖等多种蔬菜及中药发酵”的纯素臭卤，并强调兼有“清肺、养肝、利尿”等功能，利于人体健康。这种强调纯素臭卤养生的说法，直到现在以臭豆腐闻名的深坑老街摊商仍同样强调用蔬菜发酵的对人体比较好，臭味的呈现也不像早期油炸臭豆腐的臭，并强调臭豆腐吃完会“回甘、清香”。过去称为臭卤水的浸渍液，开始有不同的名称，如“酵素”，摊贩开始强调不是用传统的臭卤浸泡，而是以新鲜蔬菜和酵素配方处理，也就是以新配方发酵，对人体有益无害；也有强调以“中草药”配方浸泡，如八角、茴香等，把臭豆腐的“臭味”调制为辛香口感。

图4

除臭卤原料改变之外，红烧臭豆腐的盛行让原本仅是臭豆腐配泡菜或者毛豆蒸臭豆腐的搭配方式也开始多变，海鲜、鸭（猪）血、大肠、鱼蟹等过去不属于小吃的配料开始搭配入菜，臭豆腐从小吃跨足到膳食，从江浙小馆的家乡菜转而加入台式海鲜的新口味，演变出其他的臭味菜单，如臭臭锅、臭豆腐砂锅、虾酱蒸臭豆腐或者逐臭空心菜等都是当时的新口味，有些臭豆腐专卖店更突发奇想地发展出臭豆腐汉堡或臭豆腐全席。近几年来，则更进一步地研发出泰式臭豆腐、越式臭豆腐等口味，将他国饮食特色转化为臭豆腐上的酱料或配菜，除了可说是口味创新的饮食风潮之外，更重要的是臭豆腐在台湾历史发展过程中所展现出的混搭，这种看似毫无特色到难以区辨的滋味，其实正反映了台湾小吃文化的精髓。

图 5

四、臭豆腐的文化味蕾建构

2010 年 7 月，“行政院新闻局”举办了一个名为“台湾美食网络 PK 大赛”（Taiwan's Yummy Snacks）的网络票选活动，此活动不同以往其他中文票选，而是建置在“政府英文入口网站”中 Taiwan's Night Market 英文主题网页[①]下，希望从台湾各地夜市文化与美食的介绍带领外国人士进一步认识台湾常民生活。因此，“台湾美食网络 PK 大赛”的英文网页中这样介绍此一票选活动：

2009 年，猪血糕被评为世界上最不寻常的食物[②]。你认为台湾小

① 可参阅网址：http：//www.taiwan.gov.tw/mp.asp？mp=1002。

② 2009 年英国知名旅游网“Virtual Tourist.com”举办会员票选“全球十大怪食物”，猪血糕雀屏中选，此票选结果引发营销台湾美食文化形象多年的“行政院新闻局”重视。

吃都是奇怪的，或者你发现它们美味得令人难以置信吗？

对此，我们选出四组台湾传统小吃进行四场各自独立的票选（每组票选时间各有20天）。以票选方式表示对你最喜爱的小吃的支持。如果你选出的小吃赢了，你就能参加抽奖！

台湾小吃体现地方特色和文化意义。其中一些可能看起来很奇怪，但大多数台湾人民却不能没有它们。想要一次享受这些经典小吃，夜市无疑是最好的去处。[①]

活动中的四个回合分别是臭豆腐对猪血糕、蚵仔煎对肉圆、小笼包对卤肉饭、珍珠奶茶对芒果冰，票选结果臭豆腐、蚵仔煎、卤肉饭与珍珠奶茶胜出，其中臭豆腐以3938票大胜猪血糕的172票，介绍臭豆腐的描述是："臭豆腐取自新鲜豆腐发酵而成，尽管气味很让人吃惊，却相当吸引人。最常见的料理方式是油炸，然后佐以糖醋泡菜。"[②] 猪血糕的描述："猪血糕，顾名思义蒸熟糯米上裹覆猪血，先前被选为最不寻常的食物。在夜市中贩卖，蘸上酱料后，再洒上花生粉与香菜。"[③] 仅就臭豆腐与猪血糕的美食介

---

① 原文内容：In 2009, pig blood cake was voted the most unusual food in the world. Do you think Taiwanese snacks are all that strange, or do you just find them incredibly delicious? For this event, we have selected four groups of classic Taiwanese snacks for a contest consisting of four separate voting sessions (20 days of voting time will be allocated to each). Vote and show your support for your favorite snack. If your snack wins, you will be entered into a prize draw! Taiwanese snacks reflect local characteristics and cultural significance. Some of them may look very strange, but most Taiwanese people can't get by without them. To enjoy these classic snacks all at once, the night market is undoubtedly the best place to go. 引自"新闻局"网页：http：//www.taiwan.gov.tw/TaiwanSnacks/index_end.html。

② 原文内容为 Stinky tofu is fermented from fresh tofu. Although the smell is startling, it is quite addictive. The most common preparation method is frying, and the tofu is then served with sweet and sour pickled vegetables. 引自"行政院新闻局"网页：http：//www.taiwan.gov.tw/TaiwanSnacks/results_end.html。

③ 原文内容为 Pork blood steamed with glutinous rice, known as pig blood cake, was voted the world's most unusual food. Sold in night markets, it is often dipped in sauces and then sprinkled with peanut powder and coriander. 引自"行政院新闻局"网页：http：//www.taiwan.gov.tw/Taiwansnacks/results_end.html。

绍文来看，如此简短内容，尽管搭配了图片，但恐怕仍无法理解图片与文字背后真实的美食滋味，更何况是理解台湾人民为何偏爱“最不寻常的食物”或“看起来很怪”的小吃到生活里不能没有这些怪食物。如果这一票选乃是对英国“全球十大怪食”票选的响应或反击，那么当臭豆腐票选胜了猪血糕又意味了什么？臭豆腐果然不若猪血糕的怪？还是臭豆腐果然比猪血糕更加美味？不论何者，似乎对于台湾美食小吃的形象营销帮助不大，多数外国的阅听大众恐怕仍难以接受臭豆腐或猪血糕是一种美味小吃。

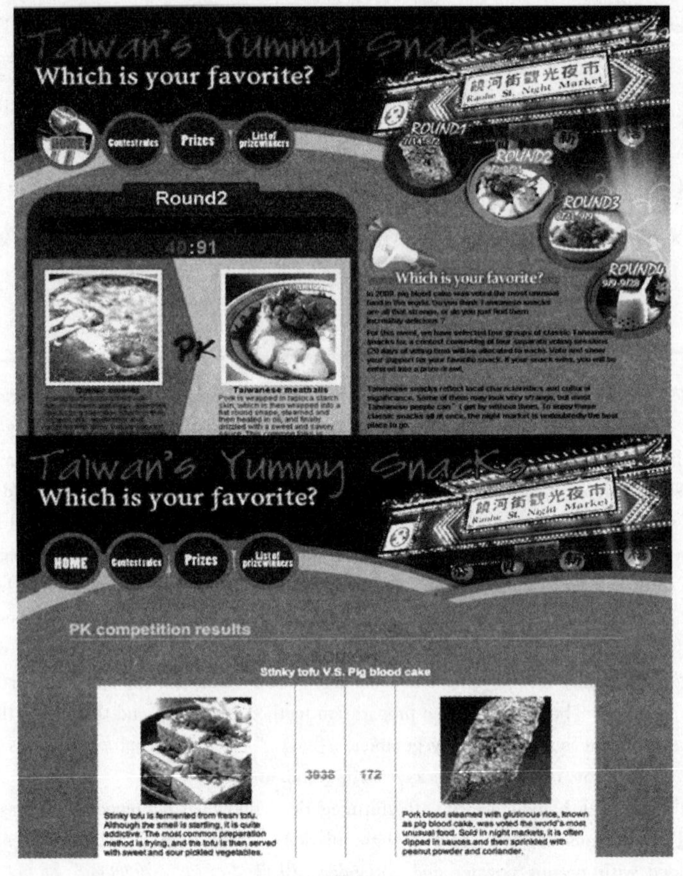

图 6

2011年7月，美国CNN票选全球五十大美食排行榜[1]，台湾向来自豪的美食小吃皆未入榜，其中臭豆腐则以南亚之名位居第41名，臭豆腐的入榜似乎暂时平衡向来以美食文化自诩的台湾人的失落，然而为何臭豆腐必然就是台湾的臭豆腐？同年11月，台北的天母商圈端出上千公斤的臭豆腐罐头，1319人共食，挑战“史上最大臭豆腐罐头”及“最多人分食臭豆腐”二项金氏世界纪录成功，活动主办单位天母商圈发展协会理事长唐笛说明，臭豆腐是台湾美食，却让老外退避三舍，与天母商圈的异国属性冲突，活动可替臭豆腐正名[2]。

由上述的新闻与美食票选活动及其后续相应活动，突显了一个问题：台湾作为美食之岛，臭豆腐与台湾间的意象联结性因何不像日本寿司、韩国泡菜与泰国榴莲？是台湾的臭豆腐不具特色？

类似的问题并不仅发生在臭豆腐，2005年“行政院新闻局”也曾举办了“台湾意象”票选活动，12月6日报纸上刊载一则新闻：

> 提到法国，会联想到巴黎铁塔；说到澳洲，会联想到袋鼠、无尾熊；自由女神无庸置疑是代表美国；还有日本的富士山、泰国的四面佛……台湾并没有一个广为人知、普遍的“意象”可以代表台湾；“新闻局”局长姚文智表示：台湾“有许多值得向世界发声的人事物，我们需要有台湾明确的意象，让全世界更多人认识台湾、记得台湾，让大家更团结、更能认同这块土地，以台湾为荣。”因此举办“show台湾！寻找‘台湾意象’系列活动”。[3]

“台湾意象”票选活动经过两个月左右的时间，票选结果公布前五大意象分别是：木偶戏、玉山、台北101、台湾美食及樱花钩吻鲑，“台湾美食”在其中显得庞杂笼统地涵纳许多类属的台湾饮食为“美食”，却很难清楚指认出台湾美食的深蕴；这一现象与今日办理美食PK票选所面临的盲点相仿，臭豆腐衍生出的口味变化相当多元，却仅能用“臭”予以个性化、独

---

① 新闻引自美国CNNGO的World's 50 most delicious foods，网址：http：//www.cnngo.com/explorations/eat/worlds-50-most-delicious-foods-067535。

② 蔡亚桦：苹果日报电子新闻，2011年11月20日，网址：http：//www.appledaily.com.tw/appledaily/article/headline/20111120/33828811。

③ 廖志晃：《台湾意象全民公投》，“中国时报”，E3专栏，2005年12月26日。

特化，而忽略了历经六十年的饮食融合后台湾臭豆腐与中国江浙一带的臭豆腐显然同名异质，这一“质”的差异如前述提及台湾的移民、殖民历史中通过族群生活文化、饮食风味、卫生健康考虑，以及追求同中求异、异军突起的创意新口味，这些经由时间岁月层层堆栈的特殊风味，也正是台湾文化的特质所在。正如学者邱贵芬讨论台湾文化时所提：

> 一个“纯”乡土、“纯”台湾本土的文化、语言事实上从未存在过。……同样的，所谓的“台湾本质”所指亦只是抵制中国语文本位主义的一个立场，“台湾本质”事实上等于台湾被殖民经验里所有不同文化异质（difference）的全部。[①]

臭豆腐作为台湾特色美食，最主要的特色也正是展现了“不同文化异质的全部”，也可说是一种混搭后的台湾之臭（嗅），似臭非臭，似不臭又保有其臭的特性。

五、结 论

行文至此，再回头思索臭豆腐在台湾落脚半世纪以上的历程发展时，不免重新再想：令旅外游子念念难忘的臭豆腐滋味，与令老外闻之退避三舍的臭豆腐滋味是否意味着同样的臭？若从生理学上的嗅觉、味觉来论，肯定可丈量检测后建立数据，将之与泰国榴莲、日本纳豆或是欧美的奶酪、瑞典臭鲱鱼（surströmming）等物散发之臭味评比探讨一番，然而却忽略了这些臭的滋味是如何从在地文化中被体现、记忆与再诠释，也就是当我们说旅外游子思念故乡美味的臭豆腐乃是一种怀旧（nostalgia）情感使然，而此一情感所闻、所尝的臭豆腐滋味则是否等同于随国民党军队撤退至台的各省份老兵所闻、所尝的臭豆腐滋味？想必是不同。一如卧薪尝胆的勾践与台湾高山族啖食飞鼠胆所感受、体会到的滋味何其不同，既是文化赋予的物的意义差异，也是当下身体感知到的知觉差异。因此，对于臭豆腐同样投射以思乡的情感，品尝到的滋味却不仅仅是眼下形状、口感、气味的

---

① 邱贵芬：《“发现台湾”：建构台湾后殖民论述》，《中外文学》，第21卷第2期，1992年7月。

整体表现，一个在20世纪60年代新公园旁尝到臭豆腐的老兵，与一个90年代负笈来学的留学生在台北补习街（南阳街）尝到臭豆腐，味蕾上的臭，却可能是截然不同的身体记忆下的通透满足感。也就是廖炳惠（2004：101）说的，怀旧本身就是一种情感结构，在更大的文化形成脉络里，让人对于世界和本身位置，起着社会心理的安定与再协商的作用[①]。也正是这一作用构筑着臭豆腐中的臭的滋味层次。

人类学家张光直（2003：250）曾说，“到达一个文化的核心的最好方法之一，就是通过它的肠胃”[②]，而善于美食品味的历史学者逯耀东（2005）以饮食变迁来观察台湾文化，他这么描写：“蚵仔面线与臭豆腐同售，虽非绝配，却是奇妙的组合，象征着过去数十年来本土饮食与外来饮食经过接触、混合，更近一步步入融合的发展阶段。”[③] 或许蚵仔面线与臭豆腐同售是一个偶然构成却广布台湾各处的饮食组合，一如台式臭豆腐旁总得搭配点店家自行腌渍的泡菜，而这味泡菜又是与台湾殖民记忆关联的口味，看似偶发的事件，却也象征了台湾社会发展的特殊性格，更是呼应廖炳惠（2004：153）提到的台湾漂泊离散的后现代饮食面向上，饮食成为某些人在私底下彼此联系和巩固认同的相当重要的后现代方式和元素。

诸此种种微妙的饮食变迁，从臭豆腐的臭味怀旧到奇妙的搭配上蚵仔面线所展现的认同象征，以及混杂后的新臭口味，正是台湾美食特色之所在；然而，今日官办之台湾特色美食活动往往通过举办各式各样的网络票选活动，以人气决定美食排行，以人潮象征口味优劣的狂欢式数字美食，再加上媒体渲染，台湾街头巷尾无处不美食，却也稀释了、崩解了美食原本蕴含的情感结构。或者换个角度观察，这也正是台湾美食的特色：一窝蜂地制造美食、吞囮美食，却鲜少真正消化与吸收，更遑论细细品味台湾小吃文化里的特有滋味。

---

① 廖炳惠：《吃的后现代》，台北：二鱼文化出版社，2004年。

② 张光直著，郭于华译：《中国文化中的饮食——人类学与历史学的透视》，收于［美］尤金·N·安德森著，马孆、刘东译：《中国食物》，南京：江苏人民出版社，2003年。

③ 逯耀东：《蚵仔面线与臭豆腐》，《饮食》，创刊号，2005年9月。

Cultural History of Taiwan Delicacy-Sliced Turkey Rice

Jui-Yuan Hsia
Part-time lecture of National Yunlin University of Science & Technology
(Ph. D. candidate in Graduate Institute of Building and Planning, NTU)

Abstract: The cultural history of the sliced turkey rice in Taiwan is based upon a research from three viewpoints— "ingredients," "festivals" and "stories." The major goal of this research is to present the images of the so-called "local delicacy" at different time periods, and discover its significances within the contemporary Taiwanese society and culture. Despite the fact that the general background of this article inclines to modern day, it's still focus on a comparison between today and past, which belongs to historical study.

This article will discuss our local delicacy— "sliced turkey rice" with three chapters. First chapter will describe the history of how "turkey" becomes one of the meat dishes of modern Taiwanese, especially the progress of "foreign" turkey gradually turning into a daily meat dish in Taiwan. Then we will introduce some samples of sliced turkey rice being local delicacy by profiling the related festivals recently held by local governments. Finally, our research will end up with the origins of sliced turkey rice. We think, perhaps, those histories/memories from "origins" or "tales," and cultural recognition which result from might be the major elements that the "sliced turkey rice" could become an indicating example of Taiwanese delicacy.

Keywords: Chou dou fu (Stinky tofu), Taiwan's Yummy Snack, smell

台湾特色美食“珍珠奶茶”的起源与传播

侯远思①

【摘要】珍珠奶茶（又称为波霸奶茶）不仅在台湾成为当地人的一道美食，并且作为“美食代表”传播到了世界的很多地方。一杯珍珠奶茶包含了台湾小吃的丰富意涵，甚至成为一种象征符号，在某种程度上代表了台湾的休闲文化。作为仅有三十年发展历史的珍珠奶茶，在短短的时间内发展成为台湾饮食文化的典型代表，这不仅需要考察其起源与传播的路径，而且要发掘其所具有的符号意义和文化含义，同时更要总结其产业化发展的成功模式，以及其营销手段与模式化进程，探讨保证居住在世界各地的消费者都能喝到地道的台湾珍珠奶茶之奥秘。因此，我们更应看到珍珠奶茶能够并且正在作为一个优秀的饮食文化符号，传播台湾美食以及台湾文化，使台湾美食散布到世界的很多角落。

【关键词】珍珠奶茶　全球化　饮食文化

一、序　论

台湾特色美食“珍珠奶茶”的起源与传播是一个既有现实意义，又有学术价值的课题。透过学术回顾，可以窥见珍珠奶茶在很短的时间里，所经历的起起伏伏。

---

①　香港中文大学商学院酒店及旅游管理学院博士生。

随着珍珠奶茶销售的持续升温，不少学者将研究重点及时转移过来，从不同层面加以介绍，有助于广大读者和消费者接受这种台湾美食。仅以大陆学者为例，黄梵、邢雪歌、梁良等人在同名为《珍珠奶茶》的文章中，向不同的读者群介绍了珍珠奶茶[1]。此外，冯苓植的《话说奶茶》[2]、蒋振雄的《CHEERS，珍珠奶茶》[3]、陈新月的《珍珠＋奶茶》[4] 等皆具有同样的性质。

另外，有学者对奶茶的配方产生浓厚的兴趣，朵朵撰写了《奶茶配方很雷人》[5]，小苏发表了《解密珍珠奶茶》[6] 等文章，满足了人们的好奇心。更多的专业人士则对各式奶茶的研制展开深入探讨，如李应彪和徐小琳的《保健型花生奶茶的研制》[7]，郭静、张男和徐昕的《绿奶茶的研制》[8]，程军强和何冬丽的《核桃奶茶的研制》[9]，刘文丽、唐民民和刘秀梅的《奶茶饮料的研制》[10]，张志斌的《珍珠奶茶的制作方法》[11]，黄晓琴、梁艳和张丽霞的《奶茶的制作研究》[12]，刘丽波和霍贵成的《核桃花生奶茶的研制》[13]，龚吉军、李忠海、钟海雁和安志丛的《荷叶奶茶研制》等[14]。

还有学者对奶茶的配方、加工技术、制作工艺、生产过程等进行了专

---

① 黄梵：《珍珠奶茶》，《青年文学》，2001 年第 10 期；邢雪歌：《珍珠奶茶》，《同学少年》，2003 年第 4 期；梁良：《珍珠奶茶》，《中国新闻周刊》，2008 年第 29 期。
② 冯苓植：《话说奶茶》，《党建与人才》，2001 年第 9 期。
③ 蒋振雄：《CHEERS，珍珠奶茶》，《时代风采》，2001 年第 4 期。
④ 陈新月：《珍珠＋奶茶》，《少年文艺（上海）》，2003 年第 10 期。
⑤ 朵朵：《奶茶配方很雷人》，《小读者》，2010 年第 7 期。
⑥ 小苏：《解密珍珠奶茶》，《中国保健营养》，2010 年第 7 期。
⑦ 李应彪、徐小琳：《保健型花生奶茶的研制》，《食品与发酵工业》，1999 年第 3 期。
⑧ 郭静、张男、徐昕：《绿奶茶的研制》，《饮料工业》，2003 年第 4 期。
⑨ 程军强、何冬丽：《核桃奶茶的研制》，《食品与发酵工业》，2004 年第 2 期。
⑩ 刘文丽、唐民民、刘秀梅：《奶茶饮料的研制》，《黑龙江科技信息》，2004 年第 9 期。
⑪ 张志斌：《珍珠奶茶的制作方法》，《生意通》，2007 年第 1 期。
⑫ 黄晓琴、梁艳、张丽霞：《奶茶的制作研究》，《饮料工业》，2007 年第 11 期。
⑬ 刘丽波、霍贵成：《核桃花生奶茶的研制》，《食品科技》，2008 年第 6 期。
⑭ 龚吉军、李忠海、钟海雁、安志丛：《荷叶奶茶研制》，《食品研究与开发》，2009 年第 3 期。

门研究。如王德纯的《奶茶粉配方的方案设计及修正》[①]，黄辉鹏和何翠冰的《HACCP在珍珠奶茶制售中的应用》[②]，印伯星和许小刚的《乳化稳定剂对奶茶稳定性的影响》[③]，贾琳、樊启程、贺保平、付永刚、赵美霞、孙超和张丽媛的《液体奶茶饮料中复配稳定剂的应用研究》[④]，江南的《奶茶馆经典配方》[⑤]，申瑾瑜和杜彩霞的《维A蛋白奶茶加工技术研究》[⑥]，闻海波的《奶茶粉加工工艺及其三种元素的吸收利用》[⑦]，宋社果、李志成、曹甲权和郭楚宜的《柠檬奶茶加工工艺研究》[⑧]，陆志明的《台湾珍珠奶茶生产技术》[⑨]，吴建新的《珍珠奶茶的工业化生产》等[⑩]。这些研究成果都在不同程度上推动着珍珠奶茶等饮品制作技术的推广和水平提升。还有学者对奶茶的研究前景进行了展望。如黄希韵、魏丽珍、吴微、洪泽淳、何东明和王琴的《速溶奶茶的研究进展及前景》等[⑪]。

另外一些学者则从商业推广等方面入手，宣传珍珠奶茶的商业价值，展望未来市场的前景。如杜盛梅的《一杯珍珠奶茶缔造饮品神话》[⑫]、石少华的《饮品in时代让生活有情有趣——珍珠奶茶篇》[⑬]、何哲良和顾时宏的《台湾珍珠奶茶风靡椰城》[⑭]、朱政广和曾亚波的《台湾珍珠奶茶何以俏销全

---

① 王德纯：《奶茶粉配方的方案设计及修正》，《食品工业》，2000年第1期。

② 黄辉鹏、何翠冰：《HACCP在珍珠奶茶制售中的应用》，《广东卫生防疫》，2001年第3期。

③ 印伯星、许小刚：《乳化稳定剂对奶茶稳定性的影响》，《现代食品科技》，2008年第1期。

④ 贾琳、樊启程、贺保平、付永刚、赵美霞、孙超、张丽媛：《液体奶茶饮料中复配稳定剂的应用研究》，《中国乳业》，2010年第5期。

⑤ 江南：《奶茶馆经典配方》，《城乡致富》，2010年第8期。

⑥ 申瑾瑜、杜彩霞：《维A蛋白奶茶加工技术研究》，《中国食物与营养》，2004年第7期。

⑦ 闻海波：《奶茶粉加工工艺及其三种元素的吸收利用》，《食品科技》，2006年第2期。

⑧ 宋社果、李志成、曹甲权、郭楚宜：《柠檬奶茶加工工艺研究》，《中国牛业科学》，2006年第6期。

⑨ 陆志明：《台湾珍珠奶茶生产技术》，《农村新技术》，2009年第14期。

⑩ 吴建新：《珍珠奶茶的工业化生产》，《饮料工业》，2008年第5期。

⑪ 黄希韵、魏丽珍、吴微、洪泽淳、何东明、王琴：《速溶奶茶的研究进展及前景》，《饮料工业》，2009年第11期。

⑫ 杜盛梅：《一杯珍珠奶茶缔造饮品神话》，《管理与财富》，2004年第12期。

⑬ 石少华：《饮品in时代让生活有情有趣——珍珠奶茶篇》，《绿色中国》，2004年第15期。

⑭ 何哲良、顾时宏：《台湾珍珠奶茶风靡椰城》，《公关世界》，2002年第12期。

球？》[1]、刘拓的《杯装奶茶，驶向蓝海》等[2]。

更有人从店铺开设、学生创业、社会救助等角度对奶茶店寄予厚望。蒋思慧和刘夏亮的《“思源奶茶店”创业计划》[3]、炫宇和闻闻的《如何选择一个特许加盟连锁店？》[4]、蔡斌的《奶茶饮品店》[5]、许健楠和何燕锋的《大学生开奶茶店有苦也有甜》[6]、黄巍的《苏州大学生做“奶茶大王”月赚四万》[7]、赵怀恩和藤小律的《奶茶杯上做广告，小点子成掘金良方》等[8]。

在研究者看来，茶经济中不仅隐藏着巨大的商机，而且涉及茶产业、茶文化的融合，新农村建设等一系列议题。对此，云斌的《“茶经济”五大领域有商机》[9]、钟华新的《“茶经济”五大领域有商机》[10]、亦文的《如何淘金“茶经济”》[11]、苏伦的《茶经济中淘金的四个关键》[12]、薄志红和樱子的《深挖“国饮”商机在茶经济中掘金》[13]、徐明生的《试论新时期茶文化与茶经济的结合点》[14]、龚永新的《浅谈用文化产业的理念引导发展茶经济的现实意义》[15]、李文杰的《茶文化与茶产业的融合及一体化》[16]、范增平的《中华茶产业发展与新农村建设》[17] 等皆有论述。这对珍珠奶茶的发展来说，都

---

① 朱政广、曾亚波：《台湾珍珠奶茶何以俏销全球?》，《中外企业家》，2004 年第 1 期。
② 刘拓：《杯装奶茶，驶向蓝海》，《理财杂志》，2008 年第 1 期。
③ 蒋思慧、刘夏亮：《“思源奶茶店”创业计划》，《成才与就业》，2006 年第 23 期。
④ 炫宇、闻闻：《如何选择一个特许加盟连锁店?》，《中外食品》，2007 年第 10 期。
⑤ 蔡斌：《奶茶饮品店》，《成才与就业》，2009 年第 23 期。
⑥ 许健楠、何燕锋：《大学生开奶茶店有苦也有甜》，《致富时代》，2009 年第 7 期。
⑦ 黄巍：《苏州大学生做“奶茶大王”月赚四万》，《致富时代》，2009 年第 3 期。
⑧ 赵怀恩、藤小律：《奶茶杯上做广告，小点子成掘金良方》，《女人街》，2008 年第 6 期。
⑨ 云斌：《“茶经济”五大领域有商机》，《今日财富》，2006 年第 6 期。
⑩ 钟华新：《“茶经济”五大领域有商机》，《生意通》，2009 年第 9 期。
⑪ 亦文：《如何淘金“茶经济”》，《东北之窗》，2007 年第 7 期。
⑫ 苏伦：《茶经济中淘金的四个关键》，《现代营销（经营版）》，2008 年第 10 期。
⑬ 薄志红、樱子：《深挖“国饮”商机在茶经济中掘金》，《现代营销（经营版）》，2009 年第 3 期。
⑭ 徐明生：《试论新时期茶文化与茶经济的结合点》，《农业考古》，2010 年第 2 期。
⑮ 龚永新：《浅谈用文化产业的理念引导发展茶经济的现实意义》，《广东茶业》，2011 年第 21 期。
⑯ 李文杰：《茶文化与茶产业的融合及一体化》，《中国茶叶》，2009 年第 8 期。
⑰ 范增平：《中华茶产业发展与新农村建设》，《广东合作经济》，2007 年第 1 期。

有直接或间接的作用和影响。

与此同时，质量检测和市场调查也有所进行。如刘美霞、王丹慧、其其格、胡彩霞、任丽、李梅和刘卫星的《奶茶粉中茶多酚质量分数的检测方法》[①]，欣溪的《京、沪饮料品牌调查结果表明——碳酸饮料和饮用水市场：洋品牌与国货分唱主旋律低价果味饮料和茶饮料：消费者群体日益壮大咖啡饮料和奶茶饮料：饮料市场明日之星》[②]，钟小伶、莫建芳和黄闽燕的《杭州市西湖区现制现售奶茶饮料中人工合成色素、防腐剂使用情况调查》等[③]。这对珍珠奶茶的质量稳定，提供了某种技术保障和市场依据。

然而，伴随着珍珠奶茶越来越多地进入人们的日常生活，有关它的负面消息也不时传来，考验着人们脆弱的神经，如《珍珠奶茶其实没一滴牛奶》[④]、《业内揭秘奶茶恐怖"添加剂"》[⑤]、《奶茶竟是女性心脏隐秘杀手》[⑥]、《劣质珍珠奶茶可致不孕不育》等[⑦]。于是，有人开始关注珍珠奶茶的成本、定价等问题，如黄亚男、王林和梁菁的《对街客奶茶的成本定价分析》等[⑧]。也有人将目光聚焦于珍珠奶茶的内部构成，传达了所有消费者都不愿意接受的一个信息，如大晚的《"珍珠奶茶"既无奶也无茶》[⑨]、许悦和王聪的《"勾兑奶茶"无奶无茶》[⑩]、孙溥泉的《果味奶茶水果"落单"》等[⑪]。不

---

① 刘美霞、王丹慧、其其格、胡彩霞、任丽、李梅、刘卫星：《奶茶粉中茶多酚质量分数的检测方法》，《中国乳品工业》，2010年第7期。

② 欣溪：《京、沪饮料品牌调查结果表明——碳酸饮料和饮用水市场：洋品牌与国货分唱主旋律低价果味饮料和茶饮料：消费者群体日益壮大咖啡饮料和奶茶饮料：饮料市场明日之星》，《中外食品》，2001年第2期。

③ 钟小伶、莫建芳、黄闽燕：《杭州市西湖区现制现售奶茶饮料中人工合成色素、防腐剂使用情况调查》，《中国卫生检验杂志》，2010年第6期。

④ 《珍珠奶茶其实没一滴牛奶》，《质量探索》，2008年第11期。

⑤ 《业内揭秘奶茶恐怖"添加剂"》，《中国健康月刊》，2010年第9期。

⑥ 《奶茶竟是女性心脏隐秘杀手》，《中华中医药学刊》，2010年第11期。

⑦ 《劣质珍珠奶茶可致不孕不育》，《婚育与健康》，2010年第16期。

⑧ 黄亚男、王林、梁菁：《对街客奶茶的成本定价分析》，《现代经济信息》，2010年第14期。

⑨ 大晚：《"珍珠奶茶"既无奶也无茶》，《山西老年》，2009年第8期。

⑩ 许悦、王聪：《"勾兑奶茶"无奶无茶》，《品牌与标准化》，2009年第21期。

⑪ 孙溥泉：《果味奶茶水果"落单"》，《家庭医学》，2010年第3期。

仅如此，《业内人自曝奶茶业黑幕喝“珍珠奶茶”相当于吃塑料》[1] 等。更有甚者，商品的质量问题也严重存在。如李世东、肖云、刘志国和周帼萍等人撰写的《1例奶茶中污染菌的分析鉴定》等[2]。因此，人们呼吁对珍珠奶茶进行“保健”，对行业进行整顿。裘影萍的《珍珠奶茶亟待“保健”》[3]、陈增冠的《晦涩的“香甜”——奶茶不利健康产业面临洗牌》等即属此类[4]。于是，人们纷纷发出少喝、莫喝珍珠奶茶的劝告。如南天剑的《珍珠奶茶少喝为好》[5]、《珍珠奶茶，少喝为妙》[6]，李兴民的《奶茶可口莫常喝》[7]，孙溥泉的《不含奶的“奶茶”千万不要喝》[8]，洁人的《“奶茶”多饮易伤身体》等[9]。甚至有人提出更为耸动的口号，要粉碎珍珠奶茶的营养神话，如贾丽立和范志红的《粉碎珍珠奶茶的营养神话》等[10]。

另外两篇论文则从更深层展开学术思考。其一，《试论奶茶连锁店的情感化品牌之道》一文的作者敏锐地发现：珍珠奶茶作为一种新型休闲饮品进入大陆市场已10余载，且发展迅速，奶茶连锁店的规模日趋庞大。但随着市场的不断扩张和品牌同质化现象的日益严重，珍珠奶茶也面临着一系列的困境：消费意识处在原始阶段、品牌忠诚度不高、品牌自身缺少附加价值等。伴随人们消费观念的潜移默化，情感消费将成为今后消费的主流，奶茶连锁品牌要实现真正的差异化经营，产生绝对的行业优势，就必须坚持走情感化品牌建设之路。为此，作者首先对奶茶的市场前景与不利现状进行了阐述；然后分析了导致不利现状的主要原因：消费者缺少引导、品牌要求

---

① 《业内人自曝奶茶业黑幕喝“珍珠奶茶”相当于吃塑料》，《质量探索》，2009年第8期。

② 李世东、肖云、刘志国、周帼萍：《1例奶茶中污染菌的分析鉴定》，《中国酿造》，2010年第10期。

③ 裘影萍：《珍珠奶茶亟待“保健”》，《食品与健康》，2009年第10期。

④ 陈增冠：《晦涩的“香甜”——奶茶不利健康产业面临洗牌》，《福建质量管理》，2008年9月。

⑤ 南天剑：《珍珠奶茶少喝为好》，《福建质量信息》，2004年第12期。

⑥ 《珍珠奶茶，少喝为妙》，《消费》，2007年第6期。

⑦ 李兴民：《奶茶可口莫常喝》，《医药与保健》，2009年第5期。

⑧ 孙溥泉：《不含奶的“奶茶”千万不要喝》，《家庭医学》，2009年第12期。

⑨ 洁人：《“奶茶”多饮易伤身体》，《老同志之友》，2009年第16期。

⑩ 贾丽立、范志红：《粉碎珍珠奶茶的营养神话》，《饮食科学》，2007年第6期。

不够、品牌所有者忽略了对附加价值的开发；最后结合原因和情感品牌的重要性，对奶茶连锁店如何建设情感化品牌进行了深入的论证分析①。其二，林佳莹、曾秀云在《从在地化到全球化：以珍珠奶茶为例》一文中，从珍珠奶茶的缘起，讨论珍珠奶茶在台湾民众生活中的文化与生活习惯意涵，并从麦当劳化过程中的效率、可计算性、可预测性以及透过非人性科技的控制四个核心面向，检视珍珠奶茶作为一种台湾新式茶饮如何在短短三十多年的时间快速复制成功，以台湾地文化的姿态全球设点，回馈全球饮食文化②。

通过上述学术旅程，笔者不仅了解到台湾美食珍珠奶茶的发展历程，也掌握了学术界对其关注的焦点，推崇与批评的重点，从而为开始新的学术探索奠定了坚实的基础。在此衷心感谢天津顶新国际集团对学术研究的大力支持和资助！感谢台湾东华大学历史系陈元朋教授的提携和忍耐！感谢香港中文大学历史系李净昉博士的提示和帮助！感谢那些在文中已经注明或尚未注明的所有对珍珠奶茶以及饮食文化研究专精的学者。

本文将在发掘原始数据的基础上，系统考察茶、奶茶、珍珠奶茶的流变，重点剖析台湾特色美食"珍珠奶茶"的起源与传播研究中的一些问题，拟透过符号的形成即珍珠奶茶的起源、符号的制造、符号的传播及其强化的分析，探讨珍珠奶茶与时尚、娱乐与日常生活及流行文化、公共管理的关系等问题。

二、符号的形成——珍珠奶茶的起源

珍珠奶茶是奶茶的一种，而奶茶虽然种类繁多，但是在源远流长的茶

---

① 《试论奶茶连锁店的情感化品牌之道》，请见：http：//www.ccfcc.net/Article/show_1_28_15516.html，2010年6月4日。

② 林佳莹、曾秀云：《从在地化到全球化：以珍珠奶茶为例》，请见：http：//nccur.lib.nccu.edu.tw/bitstream/140.119/50330/1/%25E5%25BE%259E%25E5%259C%25A8%25E5%259C%25B0%25E5%258C%2596%25E5%2588%25B0%25E5%2585%25A8%25E7%2590%2583%25E5%258C%2596.pdf。

文化中，却只是一个重要门类。因此，要想探讨珍珠奶茶的起源问题，就必须对茶文化，特别是饮茶风俗、奶茶的流变等进行一番探讨。

茶文化在中国历史悠久。在很早以前，茶就在中国成了人们的饮品。饮茶作为开门七件事（即柴、米、油、盐、酱、醋、茶）之一，早已作为中华民族的传统深深地植根于普通民众的日常生活之中。有“茶圣”之称的陆羽在唐代就明确指出：

> 茶之为饮，发乎神农氏，闻于鲁周公，齐有晏婴，汉有杨雄、司马相如，吴有韦曜，晋有刘琨、张载、远祖纳、谢安、左思之徒，皆饮焉。滂时浸俗，盛于国朝，两都[①]并荆[②]渝[③]间，以为比屋之饮。[④]

可见，陆羽以为神农氏是饮茶的始祖，以后代有传人，至唐代盛极一时，在某些地区甚至是“比屋之饮”。而几乎与陆羽生活在同一个时期的韩翃又揭示出这样一段史实：“吴主礼贤，方闻置茗；晋臣爱客，才有分茶。”[⑤] 也就是说，在韩翃看来，三国时期，茶已经成为主人款待客人的佳品，晋朝则出现了具有某些仪式性的“分茶”。

同为唐朝人的杨晔不仅提出饮茶习俗形成于两晋时期的观点，“近晋、宋以降，吴人采其叶煮，是为茗粥”[⑥]，而且透露出古人饮茶的某种方法，即煮成“茗粥”。

日本学者布目潮沨赞同茶是烹煮的说法，却遭到中国学者关剑平的质疑：“从他主张引用起源说上看，似乎是把羹饮的‘饮’与茶的‘饮’混同起来了。但是无论羹汤里的固体原料有多么少，都不是饮料，而是一道菜肴。”[⑦]

---

① 即首都长安，今陕西省西安；东都洛阳，今河南省洛阳。

② 荆，指荆州，在今湖北省松滋至石首间的长江流域，北部包括荆门、当阳等地。

③ 渝，指渝州，唐朝时辖境相当于今四川省和重庆市的巴县、江北、江津、璧山等地。

④ 程启坤、杨招棣、姚国坤：《陆羽〈茶经〉——解读与点校》，上海：上海文化出版社，2003 年，第 96 页。

⑤ 唐·韩翃：《为田神玉谢茶表》，《全唐文》卷 444，北京：中华书局，1983 年，第 4527 页。

⑥ 唐·杨晔：《膳夫经》，《中国食经丛书》上卷，东京：书籍文物流通会，1972 年，第 114 页。

⑦ 关剑平：《茶与中国文化》，北京：人民出版社，2001 年，第 6 页。

从截至目前各地学者有关饮茶起源的各种说法①来看，坚持食用起源说的陈宗懋等学者认为饮茶包括含嚼、药用、羹饮（烤饮）、饮用等部分②。然而，综合各家主张，不难发现，茶可食用的确是传统茶文化的重要组成部分。

曾经灿烂辉煌的茶文化，使中华民族养成了饮茶的文化传统，并深深地植根于现代人的休闲、娱乐与日常生活之中。根据 BMI（Business Monitor International）的《台湾食品饮料行业 2012 年度研究报告（Taiwan Food and Drink Report 2012）》显示，“台湾作为一个具有饮茶传统的地区，茶饮品作为热饮的一个重要分支形成了一个相当成熟的市场”。根据 BMI 的预测，“茶饮品将会拥有 20.3%的销售额的增长率”③。从表 1 以及图 1 中④，我们可以看到茶饮品不断增长的趋势；若与咖啡的销量进行比较的话，则可以进一步看到茶饮品取得了压倒性的优势。

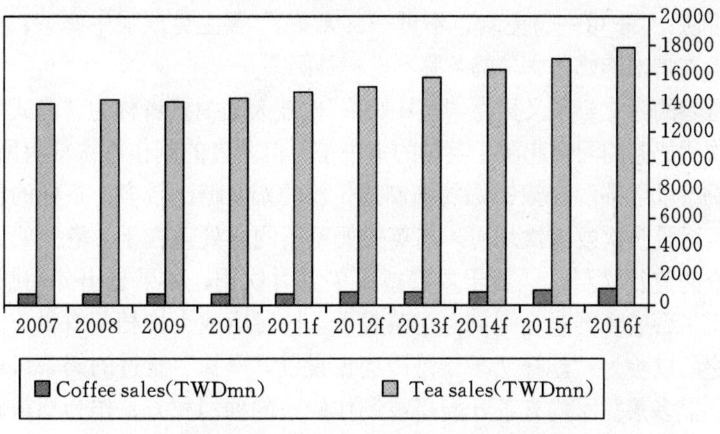

图 1　热饮销量（2007 年至 2016 年）数据源：BMI

① 即饮用起源说、食用起源说、药用起源说。

② 陈宗懋主编：《中国茶经·饮茶篇》，上海：上海文化出版社，1992 年，第 539 页。

③ “Taiwan Food and Drink Report 2012”，London：Business Monitor International，p. 41。

④ 表 1 及图 1 均取自“Taiwan Food and Drink Report 2012”，London：Business Monitor International，pp. 41-42。

表1　台湾热饮销量——历史资料及预测 数据源：BMI

	2009	2010	2011	2012 预测	2013 预测	2014 预测	2015 预测	2016 预测
咖啡销量（美金，百万）	22.22	24.11	27.34	26.88	31.71	34.54	37.64	40.96
茶饮品销量（美金，百万）	427.6	456.4	503.0	481.9	551.4	580.8	611.4	644.2

不仅如此，民众在日常生活中还创造了种类繁多的饮茶方式。其中就有将奶与茶混合、调配而成的奶茶。中国少数民族如蒙古族、藏族、达斡尔族、东乡族、鄂温克族、哈萨克斯坦族、柯尔克孜族、满族、撒拉族、塔吉克族、塔塔尔族、维吾尔族、乌孜别克族、锡伯族、裕固族、俄罗斯族等都有喝奶茶的习俗[①]。

其中，蒙古族牧民的一天就是从喝奶茶开始的。在牧区就流传着这样一种说法："宁可一日无食，不可一日无茶。"鄂温克族喝牛奶茶，而哈萨克斯坦族喝米砖奶茶、马奶茶等不止一种奶茶。

香港的港式奶茶又称为"丝袜奶茶"，被大陆消费者称为"港式奶茶"。当地饮用奶茶的习惯起源于英国的下午茶，但两者的制作方法却有所不同。港式奶茶以红茶混合浓鲜奶加糖制成，放的奶及糖比较多，茶杯的体积比较大，而且热饮或冻饮均可。与英式奶茶不同之处还在于，港式奶茶是普通民众的流行饮料，一般于早餐或下午茶时饮用。如果是出外用膳的话，即使于午餐或晚餐也会喝到。在茶餐厅、快餐店或大排档都有供应。香港奶茶之所以称为"丝袜奶茶"是因为据说以"丝袜"滤过的奶茶口质特别细滑。很多茶餐厅均有茶叶配搭或制作奶茶的独门秘方，作为招徕顾客的卖点。香港另有一种名为"鸳鸯"的饮品，是把奶茶和咖啡混合起来[②]。

台湾应该说是奶茶种类最为丰富的地区，品种繁多，简直让人眼花缭

---

① 详见杨江帆等编著：《入乡随俗茶先知——中国少数民族及客家茶文化》，厦门：厦门大学出版社，2008年，相关章节。

② 《世界风情各异的奶茶》，请见：http：//fashion. ifeng. com/photo/life/detail _ 2009 _ 12/28/252645 _ 0. shtml。

乱。其中包括粉圆冰加鲜奶、珍珠冬奶[①]及伴有各种水果口味的奶茶，例如香柚冰奶茶、苹果冰奶茶、香蕉奶茶、椰香青苹奶茶、椰子珍珠奶茶、香芋沙冰奶茶[②]、蜜桃奶茶等[③]。另外，还有些奶茶将我们日常生活中常用的食材也加入其中，味道十分独特。例如，芝麻奶茶[④]、西米红奶茶、桂花红奶茶、玫瑰奶茶、榛子奶茶、麦香奶茶、暖姜奶茶[⑤]、姜母珍珠鲜奶茶等[⑥]。更有创意非凡的种类，让人不仅品尝美味，更因为奶茶的名字获得了更多的情趣。例如，巫记青蛙下蛋等[⑦]。备受年轻人喜爱的台湾珍珠奶茶（Bubble tea），是将用糯米制成的粉圆（即“珍珠”）加入奶茶，既能吃，又能喝。

珍珠奶茶的诞生过程，正是传统茶文化于现代转型重生的故事[⑧]。台湾有两家店铺宣称是珍珠奶茶的发明者。一家是台中市经营泡沫红茶起家的“春水堂”。其产品研发部经理林秀慧回忆说，父母亲曾在菜市场摆摊做生意，她从上小学的时候起就每逢节假日必到菜市场帮忙。当时她每天最期待的事，就是和哥哥到市场里的“粉圆伯”那里分享一碗热热的、黏稠的而且口感滑 Q 的粉圆。从此嘴馋时，她就会动手煮一锅粉圆解馋。她于 1984 年进入当时四维街春水堂的前身——“阳羡茶行”，从事吧台工作。在茶行，她学会了调茶做饮料，尤其钟情于奶茶。随后，她升任采购，在采买原料时，看到“粉圆”，总会顺手买一包带回店里。接着，她尝试让粉圆

---

① 许嘉鸿总编辑：《夜市·小吃北台湾：地道美食 250 家》，台北：台湾国际角川书店股份有限公司，2004 年，第 15、20 页。

② 李子鑫编著：《幸福饮品 360》，香港：万里机构，饮食天地出版社，2007 年，第 51、52、59、76、77 页。

③ 史见孟主编：《茶坊饮品调制》，上海：世界图书出版公司，2001 年，第 48 页。

④ 史见孟主编：《茶坊饮品调制》，上海：世界图书出版公司，2001 年，第 46 页。

⑤ 李子鑫编著：《幸福饮品 360》，香港：万里机构，饮食天地出版社，2007 年，第 65、67、76、77 页。

⑥ 沈征郎主编：《中部小吃之旅》，台北：联经出版事业公司，1994 年，第 64 页。

⑦ 许嘉鸿总编辑：《夜市·小吃北台湾：地道美食 250 家》，台北：台湾国际角川书店股份有限公司，2004 年，第 15 页。

⑧ 彭涟漪：《台湾创意茶饮，连老外都爱喝　珍珠奶茶　征服华人蔓延欧美》，《远见》，2011 年，6 月号。

与奶茶结合，供同事们分享，受到交口称赞。林秀慧升任店长后，想卖这款私房茶。同事们于是一起动脑筋为茶饮命名，有人忽发奇想“奶茶里的粉圆一颗颗像珍珠般”，于是“珍珠奶茶”这个美丽名号就这样叫开了。很快地，这款茶饮红遍台中市各泡沫红茶店，一个月后，整条四维街和市府路附近的大小红茶店，全部卖起了珍珠奶茶。于是，珍珠奶茶成了台中的特色饮品，外地民众到台中，必定来上一杯[①]。

另外一家是台南市的翰林茶馆。据经营者涂宗和讲：大概是 1987 年，他在鸭母寮市场看见白色粉圆而得到灵感。因此，早期珍珠奶茶所用的珍珠为白色，之后才改为现在的黑色。由于翰林茶馆最早的珍珠是白色“西米露”（西谷米做成的粉圆），而春水堂的珍珠是黑色的糖渍地瓜粉圆，因此对发源地的争论最后成为“黑白之争”。尽管结果莫衷一是，但这两家店旷日持久的争论为珍珠奶茶做足了宣传[②]。

毋庸讳言，这场持续不断的“黑白之争”，的确扩大了珍珠奶茶的知名度和影响力。与此同时，由于这两家店都没有中请专利或商标，从而使得台湾各阶层人士都有可能成为珍珠奶茶的生产者和销售者，从而加快了珍珠奶茶作为文化符号的复制和传播等进程。

20 世纪 90 年代上半期，“小歇”等连锁泡沫红茶店将珍珠奶茶列入菜单中，为珍珠奶茶增添了更多的时尚因素。因为台湾泡沫红茶店是商人谈生意、上班族休息、学生聚会的主要场所，所以珍珠奶茶一登场，就广受时尚一族的热烈欢迎。尤其是新鲜现摇的奶茶、能吸能嚼的“珍珠”、可冷可热的选择以及自由搭配的口味，这一切都对追求流行、时尚生活的年轻人产生了巨大的吸引力和号召力。之后，在各级学校附近或各类补习班密集的地区，以及闹市区、夜市等处，陆续出现一些贩卖珍珠奶茶的摊贩。珍珠奶茶与人们的日常生活发生着越来越密切的联系。

---

① 《世界各地的奶茶之台湾珍珠奶茶》，请见：http：//eat. gd. sina. com. cn/news/2009-08-25/4621065. html。

② 人民网—《人民日报》：《台湾一家奶茶店的店员正在调制珍珠奶茶》，请见：http：//tw. people. com. cn/GB/12429441. html，2010 年 8 月 13 日。

90年代后期，一些业者开始引进“自动封口机”，以取代传统杯盖，为珍珠奶茶的生产带来了技术革命。许多新兴行业和店铺，如“航帆食品”、“乐立杯”、“绿的梦奶茶”、“休闲小站”、“大联盟”、“快可立”等也纷纷采用自动封口机，拓展连锁外带饮料业务。这项技术也为商人将珍珠奶茶推广到世界不同国家和地区创造了条件，提供了重要的技术保障。

珍珠奶茶在台湾出现以后，引起人们的普遍关注，迅速成为一种饮食文化的符号。

美国学者MacCannell曾经对符号发表过一些见解，为我们分析和讨论珍珠奶茶提供了一定的帮助。他明确指出：马克思是第一个发现商品的符号特征的人，提出了符号具有组织含义的特征，并且使我们对这种产品产生超越物质层次的需求。现在资本主义社会最令人震惊的是商品和文化的融合，而文化包括语言、音乐、舞蹈、视觉艺术和文学等众多领域和范畴。在现代社会中，商品成为了人们日常生活中的一部分，因为商品成为了符号象征，而符号通过象征引领着人们的消费体验①。

珍珠奶茶就是这样一个具有象征意义的符号，既有商品的属性，又被赋予文化的内涵。不仅如此，它还与人们的休闲、娱乐及其日常生活密切相关。

三、符号的复制与传播——珍珠奶茶的营销

任何符号形成之后，便面临着复制与传播等问题。珍珠奶茶也不例外。然而符号的复制与传播需要具备一系列的条件，珍珠奶茶是否具备这些条件呢？我们先从消费者的需要来看珍珠奶茶备受青睐的原因，以便分析符号在复制与传播过程中的潜力。

一般来说，消费者钟情于珍珠奶茶的原因很简单。其一，珍珠奶茶基本上是现做现卖，讲究新鲜出炉，而且整个制作过程往往是在消费者的注

---

① MacCannell, D, “The Tourist: A New Theory of the Leisure Class”, 3rd edn, London: University of California Press, 1999, pp. 20-22.

视下进行的。其二，价格适中，既不太贵，又不太便宜，不是廉价货，拿在手上，很有面子，个人的经济能力还能承受得起。其三，饮用方便，随意携带。既可以歇脚畅饮，又能够外带，一次没有用完，可以下次继续。其四，口味很多，充满变化，供消费者选择的种类、口味比较广，满足了人们尝鲜、追求个性化等欲求。其五，有吃有喝，与其他饮品明显不同。应该说，消费者的需要，乃至期待，都会成为符号复制与传播有形或无形的牵引力。尽管这种需要和期待的轻松、惬意可能与符号复制与传播的艰难、风险形成巨大的反差。珍珠奶茶的复制与传播恰恰就出现了如此尴尬的局面。

作为珍珠奶茶这一符号复制与传播的主力，从业者深知其艰难。曾从事过珍珠奶茶生意的肖先生不无感慨地说，正宗的珍珠奶茶调制程式非常复杂，特别注重口感与营养。整个制作过程看似简单，但要求极高。它的制作步骤主要分三步：第一步是煮红茶水；第二步是在煮好的红茶水中兑入一定比例的鲜奶；第三步是加入煮好并冲凉的木薯粉圆。从业人员必须经过一段时间的培训，在整个制作过程中倍加小心才能调制出可口的珍珠奶茶[①]。

作为珍珠奶茶的最大卖点，晶莹透亮的“珍珠”（即粉圆）是评价珍珠奶茶好坏的重要标准之一。这也是整个制作过程即符号复制与传播中的关键，却非常不容易复制和传播。众所周知，粉圆是由木薯粉、地瓜粉或马铃薯粉以及水、糖及香料等成分制作而成，直径为5～10mm，其颜色、口感依成分不同而出现变化。传统的台湾粉圆应由手工制作，操作过程繁复，工艺颇为讲究。例如，在南投的一家粉圆加工厂，把地瓜粉加水后，首先要经过不断的搓揉，然后再以筛网筛选出大小不同的粉圆。有的工坊为了让粉圆更有弹性，加工时还会加入少量糯米。为了确保粉圆的甜味和亮泽，还要将其浸泡到焦糖浆之中，以便形成黑色透亮的“珍珠”。此外，粉圆还极易破碎，不便运输和保存。

---

① 海力网—《半岛晨报》：《珍珠奶茶无奶又无茶 全部成分为19种食品添加剂》，请参见：http：//news. sohu. com/20110428/n306591998. shtml，2011年4月28日。

经营茶店20多年的涂宗和也说："好的珍珠奶茶，用料讲究质量，而且只有现调的口味才对。"① 因为他们深知珍珠奶茶的"老饕"不仅对粉圆有较高的要求，对奶茶的质量也决不含糊。这就加大了珍珠奶茶这一符号在复制与传播中的风险和难度。

然而，某些投资者看到珍珠奶茶的快餐文化属性，将符号复制与传播的过程简单化。在他们眼里，珍珠奶茶的制作方法比较简单，容易掌握；投资和经营珍珠奶茶所需的成本也不太高，非常适合创业。台船董事长谭泰平的儿子谭智文，交大毕业后原本在大陆担任工程师，因爱喝珍珠奶茶决定自己开店，五年前创立的"R&B"系列珍奶店，目前在大陆已有180家分店，每年卖出逾1.6亿元的饮料②。这无疑是复制与传播珍珠奶茶这一符号的成功范例。

更为普遍的是，珍珠奶茶所提供的客制化选择，代表了一种消费者具有较强参与性的茶文化。奶茶店通常实行复合式经营，提供各式各样能够凸显本店特色的"特调饮料"。其中一些店铺还让消费者根据自己的口味调整奶茶的甜度以及冰量，甚至可以加入自己喜欢的材料，例如珍珠、椰果、补丁、仙草、寒天、芦荟、爱玉等。由此可见，珍珠奶茶的经营者与消费者共同完成了珍珠奶茶的符号制造、复制与传播。

作为一种饮食文化符号，珍珠奶茶一方面被赋予较易复制，便于传播等属性；另一方面也为具有不同理念的经营者、投资者努力发挥各自的创意预留了空间，从而不断丰富珍珠奶茶的文化内涵。为配合现代人注重养生的观念，"CoCo都可茶饮"每年都会推出30款以上的新品饮料。例如，在冬季推出的薏仁、燕麦、红枣和白兰地等系列，强调蕴含着丰富的活力营养元素及天然香气，如恋人般有着无限的热情与活力，从而广受好评。

符号的复制与传播离不开营销。在营销方式上，经营珍珠奶茶的店家

---

① 人民网—《人民日报》:《台湾一家奶茶店的店员正在调制珍珠奶茶》，请见：http://tw.people.com.cn/GB/12429441.html，2010年8月13日。

② 《工程师卖奶茶　大陆分店180家》，请见：http://www.pac.nctu.edu.tw/Report/report_more.php?id=22460。

注重关系营销，其核心是保持顾客，为顾客提供高度满意的产品和服务，并在与顾客保持长期关系的基础上开展营销活动，实现企业的营销目标。

由于珍珠奶茶的消费人群以年轻人为主，因此各家店铺为吸引这一群体都使出了浑身解数。以学生一族为例，他们具有爱花费，但消费力不高；贪新鲜，同时又有自己的品味及要求等特点。因此，以珍珠奶茶为代表的台式饮品采取各种手段，举办各式活动，以便满足这一群体的消费需求。例如，开在学校附近的珍珠奶茶店采取低价或优惠措施促销，旨在粘牢学生这一庞大的消费群体。台式饮品店登陆香港后，由于所经营的饮品种类多，价格合理，受到年轻人的喜爱。以至于在人流密集、街道拥挤的闹市区旺角，常常可以看见年轻人在台式饮品店外大排长龙，以致阻塞人行道。根据一项问卷调查，年轻人之所以喜欢珍珠奶茶，主要是因为珍珠奶茶的口味多元化，价钱适中，包装也比较方便。年轻人对珍珠奶茶的兴趣年年持续，就像美国人对可口可乐一样①。

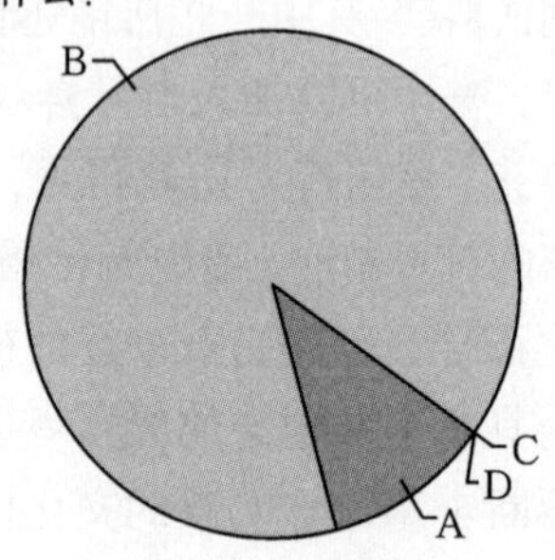

A. 价钱(3) B.味道多元化(24) C.包装(0) D. 销售点多(0)

图 2 喜欢珍珠奶茶的原因②

由上图可见，超过三分之二的人认为味道多元化使自己喜欢上了珍珠奶茶。而不同身份的消费者所发表的评论也在某种程度上促进了珍珠奶茶的进一步复制与传播，最起码在他/她所属的消费群体之中。从某种意义上

① 《珍珠奶茶为何受年青人欢迎》，请见：http：//gp7-3c1011. blogspot. com/。

② 《珍珠奶茶为何受年青人欢迎》，请见：http：//gp7-3c1011. blogspot. com/。

来说，营销的成功又决定了符号复制与传播的好坏，并反作用于符号的制造。

在年轻一代中，一边观看球类比赛，一边品小吃、喝饮料成为时尚，甚至成为流行文化。台湾珍珠奶茶商家抓住喜爱NBA明星林书豪的球迷的心理，在美国推出了新款“J-Lin”珍珠奶茶。创意来自珍珠奶茶和“豪小子”皆源于台湾，而台湾在美国的移民不少，观看NBA比赛，特别是多年不遇的本土产的超级球星表演者更多。因此，喜爱“豪小子”的球迷们怎能不尝尝台湾饮食文化的符号珍珠奶茶的特殊味道，尤其是在这特殊的时间和地点。在这种情景下，“J-Lin”珍珠奶茶受到消费者的极度追捧。那么在NBA球场上，珍珠奶茶到底有多受欢迎？商家的一句话就道破了天机：“好到煮珍珠都来不及。”[①]

随着商业社会的日渐发达，营销已经渗透到体育、文化、旅游等众多领域。当游客以及从事体育、文化交流活动的人士在讲述接触、饮用珍珠奶茶切身体会的时候，也就参与了珍珠奶茶的营销，参与了符号的复制与传播。正是因为意识到这一点，在2012国际自由车环台赛举行期间，台湾有关部门还主办了2012环台美食宴Tour de Taiwan Delicious活动，让选手可以一次品尝多种台湾美食，珍珠奶茶就在其中。

在飨宴会场，台湾有关部门一次端出十大台湾美食小吃，包括蚵仔煎、小笼包、蚵仔大肠面线、臭豆腐、卤肉饭、肉圆、肉粽、担仔面、牛肉面、珍珠奶茶等。可以说，这些台湾美食样样都吸引了比赛选手。SAXOBANK车队的日本选手宫泽崇史，完全无法抗拒美味的诱惑，一坐下便夹起牛肉大口品尝，然后还担任了台湾美食吃法的介绍人，从珍珠奶茶到小笼包，尽情地向队友们解说台湾小吃的美妙。连续三年参加环台赛的英国选手唐宁则特别喜爱珍珠奶茶，而且不断地称赞珍珠Q弹的口感。他表示在英国

---

① 《观赛文化　弥漫华裔年轻一代》，请见：http：//www. worldjournal. com/view/full _ news/17597550/article—%E8%A7%80%E8%B3%BD%E6%96%87%E5%8C%96—%E7%80%B0%E6%BC%AB%E8%8F%AF%E8%A3%94%E5%B9%B4%E8%BC%95%E4%B8%80%E4%BB%A3? instance=news _ pics。

就听说过台湾珍珠奶茶好喝，今天有机会亲自动手摇珍珠奶茶，真是太好了。他在现场就喝下了1000cc的珍珠奶茶，看来是太喜欢这种饮品了。看见唐宁用手摇动珍珠奶茶，其他选手也一拥而上，跃跃欲试①。

外国明星、名人的热捧，更进一步为珍珠奶茶的复制与传播创造了条件，提供了可能。日本女爵士乐手小野莉萨在台湾举行演唱会，来到台湾之后第一件事就去尝暌违已久的台湾特产“珍珠奶茶”。品尝之后，她笑着说道：10年前，第一次在台中喝到珍珠奶茶。这次喝的奶茶味道跟记忆中的味道一模一样②！足见，奶茶在她的心目中留下了多么深刻的印象。偶像如此痴迷珍珠奶茶，对于乐迷和奶茶迷来说是很大的鼓舞、激励和鞭策，甚至连媒体的受众和普通民众都会受到感染，更加喜爱珍珠奶茶，接纳珍珠奶茶。

韩国女星具惠善为宣传与台湾艺人汪东城联合主演的《绝对达令》要到台湾做宣传的时候，曾透过有关方面明确表示：“如果这次有机会再到台湾，想深入各个小巷子穿梭，感受一下。”她要感受什么呢？电影界盛传具惠善的酒量非常好，常常令人感到望尘莫及。但是自从她迷上了珍珠奶茶之后，就滴酒不沾了。珍珠奶茶俨然成为她的最爱。她自己曾说：“回韩国后，可能会边喝酒边想着珍奶。”③

英国创作型歌手Joe Brooks首次到马来西亚，在记者会上一看到工作人员递过来的珍珠奶茶，马上接过来，二话不说就急不可待地大吸一口，然后翘起拇指，大加赞叹：“I like it so much!”他对“日出茶太”的珍珠奶茶赞不绝口！尽管在英国也有一些珍珠奶茶专卖店，但Joe Brooks仍然觉得在这里喝到的珍珠奶茶与英国卖的很不一样，尤其Q弹的珍珠更令他赞叹不已。在品尝了来自台湾珍珠奶茶的好滋味后，他也希望接下来能够来台湾

---

① 《2012自由车环台赛美食飨宴　国际选手特爱珍珠奶茶》，请见：http：//n. yam. com/ttn/food/201203/20120309991609. html，2012年3月9日。

② 《爵士女伶小野莉萨抵台　回味珍珠奶茶》，请见：http：//twent. chinayes. com/Content/20111005/kdzqdit2237z4. shtml。

③ 《有望再到台宣传　具惠善迷上珍珠奶茶》，请见：http：//paper. wenweipo. com/2012/03/07/EN1203070034. htm。

开唱，同时享受一趟美食之旅。

在全球拥有超过600家店铺的“日出茶太”成功地复制和传播了珍珠奶茶这一饮食文化符号，创造了一股股茶饮风潮。包括澳大利亚、马来西亚、菲律宾、印度尼西亚等许多国家的年轻人都非常喜爱充满时尚的珍珠奶茶品牌，就连当地的艺人都无法抗拒①。

综上所述，珍珠奶茶这一饮食文化符号的复制与传播在很短的时间内就积累了丰富的经验，适应了商业社会的需要，吸收了时尚、流行等现代元素。在与文化、体育明星的互动中，珍珠奶茶不仅得以有效地复制和传播，对众多影迷、球迷产生积极的影响，而且翻转过来开始了新的符号制造。

四、符号的强化——珍珠奶茶的流行

显然，作为饮食文化符号而存在的珍珠奶茶在某种程度上代表了台湾的创意茶文化，并为广大消费者所接受，被越来越多的投资人热捧，从而展示出巨大的发展潜力和可能。进一步强化这一文化符号成为一种迫切的需要，连锁加盟成为一种现实的选择，如何实现标准化下的在地化则成为问题的关键。有人曾做过这样的比较：喝咖啡像是“喝气氛”，而喝珍珠奶茶则是品味休闲、娱乐与流行，而且整个过程让消费者很享受。如何在强化珍珠奶茶这一文化符号的过程中，通过在台湾本地以及世界各地开设的珍珠奶茶连锁加盟店的方式不断地将珍珠奶茶所代表的创意茶文化提升起来，传播开去，就必须注重标准化下的在地化。

随着两岸关系的进一步改善，以及康师傅的示范作用不断发酵，目前已经在大陆开设连锁加盟店的台湾茶饮企业越来越多。除了“CoCo都可茶饮”早就在大陆生根，成为最大的珍珠奶茶业者的代表之外，“鲜芋仙”、“歇脚亭”、“乔治帕克”等品牌也于近些年陆续进入大陆市场。其实，

---

① 《英国歌手 Joe Brooks 钟情日出茶太　大赞台湾珍奶好滋味》，请见：http://www.cna.com.tw/postwrite/P5/100420.aspx。

“CoCo都可茶饮”并不是台湾店数最多、知名度最高的珍珠奶茶业者，但在大陆却拥有最多的冷饮连锁店。这家企业在海峡两岸建立了超过800家连锁店，在大陆甚至全都以直营或合资方式来经营①。这对于强化珍珠奶茶这一文化符号来说，是非常重要的。因为千百年来生活在海峡两岸的民众共同创造了灿烂辉煌的茶文化乃至中华文明，双方在很多方面相互依存，彼此拥有共同的关切和利益。具体到珍珠奶茶来说，台湾的从业者拥有制作技术、营销经验，大陆则拥有庞大的消费市场和消费人群，完全可以联手，实现互利共赢。如何执行好标准化下的在地化，才是珍珠奶茶在大陆持续热销的关键所在。

珍珠奶茶也成为台湾吸引大陆游客的重要工具。近年来，大陆同胞赴台湾旅游日益升温。当首批台湾个人游“尝鲜客”抵达台湾时，他们从台北观光部门首长手中接过了特殊的见面礼——一杯正宗的珍珠奶茶②。许多大陆游客到台湾后，必须做的一件事就是喝珍珠奶茶③。据台湾“中国时报”报导，台湾地道的珍珠奶茶是大陆民众必买的美食。卖珍珠奶茶的商铺总是最多人等候④。这种品尝原汁原味台湾珍珠奶茶的愿望和要求，是体验标准化的过程，是在地化的前提条件。

然而，强化珍珠奶茶这一文化符号，实现标准化下的在地化，还需要开拓更大的市场，也需要各界人士的共同参与。其实，台湾民众早就开始了这方面的尝试。这还要从珍珠奶茶的别名波霸奶茶说起。在美国，人们常常用“BOBA”或“Bubble”来称呼珍珠。这是因为在20世纪80年代末，台湾新移民不约而同地在美国加州的一些地方办起了一个个以“BOBA Tea

---

① 《台湾甜饮登陆有成 85度C获利上看10亿》，请见：http：//news. singtao. ca/toronto/2012-03-04/finance1330842447d3734874. html，2012年3月4日。

② 《赴台游客喝到正宗珍珠奶茶》，请见：http：//news. hexun. com/2011-06-29/130998727. html，2011年6月29日。

③ 人民网—《人民日报》：《台湾口味征服世界（行走台湾）》，请见：http：//tw. people. com. cn/GB/12429441. html，2010年8月13日。

④ 中国台湾网：《大陆游客青睐台湾美食 赴台必买铁蛋麻糬珍珠奶茶》，请见：http：//tw. people. com. cn/GB/14813/12509309. html，2010年8月23日。

House"、"BOBA Planet"、"BOBA World" 命名的茶坊。于是，"波霸" 就成了粉圆的代名词[1]。而这个名词的出现和使用，就足以说明珍珠奶茶在异域他乡拥有了一定的生产者和消费者。

另外，一些英国人也开始加入推广珍珠奶茶的行列。阿塞德（Assad Khan）在美国的纽约尝过台湾珍珠奶茶后，从此被深深吸引，甚至放弃了投资银行的高薪工作，转行开办珍珠奶茶店。他从一个珍珠奶茶的消费者转变为经营者。阿塞德在伦敦苏活区开设的台湾珍珠奶茶店 "Bubbleology"，开店的第一天，来光顾的以英国人居多，第二天以后，就来了好多台湾人，现在每天都有 15 个至 20 个客人抢着跟他拍照，让他觉得很意外[2]。更为重要的是，从正式营业以来，顾客就络绎不绝。他的店平均每天能卖出 500 杯珍珠奶茶，周末还可以卖到 1000 杯。很多时候，因为生意兴隆，店门口排起长长的人龙，消费者一般需要排 45 分钟的队才能买到珍珠奶茶。这是因为阿塞德坚持一定要贩卖最地道的珍珠奶茶[3]。应该说，阿塞德只是强化珍珠奶茶这一文化符号的另一类代表，因为他的店既非连锁亦非加盟。

由此可见，参与强化珍珠奶茶这一文化符号的方式很多，形式亦可多样。例如在 2010 年，为出席亚太经合会企业咨询委员会（ABAC），澳洲第 10 大富豪、林福克斯物流集团董事长林赛·福克斯（Lindsay Fox）来到台湾。品尝到珍珠奶茶之后，他马上对朋友说："你们那种有黑色小圆球的奶茶，味道太棒了。" 甚至有些老外很投入地撰写有关珍珠奶茶的学术论文。

---

① 孙瑞穗：《全球化年代中的波霸传奇》，"中国时报"，2001 年 12 月 12 日，第 39 版（人间副刊）。

② "中央通讯社"：《英商卖珍奶　推广台湾文化》，请见：http：//tw. news. yahoo. com/%E8%8B%B1%E5%95%86%E8%B3%A3%E7%8F%8D%E5%A5%B6-%E6%8E%A8%E5%BB%A3%E5%8F%B0%E7%81%A3%E6%96%87%E5%8C%96-122019767. html，2011 年 5 月 5 日。

③ "中央通讯社"：《英商卖珍奶　推广台湾文化》，请见：http：//tw. news. yahoo. com/%E8%8B%B1%E5%95%86%E8%B3%A3%E7%8F%8D%E5%A5%B6-%E6%8E%A8%E5%BB%A3%E5%8F%B0%E7%81%A3%E6%96%87%E5%8C%96-122019767. html，2011 年 5 月 5 日。

例如2006年从英国来台湾攻读硕士学位的学生白德杰就撰写出《将台湾的泡沫红茶产业模式引进英国》的学术论文①。

在美国，不仅生活在旧金山和洛杉矶等西海岸城市的青年学生们喜爱珍珠奶茶②，居住在东海岸纽约的年轻人对于这一美食更是趋之若鹜。2011年3月，“CoCo都可茶饮”在纽约靠近纽约市立大学著名的巴鲁克分校(Baruch)开了首家珍珠奶茶店。因为巴鲁克分校坐落在纽约最繁华的金融和文化中心曼哈顿区公园大道，并与瑞士信贷银行总行大楼及JP摩根大通银行总部等世界著名的金融机构毗邻，与华尔街隔区相望。“CoCo都可茶饮”在如此繁华的校区旁开幕，第一天就出现排队人潮，他们为的就是要一尝台湾地道的珍珠奶茶。许多纽约客人尝到第一口珍珠奶茶时的反应似乎都很奇怪，特别惊讶的表情写在脸上。等定下神来，他们多会表示：“从未喝过如此香浓Q弹的饮品!”浓香的奶茶搭配Q弹有劲的珍珠，纽约客不说赞也难③。

正是因为珍珠奶茶这一文化符号不断被强化，所以品尝和了解这一美食的人士越来越多。以至于在美国有线电视新闻网（CNN）旗下的旅游网站CNNGo. com所评出的全球最美味的五十大饮品中，珍珠奶茶榜上有名，并且位置还比较靠前，列第25位。因为珍珠奶茶获此殊荣，所以人们对台湾饮食文化，特别是茶饮料有了更多的理解。有文章介绍说：台湾的泡沫茶饮种类繁多，包括奶茶和水果茶，最有名的就是珍珠奶茶。据某网站十分夸张地描述说，“珍珠”长得像特大号的青蛙卵，要靠特大号吸管才吸得起来。而这种听起来很奇怪的饮料，却是亚洲数百万年轻人的最爱④。珍珠

---

① 彭涟漪：《台湾创意茶饮，连老外都爱喝　珍珠奶茶　征服华人蔓延欧美》，《远见》，2011年6月号。

② King，P，“Will bubble tea burst out across country or go bust?”，Nation's Restaurant News，May 2004-5-31，p. 24.

③ 中国网：《纽约客疯珍珠奶茶　CoCo都可茶饮魅力延烧海外》，请见：http：//sx.people. com. cn/GB/192648/14023985. html，2011年2月28日。

④ 法制晚报：《CNN票选全球50大饮品　饮用水第一珍珠奶茶上榜》，请见：http：//news.sohu. com/20111212/n328744817. shtml，2011年12月12日。

奶茶不仅名声大了，而且卖价也高了。在中东的一些国家和地区，一杯珍珠奶茶要价台币 150 元，是台湾的 5 倍。

伴随着珍珠奶茶征服了越来越多的消费者，它所具有的符号价值和意义不断显现出来。在法国巴黎，第一家以台湾珍珠奶茶为招牌的店就是以“珍珠”命名，推销原创概念。“珍珠”的老板们都是留法的台湾青年艺术家，他们梦想开一家“让法国人有台湾印象”的客栈。为此，他们从台湾运来客家的椅子、手工制作而成的不规则的透明玻璃杯、粗大多色的吸管，再加上导演侯孝贤轰动法国的电影《海上花》剧照，以及台湾艺术家掌厨的牛肉面和荷叶饭。“珍珠”还以干净清爽的店堂环境招徕法国客人，力求改变法国人印象中的华人餐厅又脏又乱的形象，让错认该店为日本餐厅的法国人没有寿司和生鱼片的选择，而在建议下尝试台湾的家常小吃和珍珠奶茶。由珍珠奶茶衍生出来的珍珠奶绿、泡沫绿珠、花生珍奶、泡沫红茶等多种饮品，也彻底颠覆了法国人对传统茶文化的看法。同时，也令那些没有去过台湾的人，在享受音乐与美食的同时，感受台湾的文化。对在巴黎的台湾人而言，“珍珠”俨然台湾生活模式的写照，可以慰解他们的乡愁，重新寻回台湾浓厚的人情味①。

在强化珍珠奶茶这一饮食文化符号的进程中，建立连锁加盟店，实现跨境经营是一项重要举措。珍珠奶茶连锁业者傅信钦表示，“刚开始也没想到说我们要去做连锁加盟，只是说我们把自己的直营店、单店开得很好之后，我们开了 5 家的直营之后，我们才开始去做连锁加盟”②。傅信钦当初只和友人集资 40 万元，而如今集团在世界各地拥有约 500 家加盟店。这说明珍珠奶茶热销亚洲、美洲、欧洲、澳洲的一些国家和地区，与连锁加盟店的广泛设立不无关系。而业者也从中获得了巨大的利益，实现了双赢。由此不难看出，珍珠奶茶连锁品牌运营已经进入了高度发展期，各类品牌不胜枚举。如 1997 年 5 月成立的“CoCo 都可茶饮”，在十多年的经营发展

---

① 蔡筱颖报导：《珍珠奶茶让巴黎看见台湾》，“中国时报”，A11 版，2003 年 10 月 19 日。

② 《台湾味征服世界　珍珠奶茶前进中东　一杯卖 150 元》，请见：http://www.nownews.com/2008/02/22/327-2235164.htm#ixzz1iOI1isJs，2008 年 2 月 22 日。

中，至今已经开设超过800家的连锁加盟店，是台湾唯一进驻台北101大楼的外带式茶饮！“CoCo都可茶饮”是目前在大陆的第一大连锁茶饮品牌。“日出茶太”是马来西亚、菲律宾、印度尼西亚等国家位居第一的连锁茶饮品牌，目前已经在全球范围设立分店达数百家，更是唯一进驻2012年巴黎国际特许经营展的台湾参展商[①]。然而问题的关键是具有行业引导性的龙头品牌还没有诞生，几乎没有人知道外卖奶茶店的旗帜品牌是什么[②]。而能否做到标准化下的在地化，更成为拷问珍珠奶茶进一步发展的关键。

五、符号的检视、超越与再生——珍珠奶茶遭遇标准化难题

文化符号在制造、传播的过程中难免会出现这样那样的问题，应该反复检视、不断修正。更不能对在制造、传播乃至强化符号的过程中所出现的风险和麻烦毫无思想准备，缺少应对之策。这是摆在人们面前的实际问题。毋庸讳言，珍珠奶茶在近些年来的推广中遇到了一定的阻力，面临一系列挑战。其中，既有产品本身所暴露出来的高糖、高热量等不利于人类健康生活的隐患，也有在加工过程中碰到的塑化剂等外来冲击和影响，严重威胁着人们的身体健康。在市场的营销中，也出现一些障碍。似乎只有妥善处理好这些问题，才能为珍珠奶茶注入新的发展动力，赋予其新的活力。那么问题究竟出在哪里呢？解决这些问题的办法和出路又在哪里呢？笔者以为珍珠奶茶正在经受着标准化的考验。

在文化符号不断复制与传播、强化的过程中，如何保证标准化的顺利执行？

在一篇小说中，有这样一段情节，透露出珍珠奶茶最初是靠人力手摇

① 《台湾“日出茶太”（CHATIME）在巴黎参加2011加盟店商展》，请见：http：//ichatime.com.hk/blog/archives/267。

② 《试论奶茶连锁店的情感化品牌之道》，请见：http：//www.ccfcc.net/Article/show_1_28_15516.html，2010年6月4日。

的事实。因为很累，所以要找老板找帮手，直到后来有了机器，才节省了人力[①]。

回顾珍珠奶茶流行的历史，同样可以看到台湾早期的珍珠奶茶诞生于泡沫红茶店，强调奶茶必须新鲜现摇。在奶茶类饮品中，“由于材料中有固体的奶精粉，因此须稍微用力摇晃，以使奶精粉充分溶于冰红茶中”[②]。自从珍珠奶茶连锁店出现后，为了方便口味管理与加快生产速度，不少连锁店便改用事先调好的奶茶。这些奶茶多半也不是在营业前以红茶与奶精调出，而是总店直接向分店提供奶茶粉，加水即可使用。为了将奶茶制作成奶茶粉状，势必要把红茶磨碎，所以奶茶的味道与传统现摇的奶茶会有很大的差距。这种奶茶若不喝，静放几小时之后，就会发现粉末完全沉淀，上面是透明的糖水。事实充分证明，这样调出来的奶茶，红茶成分并不溶于水中[③]。因此，有部分爱好者坚持喝现调的珍珠奶茶。可见，由于没有很好地执行“现调”等标准化动作、环节，所以造成了一系列的问题。

按理说，一杯正宗的珍珠奶茶，应该由鲜奶、红茶加糖和粉圆制成。这样的珍珠奶茶含有丰富的蛋白质，有较高的营养价值。不过这样的配方对分布在街头巷尾的奶茶店来说，成本过高。因此，许多奶茶店都心照不宣地用奶精代替了鲜奶。近年来，有专家指出珍珠奶茶热量偏高，不宜长期饮用。导致珍珠奶茶普遍存在高糖、高热量等问题出现的关键之一就是奶精代替鲜奶。

因此，提倡健康饮用珍珠奶茶的业者也推出所谓的鲜奶茶，即用鲜奶取代奶精的饮品。这样制作出来的奶茶口感及口味与奶精调制而成的奶茶

---

① “每一杯珍珠奶茶都要靠这样摇出来，真是辛苦。”当时，他只这么想，对那位挥汗如雨的老板娘颇有些同情。做珍珠奶茶很累，所以就找个小妹妹来帮忙。“请问你，一杯珍珠奶茶要摇几下?”“至少要三十下，很累人的。”“一夜之间，小铺子和洗衣店又统统归老板娘一个人负责，只是她买了一台怪异的机器，用机器来摇珍珠奶茶。”管家琪：《珍珠奶茶的诱惑》，台北：幼狮文化事业公司，1995 年。

② 杨海铨：《浪漫下午茶》，台北：邦联文化事业有限公司，2001 年，第 85 页。

③ 人民网—《人民日报》：《台湾一家奶茶店的店员正在调制珍珠奶茶》，请见：http: //tw. people. com. cn/GB/12429441. html，2010 年 8 月 13 日。

有十分明显的不同，从而使得传统的鲜奶珍珠奶茶又活跃于市场之上。此外，粉圆不能加防腐剂、红茶必须新鲜现泡[①]等，也都体现出珍珠奶茶业者对标准化的尊重和恪守。只有这样才能保证珍珠奶茶这一饮食文化符号在检视中实现超越和再生。

由于珍珠奶茶在起源和发展中，在相当长的时间里是由民众主导的，因此具有很强的自发性。当符号形成，并不断复制与传播时，各项标准制定得不够严密，所以也造成一些问题。如具有极高热量（一颗约数十大卡不等）的木薯珍珠，作为珍珠奶茶的原料就存在严重缺陷，加之奶精也是热量很高，结果造成一杯 500cc 珍珠奶茶所产生的热量，相当于一个普通排骨便当的热量。因此，对想要减轻体重、保持身体健康状态的人们而言，不宜经常饮用珍珠奶茶。这几乎成为人们的一个共识。

与此相比，更为严重的是恶意更改标准、肆意降低成本等问题没有得到有效监管。据珍珠奶茶店的一位从业者披露，他所出售的珍珠奶茶不含奶，奶精、果粉是主料。他也知道珍珠奶茶“正规的应该是纯奶、蜂蜜水，口味应该是果酱调制，像台湾都是鲜榨果汁，但我工作的店里用的都是奶精、果粉、浓缩果汁勾兑出来的”。据他说，现在调制珍珠奶茶的三大“法宝”是奶精、果粉和糖，根本没有奶。奶精和果粉通常是成袋进货，价格较为低廉。果粉加奶精成本不足 1 元。奶精对心脏危害程度大，“奶精、糖水放多少都是凭良心呢，高兴了就多加些，不高兴就放淡一点”。

大连工业大学生物与食品工程学院的农绍庄教授指出：“所谓的奶茶，里面没有奶，又没有茶，而是用色素和香精，去仿造奶茶的外观与口感，我认为这就是一种造假行为。”[②] 对唯利是图之辈来说，为了赚钱，他们不仅不按标准行事，而且恶意更改标准，肆意降低成本。虽说这暴露出更深层次的问题，但是却严重败坏了珍珠奶茶的名声。除了涉嫌造假之外，这

---

① 人民网—《人民日报》：《台湾一家奶茶店的店员正在调制珍珠奶茶》，请见：http：//tw. people. com. cn/GB/12429441. html，2010 年 8 月 13 日。

② 《珍珠奶茶无奶又无茶　全部成分为 19 种食品添加剂》，请见：http：//news. sohu. com/20110428/n306591998. shtml。

种珍珠奶茶最大的危险还在于它对人体健康的影响。这位从业者还说，好的果粉闻着就是果味的，但不好的就是刺鼻的，奶精、果粉、糖、茶等原材料进的货好与不好，也都看老板的良心。实际上，奶精的制作过程中没有用到一滴牛奶或奶油，它就是在植物油中加水、添加剂混合搅拌，做成的类似牛奶的东西。其中的植物油，更具体说是氢化植物油，含“反式脂肪酸”。近年来，食品中“反式脂肪酸”的安全问题已经引起国际社会的高度重视，一些城市的相关部门正在收集国际组织和各国关于“反式脂肪酸”安全研究及管理措施的数据。《食品安全法》从2009年6月1日起在某市正式实施，奶茶的监督管理单位由“市食品药品监督管理局”变更为“市工商行政管理局”。《食品安全法》的不少细则还没有完全明确职责，再加上“工商局”的接管时间较短，目前仍没有对珍珠奶茶店进行质量检查。实际上氢化植物油是对身体危害很大的一种产品，特别是变成“反式脂肪酸”后会大大增加心血管疾病风险，还会促生糖尿病和老年痴呆，导致生育困难、影响儿童生长发育等问题①。

近些年，食品的安全问题受到人们的普遍关注。食品的原材料、添加剂及生产过程都关系着食品的安全和消费者的身体健康。含有大量化学添加剂的珍珠奶茶对人体健康的危害主要表现在三个方面：一是食用氢化植物油和植脂末，进入人体后可产生大量“反式脂肪酸”。这种物质是健康的杀手，它可导致人体肥胖，提高人体内低密度脂蛋白胆固醇，增加动脉硬化和糖尿病的发病率，甚至会提高患恶性肿瘤的风险；二是食用香精，长期过量食用可致癌；三是食用色素，长期食用会对儿童身体发育和智力发育带来危害。

此外，环境卫生差，剩余配料不封装的问题也不同程度地存在。2011年台湾塑化剂事件的爆发，对珍珠奶茶的生产和销售也造成了很大的影响和冲击。台湾《联合报》系在美国和加拿大发行的中文报纸《世界日报》发表社论称，“岛内多数的珍珠奶茶竟能通过食品检验，均含有致癌风险以及造

---

① 《打工者曝奶精兑糖获暴利　奶茶不含奶成本不足1元》，请见：http：//news. hsw. cn/system/2012/03/10/051268127. shtml，2012年3月10日。

成男性性功能异常的毒性，此即业者所称的起云剂，其实是禁用的塑化剂毒品……暴露出台湾社会的结构性问题，即上下自我欺瞒，无视毒品正在肆虐……令人感叹何谓台湾良心”①。英国、美国的珍珠奶茶业者也受到波及。珍珠奶茶的经营者阿塞德来台湾补货时，要补的货还在海上时，就爆发了塑化剂事件，专教外国人卖台湾小吃、饮品的供货商伯思美向松辉公司购进的浓缩果汁疑似掺有塑化剂 DEHP，不得不紧急通知分布世界各地的客户下架。凡此种种皆让珍珠奶茶的安全卫生蒙上阴影②。由此可见，产业链的各个环节是密切联系、互相影响的。一个环节出问题，便会波及其他环节乃至整个产业链。作为一种混合型茶饮品，珍珠奶茶的任何一种原材料或者任何一个制作程序存在安全隐患，势必破坏整个产品的生产和销售。

因此，如果要使珍珠奶茶的发展具有可持续性，我们不仅要关照相关产业的发展动态，而且要制定切实可行的质量标准，搞好安全卫生监督，并且进行技术创新，绝不容许粗制滥造，更不能使用危害身体的材料而单纯追求珍珠奶茶表面上的色香味俱全。美国路易斯安娜州立大学（LSU）食品科学专业的研究生们就基于珍珠在经过 3 到 4 天后变软，相互黏在一起而导致的变形展开专题研究，结果发现使用一种菜子油可以帮助纤弱的木薯珍珠保持其完整性。另外，当珍珠没有经过这种技术处理时，它们就会变干、变硬，导致嚼起来如同在嚼石粒，但是如果使用了菜子油，便能够防止珍珠出现上述情况。更为重要的是，使用这种技术不仅不会增加成本，反而会使成本下降③。

由于珍珠奶茶的制造和销售还受到具体生产和市场环境的制约，积极推动在地化是不二的选择。既要保证珍珠奶茶这一饮食文化符号在传播的

---

① 《世界日报：台湾岂止饮料食品有毒》，请见：http：//www.chinareviewnews.com/doc/1017/1/5/5/101715558.html? coluid=7&kindid=0&docid=101715558。

② 请见《英伦珍奶　台湾味掺到塑化剂》，《联合报》，A5 版，2011 年 5 月 26 日。

③ Chamberlain，Kendra R. “Beyond Bubble Tea”，http：//digbatonrouge.com/article/beyond-bubble-tea-454/.

过程中推广顺畅，平稳落地，又要充分尊重当地消费者的消费意愿和口味，甚至根据当地人的意愿和口味进行比较调整。

从符号学和饮食文化传播的角度来看，还可以考虑采取一些必要的、强有力的措施，重新树立珍珠奶茶的形象，以实现符号的超越与再生。例如，通过拍摄以珍珠奶茶为主题的偶像剧、制作与珍珠奶茶有关的动漫作品，宣传以珍珠奶茶为代表的大众美食及其饮食文化，同时，开展美食旅游，进一步带动台湾旅游业的发展。

The Origin and Spreading of Bubble Tea

Yuansi HOU
School of Hotel and Tourism Management
Business School
The Chinese University of Hong Kong

Abstract: Pearl milk tea (also known as Bubble tea or Boba milk tea) is not only a local snack in Taiwan, but also is becoming the most representative gourmet spreading around the world. A simple cup of pearl milk tea contains rich implications of Taiwanese snacks, and even beyond that, it is developing into a symbol, to some extent, on behalf of Taiwan leisure culture. Only having thirty years of development history, Bubble tea grew into a typical representative of Taiwan food culture. Consequently, it is necessary for us to look at its origin and spreading path, to discover its symbolic meaning and cultural implications, and also to summarize the successful model of its development and its marketing strategies. Especially, the mysteries of ensuring the consumers living at different parts of the globe to drink authentic pearl milk tea is worthy of researching. Therefore, we should see the pearl milk tea is able to and is on its way to become a cuisine on behalf of Taiwanese food culture, disseminating Taiwanese gourmet and Taiwanese culture to many corners of the world.

Keywords: pearl milk tea, globalization, food culture

建构异乡美食

——台湾“蒙古烤肉”的发展历程

赵立新[1]　王安泰[2]

【摘要】 20世纪50年代，台北市淡水河畔的萤桥地区，一家烤肉店挂出“蒙古烤肉”的招牌招揽顾客，店主为知名相声表演家吴兆南（1924—　）。出生于北京的吴氏，最初为了在烤肉生意竞争中脱颖而出，以商业眼光改良烤肉的制作与取食模式，并以“蒙古”代替“北京”、“北平”，另创烤肉门号。60年代以来，“蒙古烤肉”从棚屋摊商，转化为高楼厅堂的餐饮名店，甚至晋身为“国宴”菜色，成为台湾独树一格的美食。随着“蒙古烤肉”业的蓬勃发展，此种饮食全然脱离了北平故都的根源，转向“蒙古”寻求更新动力。透过近三十年的新闻报纸信息，便可发现部分“蒙古烤肉”业者为了迎合台湾消费社会的“尝鲜”需求，将“蒙古”作为宣传主体，整合有关蒙古的史地常识，挪移至菜肴介绍，店景装潢也嵌入塞外大漠元素。“蒙古烤肉”历经外省移入再逐步改造的本土化历程，堪称反映时代特质的台湾美食，但却因为名号与内容物的多次置换，让饮食界产生面目全非的感受，因此鲜少得到食评家青睐，更无法在洋溢怀乡情感的饮食文学之中，寻得已身的定位。

【关键词】 蒙古烤肉　“北平烤肉”　吴兆南

---

① 台湾暨南国际大学历史学系助理教授。

② 台湾大学历史学系博士后研究员、东吴大学历史学系兼任助理教授。

一、序　论

李敖：为什么叫“蒙古烤肉”？

吴兆南：因为叫“北京烤肉”，不行。那时候说北京不行，“匪谍”叫北平儿也不合适，也有人愿意叫北平。我就说叫蒙古，离那地方越远越好。

“李敖笑傲江湖”专访吴兆南记录

虽然高挂“蒙古”之名，但是吴兆南（1924—　）于台湾开创的烤肉事业其实源自“北平烤肉”，相关信息常年来屡见报刊，吴氏本人也多次亲身解说研发蒙古烤肉的背景，但难收正本清源之效，台湾社会对于“蒙古烤肉”仍普遍抱持与“蒙古”相为呼应的认知[①]。焦桐《蒙古烤肉外一章》一文是探讨台湾蒙古烤肉创作的最新论述，该文依据吴兆南访谈，认为50年代台湾紧张的政治氛围，使得迁台外省族群不得公然想家，不得称为“北京”的蒙古烤肉，是子虚乌有的家园烤肉，也是离散者拼凑炮制成的想象家园[②]。不过，在50年代的台北水岸，吴氏的烤肉生意最初其实着眼于市场需求，试图于众多“北平烤肉”摊商之中求新求变，以商业眼光进行名称置换与烹调手法调整，最终竟取代了“北平烤肉”[③]。此后又历经半世纪发展，蒙古烤肉甚而带领消费者回溯至草原游牧风情，同存在于现实政

① 就作者目前管见所及，相关报导最早可追溯至1962年，见《蒙古烤肉上市》:《台湾民声日报》（台中），1962年1月11日，第2版。其他报导内容大多为采访吴兆南，作为其餐厅宣传，文中均提及吴兆南作为烤肉业的改良先驱，首创蒙古烤肉。诸如《丰年餐厅 炉边春秋》，《经济日报》（台北），1968年10月20日，第8版。《顶好蒙古烤肉 明天下午开业》，《经济日报》（台北），1972年12月8日，第8版。刘蓓蓓：《蒙古烤肉 查查来历 原来是“北平烤肉”的子孙》，《联合报》（台北），2002年4月27日，第34版。冯复华：《“只要有人看相声 我就演”京城吴少 边玩边还原失传段子 细腻待徒 每次回国不忘小礼物》，《联合报》（台北），2006年9月26日，A10版。冯复华：《吴兆南 开启蒙古烤肉吃到饱天下》，《联合报》（台北），2008年3月7日，D6版。

② 焦桐:《蒙古烤肉外一章》，《联合报》（台北），2012年3月20日，D3版。

③ 关于1950年代台北新店溪旁萤桥地区“北平烤肉”业的发展，详见本文后述。

治地理的蒙古建立实质联系。

关于台湾本土产出的“蒙古烤肉”，半个世纪以来的发展流变，始于政治与经济所营造出的社会，人们对于神州土地充满怀念或幻想。中国地图在台湾重制，大江南北地名转化为台湾街道路名，各地商号开张复活，奋力于新市场营生。其后“蒙古烤肉”离开台北水岸旁的露天棚架，进入钢筋水泥楼房，跃然而成“国宴”菜色，但其作为市道常食的性质并未改变，来客不仅有政商名流，也有市井百姓。台产“蒙古烤肉”可以说是通行台湾社会各阶层，又跨越时代发展的本土饮食。本文探寻“蒙古烤肉”的成立与发展，首先将追寻50年前，台北萤桥河畔的炭火炊烟，而一切的源头还要跨海从北京说起。

二、“蒙古”烤肉的前身——“北平烤肉”

北京一地与烤肉渊源甚早，撰成于乾隆年间（1736—1795）的《帝京岁时纪胜》，便曾载京城于农历八月“焦包炉炙，浑酒樽筛，烤羊肉，热烧刀”①。烧刀即为白酒，可知当时北京市井于秋季盛行吃烤羊佐酒，此风俗并延续至民国时期：

> 八九月间，正阳楼之烤羊肉，都人恒重视之，积炭于盆，以铁丝罩覆之，切肉者为专门之技，传自山西人，其刀法快，而薄片方整。蘸酰酱而炙于火，馨香四溢。食者亦有姿势，一足立地，一足踏小木几，持箸燎罩上，傍列酒尊，且炙且啖，往往一人啖至三十余柈柈，各盛肉四两，其量亦可惊也。②

北京人吃食讲究应时当令，至立秋方得架起支子烤肉，“北平烤肉”除了俗称“南宛北季”的“烤肉宛”和“烤肉季”，还有“烤肉陈”、“陶然亭”与西山“鬼见愁”等多间名店。烤肉铺多由路边摊车发展而来，食客围炉踏凳，一手持箸取食，另一手则拿锡酒镬子鲸饮白酒，吃相豪迈粗犷，

① 清·潘荣陛：《帝京岁时纪胜》，北京：北京古籍出版社，1981年，第30页。

② 北平市政府秘书处：《旧都文物略·杂事略》，北平：北平市政府第一科，1935年，第6页。

儒雅之士与妇女最初尚不敢涉足炉前①。吃烤肉时单足踩于木几的姿态之鲜奇，也让多数食客与旁观者不断重述此一烤肉时景。50年代担任“外交部长”的叶公超（1904—1981）与记者在台北萤桥吃蒙古烤肉，便是“大口喝金门高粱，在河边听风笛。谈在北平西山‘鬼见愁’吃烤肉时，一脚站在凳子上，一手烤肉”②。纵使山河变易，白酒换为高粱，萤桥河畔的烤肉，一如普鲁斯特（Marcel Proust，1871—1922）的玛德莲蛋糕（madeleine），载负着往昔事物遗痕，成为唤醒流逝岁月的契机。

民初的“北平烤肉”不仅特色鲜明，也成为日后“老北平”所共有的故都回忆。在老北平人心目中，烤肉也不限于水浒式的豪迈吃食，随着烤肉铺发展为固定店家，不单师傅操刀片肉的技艺获取饕客认同，店内陈设与周边景观更是怡人。宣武门里安儿胡同把口处，高挂齐白石（1864—1957）题写牌匾的“烤肉宛”，选肉甚精，片肉极薄，店家拥有明朝万历年间（1573—1620）传下的烤肉支子，烤具上数百年油脂精华累积堪称瑰宝，是“北平烤肉”第一。“烤肉季”创始于清代道光年间，店址南临什刹海，几间茅屋，前搭豆棚，院落伸入什刹海荷塘。食客凭窗观览残荷老柳，斜阳映射于北海红墙，往西望去还可见燕都八景“银锭观山”，极富情趣③。

抗日战争时期，“北平烤肉”店似乎营业依旧，“烤肉宛”深得日军喜爱，店家的百年烤具支子一度更为日军人士开价索买④。然而在1949年之后，离开北平的人们来到南方副热带的海岛台湾，仍然存有依循故事的做派，寻觅烤肉解馋。出身满族镶红旗的八旗子弟唐鲁孙（1900—1985），年少时游宦各地，饮食经验丰富，1936年来台任台湾省烟酒公卖局秘书、松

---

① 唐鲁孙：《添秋膘·吃螃蟹·炰烤涮》，收入氏著：《唐鲁孙谈吃》，台北：大地出版社，2000年，第22页。唐鲁孙：《怎样吃烤肉》，《联合报》（台北），1985年2月23日，第8版。

② 于衡：《叶公超博士与记者》，《联合报》（台北），1981年12月1日，第8版。

③ 周士琦：《从“烤肉季”说“烤”》，《寻根》，1997年，第40～41页。尹庆明：《北京的老字商号》，北京：光明日报出版社，2004年，第88～90页。唐鲁孙：《添秋膘·吃螃蟹·炰烤涮》、《应时当令烤涮两吃》，收入氏著：《唐鲁孙谈吃》，台北：大地出版社，2000年，第19～32页。白铁铮：《吃烤肉》，收入氏著：《老北平的故古典儿》，台北：慧龙出版社，1977年，第111～116页。

④ 唐鲁孙：《添秋膘·吃螃蟹·炰烤涮》、《应时当令烤涮两吃》，收入氏著：《唐鲁孙谈吃》，台北：大地出版社，2000年，第19～32页。

山烟厂厂长[①]，对于台湾的北平式烤肉屡有见闻记录，其称：

> 光复之后第二年冬天，台湾有卖烤肉的，有位朋友忽然想起吃烤肉来，笔者为了大家解馋，于是让工匠们做了一个支子，工人因为没见过支子是什么样，所以怎么指点做出来仍旧不是那码子事……后来厦门街萤桥淡水河畔，开了几家露天烤肉，那时大家刚来台湾，大陆的烤肉是怎么回事，也还有点印象，客人也是吃过烤肉的，宾主印象犹存，所以一切还不离大谱儿。[②]

萤桥为台北市中正区南部的地理区，其区划大抵为今日厦门街、同安街至水源路新店溪（旧时名为淡水河）畔，其地为日治时期的川端町，有木造萤桥跨越河沟，故有此名。萤桥于50年代除了摊商集中，也不乏店铺饭馆、茶馆歌场和露天电影，可称为繁华闹区。“北平烤肉”摊商便在此营生，也有以棚架设店，为顾及炭火烟熏并且保持空气流通的需求，商家采取露天经营形式。烤肉店铺的营业时间甚长，除了晚间为看戏游市集的民众服务，白日早晨甚至也买得到烤肉果腹[③]。萤桥最早见报的烤肉店为一家“北平烤肉”的牛肉馆，由来自山东的商人孙日升经营。

值得注意的是，北平烤肉上报并非店家主动招揽广告，而是政界贵客光临，记者随之报导。诸如1957年《联合报》头版新闻刊载“行政院新闻局长”沈锜（1917—2004），率“外交部”官员与演艺界明星三十余人，在北平烤肉招待即将离台的美国“大使”蓝钦（Karl L. Rankin，1898—1991）夫妇[④]。次年，韩国华侨回台观光团也在此接受前山东省主席秦德纯（1893—1963）招待，“立法委员”与“国大代表”均出席此场餐会[⑤]。烤肉店的生意兴隆，单日收入最少一千元台币，多则至七八千元台币[⑥]。店主积

---

① 逯耀东：《馋人解馋——阅读唐鲁孙》、佚名：《唐鲁孙先生小传》，收入唐鲁孙：《唐鲁孙谈吃》，台北：大地出版社，2000年，第7～18页。

② 唐鲁孙：《烤涮两吃·经济解馋》，《联合报》（台北），1978年11月29日，第9版。

③ 颜文闩：《人鱼翻浪　战胜寒冷》，《联合报》（台北），1977年1月13日，第9版。

④ 《蓝钦定期离华　沈锜昨为饯别》，《联合报》（台北），1957年12月11日，第1版。

⑤ 《山东同乡会昨日招待韩国华侨》，《联合报》（台北），1958年11月4日，第5版。

⑥ 《济助逃港难胞　一烤肉商人　决长期捐款》，《联合报》（台北），1962年6月8日，第2版。

极参与慰劳运动选手，成为民间业界的代表，相关见诸报端的活动，已经不止是名店广告，而成为当局以体育赛事为台湾争光，强调“反共义举”政策的重要宣传。

1958年11月邀集日、菲、韩等国参赛的篮球赛火热开打，克难男篮队于比赛结束后连日接受各界慰劳①。新闻媒体关于篮球赛事报导不断，北平烤肉也于11月14日招待克难队选手享用免费烤肉与小米粥②。

媒体报导具体呈现了“北平烤肉”于台湾社会的代表性，作为向外宾展示台湾文化的小吃，也蕴含以食物宣劳慰藉的机制。在当局讲求齐心一致对外的政策企图之下，烤肉店的消费方式随兴，又得以取食超过平日摄取量的肉品，不仅充分满足口腹之欲，也带来一种奢侈纵乐时尚，成为营造民间和乐富足氛围的重要场所③。

三、“蒙古”烤肉台湾制造

50年代“北平烤肉”频繁见报，吴兆南开设于今日同安街底，与水源快速道路交会的蒙古烤肉店“烤肉香”，则未有记录④。不过，“蒙古烤肉”一词实际已进入台湾社会，仔细检视关于“北平烤肉”的报导，便会发现

---

① 1951年台湾陆海空三军的篮球队解散，重组为克难男篮队。1958年克难队参加有日、菲、韩等国参赛的篮球锦标赛，获得冠军。

② 《“北平烤肉”老板　招待克难球队》，《联合报》（台北），1958年11月15日，第5版。

③ 目前缺乏直接报导资料，推断当时烤肉店是否另有娱乐服务，但萤桥地区的影艺行业所塑造的游乐氛围，势必对周边商家带来影响。此外，烤肉店的经营模式也可发展陪侍服务或表演功能，1971年“监察委员”陶百川即针对蒙古烤肉店提出改善意见。《御史善观“食”色　蒙古烤肉水果店　竟有女生充下陈　是谁之过》，“中国时报”（台北），1971年12月8日，第3版。

④ 根据吴兆南的说法，当年他在萤桥开设之烤肉店为今日同安街的公园预定地。该地还有被列为台北市市定古迹的“纪州庵”（支店），为日治时期的料理屋，建筑类型直接表现莹桥地区休闲文化与特殊的地景风貌；战后由省政府接受作为公家宿舍，王文兴等文化界人士均曾居住于此。“行政院文化建设委员会文化资产总管理处筹备处”，《文化资产个案导览：纪州庵》。（网址：http：//www. hach. gov. tw/hach/frontsite/cultureassets/caseBasicInfoAction. do?method= doViewCaseBasicInfo&caseId = AA09602001087&version = 1&assetsClassifyId = 1. 1&menuId=302&siteId=101＃01。撷取时间：2012. 03. 22)

记者描述前往萤桥吃烤肉的食客，“在‘北平烤肉’进食蒙古式午餐”，此种让人颇为不解的用语[①]。晚年感叹“旧时味”难寻的饮食名家唐鲁孙，便曾就北平/蒙古烤肉的差异加以厘清：

> 咱们当年在北平，吃的是“北平烤肉”，没有一家是以蒙古烤肉来标榜的。至于真正蒙古烤肉，我于民国十六年去百灵庙，在德王府吃过一次蒙古烤肉。用钢叉把大块牛肉叉起，用炭火来烤，等烤到了六七分熟，大家自己就把带的解手刀觉着那一块好割下，蘸花椒盐巴来吃。[②]

台湾“蒙古烤肉”的创造者吴兆南也曾表示，蒙古的烤肉就只有一味“撒巴思”（盐），除了加盐，概无余味。如此单纯近乎原味的正宗蒙古烤肉，实际上可能从未在台湾餐饮界上市。而台湾的“蒙古烤肉”，店家供应的是在大铁盘上嗞嗞作响的肉片与蔬菜调料，色香味俱全，让饕客们趋之若鹜，识之为边疆风味饮食[③]。不过，大众多半透过蒙古烤肉店的大铁盘与长筷翻炒，隐约领略一种仿似彪悍或是豪迈的风习，却忽略种类繁多的蔬菜与酱料，平时只可能存在于多雨温润的南国。于是许多深知典故的美食家与老北平，纷纷撰文力陈“蒙古烤肉”出自“北平烤肉”，称之为“蒙古”简直是“欺人之谈”，应以“台湾烤肉”为是[④]。梁实秋（1903—1987）更批评道：“现下所谓‘蒙古烤肉’，肉是碎肉，在冰柜里结成一团，切起来不费事，摆在盘里很像个样子，可是一见热就纷纷解体成为一缕缕的肉条子，谈什么刀法？”[⑤] 年轻时就读北平国立艺专习画，之后在成功大学任

---

① 《山东同乡会昨日招待韩国华侨》，《联合报》（台北），1985年11月4日，第5版。

② 唐鲁孙：《怎么样吃烤肉》，《联合报》（台北），1985年2月23日，第8版。

③ 例如台中于1962年开业的“蒙古烤肉大王”，由市府主任秘书代表市长剪彩，开幕活动吸引上百人参与。相关报导并称蒙古烤肉“纯粹是一种边疆风味……价廉物美，却有一种特别不同的情调”。《蒙古烤肉上市》，《台湾民声日报》（台中），1962年1月11日，第2版。

④ 出生于北京的梁实秋与何凡，撰文即使不以“蒙古烤肉”为主题，仍会特意标示台湾“蒙古烤肉”名实不符。梁实秋：《西雅图的海鲜》，《联合报》（台北），1977年7月16日，第9版；何凡：《玻璃垫上：拒食呈水样的猪肉》，《联合报》（台北），1972年7月5日，第9版；唐鲁孙：《怎么样吃烤肉》，《联合报》（台北），1985年2月23日，第8版。

⑤ 梁实秋：《读“烹调原理”》，《联合报》（台北），1979年3月28日，第12版。

教的白铁铮，对于“蒙古烤肉”也难以消受。白氏自言受外国学生邀请，于军官俱乐部首度接触“蒙古烤肉”，他仿照食客排队取肉，吩咐厨师烤肉要“熟度中等”，深感异样之际却见满座洋人吃得津津有味、赞不绝口：

> 我不仅五体投地，佩服这位宣扬中国文化的改良蒙古烤肉的发明人，他真是“天才”！把这洋吃主儿蒙得不轻，以前若干年，聪明的老华侨，把改良“杂碎”，介绍给外国老饕早已风靡海外，至今不谢，现在又有这聪明才隽，把改良的“炒杂伴儿”，名之为“蒙古烤肉”，宣扬起来，我想若要是摊个鸡蛋，盖在炒好了的肉上，和北方馆子的“炒合菜戴帽儿”何异？[①]

白铁铮从食物本质层次为“蒙古烤肉”提出新解释，认为此一菜式早已远离烤肉，而是炒合菜之类的吃食。白氏的观察不无道理，但是却未得响应。相对于众多文化名人提出的正名要求，“蒙古烤肉”从50年代初期，在萤桥烤肉铺挂牌经营以来，已逐渐成为台人泛指烤肉食品的特有名词。至60年代，媒体不时刊出海外的蒙古烤肉餐馆报导，蒙古烤肉似乎广布美、日各地[②]。《联合报》还曾以“蒙古烤肉用具 在美很畅销”为题，指称美国洛杉矶盛行野餐，携带方便的蒙古烤肉铸铁用具，业已成为畅销商品，有意开发商机者可透过生产力中心联系美方代理商[③]。但这些出现在异国的“蒙古烤肉”，其所指涉的烹调技法和食品类型，恐怕与台湾流行以铁盘爆炒肉品蔬菜的餐点差距甚远。

一则关于美国白宫社交秘书承办“蒙古烤肉”宴会的报导，便透露出当时记者对于烧烤饮食的认知，具有以“蒙古烤肉”泛指烤肉的倾向。任

---

① 白铁铮：《吃烤肉》，收入氏著：《唐鲁孙谈吃》，台北：大地出版社，2000年，第115～116页。

② 《畅游东京归来　夷生大谈观感　津津乐道蒙古烤肉　华灯初上令人难忘》，《联合报》（台北），1959年8月11日，第3版；玢译：《各国菜馆在东京》，《联合报》（台北），1962年5月4日，第7版；《台大医院获美法院函件 陈逸云遗赠烤肉店收益》，《联合报》（台北），1969年7月31日，第3版。

③ 《蒙古烤肉用具 在美很畅销》，《联合报》（台北），1966年9月16日，第5版。

职于约翰逊（Lyndon Baines Johnson，1963—1969在任）政府的秘书贝丝，为六十多名拉丁美洲外交使节举办了一场“蒙古烤肉”野宴，宴会重心在于一只烤牛犊，由大厨亲自在会场调制烧烤，但宾客入口的餐点，则是由厨房内场烹煮鸡肉与猪排[①]。此场“蒙古烤肉”野宴，实际是以纯粹观赏用的烤全牛表演，提供宴会效果的烤肉（barbecue）宴席，并非特指蒙古的饮食风俗，更与台湾使用铁盘烹调的“蒙古烤肉”无关。此一名词误传混用的情状，不禁让人想起吴兆南自言“我错，全都错”的豪语：

李敖：那台湾的（按：蒙古烤肉）加这么多佐料是不是由你开始的？

吴兆南：那没错，那时候我如果英文字母里错一个字儿，全体都错，没有一个对的，全抄……

总之，“蒙古烤肉”之菜式于60年代、70年代盛极一时，此一名号更是传遍全台，彻底影响了台湾社会对于“烤肉”的认知。1962年吴兆南在全台第一高楼，台北市第一饭店顶楼开业，专营蒙古烤肉与涮羊肉，开幕当天由著名影星李丽华（1924—　）剪彩，政商名流云集[②]。其后，“蒙古烤肉”更成为招待外宾的菜色，台湾当局乃至地方单位，便时常以“蒙古烤肉”型式的餐会招待来访宾客[③]。进入70年代，时任“行政院长”的蒋经国（1910—1988），多年前已出入吴兆南的蒙古烤肉馆，如今为款待回台参与建设研究会的海外学人，于台北的三军军官俱乐部设烤肉宴：

餐会原定在三军军官俱乐部外的草地举行，因为天雨，临时取消改在大厅。大厅里布置了许多方桌，铺着绿色和黄色的餐布，每桌上面放着一瓶鲜红色的玫瑰花。蒋“院长”亲切地请大家尽量取用，他率先在长桌前拿了各种肉类及调味品，肉烤好后，蒋“院长”便与主

---

① 啸天：《白宫社交秘书贝丝》，《联合报》（台北），1968年6月27日，第9版。

② 《丰年餐厅　炉边春秋》，《经济日报》（台北），1968年10月20日，第8版。

③ 1964年为招待美国飞虎队，台湾当局于6月30晚间举办蒙古烤肉宴会，《联合报》（台北），1964年6月30日，第3版；《蒙古烤肉招待外宾》，《台湾民声日报》（台中），1962年11月28日，第2版。

席团人员共坐一桌……整个会场洋溢着笑声和一片轻松的气氛，八时整，并放映李小龙主演的《猛龙过江》，请全体人士欣赏。[①]

此场蒙古烤肉宴会，主办者脱下西装外套，自行配料取食，作风较无其他餐宴的拘谨。不过，蒙古烤肉用餐环境的变迁，从河岸边的竹棚，迁入钢筋水泥高楼，又进入俱乐部以桌巾鲜花布置的官方宴会厅，显示烤肉产业迈入转型阶段。也就是在70年代初期，身为蒙古烤肉龙头人物的吴兆南，开始扩增餐厅家数，“烤肉乡”、“丰年”与“顶好”几家店面轮番开业[②]。在蒙古烤肉前景看好的情况之下，餐饮界多有涉足此行，瓜分市场的意图。许多餐厅将蒙古烤肉纳入菜单[③]，或是在数百坪的宽广空间贩卖蒙古烤肉[④]。促使台湾各地街道的蒙古烤肉店林立，标榜兼卖烤肉的大小饮食店数量更为惊人[⑤]。当时来台任教的纽约州立大学教授董保中（1933— ），由台大教授颜元叔（1933— ）做东招待至台北市“成吉思汗”餐厅吃蒙古烤肉，董氏细数用餐细节，并且对餐厅提供的肉品种类大感惊讶：

一看，牛肉、羊肉、猪肉，还有鹿肉。看见鹿肉，我真的觉得我眼睛都睁大了。这辈子还没有吃过鹿肉，这次可开了眼界，夏天回到纽约的水牛城去，可以跟我的美国同事、邻居吹一番（事实上我已经写了一

---

① 参见：“中国时报”（台北），1973年8月21日，第3版。

② 光中：《李丽华与烤肉》，《经济日报》（台北），1971年6月24日，第11版。《顶好蒙古烤肉 明天下午开业》，《经济日报》（台北），1972年12月8日，第8版。

③ 《餐饮简讯 口叩品供应蒙古烤肉》，《经济日报》（台北），1977年5月7日，第9版；《餐饮简讯 天母新餐厅新增蒙古烤肉》，《经济日报》（台北）第7版，1977年3月14日，第7版。《龙门设蒙古烤肉馆》，《经济日报》（台北），1979年3月3日，第7版。

④ 《餐饮简讯 唐宫蒙古烤肉场地宽敞》，《经济日报》（台北），1977年3月28日，第9版；《青潭立体游泳场 蒙古烤肉将开张》，《民生报》（台北），1979年10月7日，第8版；《青潭游泳场 供应蒙古烤肉》，《经济日报》（台北），1979年10月10日，第9版。

⑤ 自1980年代起，许多餐厅标榜为主打蒙古烤肉为的多元餐厅，实际上常为经营不善的商家意图借助蒙古烤肉盛名，开发客源，提振营收。郭维邦：《餐饮业进军北县“前仆后继” 蒙古烤肉接棒进场热身》，《经济日报》（台北），1991年10月30日，第19版；《世纪大饭店一楼 供正宗日本料理 二楼定期供迷你蒙古烤肉 还可免费饮用啤酒鸡尾酒》，《经济日报》（台北），1983年7月31日，第6版；邱馨仪：《消费者太会吃 欧式自助餐转型 业者被迫改成蒙古烤肉、桌边烧》，《经济日报》（台北），1993年12月1日，第14版。

篇英文稿子寄给我们学校的“官方”报纸，谈到我吃了鹿肉）。……一碗肉倒在火上搅了一阵后给我，味道的确不错，可是什么鹿肉、羊肉、猪肉、牛肉却一点儿也分别不出来了，都是一个味儿。①

董保中对于蒙古烤肉的印象虽未负面，但也坦然写出食材“搅了一阵”之后，吃不到让他睁大眼睛的鹿肉滋味。厨师不需精工细作的烹调方式，进而让董氏萌生在美开设蒙古烤肉馆的梦想，因为美国中国餐馆的厨师难寻，极易被挖角，若是一家蒙古烤肉馆子，“想是可以免除‘厨师问题’的麻烦”②。董氏的观察正好指出蒙古烤肉的关键问题：虽然用料多元鲜奇，但产品本身缺乏味觉层次；又由于烹调简易，连带使得菜式毫无发展性可言，可与白铁铮讥之为“炒杂伴儿”的说法相为呼应。

有趣的是，在台湾早年社会信息相对封闭、出外旅游尚未普及的年代里，上“蒙古烤肉”餐厅消费也成为一种多少沾染“洋派”作风的文化行为。几家创业至今仍然屹立不倒的店家，大多于70年代便已创设，餐厅位置也都留有相当的时代印记。例如1971年开店的“成吉思汗蒙古烤肉”，位于台北市南京东路上，不仅接近中华航空公司，此一路段在当时便已稳居台湾的金融中心；稍晚开店的“唐宫蒙古烤肉”，位于台北市松江路上，此一路段在六七十年代除了贸易公司多，贩卖给外国观光客的手工艺品店也多，同时毗临银行汇集的南京东路；位于台北市天母地区的“口叩品蒙古烤肉”，其地向来为滞台美国和日本侨民聚居的中心地。类似这些与“洋派”——亦即外国作风有所交涉的店家，在餐厅设施和服务方面，很早便留意外国客人的需求，食料品项和酱料旁往往均标有中文、英文甚至是日文的品项名牌。当年“排队”的观念尚在萌芽，当局还在中小学推行常说“请、谢谢、对不起”的礼貌运动，在这些“蒙古烤肉”餐厅等候餐点烹调时，本地民众与外国客人交互排列、依序领取餐点，竟也成了沾染外国风

① 董保中：《蒙古烤肉、芭蕾舞和郭美贞》，收入氏著：《蒙古烤肉芭蕾舞》，台北：九歌出版社有限公司，1978年，第51～52页。

② 董保中：《蒙古烤肉、芭蕾舞和郭美贞》，收入氏著：《蒙古烤肉芭蕾舞》，台北：九歌出版社有限公司，1978年，第53页。

气的时髦玩意儿。在台湾民风纯朴的年代里，这些“蒙古烤肉”餐厅犹如向社会大众提供了一扇想象“外国”的窗口。

四、“蒙古烤肉”与“蒙古”的纠葛

由于台湾经济长期发展的积累，80年代的消费者需求增加，不再只是单纯的“吃到饱”便得以满足，食品卫生问题也引起关注[①]。饮食业者为求生存，改采复合式经营，注重烤肉涮锅主菜以外的点心，或是为肉品增色的配菜，凡此种种与烤肉无关的噱头，成为商家竞争客户的主轴[②]。只是一窝蜂抢进的现象，实际上却加速让大众对蒙古烤肉产生厌倦感，几次尝鲜之后，能够吸引食客的饮食特色贫乏。可以说从产业经营转型的角度来看，蒙古烤肉产生实质蜕变，从路边小吃，逐步发展成常设餐馆，进驻楼房大厦，最终成为布置富丽堂皇的大型餐厅。但是相关产品营销却始终停留于短暂的鲜奇吸引力，既不可能化身平日家常菜式，要跻身为名厨功夫菜，也无从提升质量。

台湾蒙古烤肉从问市之始，食评与饮食文学家便有不少非议。由于创始者吴兆南为求在商业竞争之中凸显特色，挪用“蒙古”之名，因此在台湾饮食文学初期以抒发怀乡情绪的创作脉络之中，无法寻得定位，甚至与老北平族群的烤肉经验互斥。因此，关于蒙古烤肉的论述言说，除了短薄浅显的宣传广告，只能依附其前身“北平烤肉”的意象。80年代初期，旅

---

① 《食品安全 蒙古烤肉 生熟“一碗”装！不合卫生要求·卫生署要求改进》，《民生报》（台北），1988年12月24日，第13版；《蒙古烤肉虽过瘾 熟食容器请分开》，“中国时报”（台北），1989年1月6日，第9版。

② 廖和敏：《蒙古烤肉花样翻新》，《联合报》（台北），1988年4月18日，第13版；《蒙古烤肉清凉一夏 兼卖冷盘热炒淡季生意》，《经济日报》（台北），1988年7月18日，第16版；《蒙古烤肉串联牛排 餐饮新作法 要一箭双雕》，《民生报》（台北），1989年8月20日，第19版；《业界动态 阿喇罕蒙古烤肉送甜点》，《经济日报》（台北），1991年2月11日，第1版；林政锋：《蒙古烤肉打出“凉食”热卖》，《经济日报》（台北），1991年5月9日，第19版。

美教授吴鲁芹（1918—1983）曾号召在美学人组织“立吞会”，其名源自日本的立食拉面店，取其快食简便之意，但吴家庭院中的立吞餐会则是改食蒙古烤肉：

> 立吞会者，蒙古烤肉饕餮大会也，并无面条。吴宅前院，红男绿女，人语蝶舞齐飞，醇醪美食溢香；文学艺术、时局世事、各人经验、瀛海趣闻、天南地北上下古今，热闹非凡。谈说饮用之际，忽然听到平剧皮黄之声发自宅内，相询之下，才知播的是“锁麟囊”，由当年鲁芹先生在台时的名伶顾正秋所唱。……这次立吞蒙古烤肉配以京戏的支排来说，充分表示了鲁芹先生的细致文化感：十六人离乡去国，远存天涯，他就是刻意要造成一种“堂会”印象，令你在一时浑然忘我中领受短暂却是纯正的文化归属感。[①]

此一海外华人聚会，在史丹福大学教授庄因（1933— ）笔下，特意点出烤肉与京戏的安排，显示主办者的涵养深厚，对于故国文化认知完备，因此深知世人所谓“蒙古”烤肉应是北平产物，故以京戏相和。无独有偶，庄因担任《联合报》主笔的岳父何凡（本名夏承楹，1910—2002），在台湾撰写知名专栏“玻璃垫上”时，也提及“蒙古烤肉”（其实是“北平烤肉”，到台湾被划归蒙古）在北平要等到立秋以后才上市，台湾则三伏天放着冷气也要吃[②]。在蒙古烤肉扩张版图之际，相关饮食文化论述的不足，促使业者既提升餐厅物质条件，也开始为“蒙古烤肉”增添新意，转向从现实中的“蒙古”寻求灵感，希望建立让消费者易于辨识的流行符号。

自90年代开始，许多蒙古烤肉业者使用蒙古包作为餐厅布置主题，尽可能运用装潢技巧，营造置身游牧帐篷内用餐的氛围，让消费者得以“享受塞外生活情趣”[③]。许多业者也标榜自家餐食口味道地，为正统自助式蒙

---

① 庄因：《记“立吞会”的缘起——兼怀吴鲁芹先生》，《联合报》（台北），1983年8月25日，第8版。

② 何凡：《玻璃垫上：月饼何需蛋黄》，《联合报》（台北），1982年9月21日，第8版。

③ 嘉琪：《香传三十年 革新经营理念 从帐篷改善西餐厅包装 蒙古烤肉 抓住年轻人的心》，《民生报》（台北），1991年9月3日，第17版；《喀拉喀蒙古烤肉庆生特惠 久巧泰引进日本海宝极品钙》，《经济日报》（台北），1993年11月10日，第28版。

古烤肉，此类宣传广告透露了一种将蒙古烤肉发展单向化的意识，认定自有宗家传承①。而在台北，以华侨经营而著名的大饭店“中泰宾馆”内，开设有名为“天然亭”的蒙古烤肉餐厅，以饭店的庭园造景餐厅作为宣传，强调经营长达二十余年的餐厅有着蒙古包形状的外观以及玻璃帷幕外墙，还提供包括“蟹壳黄”、“蒙古包”、“蒙古鞭”等多种口味烧饼②。以“天然亭”为例，经营者在餐厅内部置入许多蒙古元素，甚至将建筑设计为蒙古包外形，而“蒙古包”与“蒙古鞭”烧饼，更是仿拟游牧住居与鞭具而来的新面点。此后满街的蒙古烤肉餐厅由形式上强调漠北印象，除了较早创店的“成吉思汗”之外，八九十年代以后陆续挂牌的“忽必烈”、“天可汗”、“大戈壁”、“哈萨克斯坦”、“蒙哥”、“长城”等，取名力求有蒙古味或漠北风情③，蒙古政权世系可说一概出列，“喀拉喀”之类大众恐怕相当陌生的词汇也成为招牌。但是实际上“天可汗”是唐代皇帝称号，远在中亚的“哈萨克斯坦”至多也只是曾受蒙古统治的地区和族群，均非指涉“蒙古”的合理词汇，却都是位处南方的台湾大众对于“蒙古”的想象。

正当蒙古烤肉业者积极抬出“蒙古”招牌之际，现实世界的蒙古人也开始接触到这种在家乡蒙古吃不到的“蒙古烤肉”。此时报纸曾刊载一位常居台湾的蒙古人士，特地到蒙古调查蒙古烤肉制作，记录烹煮全羊的“哈勒赫格”（horhog）过程④。另一方面“蒙藏委员会”在近十年也积极推广台湾与蒙古交流，于大专院校举办“蒙藏文化”的推广活动，并且与当地小区结合，吸引学生与在地居民参与。这些活动无一例外会提供免费的蒙古烤肉与奶茶，现场展示蒙古包文物，安排蒙古舞蹈与蒙藏宗教仪式⑤。而

① 《蒙哥蒙古烤肉餐厅　提供正统蒙古烤肉》，《经济日报》（台北），1988 年 3 月 20 日，第 8 版；《中泰宾馆蒙古烤肉口味道地　双圣及圆桌武士西餐厅温馨》，《经济日报》（台北），1991 年 10 月 20 日，第 16 版。

② 黄秀仪：《蒙古烤肉》，《经济日报》（台北），2001 年 6 月 29 日，第 43 版。

③ 李泽治：《聪明大吃客 蒙古烤肉土生土长》，《联合报》（台北），1995 年 2 月 23 日，第33 版。

④ 乌凌翔：《正宗蒙古烤肉现形记》，《联合晚报》（台北），1993 年 12 月 3 日 ，第 19 版。

⑤ 朱惠如：《蒙藏展 洋溢草原文化风情》，《联合报》（台北），2004 年 11 月 24 日，第 C1 版；蔡宗明：《南大蒙藏周开锣 歌舞精彩》，《联合报》（台北），2005 年 5 月 4 日，第 C1 版；林重鋆：《来勤益 看蒙古包跳蒙古舞》，《联合报》（台北），2006 年 3 月 15 日，第 C2 版。

透过交流活动所得到的蒙古观点，除了指出台湾的蒙古烤肉与今日内蒙古地区受到汉人影响的饮食较为接近，属于“王宫贵族”的吃法，外蒙一带在俄罗斯影响之下，平日饮食已是使用刀叉的西式作风。近年在台湾开业的“天香回味养生锅”连锁店，采用蒙医讲究的药材烹煮，当为正统蒙古饮食首度入台①。不过蒙古人士对于台湾的“蒙古烤肉”，普遍持正面态度，由于台蒙两地平日主要消费的牲畜种类有所差异，蒙人透过台式“蒙古烤肉”较易食得牛、羊肉，也成为纾解思乡情怀的另类管道②。

五、结 论

台湾的饮食创作在近年因为两岸交流频繁，许多曾经被认为是数十年前由外省族群携入，而且拥有完整“家世”的吃食，都被揭开其纯属创作的虚构性。随着全球性的信息流通，台湾社会对于“异域美食”的要求更趋深入，虽然绝大多数在台湾重现的外地饮食都已非原貌，但是内容的调整无论是迁就于食材，或是销售考虑，仍多有所本。“蒙古烤肉”作为一类背景虚构的本土创作饮食，也与现实政治地理的蒙古无关，在当代社会无法成就其“异域”特性，“蒙古烤肉”仰赖的是台湾社会对于往昔庆宴聚餐的共通回忆。

透过老北京的乡愁，“蒙古烤肉”由“北平烤肉”脱胎而生；由外省族群的地方饮食，逐渐普遍流行，与各种台湾饮食并称；由路边食棚逐渐登堂入室；由市井小民的普通小吃，成为殿堂上招待外宾的本土代表性美食；既为外省饮馔逐渐本土化的一个典型例子，却在本土化过程中带给台湾社会异域甚至是“洋派”作风的想象与心理满足。如今当我们再见到“蒙古烤肉”时，又可发现此一品馔再度由“殿堂”回到“人间”，又在台湾南北各地的夜市中现踪。“蒙古烤肉”在“MIT”（台湾制造）的历程，涉及了多

---

① 陈静宜：《8月看蒙古歌舞 探美食文化》，《联合报》（台北），2006年7月20日，第E3版。

② 林家群：《蒙古烤肉下肚 蒙古大夫像活龙》，“中国时报”（台北），2006年11月11日，第A8版。

重社会文化意义脉络的再诠释，不仅丰富了想象台湾社会与文化风貌的元素，也回过头来丰富与推进了饮食文化自身。

“蒙古烤肉”尽管流行台湾已超过五十年，相对于如此不算短的饮馔历史，却几乎未见对其进行学术性的基础探究。本文搜集与整理了报刊报导、广告以及饮食名家手笔留下的记录，并依据这些文献材料首度较完整地梳理台湾“蒙古烤肉”的渊源和流传，希望提供日后进一步展开相关研究的基础。同时，本文更展开探究此一饮食品项的内涵，由其源起于“北平烤肉”，经由渡台外省人士的乡愁，对此种北方乡土饮食的“转换性创造”，一变成为台湾独特的“蒙古烤肉”，引申出来的不只是大江南北饮食文化的交流，更是近五十年来台湾社会中各种历史记忆交涉融会的一块独特景色。

Mongolian BBQ in Taiwan

Li-hsin Chao
(Assistant Professor, Department of History, National Chi Nan University)
An-tai Wang
(Postdoctoral Research Fellow, Department of History, National Taiwan Unviersity)

Abstract: In early 1950s, Zhaonan Wu, so-called the father of "Mongolian BBQ" in Taiwan, started to run his new restaurant named after "Mongolian BBQ" (蒙古烤肉 Monggu Kaorou) at the bank of River Tamsui in Taipei. Since the 1960s, the "Mongolian BBQ" was sold at a vendor at the very beginning, then with its popularity making those restaurants move to high-leveled and famous ones, and even joined the rank of a national banquet dishes, becoming one of the characteristic of Taiwanese foods. With the vigorous development of the business, "Mongolian BBQ," such a diet was completely out of the root of the old Chinese capital of Peking (Beijing; Peiping), then seeking to update their new test from "Mongolia." Through nearly 30 years of newspaper information, we can find some of the "Mongolian BBQ" restaurants tried to meet the needs and taste of people in Taiwan through the image of "Mongolia."

After being moved from the mainland China, "Mongolian BBQ" has gradually getting into the transformation of localization course which is called Taiwanese cuisine. It reflects the characteristics of the times, especially the historical memory of people in Taiwan for the last fifty years.

Keywords: Mongolian BBQ, Beijing BBQ, Wu, Zhaonan

蚵仔煎的源流与在台湾的发展

倪仲俊[1]

【摘要】台湾的著名小吃蚵仔煎承载了两种想象：蚵仔煎是一种属于平民、甚或贫民阶级的美食，也是一个根源于台湾这块土地的美食。但是，虽然有几种关于蚵仔煎起源的传说掌故，但都欠缺直接的史料足能证实，最后沦为各说各话，也给予了特定族群想象或政治权力操作的空间。然而，蚵仔煎至少可以追溯到台湾移民社会与其原乡的共通渊源，从其主食材牡蛎的生产到应用，也可看出原乡文化的影响。不过，蚵仔煎在台湾也经历过一种创造性的转化，而有关台湾的本土意义，也应从此脉络思考。而蚵仔煎的源起与在台湾的发展过程，其实正折射出台湾饮食文化发展的轨迹之一。

【关键词】蚵仔煎　饮食文化　族群想象

一、序　论

"蚵仔煎"是一道在台湾非常受欢迎的小吃。在今年（2012）甫出炉的一项"士林夜市创意美食大对决"活动中，蚵仔煎拔得头筹，获选为士林夜市的代表性美食[2]。这类的美食推广，可回溯至2005年，台北市政府举办了十大夜市美食的网络票选，蚵仔煎同样是最高票[3]。台南市和彰化县的

① 开南大学观光与餐饮旅馆学系助理教授。

② 陈瑄喻：《士林夜市开幕趴，挤爆》，《联合报》，2012年2月19日，第A12版。

③ 李光仪：《蚵仔煎，台北人最爱的小吃》，《联合报》，2005年8月16日，第C5版。

鹿港镇这两个台湾最早发展的城市，亦曾分别举行过地方传统美食的票选，其结果不约而同，蚵仔煎还是最高票[①]。“经济部商业司”在2007年办理过一场“外国人台湾美食排行No.1票选活动”，蚵仔煎是小吃类的第一名[②]。至于同年由《远见》杂志所进行的一项问卷调查，取样与调查方式显然较严谨，其结果亦揭橥蚵仔煎是台湾人认为“最能代表台湾的料理”（如图1）[③]。所以，自台湾的南部、中部至北部，从古风犹存的老城镇到最摩登的大都会，要说蚵仔煎是台湾人的最爱，谅非过言。

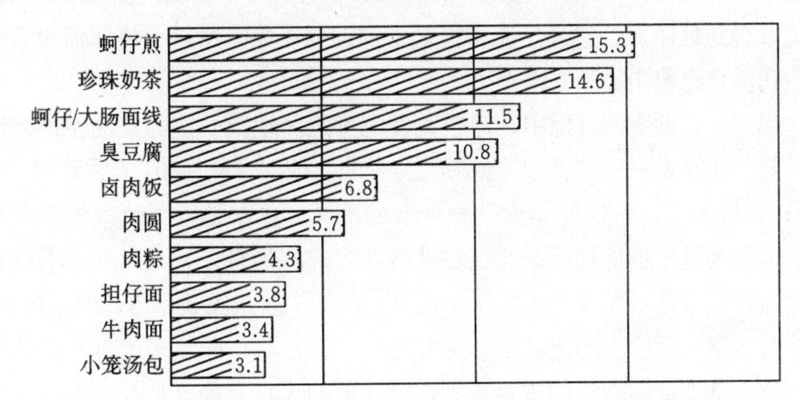

图1 2007年《远见杂志》“最能代表台湾的料理”调查结果
据第252期，第245页原图重绘

以上这些近年票选或调查活动之结果，除可印证蚵仔煎在台湾的超高人气外，也释放出两种信息。

第一，近年来蚵仔煎的美食意象与地位之建构，跟台湾积极促销其夜市文化有关。逛夜市不但是在本地的台湾人一种普受欢迎的夜间公共休闲

① 黄宣翰:《府城10大伴手礼，名单出炉》，《联合报》，2009年12月4日，第B2版。
② 罗建怡:《台湾美食，蚵仔煎、菜脯蛋……老外最爱》，《联合报》，2007年11月1日，第A8版。
③ 徐仁全:《台湾美食最佳代表，蚵仔煎险胜珍珠奶茶》，《远见》，2007年6月1日，第245～246页。

活动[①]，而且，夜市往往也能勾起外来客们去一探究竟的兴趣。根据官方的统计，来台观光客最常去的景点，第一名就是“夜市”[②]。一方面，台湾的夜市多是在早期庙会与市集基础上发展起来的，这使得夜市成为一种传统文化的延续，能引起好奇；另一方面，在夜市的主要消费活动就是饮食，既然“民以食为天”，饮食正是一种在旅游过程中最能体验异文化的方式[③]。因为台湾夜市文化的魅力，使得台湾官方在推广“台湾美食国际化”时，将夜市小吃视为台湾的特色美食[④]；而既然在台湾各地知名的夜市中，几乎都能找得到蚵仔煎，它又是夜市里最受欢迎的小吃，所以，蚵仔煎也承占了台湾美食意象中最高的比重。

第二，在调查的过程中，这些美食无可避免地跟一些特定的空间或时间符号产生联系——前者如“台湾”、“台北”或“士林夜市”，后者如“传统”；一旦如此，蚵仔煎作为一种美食的意义，也就脱离了单纯的味蕾感受，而是被进一步地加工，透过被建构或者虚拟的意象，与商业利益或政治利益产生勾连。尤其当蚵仔煎开始被认定是“最能代表台湾”的“传统”美食时，它的身价也随之高涨，与此同时，也开始承载更多的族群的认同与想象。从文化建构论的观点来看，蚵仔煎的美食意象，是被想象或发明出来的。特定的饮食文化或传统，一如其他的主观文化条件，可以用于想象族群的边界[⑤]；而所谓的“传统”，即使是在短期内无形中形成的，也需

① 余舜德：《空间、论述、与乐趣——夜市在台湾社会的定位》，收入黄应贵主编：《空间、力与社会》，台北：民族学研究所，1995年，第391～462页。

② 据“交通部观光局”2010年对来台旅客消费及动向调查资料，来台观光客参访最多的游览景点是夜市，占76.76%；其次是台北101大楼，占59.34%；其三是台北“故宫博物院”，占53.86%。

③ 杨正宽：《文化观光：原理与应用》，台北：扬智文化事业有限公司，2010年，第214页。

④ “经济部”商业司：《台湾美食国际化规划构想草案引言报告》，2009年11月27日，http://www.cepd.gov.tw/dn.aspx?uid=7870。

⑤ 有关于族群的边界及其想象，请参见：Benedict Anderson，Imagined Communities：Reflections on the Origin and Spread of Nationalism，pp. 1-6；Barth，Fredrik，Ethnic Groups and Boundaries：The social organization of social differences. Boston：Little Brown Company，1969，p. 5 & pp. 9-38.

不断赋予其历史特征，藉以建立象征化的社会凝聚力或群体认同①。近年来对蚵仔煎身世的论述，就必须在此脉络下进行理解。

二、台湾的牡蛎文化

蚵仔煎的主角是蚵仔，也就是牡蛎，亦称蛎房。在华南地区，牡蛎还有多种俗称或俗写，如海蛎、海蛎子、蛎黄、蚝、蚝莆与蚝蒱等，过去甚至还有西施乳的美称②。早期台湾的居民，则俗呼为蚝；而在闽南语中，蚝与蚵发音相同，目前台湾的一般民众，在写作的用字习惯上，已然多以“蚵仔”书之。

牡蛎是一种世界性的海产食材，以温带地域为主，台湾周边海域也是重要产地。生长在台湾沿海的牡蛎，计有 5 属 18 种③。其中，数量最多的是长牡蛎（Crassostrea gigas)，又俗称太平洋牡蛎，这也是目前台湾养殖牡蛎业所养殖的主要品种；贩卖至台湾本地消费市场供烹调成为蚵仔煎的，也多是这种长牡蛎。

牡蛎在台湾的应用，已经有长久的历史。

台湾先民采食牡蛎的痕迹，可追溯至属新石器时期的圆山文化，在当地遗址的贝冢中，发现有牡蛎壳④；在当时，到水岸去采集牡蛎等贝类，是重要的食物来源。至南岛语族的祖先们在移入台湾后，采集也是重要的经济活动，他们捡拾牡蛎为食的传统生活方式，即便到了后来荷兰与中国移民陆续进入后，仍持续了很长的一段时间。清代来台平定群众武装运动的吴廷华（1682—1755）留有诗句，循此可去想象当时台湾原味的食蛎文化：

---

① 有关于被发明的传统，请参见：Hobsbawm，Eric，“Introduction：Inventing Tradition.” In：Hobsbawm and Ranger（eds)，The Invention of Tradition，Cambridge：Cambridge University Press，pp. 1-14.

② 清・郭柏苍：《海错百一录》，因特网档案馆（Internet Archive）数位影印版，卷三，第 9 页。

③ Wu W. L.，“The List of Taiwan Bivalve Fauna.” Quarterly Journal of the Taiwan Museum 33 (1&2)，1980，pp. 55-208.

④ 石璋如：《圆山贝冢之发掘概况》，《台北文物》，第 3 卷第 1 期，1954 年，第 8～13 页。

抟饭何须匕箸尝，茹毛饮血俗相当。从来不设烹鱼釜，带甲生咀鲜蛎黄。①

17世纪荷兰殖民统治时期所留下的《热兰遮城日记》中就有记载，大员归中国大陆船只所载的渔产，除乌鱼、乌鱼子与虾外，还有牡蛎。荷兰当局也对采蚵的农民进行管理，除收取执照的费用外，并开征货物税。在当时，统治台湾的荷兰东印度公司就已大量招徕来自中国东南沿海地区的农民来台开垦，这是第一波汉人的移民潮。正是随汉移民的进入，牡蛎在台湾的应用进入新的阶段。

食用牡蛎在中国亦源远流长。

北魏的贾思勰在《齐民要术》中有载炙蛎之法：

炙蛎，似炙蚶，汁出，去半壳，三肉共奠，如蚶，别奠酢随之。②

唐代韩愈（768—824）贬迁南方之时，在品尝牡蛎之后，亦留诗以记之：

我来御魑魅，自宜味南烹。调以咸与酸，芼以椒与橙。腥臊始发越，咀吞面汗骍。③

宋代多有诗人吟咏食蛎之趣。刘子翚（1101—1147）诗云：

终逢霹雳手，妙若启扃鐍。鍜灼谅难堪，曷不吐余沥？南庖富腥盘，岂惟此称特？吞航大绝伦，梯腐万夫食。④

陆游（1125—1210）则有：

昔仕闽江日，民淳簿领闲。同寮飞酒海，小吏擘蚝山。⑤

① 清·吴廷华：《社寮杂诗之十七》，收入清·陈培桂主编：《淡水厅志》，台北：台湾银行经济研究室，"台湾文献丛刊"重排本，1963年，第431～432页。

② 北魏·贾思勰：《齐民要术》，台北：广文书局影印版，1965年，第289页。

③ 唐·韩愈著，清·顾嗣立补注：《昌黎先生诗集注》，台北：学生书局影印本，1967年，第356～358页。

④ 宋·刘子翚：《食蛎房》，清·吴之振选编：《宋诗钞》，上海：三联书店影印本，1988年，第277页。

⑤ 宋·陆游：《绍兴中予初仕为宁德主簿与同官饮酒食蛎房甚乐后五十年有饷此味者感叹有赋酒海者大劝杯容一升当时所尚也》，《剑南诗稿》（Chinese Text Project：《摛藻堂四库全书荟要古籍影印本》），卷64，第21页，http：//ctext.org/library.pl？if＝en&file＝7654&page＝1。

大儒朱熹（1130—1200）也有绝句云：

向来试吏着南冠，马甲蚝山得饫餐。却藉芳辛来解秽，鸡心磊落看堆柈。①

戴复古（1161—?）亦有诗云：

三杯古榕下，一笑菊花前。入市子鱼贵，堆盘牡蛎鲜。山僧惯蔬食，清坐莫流涎。②

以上朱熹、陆游与戴复古食蛎所处的情境，都在福建；而早年台湾的汉移民，有八成来自福建，台湾人食用牡蛎的文化，与原乡福建很有联系。

此外，牡蛎因富含营养，亦有食补的功能。《本草纲目》中就记载：

牡蛎肉，甘温无毒，煮食治虚损，调中，解丹毒，补妇人气血，以姜醋生食，治酒后烦热，止渴。炙食甚美，令人细肌肤，美颜色。③

事实上，牡蛎除含有丰富的蛋白质、肝糖和牛磺酸外，还有锌、碘、钙、磷和铁等人体所需的矿物质。至于牡蛎壳经磨制成粉后，在传统医学亦可作为药用，根据《本草纲目》，牡蛎壳粉可“化痰软坚，清热除湿，止心脾气痛、痢下”④。

除了药用之外，牡蛎还有其他用途。

牡蛎壳烧成灰，古称古贲灰，可与槟榔同食，被认为可消胸中恶气⑤。有许多台湾人嗜食槟榔，清代来台担任过诸罗县与台湾县知县的孙元衡（1662—?）有诗两首描绘如下：

扶留藤脆香能久，古贲灰匀色更娇。人到称翁休更食，衰颜无处着红潮。⑥

---

① 宋·朱熹：《又五绝卒章戏简及之主簿》，《朱文公全集》，台北：台湾商务印书馆，1980年，第36～37页。

② 宋·戴复古：《莆中遇方□□，邀出城，买蛎而饮，一僧同行》，《石屏诗抄》，卷四。

③ 明·李时珍：《本草纲目》，台北：宏业书局增订新校本，1985年，卷46，第22页。

④ 明·李时珍：《本草纲目》，台北：宏业书局增订新校本，1985年，卷46，第22页。

⑤ 北魏·贾思勰：《齐民要术》，台北：广文书局影印版，1965年，第289页。

⑥ 清·孙元衡：《食槟榔有感》，收入连横编：《台湾诗荟（上）》，南投：台湾省文献会，1992年，第636页。

齿颊添香生酒晕，槟榔古贲佐扶留。青青盛向金柈小，拾翠佳人减却愁。玻璃浓露艳幽光，郑宅春芽斗粉枪；白嫩蛎房调最滑，绿肥龙虱细生香。①

可见牡蛎灰在早期的台湾移民社会也是槟榔的良伴。清代来台采硫的郁永河（1645—?）则在渠之《裨海纪游》记载道：

食槟榔者，必与蒌根，蛎灰同嚼，否则汰口且辣，食后口唇尽红。②

又，吴德功（1850—1924）的《台湾竹枝词》则云：

槟榔佳种产台湾，荖叶蛎灰和食般。十五女郎欣咀嚼，红潮上颊醉酡颜。③

荖叶即蒌叶，蒌藤之叶，可增添槟榔的香气与辣味；而加了蛎灰亦能分解槟榔果实中的单宁（Tannin）酸，降低苦涩口感，不过，分解后的单宁会呈现红色，嚼食槟榔后的朱唇，就成了槟榔族们的印记。孙霖的《赤崁竹枝词》就生动地描写了这种情况：

雌雄别味嚼槟榔，古贲灰和荖叶香。番女朱唇生酒晕，争看猱采耀蛮方。④

在美感上能接受这种朱唇者，如郁永河，犹能以抹胭脂加以美化，“赢得唇间尽染脂”。恶之者如黄叔璥（1666—1742），就形容槟榔、荖叶与牡蛎灰三物合一使“唾如脓血”，然后补上一句“可厌”⑤。

牡蛎壳灰亦可应用于建筑，盖因中国东南不产石灰，牡蛎壳灰即可取代石灰，传统的建筑工法可以牡蛎壳灰、黑糖、糯米水与细沙混合后，作

---

① 清·孙元衡：《遣兴》，收入连横编：《台湾诗荟（上）》，南投：台湾省文献会，1992年，第638页。

② 清·郁永河：《竹枝词》，《裨海记游》，台北：台湾银行经济研究室，“台湾文献丛刊”重排本，1959年，卷一，第1页。

③ 吴德功：《台湾竹枝词》，《数字典藏与数字学习联合目录》。

④ 清·孙霖：《赤崁竹枝词》，收入连横编：《台湾诗乘》，台北：台湾银行经济研究室，“台湾文献丛刊”重排本，1959年，卷二，第64页。

⑤ 清·黄叔璥：《台海使槎录》，台北：台湾银行，1957年，第28页。

为石头的黏着剂。当然，亦可直接用牡蛎壳砌墙。《本草纲目》记载：

南海以其蛎房砌墙，烧灰粉壁。[①]

台湾早期以牡蛎壳砌墙亦并非罕见。清末的施士洁（1853—1922）就有诗句偶然地描绘了这种蛎墙的特殊风情：

编茅为瓦蛎为墙，绕屋山花暗送香。近水鱼虾乡味贱，入林风雨战声狂。[②]

不过，相较起来，还是以蛎灰涂墙普遍许多。如丘逢甲（1864—1912）以下诗句：

浓香微透绣帘垂，蛎粉墙头花满枝。

蛎粉墙西易夕阳，讨春消息为春伤。[③]

连横（1878—1936）的《台湾通史》亦有记载："（台湾）沿海之地多种牡蛎，台人谓之蚝，取其房烧之，色白，用以垩墙造屋"，并以为牡蛎壳灰"价廉用广，取之不竭"[④]。何况，蛎灰还可应用在船舶之上，这使蛎灰成为旧时台湾社会的重要资源，烧蛎灰也因此曾经是一种常见的经济活动。早在荷兰殖民时代就有大员商馆命蚵民缴交牡蛎壳以供烧灰的记录；清代孙元衡的诗也提到了清代铁线桥（位于今台南市新营区）村市的烧蛎灰活动：

潮头低窄港，桥背受轻车。伐蔗饭牛足，诛茅煅蛎余。[⑤]

安平附近的烧蛎灰产业甚至持续到日治时代[⑥]。

不仅是牡蛎的应用方式而已，台湾早期的牡蛎养殖风气和技术，也是

---

① 明·李时珍：《本草纲目》，台北：宏业书局增订新校本，1985年，卷46，第22页。

② 施士洁：《后苏龛合集》，台北：台湾银行经济研究室，"台湾文献丛刊"重排本，1965年，第26页。

③ 丘逢甲：《岭云海日楼诗抄》，台北：台湾银行经济研究室，"台湾文献丛刊"重排本，1960年，第20页。

④ 连横：《台湾通史》，台北：台湾银行经济研究室，"台湾文献丛刊"重排本，1962年，第644页。

⑤ 清·孙元衡：《铁线桥村市》，收入连横编：《台湾诗荟（上）》，南投：台湾省文献会，1992年，第774页。

⑥ 谢依玲：《古窑创意新妆——安平蚵灰窑文化馆》，《王城气度 blog》，http://tncftmm.blogspot.com/2006/04/blog-post_6324.html。

漂洋过海，由汉移民所带来。

在18世纪初以前，台湾蚵民仍是以采集的方式来取得牡蛎。1717年出版的《诸罗县志》就有以下记录：

> （牡蛎）俗乎为蚝，小者名珠蚝，最佳。此间不需架石栽种；团生海中，取之者乘筏，用长竹出诸水底。①

这段记录固有值得商榷之处。因为记录中的“珠蚝”系近江牡蛎(Crassostrea rivularis)的俗称，这种牡蛎的产地主要在中国沿海；但台湾沿海则无珠蚝之分布，恐为各志彼此传抄之误。不过，诸罗志所提及的采蚵之法，则与清代台湾其他志书所载一致。盖台湾在清代的渔法包括罟、罾、罖、网、縺、縡、沪及蚝等②；其中，蚝即采蚝之法。《重修台湾府志》有以下描述：

> （牡蛎）散生海中，用长竹如剪，钩诸海底取之。③

又，朱景英《海东札记》的描述则为：

> 用竹二，长丈余，各贯铁于端，如剪刀然；退潮时于浅海处钩致之。④

清代并以蚝为税名，用条计税，以充水饷；惟此税法又系因袭明郑时代⑤。

至于台湾牡蛎养殖之始，根据日人萱场三郎在早年时的调查，应于1710年代晚期⑥。又，早期台湾的牡蛎养殖系以堆石法和插竹法为主。正如连横《台湾通史》的记载：

---

① 清·周钟瑄主修：《诸罗县志》，台北：台湾银行经济研究室，“台湾文献丛刊”重排本，1962年，第243页。

② 清·高拱干：《台湾府志》，台北：台湾银行经济研究室，“台湾文献丛刊”重排本，1960年，第138页。

③ 清·范咸纂：《重修台湾府志》，台北：“行政院文建会”重排本，卷18，2005年，第701页。

④ 清·朱景英：《海东札记》，台北：台湾银行经济研究室，“台湾文献丛刊”重排本，1958年，第45页。

⑤ 清·何澄：《台阳杂咏》，收入何澄辑：《台湾杂咏合刻》，台北：台湾银行经济研究室，“台湾文献丛刊”重排本，1958年，第66页。

⑥ 胡兴华：《台湾海洋养殖的先驱——牡蛎（上）》，《渔业推广》，1995年，第39～44页。

（牡蛎）种于石者曰石蚝，竹曰竹蚝。[①]

堆石法指的是在沿海的潮间带堆栈石块，供牡蛎苗依附成长繁殖，其法虽可见诸北部淡水一带，但在清代台湾主要盛行的牡蛎养殖法仍然是插竹法。插竹法指的是在海水中插入竹枝，供牡蛎苗依附。插竹养殖法可以追溯到中国的宋朝。当时台湾牡蛎最大的产区，是嘉义沿海的东石、布袋地区，率以插竹法进行养殖。嘉义的东石乡系台湾最著名的蚵乡，在福建的晋江亦有港口名东石，附近也是泉州有名的蚝乡。这当然不是偶然。嘉义的东石乡内有东石村，当地有来自晋江东石的移民来台后卜居于此，因以原乡之名而名之[②]。两个东石都靠海，并且以相同的经济活动为主，这说明了移民在迁居的过程中，自然环境的区位和经济的条件，会影响其对新居地的选择[③]。当然，两个东石，两个蚵乡，亦足以佐证一幅早期牡蛎文化在原乡和移民社会顺向流动的图像。

在清代，台湾的牡蛎，仅次于虱目鱼，是产量第二大的养殖水产，已具一定的经济规模。出生于嘉义朴子的诗人黄传心（1895—1979）曾创作《东石渔港竹枝词》20首，其中一首就生动地描写了当时东石家家户户从事养殖经济以活口的情况：

活计家家堆牡蛎，编篱处处植麻黄。无边海水斜阳外，对对摇罾入港忙。[④]

经过了三百年来的发展，台湾的养殖牡蛎在品种上并没有改变；其实在日本殖民统治期间，日本当局曾尝试引入新品种来台湾放养，不过并没有成功。倒是到了战后时期，在养殖技术上则有若干变迁[⑤]。从20世纪

① 连横：《台湾通史》，台北：台湾银行经济研究室，“台湾文献丛刊”重排本，1962年，第722页。

② 赖子清纂修：《嘉义县志》，嘉义：嘉义县政府，1976年，第67页。

③ 根据日人早期的田野访谈，18世纪初最早到今东石的移民，就是以为当地的条件适合养蛎而居住于此，这甚至是台湾牡蛎养殖之始。参见：台湾总督府民政部殖产科，《养蛎业》，《殖产报文》，第2卷第1册，1899年，第314页。

④ 黄传心：《朴雅诗存》，朴子：嘉义诗学研究会重排本，1994年，第133页。

⑤ 胡兴华：《台湾海洋养殖的先驱——牡蛎（中）》，《渔业推广》，第107期，1995年，第33～36页。

60年代开始，以棚吊的方式的养殖牡蛎开始推广，目前已成为主流。这是将尼龙绳穿过中间已打洞的牡蛎壳而成串，然后将壳串吊挂在海上所搭之竹棚，供牡蛎苗依附。尤其当浮棚的技术开始广为应用后，牡蛎养殖也脱离沿岸而延伸向外海，养殖面积扩张、生产量随之提高，真正是“以海为田”。目前，从彰化的王功，到嘉义的东石、布袋一带的海滨，棚架迤逦，形成了蚵乡的重要文化景观（cultural landscapes）[①]。

到了2010年，台湾地区牡蛎养殖的总面积已经达到了12604.66公顷，是所有养殖水产最大者，占总水产养殖面积的23.37%；年产量已达到36056公吨，也仅次于吴郭鱼与文蛤，为养殖水产的第3位[②]。

所谓“靠山吃山，靠海吃海”，台湾既然四面环海，海产自然是重要的食材来源，“海鲜丰富”正是台湾饮食文化的重要特色[③]，当然也因此发展出许多海鲜类小吃。从事台湾民俗小吃田野调查多年的林明德曾感性地写下他的观察：

> 在这类小吃里，以蚵仔的形象质性最为特殊。它，一年四季从不间断，乡村都会到处都有；其外表并不起眼，滋味却深具诱惑。[④]

这道尽了牡蛎在台湾之所以深受欢迎的原因。牡蛎由于价廉物美，适合小吃的平价特性，因此在台湾，以蚵为主食材的小吃真是多姿多彩。例如，蚵仔粥在台南地区颇受欢迎，当地民众习以油条佐食蚵仔粥，而且通常作为早餐食用。蚵仔汤则是以蚵仔与姜丝混煮成汤。蚵仔面线则是另一

---

① 依联合国教科文组织（UNESCO）的《世界文化与自然遗产保护公约执行指导纲要(Operational Guidelines for the Implementation of the World Heritage Convention)》指出文化景观是“自然与人类的结合作品”，包含“人类与其自然环境交互作用下的多样性表现形式”；该组织于1992年在美国圣塔菲（Santa Fe）召开的第十六届世界遗产委员会已经将文化景观增列为世界文化遗产的一种类别。我国也在2005年正式将“文化景观”纳入《文化资产保存法》的规范，根据该法第3条第3款，文化景观系“指神话、传说、事迹、历史事件、社群生活或仪式行为所定着之空间及相关联之环境”。

② “行政院农业委员会渔业署”，《2010年渔业统计年报》，2011年9月，http：//www.fa.gov.tw/pages/list.aspx? Node=242&Index=11。

③ 黄俊仁主编：《台湾美食说帖》，台北：“经济部商业司”，2010年，第24页。

④ 林明德：《发现蚵仔的秘密》，《联合报》，2005年12月2日，第A10版。

道在普及程度上可与蚵仔煎相比拟的小吃，一般是将牡蛎包裹了太白粉后，加入已煮至软糊的面线中共煮到熟，舀起后可添加芫荽与乌醋提味。还有若干以油炸方式烹调的食品，以下三者最为大众化：

1. 炸蚵仔：做法最简单，仅以生牡蛎裹粉后，直接入锅油炸，起锅后因表皮金黄酥脆，故又称为蚵仔酥。

2. 蚵卷：做法较多元。内馅以牡蛎为主，可和入猪绞肉，另将韭菜、韭黄、高丽菜、芹菜、葱与姜切成碎末后，一齐搅拌；或有以虾仁泥或鱼浆代替猪绞肉者。调好内馅后，包裹于外皮内使成长条状，然后入锅油炸。外皮的材料也有多种选择：以猪网油为之，因表皮较单薄，口感较为软弹；若以面皮或豆腐皮为之，口感则较为酥脆。

3. 蚵嗲：以牡蛎同猪绞肉、韭菜末、高丽菜末与芹菜末搅和在一起为馅，然后取大铁杓为模，于铁杓上一层热油、再上一层粉浆，将馅料堆栈其上，使成圆碟形，如巴掌大小，中间略微凸起，最后于表面再裹一层粉浆后入锅油炸。蚵嗲可以找到其原乡的源起：尽管在闽南地区也有类似食物，但应是由闽北的福州传来。

晚清时郭柏苍（1815—1890）在《海错百一录》中记载的牡蛎吃法，就有一味：

> 或以黄豆和米为浆，夹以生蛎，和油炮之，曰蛎饼，美品。①

郭柏苍的家乡在侯官，亦地处闽北。他书中所提到的“蛎饼”，又称海蛎饼，流传到台湾，即蚵嗲。福州人又把蛎饼叫做嗲饼，而“嗲”字是福州人称牡蛎的一种发音，应系假借字；传到台湾后俗称蚵嗲，或因难以单就蚵嗲之嗲训诂其义，故在台湾也有人附会其音、义创造出几个名字，例如蚵贴、蚵兜、与蚵碟，都是指蚵嗲；所以，要溯蚵嗲之名，还得先溯其物之源。

蚵仔煎和蚵嗲一样，都有在移民原乡的对应物，也一如台湾的牡蛎文化，从养殖、物用到烹调都受到移民原乡的影响很大，所以，对于蚵仔煎

---

① 郭柏苍：《海错百一录》，因特网档案馆（Internet Archive）数位影印版，卷三，第9页。

的探讨，也不能不循此脉络为之。

三、对蚵仔煎的两种想象

在“行政院新闻局”建置的《台湾美食文化网》中，对于蚵仔煎有以下描述：

据传蚵仔煎是先民困苦，在无法饱食下所发明的替代粮食，是在贫穷社会之下所因应而生的创意美食。

最早称为“煎䭔”，是台南安平地区老一辈都知道的传统点心，是以加水后的地瓜粉浆包裹蚵仔、猪肉、香菇等食材所煎成的饼状物。

相传荷兰攻占台南安平地区时，郑成功率军攻打，欲收复失土，荷兰军队节节败退，荷军盛怒将其食粮藏匿起来，郑成功军队于是就地取材，将台南当地特产的蚵仔，混合地瓜粉加水煎成饼吃，后流传下来，成为台湾流行的小吃。[①]

这些文字可以爬网出两种具有草根性格的想象：第一，蚵仔煎是一种平民、甚至是“贫民”的美食，而接近草根阶级与生活；第二，作为一种本土的美食，是根植于台湾这块土地。

1. 作为一种平民美食的蚵仔煎想象

这当然是一种符合对“小吃”或“小食”之期待的想象。小吃指的是介于饭与菜之间、正餐与点心之间的食品。在定义上，李春方着墨于“正餐与主食以外”，故小吃系少量或零星进食、以至为“简单充饥与不充饥的食品”[②]。后面这句话在字面上看似有些矛盾，但其实就是指小吃的两面形象：一面是俗语所云的“食巧毋食饱”，另一面则是小吃只能止饥而难以饱食。林明德等的定义则透过两个相对性来营造。渠等以为小吃是与盛宴佳

---

① 《蚵仔煎》，《台湾美食文化网》，http：//taiwanfoodculture. net/ct. asp? xItem＝48066 &ctNode＝2660&mp＝1501。

② 李春方：《小吃是饮食文化的基石之一》，收入沈松茂主编，《中国饮食研究论文专集二》，台北：中国饮食文化基金会，1996 年，第 187～191 页。

图 2　“行政院新闻局”《台湾美食文化网》介绍蚵仔煎的网页

馐相对照，而且具市井村野之味①。这里的“野”并非指自然平野，而是用诸与“雅正”相对，即民间社会之意。由是，“过去”被认为不登“大雅之堂”的“小吃”，往往会被联系到特定的政治位置与社会阶级的想象之上，何况饥饿与不饱足的情状，也经常与社会中的底层联系在一起。睽诸以上定义，小吃通常是简单的食品，这意味着食材简单、技术简单；惟其简单，所以平价，能够被消费水平较低的阶级接受，也因此易于上手成为谋生工具。这些都能去解释小吃何以易于在庶民的生活圈普及与传散。

蚵仔煎作为一种平民美食，除了以上对小吃所具备的原始想象之外，

---

① 林明德、庄紫蓉：《台湾的饮食文化》，《台湾风物》，第 44 卷第 1 期，1994 年，第 153～186 页；林明德：《味在酸咸之外》，《彰化县饮食文化》，彰化：彰化县文化局，2002 年。

其食材的原有形象也是重点。

作为主食材的牡蛎，过去虽然被赞为“能品”，是“帝王美食”，但台湾盛产牡蛎，俗谓“货离乡贵”，牡蛎在台湾的处境就正好相反，在台湾丰富的海产品中，身价本来就偏低。又谓“谷贱伤农”，同理，牡蛎价格低下，那自然伤害到蚵农。尤其在交通运输不发达的传统社会，使得食材讲究鲜度的牡蛎，在贩卖上有很大限制，影响了蚵农的收入。运输的现代化当然对蚵仔煎的快速普及影响很大，特别是战后蚵仔煎能于距牡蛎产地有相当距离的都会区扎根发展，这是重要的关键——许多贩制蚵仔煎的摊商，都标榜他们的牡蛎是由东石或王功的产地快速直送，没有现代化的运输系统，则力不及于此。然而，蚵农的收入显未因运输的现代化改善；这是因多数的蚵农未能自己掌握管销，必须分润给盘商之故[1]。所以，终日辛苦却收入有限的养蚵人家，向来与社会底层的想象联系在一起。台湾流行歌謡《青蚵嫂》的歌词就是一个例子：

> 别人的阿君仔是穿西米啰，阮的阿君仔喂是卖青蚵，人人叫阮是青蚵嫂，要吃青蚵仔喂是免惊无。……别人的阿君仔是住西洋楼，阮的阿君仔喂是困土脚兜，运命好歹是无计较，若有认真仔喂是会出头。

“西米啰”指的是西装。这种用语是早期台湾的闽南语直接音译日文的“背広（せびろ）”而来。这首歌词运用了对比的写作手法，原意是要表现一种有贵贱之别的社会现实，但牡蛎作为一种对照物，却在衬托西装相对高贵的过程中，反而被建构出了一种微贱的形象。

蚵仔煎的另一个重要食材是地瓜粉。在现今的台湾社会中，地瓜的食品形象跟过去已无法同日而语了。随着养生餐饮的逐渐风行，地瓜或因具有高纤维及丰富营养成分，逐渐开始转为一种健康养生的食品形象。又或者在工商社会已取代传统农业社会的现实里，许多在社会快速变迁期间成长而目前已经踏入中壮年的人，想起地瓜，所联想到的往往是童年时焢窑的情境。但在过去台湾还是农业社会时成长的长辈，地瓜却向来是与生活

---

① 许雅斐、潘文钦：《东石养蚵业的生产与劳动：商品交易下的边陲地区》，《政策研究学报》，第4期，第105～138页。

的穷困联系在一起的。这种情况，与马铃薯在早年西欧工业社会初成形时的角色有些类似。马铃薯和地瓜都是源于新大陆的作物，也都具有高度适应环境、生长期短以及提供高热量的特性。马铃薯被引介进入新大陆后，大幅增加粮食的供应，这是能使人力转入非农部门的前提之一。但是，马铃薯作为一种新增的粮食来源，却是被当成劳力阶级的主食；至于欧洲人传统的粮食面粉，因为能提供较细致的淀粉，仍是中产阶级以上的主食。由是，一个社会、两种主食，就提供了对于阶级差异的想象。

地瓜的起源、来台过程与食物特性，连横的《台湾通史》有所说明：

番薯：一名地瓜，种出吕宋，明万历中，闽人得之，始入漳、泉。瘠土沙地，皆可以种。取蔓植之，数月即生。实在土中，大小累累。巨者重可斤余，生熟可食。台人藉以为粮，可以淘粉，可酿酒。其蔓可以饲豚。长年不绝，夏秋最盛。[①]

因其对生产环境要求低、生长期短且产量大，所以有重要的社会功能。如《诸罗县志》所载：

番薯一名甘薯，切片晒干以代饭充粮，荒年人赖此救饥。[②]

又如连横《台湾通史》所载：

大出之日，搬为细条，曝日极干，以供日食。澎湖乏粮，依此为生。[③]

这种救困应穷的功能，赋予人们地瓜这种食物的原初阶级想象。再由于地瓜的纤维粗，同精致的米不同，原本不受丰饶之家的青睐。台湾俗谚则有云："时到时担当，无米再来煮地瓜汤。"这句话虽有"船到桥头自然直"的意味，却也反映出地瓜总是下选的食物。

总而言之，既然是牡蛎与地瓜的组合，基于食材本身的原始形象，蚵

---

① 连横：《台湾通史·农业志》，台北：台湾银行经济研究室，"台湾文献丛刊"重排本，1962年。

② 清·周钟瑄主修：《诸罗县志》，台北：台湾银行经济研究室，"台湾文献丛刊"重排本，1962年，第198页。

③ 连横：《台湾通史·农业志》，台北：台湾银行经济研究室，"台湾文献丛刊"重排本，1962年。

仔煎对于一般大众而言，就显得平易近人。当然，又在其起源的各种传说渲染之下，就更具有一种草根性的想象。此容后叙。

2. 作为一种本土美食的想象

蚵仔煎既被认为是台湾美食的代表，在地人难免以为蚵仔煎是台湾的原创美食。《台湾美食文化网》的官方说法与用字，其实有许多与地方文史工作者王浩一在《慢食府城》一书中的描述雷同。王浩一不但认为，安平当地的传统食物“煎䭔”就是蚵仔煎的前身，并以为蚵仔煎“后来也由郑成功的小兵传回福建沿海地区”，蚵仔煎因此被归类为台湾的“原创小食”[①]。王浩一对于蚵仔煎起源的论述，只是这种对蚵仔煎的美食想象之一角而已。而官方网站之所以相信这种说法，与其说是偷懒传抄，不如说是响应这种本土美食的期待。

关于这种想象，可以从去年的一个新闻事件说起。缘“政府”开放中国大陆地区的观光客来台后，来台的大陆观光客为台湾带来不少商机，作为观光客参访首选的各夜市摊商当然要乘机吸金；在去年（2011）6月间，台北的士林夜市某商家为了广为招徕大陆观光客，而加钉了一个招牌，上书“鸡蛋海蛎饼”，其实就是卖蚵仔煎。这件事引发了“民意代表”的关注与质询，有关部门的回应放在简体字与繁体字的问题上，以鼓励及劝导商家使用正体字，回归到“识正书简”的语文政策环节，因此回避掉了有关“主权”的质疑[②]。为何一个“鸡蛋海蛎饼”就会伤害到“主权”尊严？《联合报》的方块评论《黑白集》的观察点出了重点，就在于“蚵仔煎”的“台味”[③]，也就是“本土味”。

诚如本文前面已经指出的，蚵仔煎是一种经过民意洗练、能够代表台湾的传统美食。但所谓“传统”或“古早味”，并非单纯的时间概念，必须有一个存在的主体去进行串联，“传统”或“古早”同现在之间的历时性才

① 王浩一：《慢食府城》，台北：心灵工坊文化，2007年，第131～134页。

② 林河名、杨湘钧：《蚵仔煎→鸡蛋海蛎饼；绿委：政府管管啦！》，《联合报》，2011年6月16日，第A2版。

③ 《鸡蛋海蛎饼》，《联合报·黑白集》，2011年6月17日，第A2版。

能够被建构起来，而台湾适给了这个主体的空间范围。在蚵仔煎成为台湾具代表性的传统美食的过程中，台湾人与蚵仔煎这两个主体是相互依附的。但是，作为台湾人的边界从来就不是铁板一块，不只是客观条件的改变有可能促变，主观条件的变迁也会造成边界的浮动；因此，这个边界，在认同挣扎的地方，就需要不断重新确认。“蚵仔煎”这个名字的台味，不只是“蚵仔”是台湾对牡蛎的特殊用法，也不只是繁体字的书写问题，而是蚵仔煎一词可以等于一种台湾饮食文化的特定集合，可以依附其上去确认台湾人与其他族群同时存在的共时性；一旦蚵仔煎被改成了失去台味的“鸡蛋海蛎饼”，两岸的分殊性恐或因此减少。说穿了，蚵仔煎在有意或无意间卷入了政治话题之中。

担心蚵仔煎的名字会影响到“国家”主权尊严，似乎有些小题大做。但是，这个小花边却适足反映蚵仔煎所承载的本土想象。这种想象，还在不断地建构中——无论是有心还是无意为之。在南台湾扎根发展的当代作家郭汉辰曾写过一首名为《蚵仔煎之歌》的新诗，节录部分段落如下：

我们是一群会唱歌的蚵仔
小时候悠游在南台湾的沿海
沐浴墨绿的溪水高唱
头顶热昏万物的烈日高歌
我们是一群快乐的蚵仔…
我们是一群无忧的蚵仔…
只喜欢在清凉的溪水划游
只喜欢在挚爱的家乡唱歌
……
我们在烈火中蹦跳来去
我们在菜香中慢慢死去
人们把我们死去的身体升华为蚵仔煎
我们是一群吟唱悲哀生命之歌的蚵仔煎
在不知为何消失生命的快速递换里不停轮回

我们是一群在悲哀中保持快乐的蚵仔煎

……①

诗中蚵仔煎与南台湾家乡的空间结合，就反射了蚵仔煎的本土意象。

若基于这种本土美食的想象，蚵仔煎身份证上的出生地，就会变成一件令人在意的事。著名漫画家兼政治评论者鱼夫（林奎佑）在他的部落格《鱼肠剑谱》中就写道：

蚵仔煎（ô-á-chian）纯正宗台湾菜，最早的名字是“煎鎚”……台南早期讨海人生活不好过，用番薯粉打浆，就地取鲜蚵、虾仁和豆芽为食材，煎而食之，基本上是基层人民的便食，不过却成了台湾风靡（靡）全世界的著名料理。我到中国厦门去，也有蚵仔煎吃，不过他们叫“炸蛤蛎”，但煎法不太一样，是像煎成薄饼，且蛤蛎太小，口感没咱台湾的丰富②。

在这段引言中，请注意到“纯正宗台湾菜”与“台湾风靡全世界”的用词，以及他对于台湾、厦门两地蚵仔煎关联的刻意拒斥；而且，在追溯蚵仔煎的起源时，飞来一笔“基本上是基层人民的便食”，则又把蚵仔煎的平民美食与本土美食的形象兜拢在一起了。

四、蚵仔煎起源的各说

目前，对于蚵仔煎身世的探索中，在台湾最流行的观点，正如前揭官方说法，还是将之联结到煎鎚之上。

若以此论述为纲，容有以下几点值得讨论。

第一，是蚵仔煎与煎鎚的关联。

煎鎚这种食物目前在台湾并不普遍，过去仅有安平人在过端午节有“煎鎚不缚粽”的习惯。在早期，安平人一般会在农历五月四日，即端午节

① 郭汉辰：《蚵仔煎之歌》，原刊于《掌门诗学季刊》，第52期，2008年6月，现收录于郭氏之部落格《南方文学不落城——郭汉辰文学馆》，http：//blog. udn. com/s1143/2182226。

② 鱼夫：《说蚵仔煎》，《鱼肠剑谱》，http：//www. yufulin. net/2009/12/blog-post_29. html。

的前一天煎䭔，做好的煎䭔放在竹篾上，可以放上几天。但是，“煎䭔不缚粽”除了是地方特殊习惯之外，也因早期经济不富裕，很多无力包粽子的人家，遂改用煎䭔替代[①]。惟近二十年来此习惯也已逐渐式微；目前，在安平一带也只有少数长者仍懂得如何制作。䭔这个字的意思是米或面做成的饼，其部首往往可依食材的不同而俗写作糙或麪。但是，煎䭔未必是扁平状的。明末清初的屈大均（1630—1696）在《广东新语》中有以下记载：

广州之俗，岁终，以烈火爆开糯谷，名曰炮谷，以为煎堆心馅。煎堆者，以糯粉为大小圆，入油煎之，以祀先及馈亲友者也。[②]

这里的煎堆，其实就是煎䭔，类似炸元宵，目前在广东、香港与澳门等地，仍是相当流行的点心，平日在茶楼、食肆就能吃到；只不过在做法上已有改进，通常内馅为豆沙、芝麻或莲蓉，都为甜食，而表皮会沾白芝麻。这种粤式的煎堆，在台湾倒也常见，不过，多因其外观而称之为芝麻球。至于早期在安平一带的煎䭔，和现在粤式的煎堆，无论在做法和外观上，都有很大不同。

安平的煎䭔，以糯米浆、面粉或地瓜粉为主原料来制作的都有。在口味上，又可分成甜、咸两种。甜者除添加红糖外，也可随喜好加入红豆、花生仁或冬瓜糖等配料；咸者则可加入猪肉糜，虾米、扁鱼、香菇、笋丝或葱酥等，而牡蛎也常是咸味的重要配料。制作时，先将糯米粉加水后和入各式配料搅匀预拌成团，然后以勺子将糯米团放入以猪油或花生油所起的热锅中，用锅铲压平成如巴掌大小的圆饼，来回翻煎，直至表皮呈金黄色起锅，可热食，亦可放凉后食用，风味各不相同[③]。

煎䭔与蚵仔煎主要都以油煎为烹调手段，地瓜粉浆同为重要原料，制

---

① 修瑞莹：《端午安平吃煎锤，纪念郑成功》，《联合报》，2008年6月7日，第C2版。

② 明·屈大均：《广东新语》，维基文库：http：//zh. wikisource. org/zh-hant/%E5%BB%A3%E6%9D%B1%E6%96%B0%E8%AA%9E#.E7.AC.AC.E5.8D.81.E5.9B.9B.E5.8D.B7_.E9.A3.9F.E8.AA.9E。

③ 颜兴：《郑成功与端午煎䭔》，《台南文化》，第3卷第3期，1953年12月，第19～23页；黄婉玲：《浅谈古早味》，台南：台南市政府，2004年，第6～9页。

作程序亦多同工之妙，起锅时外观也有雷同之处，把二者联想在一起，未必是空谈。事实上，在早期，台南的安平一带确有“蚵䭔”的用语，并将之联系至煎䭔[①]。蚵仔煎与煎䭔两者之间的关联性或可成立；只是这种关联性是否最早是在台湾本地被建构，则有待商榷。

第二，是煎䭔的起源问题。

据台湾民间的传说，煎䭔的起源可溯至郑成功在公元 1661 年攻台期间的缺粮问题，而且与端午节有关。不过，类似的传说间有出入，兹整理如下：

1. 煎䭔作为粽子的替代品以祭祀水神屈原。

此说以为郑氏大军在当年四月抵鹿耳门，渡台江内海，拔普罗民遮城，并进围热兰遮城，惟荷兰人闭城坚守，而且已将先前征收的粮食囤积于城内；陷入长期作战的郑氏军队遂面临粮食不足的窘境，除派人收购粮食，并征用豆类与地瓜签等替代粮食。至五月五日适逢端午节，以水军为主的郑氏军队重视祭祀水神屈原，却因无米缚粽子，惟有用地瓜打浆，和以牡蛎、虾等海产煎熟，代替粽子作为祭品[②]。

2. 煎䭔为郑成功在端午节教民制作，代替粽子以解乡愁。

相传郑成功于围城期间征粮后，当地居民储粮不足，经常以地瓜充饥，故端午节时无米可包粽子；郑成功由是想出以豆类、地瓜粉和水打成浆，配上海边的虾、牡蛎和蔬菜为料，做成煎䭔，代替粽子，以稍解思乡之情[③]。

3. 煎䭔的流传是为了纪念郑成功的忌辰。

此说以为煎䭔既为粽子的替代品，后来郑成功于翌年五月初猝逝，安平当地人遂以郑成功之忌辰并同五月节一起纪念，并制作煎䭔过节，相沿成俗[④]。

---

① 绿珊盦：《漫谈安平地区的养殖与交通》，《台南文化》，第 3 卷第 3 期，1953 年 12 月，第 24～25 页。

② 王浩一：《慢食府城》，台北：心灵工坊文化，2007 年，第 131～134 页。

③ 黄婉玲：《浅谈古早味》，台南：台南市政府，2004 年，第 6～9 页。

④ 颜兴：《郑成功与端午煎䭔》，《台南文化》，第 3 卷第 3 期，1953 年 12 月，第 19～23 页；黄婉玲：《浅谈古早味》，台南：台南市政府，2004 年，第 6～9 页。

以上众说法，固然有些成分可从史料中找到旁证。例如，郑军缺粮的故事不假。事实上，郑成功决定率大军攻占台湾，其原始的战略考虑就有解决军粮不足的问题。盖当时郑成功北伐受挫，率领残兵回到其厦门的基地，虽然在1660年击退了来犯的清将达素所领的大军，勉强保住厦门与金门，但清廷为了进一步瓦解郑氏的势力，因此颁下迁界令。迁界是一种严厉的海禁政策。原来在1657年6月清廷就已经颁下敕谕，从天津到广东，申严海禁，“处处严防，不许片帆入口”。到1660年9月清廷复颁令，在厦、金邻近的同安、海澄两地进行迁界，也就是让当地沿海的居民迁往内地，设界防守，片板不得下水。海禁与迁界的政策目的，在于坚壁清野，都是避免郑氏的军队取得粮米的接济。面临粮草危机，郑成功于是接受何斌建议，决议攻打台湾，用台湾沃野千里之土地，以足兵食。而郑军在台湾攻打荷兰人的城寨时，因旷日持久，补给线又长，因而陷入粮荒。依杨英《从征实录》之记载，郑军驻扎澎湖时即受阻于风而致乏粮，“时官兵多不带行粮，因何斌称数日到台湾，粮米不竭”，而“向当地征粮，又不足当大师一餐之用”；俟大军至台，因“台湾城（即热兰遮城）未破”，且“户官运粮船不至”，以致“官兵乏粮”，甚至“官兵至食木子充饥，日忧脱巾之变”、“时粮米不接，官兵日只二餐，多有病没，兵心嗷嗷”；解决之道，除“将街中米粟一尽分发各镇兵粮”、“令民间输纳杂子地瓜发给兵粮”，又“驰往四社（按：新港社、目加溜湾社、萧垄社与麻豆社）买籴米粟，接洽兵粮”①。

不过，从《从征实录》的史料可印证者，只是当时郑军粮米不足，的确以地瓜等杂粮充腹，但是否因此因缘才创造了煎䭔，则又值得进一步探究。

依前述传说，煎䭔是作为粽子的替代品以祭奠水神屈原。端午节吃粽子是传统中国社会长久以来的习俗。粽子，又称角黍，相传为祭祀战国末期投江而死的楚国大夫屈原而产生的食品。另，屈原死后，的确在中国某

① 明·杨英：《从征实录》，因特网档案馆（Internet Archive）数位影印版，第149～154页。

些地方的民间信仰中被尊为水神。在台湾的民间社会，亦有崇祀屈原为水神的习惯，称为水仙尊王；尤其，台湾过去仍系移民社会时，移民渡海或商贾往来，都仰赖水仙尊王的护佑，于是多有立庙祭祀。不过，台湾的水仙尊王信仰，一如中国其他地区，乃是一种群神信仰。各水仙宫或庙宇奉祀水仙尊王，若仅单祀一尊者，是为大禹；并祀五尊者，多是大禹、伍员、屈原、王勃与李白。而台湾最早的水仙宫是台南水仙宫，祭祀的水仙尊王则是“一帝二王二大夫”，即大禹、项羽、寒奡、屈原与伍员。目前台湾以祀屈原为主神者，仅台北市士林区的屈原宫，其源流乃是过去漳州移民由原乡所奉请。也就是说，在台湾的水神信仰中，屈原的信仰，并不显得普遍。当然，在论及台湾的水神信仰时，还是不得不提及妈祖的信仰。在台湾的民间宗教上，妈祖的地位是非常特殊的，而她也是台海上最重要的水神。在郑军攻打荷兰人期间，也留下一些与妈祖信仰有关的传说；妈祖的信仰与郑氏政权暨军队的关系很深。相比起来，鹿耳门最早的妈祖庙建于1662年，比台南的水仙宫旧庙建于1683年要早得多；后者的建立，系与后来安平地区的海上贸易繁荣有关。又，郑成功系福建南安人，在其故乡，主要的水神其实是玄天上帝；玄天上帝也被郑氏政权尊为守护神，其信仰也随着郑氏漂洋过海来到台湾。今日台南的下营有座北极殿，主神就是玄天上帝，而该庙早在1661年就由郑氏政权的大将刘国轩（1629—1693）所建立。以水神信仰在台湾的发展脉络看起来，屈原的水神信仰在明郑早期并不重要。再者，依台湾早期汉移民社区及其原乡的社会情境看来，粽子的意义恐怕已不在祭祀。1685年蒋毓英纂修的《台湾府志》有关端午节民俗有以下记载：

所在竞渡，船不过杉板、小艇，大海狂澜，难以去楫，仅存遗意，亦渍米裹竹叶为角黍。[1]

1722年黄叔璥（1682—1753）的《台海使槎录》则写道：

五月五日……彼此以西瓜、肉粽相馈遗。[2]

---

① 清·蒋毓英：《台湾府志》，台北：“行政院文建会”重排本，2004年，第202页。
② 清·黄叔璥：《台海使槎录》，台北：台湾银行，1957年，第38页。

1763年由怀荫布等纂修的《泉州府志·风俗志》则记载：

端阳……作粽相馈遗。[1]

可见，在早期台湾移民社会与其原乡，粽子在端午节的意义，主要不在祭祀，而在节日的应景食物。由以上论据，谓煎䭔为粽子的替代品以祭水神屈原的说法，颇为牵强。

那煎䭔又是否是在郑军渡海来台湾攻打荷兰人时所创造的呢？台南的前辈野史学者颜兴早年曾经对煎䭔有过一些采访。颜兴根据实地访谈而明白指陈，过去安平地区的确有在端午节煎䭔的风习，但这并非独有，而是跟南安（清代时隶泉州府）共通的习惯。这点可证之以1763年的《泉州府志·风俗志》之记载：

端阳……以米粉或面和物于油内煎之，谓之堆（按，应为䭔）。[2]

但是，根据颜兴的采访，在南安有关煎䭔起源的传说，与安平一带的传说却又不同。至于在南安所搜集到的说法，又有以下两种：一是跟前述的“迁界”一事有关。在迁界令下之后，闽南一带的居民，不论男女老幼，都被迫迁入内地三十里，居民因此饱受流离颠沛之苦；当时适逢端午节前后，在旅途中过节，这些被迫迁徙的居民只好将就地把随身什粮煎䭔以过节，并可当干粮食用。后来，这些移民每逢端午，就会煎䭔以纪念他们的际遇，即使迁界令取消、回归故地后，这遗风也流传下来。二是“煎䭔可以补天”[3]。

这两种说法，若依前者之说法，是在迁界期间才发明煎䭔的，那就与安平流传之郑军缺粮而发明煎䭔的说法，在煎䭔形成的时间上，有巧合之处；不过，此说同样欠缺文字数据证实。至于后者的“煎䭔补天”说，目前在当地仍广泛流传，其义在于闽南一带适逢雨季，阴雨绵绵，难得放晴，

---

① 清·怀荫布、黄任、郭赓武修纂：《泉州府志》，上海：上海书店，“中国地方志集成”影印本，2000年，第492页。

② 清·怀荫布、黄任、郭赓武修纂：《泉州府志》，上海：上海书店，“中国地方志集成”影印本，2000年，第492页。

③ 颜兴：《郑成功与端午煎䭔》，《台南文化》，第3卷第3期，1953年12月，第19～23页；黄婉玲：《浅谈古早味》，台南：台南市政府，2004年，第6～9页。

民间遂以为系天有穿漏，应设法弥补，遂有煎䭔补天之举。泉州当地有俗谚："雨儿微微，买油来煎䭔。"于是，端午节煎䭔补天有期待天气转晴的寓意。然而，这种补天的说法与风俗，并非在泉州附近所独有。东晋王嘉的《拾遗记》指江东有"天穿日"，届日"以红缕系煎饼置屋上，曰补天穿"[①]。宋朝李觏亦有诗云：

只有人间闲妇女，一枚煎饼补天穿。[②]

然而，所谓天穿日的来由，系与过去"女娲炼石补天"的传说有关，且这个节日在中国各地的日子也不一，但总在上元过后到正月二十三日之间，而以正月二十日为正。泉州当地在端午节煎䭔的风俗，或与天穿节并非同一源流，但"煎䭔补天"的说法，应有附会之处。

安平的煎䭔与泉州、南安的煎䭔关系密切，这只是台湾移民社会与原乡在饮食文化紧密联系的又一案例而已。而蚵仔煎在台湾的起源，也应循此脉络进行讨论。

如煎䭔一样，蚵仔煎也不是台湾所独有的小吃。在早期台湾汉移民主要的原乡，也就是闽南的泉州与漳州地区，都有蚵仔煎，只是当地人现在称之为蚝仔煎、蠔仔煎或海蛎煎，而蚝实为当地人对蚵之俗写，一如台湾人将蚝俗写为蚵，其闽南语的发音都相同。正如台湾人认为蚵仔煎是足以自珍的代表性小吃，泉、漳各地也都认为蚝仔煎是有地方特色的美食。事实上，华南沿海的许多地方，都有类似的小吃。例如，在广东的潮州与汕头一带，有蚝饼，又称为煎蚝饼、蚝仔饼、蚝煎、蚝烙或蠔烙；这种潮州式的蚝饼，在香港和澳门亦可访及。至于南洋一带，包括新加坡、马来西亚与印度尼西亚的华人小区，蚝饼或蚝仔煎也都是常见的小吃。

相较起来，蚝仔煎的流传范围远超过煎䭔。那么，闽南地区的蚝仔煎之源流又为何呢？现在民间留有三种传说，兹收录如下：

第一，明末郑成功发明说。

这个把蚝仔煎的起源与郑成功拉到一起的掌故，流传自郑成功的故乡

---

① 转引自张勃、荣新：《中国民俗通志·节日志》，济南：山东教育出版社，2007年，第94页。
② 转引自张勃、荣新：《中国民俗通志·节日志》，济南：山东教育出版社，2007年，第94页。

南安。相传，郑成功当年在家乡操练水师，适逢连日阴雨，影响粮食供应，是时郑成功刚巧看到总兵黄安领着士兵挑着十来筐的牡蛎经过，遂发想用库房中的地瓜粉和同牡蛎制成煎饼，演变为后来的蚵仔煎[①]。

第二，宋代张蕴发明说。

这个异闻的主角是宋代将领张蕴。相传他受命出征安南时，途经同安，吃到蚝汤，感其味美，遂命人用牡蛎和以绿豆粉做成羹，慰劳士兵。这种牡蛎和绿豆粉的结合，就被认为是蚝仔煎的原型；俟 16 世纪末，地瓜传入华南，地瓜粉取代了原先的绿豆粉，成为蚝仔煎粉浆的主要原料。以上掌故，若考诸《宋史·张蕴传》，则确有张蕴从征安南一事：

> 张蕴，字积之，开封将家子也。从军为小校，隶刘昌祚。至灵州，遇敌中矢，拔镞复战，以功赐金带。从征安南，次富良江，诸将犹豫未进，蕴褰裳先济，众随之。蛮遁走，使巫被发登崖为厌胜，蕴射之，应弦而毙，一军欢噪。[②]

此记载颇富戏剧性，不过，《宋史》同其他早期的文字资料，却都未见提及蚝仔煎相关事物，仅供旁证而已。惟若此掌故为真，那么，张蕴从征安南，事在宋徽宗熙宁九年，亦即公元 1076 年，则蚝仔煎的历史已经超过 900 年了。

第三，五代十国时期闽太祖王审知（865—925）的厨师发明说。

闽太祖王审知治闽期间，兴修水利与文治颇有成就；他也被认为对后世闽菜的发展有所贡献。然而，王审知虽系闽国的开国君主，但原籍却是河南；于是，这个轶事即由此做文章。最近，以研究并从事饮食文学写作的著名作家焦桐（叶振富）在近作《台湾味道》中，描述了这个故事：

> 王审知是中原人，一直吃不惯海鲜贝类，于是从老家雇请一位郑姓厨师，负责把海鲜料理成吃得下去的东西。郑厨经过考察研究，乃

① 彭一万：《民间饮食》，收入吕良弼、陈奎主编：《福建民族民间传统文化》，福州：福建人民出版社，2008 年，第 296 页；许在全、吴幼雄、蔡湘江编：《泉州掌故》，福州：福建人民出版社，2001 年，第 185 页。

② 元·脱脱：《宋史》，北京：中华书局，1985 年，卷 350，第 11087～11088 页。

开发出这道结合了海鲜、禽蛋、地瓜粉的新菜肴。[①]

如果这个传说又果为真，那么蚵仔煎的历史又要再向前推到公元11世纪。惟地瓜系美洲的原生植物，俟公元16世纪末期才辗转传入中国；所以，若单凭以上记叙，此说犹有理据难服之处。

从既有的掌故、蚝仔煎或蚝饼的散布情况以及过去华人移民的历史来看，闽南地区在蚝仔煎向外传播的过程应是一个关键地。就南洋地区的蚝仔煎或蚝饼而言，固应是由早年的华人移民带入，台湾的蚵仔煎也应该是在移民的过程中，同其他许多的原乡饮食文化一起过来的。这不妨提一下顺发号的案例。顺发号是过去台北南京西路圆环响当当的老字号，据该店的主持人的说法，他们家是在20世纪30年代左右由一个厦门人指导蚵仔煎的料理与酱料配置，从此才开始在圆环的大树下卖起蚵仔煎[②]。台北顺发号的特殊渊源，正好为此做个注尾。

五、蚵仔煎的独特韵味

虽然，台湾的蚵仔煎与华南沿海各地的蚝仔煎或蚝饼有共通之处，但台湾的蚵仔煎却有自己的特色。这点可以从蚵仔煎的内涵与闽南的蚝仔煎或潮汕的蚝饼相比来说明。

蚵仔煎的一般做法，就是先用平底锅把油烧热，放上新鲜洗净的蚵仔，然后将以太白粉或番薯粉和水而成的白色粉浆浇淋上去，并以锅铲将粉浆拨平，使外观略呈圆形，俟粉浆受热形成半凝固状态时，再磕开一个鸡蛋加入，略为拌搅，使蛋液均匀向外扩流，与粉浆结合，或可于此时撒葱花少许，最后铺上一层时令青菜，待熟时起锅盛盘后即完成；食用时可佐以酱汁，酱汁则一般都是在盛盘时即已浇淋在蚵仔煎的表面。

在程序上，蚵仔煎和蚝仔煎或蚝饼没有明显区别；在主食材上，除地

---

① 焦桐：《台湾味道》，台北：二鱼文化事业有限公司，2009年，第208页。

② 牛庆福：《台北民俗小吃，顺发号台湾蚵仔煎始祖》，《联合报》，1997年4月19日，16版；杨惠卿：《正港台湾味》，台北：上旗文化事业股份有限公司，2005年，第194页。

瓜粉等淀粉质外，使用的牡蛎系本地土产的长牡蛎，而与闽南多用珠蚝不同，这倒是受限于现实的生态环境，是客观条件使然，而并非一种主观的创造。但值得注意的是，配料和酱料上的差异，才使台湾的蚵仔煎产生独特的韵味。

一般华南沿海地带的蚝仔煎或蚝饼，会在拌浆时就加入蔬菜一起拌，一般以韮菜、蒜白或葱为主，都切成段或碎花应用。韮菜、蒜白与葱都具辛辣味，有辟腥的功能，这是其食材选择上的主要考虑；而且，在煎制的过程中，为去除腥味，还会加入姜末、老醋或酒，起锅盛盘后，还可加上芫荽提味，或加腌萝卜；腌萝卜除可解腻外，萝卜在闽菜的角色也有去腥的功能①。

台湾的蚵仔煎在煎制的过程中，一般不会刻意去处理辟除腥味的环节，也会省去姜、蒜与韮菜的应用；但是，时令蔬菜却是台湾蚵仔煎非常重要的内涵。依照时令，夏天多用小白菜，冬天多用茼蒿，这是主要的选择②；而因气候因素导致蔬菜供应失调时，菠菜、空心菜、青江菜与绿豆芽等，都是可用的替代品。也由于叶菜类的食材有快熟且不耐久煮特性，为避免其糜烂或营养成分流失，煎制时，青菜都是在起锅前才铺在蚵仔煎的表层；起锅刹那，往往又刻意利用锅铲进行翻面，如是，青菜层反而被覆盖在蚵仔煎下层，既可利用食物的余热煨熟，又可保住青菜的清甜口感。此韵味之一。

又由于台湾蚵仔煎在煎制时，几乎不用香辛料，所以酱料显得重要，其功能除提味或刺激外，还在镇住食材的腥味。当然，闽、粤与南洋各地的蚝仔煎或蚝饼，在食用时也会佐以酱料；至于各地酱料的选择，除了食客本身的习惯与爱好外，往往也运用当地的特产。例如，泉州人会使用辣酱与老醋，在香港、澳门与新加坡则会搭配蚝油、鱼露或甜面酱等。但无论是在闽粤或是南洋，蚝仔煎或蚝饼在盛盘上桌时，煎物与酱料是分开的；

① 焦桐：《台湾味道》，台北：二鱼文化事业有限公司，2009年，第208页；逯耀东：《只剩下蛋炒饭》，台北：圆神出版社，1987年，第43页。

② 杨惠卿：《正港台湾味》，台北：上旗文化事业股份有限公司，2005年，第204页。

在食用时，以筷将小块的蚝仔煎沾酱就口。台湾的蚵仔煎则不然，在盛盘时，酱料是直接浇淋在煎物之上；食用时，肥美的牡蛎和同蛋香、饼香、蔬菜的甘甜与酱汁一起大块淋漓入口，才觉痛快。此韵味之二。

至于蚵仔煎所使用的酱料，或有用酱油膏、甜辣酱或番茄酱者，但多数贩卖蚵仔煎的食肆或小吃摊，会使用所谓的海山酱。海山酱一如其名，其运用包山包海，可搭配多种小吃，如肉圆、米糕、粽子、猪血糕以及甜不辣等。然而，海山酱只是一种概念性的称呼，其要素最主要的是甜与咸二味。尤其口感偏爱甜味，公认是台湾小吃与台湾菜的特色；这与台湾本身是蔗糖产地，糖的取得容易，使台湾人善用糖来进行调味有关。由于海山酱定义并不明确，在调制上迄无标准配方，所以摊商们往往各有独门之秘；具有讽刺意味的是，在台湾，蚵仔煎这种小吃，除了食材新鲜度以外，酱汁之好坏，往往才是决定其是否美味的关键。

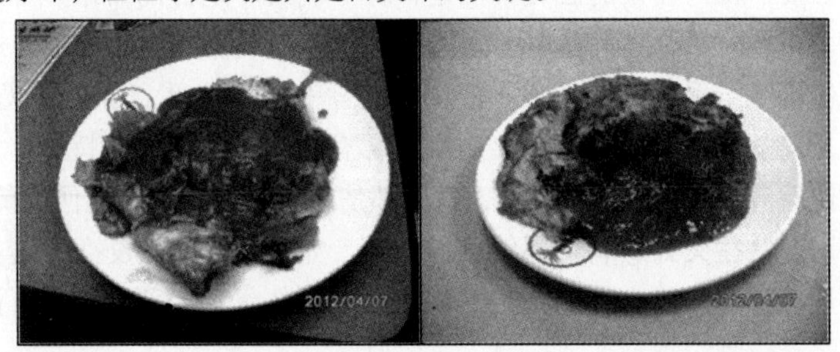

图 3　在士林夜市不同摊贩卖的蚵仔煎，酱料配方不同，外观差很多

调制海山酱虽无定法，但其材料多包括酱油、糖、甘草粉与豆瓣酱；而为了调色，往往又加入番茄酱或红糟。红糟是以糯米加红曲酿酒后所余之沉淀渣滓，由于过去福建人嗜吃海产，红糟可去腥，是重要的调味品①。又，许多食肆或小吃摊在调制海山酱时，会加入味噌，这显然是受到日本饮食文化的影响，则使台湾的蚵仔煎增添一许异国风味。若再加上荷兰人带到台湾的甘蔗所榨制的糖，那这一道酱汁则反映了多元文化和其特殊历史经验对台湾饮食文化潜移默化的影响。

① 逯耀东：《只剩下蛋炒饭》，台北：圆神出版社，1987 年，第 43 页。

而今日，蚵仔煎在台湾还发展出若干的变形。例如，依主食材的不同有虾仁煎和花枝煎等，也有不添加海味食材的蛋煎或双蛋煎；这都使得环绕在蚵仔煎所发展出的小吃文化，变得更加多姿多彩。而台湾人赋予蚵仔煎的创造性转化，其实才是思考蚵仔煎本土意义的重点。

六、蚵仔煎与台湾移民社会饮食文化发展的轨迹——代结论

蚵仔煎是一道做法简单的小吃，但其作为“最能代表台湾的料理”，不仅反映了台湾人在味觉享受上的最大公约数而已，它的源起与在台湾发展的过程，还折射出台湾饮食文化发展的一个轨迹。

在追索蚵仔煎的身世时，虽然有各种的掌故与传说，但即使其中不乏文献可引为旁证，毕竟都欠缺直接的史料足能证实，这也使得蚵仔煎的起源，最后沦为各说各话，也给予了特定族群想象或政治权力操作的空间。然而，蚵仔煎至少可以追溯到台湾移民社会与其原乡的共通渊源。本文以蚵仔煎为核心所进行之观察，从其主食材牡蛎的生产到其应用，都可点出原乡文化的影响。在过去台湾移民社会形成的过程中，有所谓“内地化”的过程，也就是移民复制原乡的社会生活，到新居地重新建构的历程①。台湾早期的牡蛎文化的发展，适可以作为一个具体而微的案例，去说明台湾早期移民社会的饮食文化也经历过这种内地化的过程，也就是移民将其原乡的饮食文化暨习惯带到了台湾来。

惟台湾移民社会之形成，亦曾经历一种“土著化”的过程，即移民暨其后裔为了适应新环境，也发展出了一些新的社会行为②。而土著化所创造

① 有关内地化的论述，请参阅：李国祁：《清代台湾社会的转型》，《中华学报》，第5卷第3期，1978年，第131～159页。

② 有关内地化的论述，请参阅：陈其南：《土著化与内地化：论清代台湾汉人社会的发展模式》，收入“中央研究院三民主义研究所”编，《中国海洋发展史论文集》(第一辑)，南港：“中央研究院三民主义研究所”，1984年，第335～336页。

出的新情境，往往又在移民社会成为建构新的在地认同所需要的社会条件。至于蚵仔煎在台湾所发展出来的创造性转化以及其被投注的认同情感，也就必须在此脉络上被理解。正如焦桐的观察："蚵仔煎连接了台湾人的生活经验。"① 这种生活经验，不只是每日穿梭在夜市的美食体验或是记忆中的古早味；一旦蚵仔煎与先民的穷困生活联想在一起，共同记忆与历史经验也被召唤出来，想起先民筚路蓝缕的艰辛，而使得蚵仔煎跟这块土地的过去有了更深层的联系。也由于蚵仔煎既具的草根性想象，契合于台湾近年政治、社会发展民粹主义化和本土化趋向的双重价值需要，蚵仔煎遂从市井之中，一跃而入大雅之堂，竟成为款待外宾的佳飨。

① 焦桐：《台湾味道》，台北：二鱼文化事业有限公司，2009 年，第 209 页。

Cultural History of Taiwan Delicacy-Sliced Turkey Rice

Chung-chun Ni
(Assistant Professor, Department of Tourism and Hospitality Management)

Abstract: The "oyster omelet", a kind of Taiwan's famous food, reflects two imaginations in Taiwan: the first, it is a kind of food for the root class; the second, it was originated in Taiwan. However, even though there are several legends about its origin, there is still no primary resource being strong enough to prove the truths of those stories. At least, the origin of the "oyster omelet" could be traced back into the common dietary culture, which was shared by the ancestral Han-settlers in Taiwan with their original countries. In the case of the "oyster omelet", it is not difficult at all to find the influences given by their original countries in the south Fujian province to the ways how the people ate and made use of the oysters in the earlier Taiwan immigrant society. However, the Taiwanese also improve the recipe for oyster omelet. In other words, the "oyster omelet" was given some creative changes by the Taiwanese.

Keywords: oyster omelet, dietary culture, ethnic imagination

台湾特色美食
——宜兰鸭赏、东山鸭头、台式烤鸭的探源

翁泓文[①]

【摘要】 台湾的“饮食文化”在近十年来蓬勃发展，其来有自：除了原有的高山族菜系、闽菜等，又因台湾民众曾受日系菜影响，1945 年再经由大陆八大菜系一起来台，使得台湾饮食文化充满了独有的风味与特色，不仅融合了各地的美食，再加以结合当地特有食材，因气候与口味上创造出其特有的变化与创新性。且因周休二日改变了人们休闲娱乐的时空背景，使得各地夜市小吃盛行，外食人口增加、来台旅游人口亦大幅提高等，都间接导致小吃逐渐取代主食的状况。人们常言：“鸡鸭鱼肉”四大荤菜，其中鸭肉的蛋白质含量其实比其他畜肉含量高得多，脂肪含量适中且分布较均匀。但“鸭肉”在小吃类或主食类却几乎都非主流，在此非主流里，它又如何在台湾的小吃界上展现属于自我的独特性，以烤、卤等方式让人们品尝，尤其是台湾人善用可以丢弃的食材来创造它的再创造性，此即藉此探讨之由：何以鸭赏出现在宜兰？鸭头产出于台南东山？台式烤鸭的方式何以不同于北京全聚德烤鸭等，都是可以一探其源流之因。

【关键词】 台式烤鸭　挂炉烤鸭　宜兰鸭赏　东山鸭头　饮食文化

---

① 台湾观光学院餐饮管理系专任讲师（东华大学中国文学研究所博士班研究生）。

一、序 论

吃是一种主观的感觉，既然主观就代表着某种意涵：如八大艺术里可能充满了一种文化韵味或民族思想的图腾，代表着某人种或民族与特殊意念的关系内韵。中华民族靠山吃山、靠海吃海，即便如此，台湾的饮食文化里却充满了其异域风情的独特性。中国大陆八大菜系到了此，受到各地乃至南、北风俗气候的影响而产生了不同的做法与吃法，正如北京全聚德烤鸭与台式烤鸭鸭种虽同，但鸭种大小与烹调方式却不尽相同，各有其特色。笔者强烈地感受到“吃”未来势必与八大艺术扯上关联，而成为第九大艺术，因为它的艺术与特殊性蕴含了八大艺术中的音乐、雕刻、绘画、书法、建筑，甚至有摄影在内。唯一不同的，也是最重要的却是你得“吃它”，才能真正感受到它的精神韵味。当然你也可以不吃，把它纯粹性地以一门艺术来观赏把玩，但却主观地丧失了它的最重要价值性，不能享有其“真、善、美”的内涵。故任何的特色美食都得透过人的品尝来表达它的主观性意涵，任何所谓的“美食”也都得经过日月众人的洗礼才有所保留或改变而被人称之为美食，且也必须经过千万人之口来确认它的“美食地位”。例如台湾的猪血糕被誉为世界十大恶心食物之一，这就充满了不懂历史主观意念的存在而导致不解也无法客观感受，这是相当可惜的。

这几年台湾异域风味美食餐厅乃至夜市小吃，几乎成为观光客到台的必经景点之一，其中的关联性在此不多言。但在夜市小吃里，如何去选择？除了个人喜好不同外，“鸡鸭鱼肉”四大荤食里，于此，同样是两只脚的鸡肉在台却特别产生了各种变化性与独特性，原以为两岸加入 ECFA 后鸡肉将面临强大竞争，但却在台湾人对小吃的创新坚持之下，鸡肉销售量从每年 1.8 亿只调高至 2 亿只，它也是台湾最重要的家禽肉类营养的来源。但鸭肉与鸡肉相对比较起来，就较少受到台湾的重视，且其实“鸭肉”的营养成分与其饲养的方式也多少受大家的误解而反而多销至境外（尤其是日本），成为他们高级料理餐厅的美食，这是笔者为何试图撰写本文的目的。

在台湾夜市小吃或街头餐厅店铺里，鸭肉的料理无非是姜母鸭、咸水鸭、烧鸭、香酥鸭、三杯鸭等。顶多再加上以卤或烟熏的方式有鸭赏、鸭头、鸭舌、鸭肠、鸭翅等，并没有特殊鸡肉的料理模式来呈现鸭子的营养与特色，这是它在此输给鸡肉的地方。更因为传统中国人受传统中医的影响认为鸭寒、鸭毒，更让人却步，除冬天吃姜母鸭驱寒、香酥鸭配啤酒等，剩下的部位多用卤的方式成为小吃，当作配菜，无法浮上主菜的位置。纵使台式烤鸭在近几年里逐渐透过美食展与各项比赛翻身，但仍然完全比不上北京全聚德烤鸭的地位，而人们却不知二者的烤鸭大小与烹煮方式截然不同，各有风味，正是可以展现台湾特色美食的地方。故本文将以宜兰鸭赏、东山鸭头、台式烤鸭为主轴，企图为鸭子翻身，让台湾美食特色多增加点风味，也让众人了解鸭子的多方特色。

二、台湾鸭种、育成过程及营养成分

（一）目前台湾鸭的种类、演进与饲养状况

鸭属脊椎动物门，鸟纲雁形目，鸭科动物，是由野生绿头鸭和斑嘴鸭驯化而来。鸭肉适于滋补，是欧美各种名菜的主要原料。鸭种不同的特性：鸭都属水禽，要有水才会长得健康。因为水禽的体质油脂多，羽毛细孔也会有油脂，很容易沾黏垫料、饲料及泥土等粉尘，阻塞毛细孔，影响新陈代谢，造成细菌感染，因此水禽经常要用水清洁羽毛，才会健康。以下简单论述台湾鸭种的育成和营养成分。

①目前台湾鸭的种类

目前台湾主要区分三大类鸭种：分别是配种鸭、肉用鸭与生蛋鸭。其中配种鸭主要有北京鸭与改鸭；肉用鸭主要有北京鸭、红面番鸭与土番鸭；生蛋鸭则以褐色菜鸭为主。其中北京鸭原产于华北，从 1954 年农复会引进之后，北京鸭便在台湾生根，用途多为烤鸭：吃起来皮脆肉软，加上名字取得很北京，因此就是北京烤鸭的最好材料。

北京鸭为地道肉鸭，虽长肉快、饲料效率佳，但因皮厚、脂肪多且肉

质较嫩，人们较不喜欢，除部分供烤鸭外，大多与外销屠宰冷冻厂契约生产，供外销用。番鸭则供内销，尤其是中秋过节后之食补姜母鸭消费需求甚大。日本公认台湾宜兰鸭肉质量最佳，目前日本国内因养鸭为高污染的传统畜牧业，故多数鸭肉由国外进口，台湾鸭肉进口量约 1.1 万吨（1999 年时进口率为 90%）。所有进口的鸭肉中有 97%是冷冻的，由于冷冻鸭需求与日俱增，因此进口量也逐年增加。台湾目前（2010 年）养鸭业年产量约 1000 万至 1100 万只，约有 60%～70%是销往日本，而台湾最有名的大量养殖在东北部的宜兰郊区河川，近年来逐渐移往花莲发展。

番鸭原产于南美秘鲁，何时引进台湾已不可考，早期台湾饲养以黑色为主，面部有红色的肉疣为番鸭的特征，善飞翔，脚胫及蹼为黑色。公、母鸭体型相差几乎一倍，公鸭体重 4 公斤～5 公斤，饲养 7 个月可供交配或人工采精。母鸭 2 公斤～2.4 公斤，孵化后 6～7 个月开始产蛋，用途作为姜母鸭食用。

土番鸭羽毛颜色分布很广，由全身黑褐色至全白都有，黑色土番鸭喙及脚胫为黑褐色。近年来因应市场，有利用北京母鸭与公番鸭杂交之二品种大型土番鸭，12 周时体重即可达 3.6 公斤，除少部分供应本地特殊需要外，大部分以胚胎蛋外销东南亚，肉的部分用途多为食用咸水鸭。

白色土番鸭的育成是由北京鸭与褐色菜鸭的母鸭交配所得之白仔母鸭再配以白色正番鸭即可得白色的土番鸭，所得白毛鸭的毛色洁白、肉质好，平均饲养 10 周即可送至屠宰场，经过自动屠宰后再送至市场与餐厅。而其白色鸭洁白的鸭毛，则可加工制成鸭绒，为价值颇高的副产品，故白色土番鸭多为育种之用，不会在市场流传。

红面番鸭跟土番鸭肉质较硬有咬劲，因此大多做成姜母鸭，或者当成金山鸭肉。肉鸭场以饲养土番鸭为主，为供应内销鸭之主要来源。台湾一年生产 180 万到 200 万只红面番鸭，鼎盛时期有 400 万只的销售量，其中至少有一半变成了姜母鸭。“番鸭”名称是怎么来的？台湾早期曾被荷兰人占领，当时荷兰人引进了鸭只，台湾人称荷兰人为“番”，他们带来的鸭就叫番鸭，进口鸭称番鸭成了习惯。番鸭羽毛为黑色，体型大，有别于本土的

菜鸭。红面番鸭在1983年自法国引进，台湾的原种在畜产试验所宜兰分所。

褐色菜鸭在公鸭部分一般为配种用，在自然交配下，1只公鸭可交配20只母鸭，母鸭则是台湾最主要产蛋品种，一年平均可生产近300颗蛋，淘汰后更可作为鸭赏的原料。目前台湾褐色菜鸭产清壳蛋者约65%，唯近来民间对青壳蛋有特殊偏好，选育有青壳蛋系列者多，用途即是加工为皮蛋与咸蛋。

鸭类中唯独红面番鸭不属水禽，因为它体内油脂极少，不需要水清洁羽毛，也可以长得好，如果拿鸭肉到火上烤，一般鸭有4滴油，红面番鸭只有1滴。换句话说，红面鸭的油脂只有一般鸭的25%，而且皮薄肉厚、体型特大（公鸭），这也正是它成为姜母鸭的主因，所以姜母鸭其实都是公的。红面番鸭的荷尔蒙最多，加上中药材炖煮更达到相乘的效果，因此为人父母都会炖煮红面番鸭给发育中的青少年食用。另外，据说这种食补可滋阴补阳，算是中国的威而钢。红面番鸭公母体型差异巨大，都是分开养，公鸭4.2公斤～4.4公斤，母鸭只有2.2公斤，3个月就成熟了，而公鸭要4个月，鸭子过了成熟期后，体重就停止成长，混养时母鸭成熟后如继续饲养只是浪费饲料，而且市场通路也完全不同，因此红面番鸭在出生后，即雌雄鉴别，兵分两路。红面番鸭的公鸭长到3.5公斤～3.6公斤重时，肉质最好，大小也刚好，所以一般姜母鸭都选这般大小的鸭子来料理。此类鸭场到处可见，部分鸭场利用河流溪坡放养成群之土番鸭，仅于河岸搭建临时帐篷以防风雨并贮存饲料。此外圈饲及渔牧综合经营者亦很多，此种方式需有固定设备，因此其生产情况及产量均较稳定。土番鸭养期则由50天至80天不等，南部天气较热，饲养至50天即有鸭贩来饲场选购较大的鸭只，约于70天时即整批售完。北部天气较冷，约饲养至75天～80天出售，一般生长至10周左右的土番鸭为“嫩鸭”。

40年前由澳洲人培育出白色番鸭，台湾于21年前自法国引进白色番鸭，成为本地肉鸭主流，市场上有九成以上都是白色番鸭，养殖黑色红面番鸭的较少。但台湾有些餐馆及消费者喜好饲养较久，发育成熟的鸭肉，故有些鸭场专门将嫩鸭再饲养至100日～120日才出售，此时鸭肉水分含量较少，结缔组织蛋白含量略高，肌纤维富弹性，俗称“熟鸭”。

②台湾鸭产业的演进与饲养状况

逃冬→河川地饲养→农渔牧现代化经营→集约高架。

鸭属水禽性，很爱干净（限鸭寮采水连式），在大自然的食物链中，鸭、鱼、贝类密不可分，故鸭子一身都是宝。寒热带都有分布（鸭可从西伯利亚飞到台湾），全世界400多种。早期养鸭采河川地饲养，现环保意识抬头，改为圈养牧场，农民可于水池内兼养台湾鲷与蚬蛤，增加收益，真是一举两得，现更节省空间与成本，采集约高架饲养。稻田收割后，掉落于田间的稻谷，亦可放牧鸭之啄食充分运用，形成早期“逐水草而居”的游牧方式，此景称之为“逃冬”。利用自然养法，播种前放鸭只于田间，一些害虫即被鸭啄食，且不用施肥及农药，则水稻收成一定好。发展完全无农药有机鸭、合鸭米，降低成本及提高产值，值得推广。

③鸭的人工授精

人工授精的发明：早期鸭自然交配，一只公鸭可和4～5只母鸭自然交配，而人工授精发明后，则一只公鸭可以和20～30只母鸭配种，提升产量，降低成本，增加农民收益，对于鸭品种的改良（如体形、毛色等选育）为生物科技之极致。

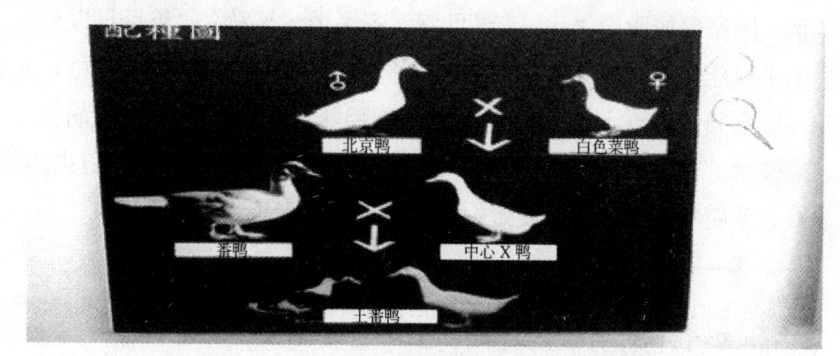

图1　台湾鸭种配种过程图

（二）台湾鸭的属性与营养成分

①鸭的属性

鸭肉为鸭科鸭属动物家鸭的肉，又名鹜肉、家凫肉。鸭为家禽，嘴长

而扁平，颈长，体扁，翅小，覆翼羽大。腹面如舟底，尾短，公鸭尾有卷羽枚。羽毛甚密，色有全白、栗壳色、黑褐色等。公鸭颈部多黑色而有金绿色光泽，叫声嘶哑，脚矮，前趾有蹼，后趾略小。鸭喜合群，胆怯，无飞翔力，善游泳，主食谷类、蔬菜、鱼、虫等，世界各地有饲养。鸭又名鹜、舒凫、鸈鴄、家凫。性味、归经：甘、咸，微寒，归肺、脾、肾经。功效：滋阴养胃，益气养血，利水消肿。临床应用于骨蒸、劳热、咳嗽、咳血、遗精、盗汗等症。现代研究：鸭肉含蛋白质、脂肪、少量碳水化合物、无机盐、烟酸、钙、磷、铁和维生素 B1、维生素 B2 等。古时以家鸭为鹜，野鸭为凫。鸭肉肥嫩色白是滋阴补虚健身之圣品；若同火腿、海参等炖食补力尤胜。鸭肉肥腻，多食滞气，滑肠。凡外感未清，大便溏泻者忌之。鸡与鸭是人们常吃的佳肴，都是营养价值很高的食品。但由于两者性味功用有所不同，故应有选择地吃。鸡性温，具有畏寒虚弱症状的人适宜吃鸡肉；有火热症状时则不宜吃。

鸭性寒，一般认为体内有热，火性的人宜吃鸭肉；体质虚寒或受凉时则不吃为好。巢元方《诸病源候论》载："鸭肉本无毒，不能损人。偶食触冷不消，因结聚成腹内之病。"①贾思勰《齐民要术》称："鹅百日以外，子鸭六七十日佳，过此肉硬。"② 味美的子鸭开始成为珍馐美食的代称。元朝贾铭《饮食须知》卷七禽类讲鸭肉："野鸭味甘，性凉，不可与胡桃、木耳、豆豉食。"又说："鸭肉味甘，性寒。黑鸭有毒滑中发冷，利患脚气。人忌食之新鸭有毒，以其多食蚯蚓等虫也。目白者杀人肠。"③

---

① 隋·巢元方等人编著：《诸病源候论》，卷二十六《蛊毒病诸候（下凡二十七论）》，第 91 页，隋代太医博士巢元方等人于大业年间奉敕所编著，是现存中国第一本病因、病理与证候学专论。

② 北魏·贾思勰：《齐民要术校释》，卷六《养鹅鸭第六十》，台北：明文书局，1986 年，第 338 页。

③ 元·贾铭：《饮食须知》，《百部丛书集成之二十四》，《学海类编第二十三函》，艺文印书馆印行，2008 年 5 月，卷七《禽类，鸭肉》："野鸭味甘，性凉，不可与胡桃、木耳、豆豉食"，第 1～2 页。

②鸭场的育成工作

种鸭场并非一般的育种场，只饲养改鸭之母鸭群，并自行人工授精之鸭场。鸭场一般为平均1000只母鸭，10只正公番鸭。而蛋鸭场以饲养褐色菜鸭为主，为台湾加工蛋的主要来源。蛋鸭场之鸭蛋通常交由蛋商收购，亦有部分自行加工生产皮蛋与咸蛋。肉鸭场则以饲养北京鸭、番鸭、土番鸭为主要肉鸭的来源。

③鸭蛋的营养成分中胆固醇对人体的功能

a. 体内性荷尔蒙的前驱物，常保活力健康。

b. 副肾上腺皮质素前驱物，缺乏易生疲劳。

c. 体内各处细胞膜之合成修补及脂质载送。

d. 舒缓生活紧张压力、安定神经的调节物。

④鸭肉是适合现代人的多含营养素的肉类

鸭肉中富含女性较常缺乏的铁质以及维持活力不可或缺的维生素B1、B2和A等营养素。其营养价值因品种的不同而有些许差异，但差异性并不大。鸭肉和我们平常吃的牛、猪、鸡肉比较起来，营养差别就十分明显。以含铁质的瘦肉相比较，鸭肉所含的铁质与同重量的其他瘦肉相比多约2至4倍，维生素B1除了比猪肉少之外，约为其他肉类的4倍。维生素B2约为所有肉类的3倍，杂种鸭的维生素A比其他肉类多达3至10倍以上。适用于体内有热、上火的人食用；发低热、体质虚弱、食欲不振、大便干燥和水肿的人，食之更佳。同时适宜营养不良，产后病后体虚、盗汗、遗精、妇女月经少、干口渴者食用；还适宜癌症患者及放摄、化疗后，糖尿病，肝硬化腹水，肺结核，慢性肾炎浮肿者食用。对于身体虚寒，受凉引起的不思饮食，胃部冷痛、腹泻清稀，腰痛及寒性痛经以及肥胖、动脉硬化、慢性肠炎者应少食，感冒患者不宜食用。

⑤鸭肉的选购

识别注水鸭：注过水的鸭，翅膀下一般有红针点或乌黑色，其皮层有打滑的现象，肉质也特别有弹性，用手轻轻拍一下，会发出“噗噗”的声音。最快捷的识别方法是：用手指在鸭腔内膜上轻轻抠几下，如果是注过水的鸭，就会从肉里流出水来。鸭肉营养丰富，特别适宜夏、秋季节食用，

既能补充过度消耗的营养，又可祛除暑热给人体带来的不适。不应久食烟熏和烘烤的鸭肉，因其加工后可产生苯并芘物质，此物有致癌作用。

⑥鸭肉食疗的功效

一般人群均可食用，适用于体内有热、上火的人食用；鸭肉的功能可滋润养胃，利水消肿、补虚。它能预防心脏病、水肿、便秘。营养成分里含蛋白质，多种维生素及矿物质，且脂肪含量低，铁和锌的含量均较鸡肉高，因此滋补作用优于鸡肉。据报载：法国西南部的加斯科尼人很少患心脏病，原因可能是他们惯用鸭油、鹅油做菜。鸭肉忌配的食物因鸭种的不同而不一样：胡桃鸭肉虽富含丰富蛋白质与矿物质，但其中因含植酸，会和鸭肉中的蛋白质与矿物质结合，因而减低彼此的营养价值。鸭肉性微寒，可滋阳退热，性寒则有滋阳凉血的作用，因属寒性食物，如与水鱼一同食用容易造成水肿、腹泻、导致消化不良等症状。鸭肉食用宜为低烧、虚弱、食少的人。大便干、水肿的患者，腹部冷痛、慢性腹泻、腰痛、经痛者不宜食用，开刀有伤口病未痊愈不宜吃。故吃三宝饭（油鸡＋烧鸭＋猪肉）会造成消化系统的负担，正因三种不同来历的蛋白质会造成消化不良，感冒者忌食。

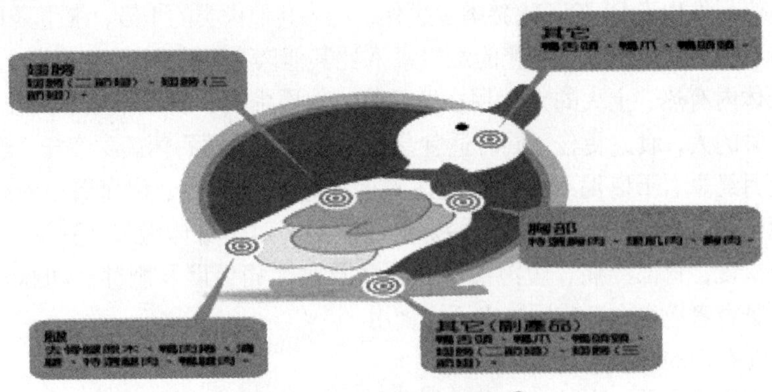

图 2　鸭子的食用部分图①

① 参照格全食品有限公司，网页：http：//www.gerchean.com.tw/about _ 01.htm，时间：2012.03.14。

（三）鸭肉的营养成分与其他肉类的比较

表 1　鸭肉与其他肉品营养成分比较

肉的种类 /营养素（100g）	铁质（mg）	维他命 A（mg）	维他命 B1（mg）	维他命 B2（mg）
牛肉（腿肉无脂肪）	2.7	0	0.09	0.22
猪肉（腿肉无脂肪）	0.9	4	1.01	0.21
鸡肉（腿肉无脂肪）	0.7	18	0.08	0.22
鸭肉（无皮）	4.3	15	0.4	0.69

鸭肉的不饱和脂肪酸高达 5.57%，比鸡、猪、牛肉高出许多，不饱和脂肪酸具有降低胆固醇以及抗氧化的功能，摄取不足容易引发动脉以及心、脑、血管方面的疾病，对儿童来说会影响智力发展，对老年人而言较容易罹患老年痴呆症。除此之外，鸭肉还有一项优点：关键在于鸭脂肪，鸭脂肪的熔点比人体还低，仅 14 度（牛、猪、鸡肉分别是 45 度、38 度、37 度，比人体高），很容易排出体外，因此吃鸭肉不会造成肥胖问题，脂肪熔点低使鸭肉即使做成冷料理也非常可口。在韩国，人们甚至认为鸭肉能够解毒，具有药效。

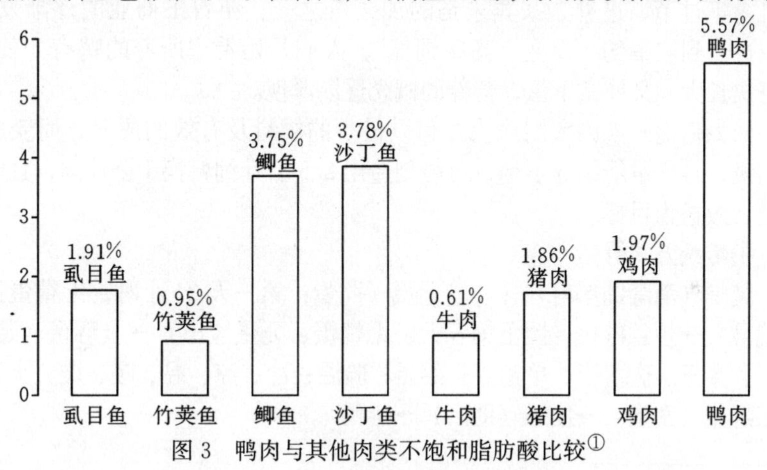

图 3　鸭肉与其他肉类不饱和脂肪酸比较[①]

① 参照格全食品有限公司，网页：http：//www.gerchean.com.tw/about_01.htm，时间：2012.03.14。

鸭肉中所含B族维生素和维生素E较其他肉类多，能有效抵抗脚气病，神经炎和多种炎症，还能抗衰老。鸭肉中含有较为丰富的烟酸，它是构成人体内两种重要辅酶的成分之一，对心肌梗死等心脏疾病患者有保护作用。

(四) 鸭蛋的孵化法与鸭种的蛋量

台湾鸭的历史可溯自明末清初郑成功复台时，以传统古老的方式孵化鸭蛋。早年孵化场于孵化后24小时照蛋检查有无受精，俗称“照珠仔”。近年孵化场改为孵化后第四天第一次照蛋，此时胚胎中血管已开始发育，其状如树枝，故俗称“照花枝仔”。鸭肉的评价胜过其他肉品，因为鸭肉的营养价值很高，是人们主要蛋白质的来源，更有不饱和脂肪酸及亚麻二酸等，所以鸭肉很营养。但也正因为此，造成中医对鸭肉的说法是“鸭毒”：此义为营养过好，如果你有伤口或罹患疾病，吃了鸭肉，也将产生对细菌滋生的增加作用，致伤口不易痊愈，故有鸭毒的说法。

现代在电器孵化大规模经营下，传统方式式微。过去养鸭为家庭副业，采粗放饲养，有鸭属杂食性，人们将剩下的饭菜丢于屋前后，所养的鸭只比较小（约300年前），重量约1.4公斤～1.7公斤，亦不一定几天上市，只是逢年过节、进补、家宾来访的加菜肴之一。随着工商业的逐渐发达，养鸭进步到“集约、专业、高床饲养”，人们开始希望所养的鸭有如仙丹，能赶快长大、又经常下蛋，营养的概念逐渐浮现。

而如何提升换肉率则成为如何以最少的饲料及有效的成分，而变成多种的鸭，且产量能络绎不绝，可能创造出2.5公斤饲料换1公斤肉，且能创造最大效益为目标。

①传统方式孵蛋

装桶（消毒铺垫料）→炒谷上蛋（照蛋：第一天24小时，无精蛋捡出做记号）→炒谷孵化（照蛋第五天，无精蛋、死蛋捡出）→蛋孵蛋（装蛋：平王、腰王、选落王、单箍王；翻蛋；验温：冷、凉、温、暖、烫、火）→摊床孵化（刮蛋）→出雏（助产）→雏鸭[①]。

---

① 孵蛋师将鸭蛋之大头一方压于鼻梁边的眼上停留约10秒，将蛋温分为六级：眼皮冷（摄氏35度以下）、眼皮凉（摄氏36度）、眼皮温（约摄氏38度）、眼皮暖（约摄氏39度）、眼皮烫（约摄氏40度）、眼皮火（约摄氏41度以上）。

②现代化孵蛋

保持清洁、洗涤消毒、储藏、系谱孵化之种蛋。孵化操作过程分照蛋、翻蛋、机械电路检查和故障排除、停电处理、回冷、孵化器之清洁、初生小鸭处理与运输。

孵化温度：孵化期间自第1天至第25天，孵化器之温度维持37℃，第26天移至发生机，一直到第32天再移至发生机准备出壳，发生机温度以36.4℃为最适当。

孵化湿度：孵化器内的湿度受季节、气候气温影响而有所不同，须随时注意调整水盘及通气口，以保持在适当范围，必要时可以用加温水盘帮助水分蒸发，提高机内相对湿度，第1～25天为湿度65%～75%，第25天后为85%即可。

孵化期间：因品种不同则所需天数不同，菜鸭、改鸭、北京鸭须孵化28天出壳；土番鸭约29～30天；番鸭则须35天。

褐色菜鸭体型最小，产蛋量最高，年产量约280颗。改鸭蛋则为北京鸭与何色菜鸭交配，年产量约230颗。番鸭蛋较北京鸭小，年产量约110颗。北京鸭体形大，产蛋量较不易，年产量约180颗。青壳蛋则因为蛋膜组织与其他蛋不同，相传民间偏方多，营养价值较高。

三、宜兰鸭赏、东山鸭头、台式烤鸭的探源

（一）鸭赏的制作过程（整只鸭的运用）

①宜兰鸭赏的来由

兰阳平原多、雨多，低洼地区常生水患，鸭子嗜水、繁殖力强，成为最合适的家禽，礁溪乡二龙河畔养鸭人家处处可见。今年66岁的林奉亿说：先祖时代开始在二龙河畔养鸭，出售鸭肉、雏鸭及鸭蛋，已有一百多年历史，以前淘汰的生蛋鸭肉质差，卖价不好，弃之可惜，经过加工后制成鸭赏，广受欢迎，加上后续口味及制法研究改良之后成名产。二龙村在二龙河畔，由淇武兰、洲仔尾两庄头组成。据史载：清乾隆四十一年（1776）

来自大陆漳州的林文晃四兄弟入乡开垦，聚落成村，比吴沙开兰早20年，也是礁溪乡最早开垦的地方，村内养鸭兴盛，是主要产业。

②鸭赏的制作过程

健康肥鸭→屠宰→鸭体修整→调味料涂抹→腌渍→洗水→熟成（于通风处、阴凉处吊挂数日）→干燥→板鸭制作完成→烟熏→蒸煮→鸭赏制作完成。

鸭赏的制作过程：先将鸭去毛，除内脏后，以竹片撑开，涂上香料曝晒，再放入设有甘蔗渣和木炭的烤箱熏烤而成，吃起来口味特殊。传统方法制作鸭赏十分耗工费时。首先将工厂送来腌过盐巴的鸭子洗净后，以竹筷将整只土鸭撑开，再泡水（须多次换水）去咸。处理过的鸭子吊挂至木制烤箱中，先用炭火的温度烘烤鸭子去其水分（约需3.5小时～4小时），然后把白甘蔗直接铺在木炭上面，使甘蔗缓缓燃烧冒烟，用甘蔗的糖分熏烤，让甜分慢慢入味。蔗熏3.5小时～4小时，鸭肉呈现焦红的色泽后，烟熏部分即大功告成。熏过的鸭子以蒸气炉蒸熟后，去骨，真空包装，即为成品。卤食材的汤汁，那是用鸡跟鸭的原汁去做基本的锅底，没有用酱油，一定有糖，但用量不多，也注重产品对消费者的健康有没有影响，所以和宜兰熏十几个小时做出来的鸭赏是不一样的。宜兰县于清嘉庆初开发，居民以漳州人为多，农产、水产、畜产均丰富。1923年（日本大正十二年）铁路开通之前，上列物产无法运销于基隆、台北，所以如水果蜜饯，熏制胆肝、熏制鸭赏等贮藏性食品之制造非常发达，称为宜兰食品之特色[①]。

③“博士鸭”的崛起（整只鸭的运用）

提到鸭赏就不得不提到“博士鸭”：博士鸭于1997年创立品牌，创办人林政德强调，“除了满足对吃挑剔的老饕外，更要给消费者知的权益”，为提供更多元的服务，成立台湾第一家鸭赏观光工厂，将传统产业再升级。陆续获得ISO 22000、ISO 9001、HACCP等认证。1998年成立宜兰门市，并于当年申请“博士鸭”的LOGO，吉祥物注册，当年导入CIS企业视觉系统；2000年规划家禽、家畜肉品贩卖推广并推动网站多元化功能营销。

---

① 林衡道：《台湾的传统食品》，第四届中国饮食文化学术研讨会＝The 4th Symposium on Chinese Dietary Culture，19950921-0922，第369～376页。

2006年荣获GPS优良产品商店认证。并与农业委员会畜产试验所合作开发卤味技术研发。2010年并再度荣获“台湾美食伴手礼”、并经观光局工厂认证，完全符合“食品卫生安全管理法”的规范，而且“博士鸭”将整只鸭彻底运用：

①鸭毛的加工过程：集合鸭毛→洗涤→脱水→冷却→分类→混合→制作成品。从绒毛为体表羽毛所覆盖，为一呈球状具纤细柔软的茸状物，中心点有着不甚明显之固着点，似退化的羽轴跟，用此附着于体表上。鸭只体表处以胸与腹部处绒毛较多，通俗的讲法为鸭只游泳时接触水的区域，盖因绒毛之效主为保暖，为使水禽戏水后得以维持体温。小毛长度范围为6.5厘米，与大毛（6.5厘米以上，成片状羽毛）相同，若干小毛的羽轴附生之羽枝稍异，前大半部为稠密具硬性羽枝，后小半段柔软、稀松且无一定长短之细丝，又称羽丝，多做羽毛球使用。

②咸蛋的制作过程：原料蛋以新鲜蛋为原则，鸽蛋或鹌鹑蛋亦可。将配方充分溶解后，干净之新鲜鸭蛋放入浸渍液中，置于阴凉通风处，于25℃温度下25～30天可完成。腌渍良好的咸蛋煮熟后，卵黄呈颗粒化沙质并释放出少许油脂，咸蛋必须煮熟后方可食用。

（二）东山鸭头的起源

①东山鸭头的始祖

现在全台到处都有东山鸭头的摊位，每家招牌都写上东山鸭头，但是能让人百吃不厌的实在很少。东山指的是台南的东山，这种最早带点甘甜的卤鸭方式是从新营的一位老师傅黄瑞祥先生于1961年创立的，刚开始的目的只是为了糊口饭吃，想着鸭子弃之不用的部位来入手，收购价格也比较低廉，当时酒家盛行，想起客人总喜欢叫一些下酒菜，试着将鸭子以卤的方式入味，在东山老街推着摊子沿街叫卖起家。传至第二代篮武雄先生于1974年接手，致心研发卤汁的调理，才以鸭头系列产品为主，设计LOGO，特殊调理中药、上等酱油，以传统的慢工细活的方式调理出浓郁香甜的独家配方，再严选品种鸭头，先经过除毛、川烫去血水，以不同部位放入不等量的卤汁煮下锅，卤上3小时～4小时，让卤汁入味后再油炸上

桌，不但肉质鲜甜，嚼味也十足，颇受顾客的欢迎，让人有一口接一口爱不释手的感觉，如此才逐渐传开。目前篮先生已退居幕后，全由儿子接手，后来传到台南的东山乡各地，经过各家不同的改良，才由此广传开来变成全省知名的小吃。

第一次吃东山鸭头的人，必定会感觉到特别的口感，它比一般的卤味多带了点甘甜；它的肉质又非常有嚼劲，有些还能做到连骨头都渗入卤汁，甚至够酥脆，连骨头都可以一起吃进去。东山鸭头的处理过程非常复杂，除了材料的质量要好之外，处理的人心要特别细腻，只要一个不小心，不管是材料放的比例不对或是火候没注意好，都会前功尽弃。各地的东山鸭头口味都不太一样，差别在每家所加的中药材都不相同，配料不同，火候时间掌控也不同，连最后的调味料和提味的方式也不同，因此才会有所差别。成功的东山鸭头就是要把药材里的香气表现得淋漓尽致，其所熬卤出来的鸭头不只要入味，更要能做到香味入骨，连啃骨头都会口感满足。

“东山鸭头”闻名全台，无论走到哪里，都可看到打“东山鸭头”招牌的推车摊子在卖鸭头。很多人不知道“东山”是什么意思，更有人把“东山”看成“山东”，但南部人都知道“东山”就是现在的台南市东山区，而“东山鸭头”的创始店在“篮记”。老板篮武雄一边卖鸭头，一边改良能够迎合大多数人的“大众口味”，终于打出好口碑来，而“来去东山街仔吃鸭头”，便成了东山地区乡亲的一大享受，“东山鸭头”便如此这般地被叫响亮了。配料及烹卤，都是篮老板亲自动手，也因此“篮记东山鸭头”能一直维持其咬劲十足，口味特殊的风格，继续在小吃界扬名立万。

图 4　篮武雄先生的东山鸭头 LOGO 与卤过后整只鸭子的照片

②"东山鸭头"的利基与缺失

目前在全省夜市里几乎都可以看到东山鸭头的摊位，这本是一种台湾因应时代变迁而产出的特别料理。但参观过篮先生的厂房及烹煮方式后，笔者得客观地说明：工厂完全不符合HACCP的标准（铁皮屋的厂房、开放式的空地、处理鸭子者完全没有穿厨师服、满地的血水等），且仍因无建立完整的SOP标准流程，使得每次都得再请篮先生出面尝味道来确认是否对味。而全台摊位的料理方式也只有卤包的差别，东山鸭头如果能以创立中央厨房的概念以符合食品卫生安全管理法来管理，甚至真空包装，以网络营销的方式，相信可以成为台湾特色小吃的美味之一。

另外，篮先生于老店铺附近创立一家装潢典雅的火锅料理餐厅，听其陈述，平日几乎没有人到此用餐，这家店是赔本在做的，只希望家人或客人假日到此有像样的用餐地点。而笔者于平日中午访谈篮先生时，也仅笔者这桌在用餐。特此观察，建议篮先生应将各式普通火锅改成都以鸭子的料理为主的火锅，既是以"篮记鸭头"为号，就该思考以鸭子来制作鸭子公仔、笔、文具、玩偶（如愤怒鸟等）为其他用餐者的选购参考；另将火锅变通，加入不同的菜系的口味调味料（例如孜然鸭子火锅，让口味再创新），但皆以鸭子为主轴；也希望将店面迁至台南繁华市区（如成大附近），如此既可推广"篮记鸭头"，也让观光客不必为了尝鲜而可以在市区直接吃到鸭头、采购或宅配，再配以其他相关产品的开发产出，相信利基会更大。

台北市中华路巷内"老天禄"也同样贩卖鸭头，但这家店将鸭肠、鸭舌、鸭翅一起以不同的秘方来卤，有咸、辣、甜等口味，也完全没有任何分店或加盟店，一年营业额可达2亿新台币，人手一包，连香港艺人到台表演都指明一定要此味。它的辣味不辣，甜而不腻，购买者几乎每人出手都是上千元新台币。这种多口味的料理手法，有如台湾人每年到北海道旅游人数高达300万一般，所有相关熏衣草或各项花草相关产品，连在日本东京都无法买到，一定得到北海道等处才可以采买，专门吸引观光客的眼光，此也是另一种特殊的营销手法。虽与第一种不同，看似少了网络营销的利基，却也让人回味无穷，会一想再想地往那里走，往那里吃，这种消费者

心理学，也可以列入“东山鸭头”的参考营销方式之一。

（三）台式烤鸭的探源

①何以是“烤鸭”？

“黄帝内经”记载的养生时辰（酉一亥），酉时是下午17点到19点，这个时候是肾经当令，肾经值班的意思。我们中国人对肾是最为关注的，首先第一点是肾主藏精。那么第二点是肾神为志，表现出来的时候就是志气，正如小孩子志向大，老人因为肾精不足，所以志向就比较短浅，还有就是在这个时辰于十二生肖里它相对于是鸡，那么大家观察鸡（酉）意味什么呢？鸡的性质是火，鸡既是火性，这就相对于什么呢？在《易经》里它的卦象是这样，那么这个在所有的卦象里最重要的是它中间这个爻，那么外边是水，中间这一点就是真阳。所谓阳，什么是能藏在水里的火，鸡因为是最下，它也属于火。肾水，我们说肾指事为水，那么什么是水中的一点点真阳，在自然界中我们能不能找到这种东西，而这个东西又是什么呢？实际上在日常生活中有一个东西是跟它非常像的，就是雷电。所以中医里把肾里所藏的这一点火称为龙雷之火，而这点火就是我们人生的一个最基本的可以生发的那个东西的源泉。

> 所以大家平常吃鸡可能会发现，我们在日常生活中鸡怎么吃，炖老母鸡。炖的，因为它属于火性，所以它只能放在水里去炖。相反我们吃鸭子应该怎么吃呢？北京人吃鸭子是非常讲究的，实际上是什么呢，鸭子是属于寒性的东西，所以鸭子，就是春江水暖鸭先知，那么鸭子一定是要用烤的方法来吃，你这样吃东西，才符合它物质本身的那个性质。寒性的东西要经过烤，如果不烤的话，我们就有可能会拉稀泻肚，这种现象可能出现。[①]

故鸡是最养人的，亦即鸡为发物，鸡的所谓“发物”就是它能够把热散出来，也是指鸡里边藏着这一点点真阳，藏着这个火性可以把火发出来。故鸭子就该用烤的才能将寒气降低；姜母鸭放入姜片再来烹煮其意义也是

---

① 曲黎敏：《中医与传统文化》，北京：人民卫生出版社，2009年，第257页。

如此，这也就限制了它的烹调方式与人们对它的食用观念。

②北京烤鸭

现无人不知“北京烤鸭”的名气，然而细考一下可知：“北京烤鸭”实际发源于故都南京。据文字记载，南京人制作和食用烤鸭始于宋代，建康通判史的家厨王立是早期著名的烤鸭能手。明朝建立之后，烤鸭已成为御膳房中佳肴。15 世纪初明成祖朱棣迁都北京，烤鸭技术随之带去，由民间小吃变为宫廷美味，后来又从王府流传到民间。清朝时，金陵烤鸭技术传至广东，称“金陵片皮大鸭”；之后金陵烤鸭技术进而传到四川，称“堂片大烤鸭”。可见，很多地方烤鸭的发展实际上与南京都有渊源关系。

北京烤鸭真正的“酥不腻”、“又酥又脆”，是专门选用了甜度比较低的方粒白糖，用酥酥的鸭皮蘸了放在舌间不用咀嚼也能化掉，口感层次丰富，也没有其他家鸭皮的油汁丰腴的感受。烤制完成的鸭子用刀削成小片，叫作“片鸭”，理想情况下需 2 分钟 30 秒片完剔除鸭肉，剩余的鸭架可以用来煲汤喝。鸭子入炉后要用挑杆有规律地调换鸭子的位置，以使鸭子受热均匀，周身都能烤到。挂炉烤鸭的鸭胚受热均匀、强烈，皮下脂肪已经融化，烤制的鸭子皮脆肉嫩。精选肥厚多肉的土番鸭制作菜肴，为了增加风味，就用炭火烘烤，制成口感酥香、肥而不腻、外观美丽、肉质细嫩的北京鸭。

③台式烤鸭

鸭子是中国的特产，烤鸭所用的鸭子更是由中国培育而成的良种，它的学名就叫作北京鸭。如今全世界都在吃这种挂炉烤鸭所烤出的鸭子，表面色泽金黄油亮，外酥香而里肉嫩，别有一种特殊的鲜美味道。而台式烤鸭的吃法，是首先以利刀将其削为薄片，用烙制好的荷叶饼涂上甜面酱，然后放上烤的金黄酥脆的鸭皮与肥嫩肉质、宜兰特选三星葱、涂上甜面酱卷着而食用极为香美。

第一吃：选择玉米鸭，它皮厚肉细。以前外带烤鸭，考虑到客人无法马上食用，因此选用耐久放的土番鸭，肉虽然结实，但皮较薄；现在有了店面，就改用皮较厚的玉米鸭。这种在宜兰以玉米喂养的鸭子，处理后还有四五公斤重，烤过出炉，鸭皮有着厚、脆、香的特质，油脂非常丰富，

至于肉质，已没有土番鸭的粗纤维感，入口带着甘醇的辛香气味。店家撷取北京挂炉鸭的优点，又针对台湾人口味改良，师傅以“老姜、白胡椒、丁香、陈皮、八角、桂皮、大茴香、小茴香、肉桂、冰糖磨成的香料粉以及豆瓣酱、酱油，腌足8小时”，接着灌气让表皮张开，再以滚水烫过，淋上麦芽糖水、风干、挂炉烤一个半小时。烤出的鸭子马上拿到客人面前片出108片，沾以甜面酱再加上三星葱着面皮吃下，口感从面皮到甜面酱、再到三星葱与鸭皮的酥脆、鸭肉的嚼劲；剩下的鸭肉做成鸭松；鸭架则做成火锅的锅底高汤料，这样的台式烤鸭三吃是台湾小吃的特色。

第二吃：台式口味，包卷大蒜片鸭。这也和北京挂炉鸭采皮肉分别处理不同，这里是连皮带肉切成片，能同时感受皮酥肉嫩的双重口感。而包饼的配料除了青蒜段与甜面酱，也以台湾人喜欢的大蒜、辣椒取代小黄瓜。多数客人会选择炒鸭骨，蒜末、葱段、辣椒以鸭油爆香，再放入鸭骨、豆瓣酱、甜面酱、米酒爆炒，镬气十足，愈吃愈爽口。此外，鸭胸肉可搭配豆芽爆炒，尝来油润不涩，而剩下的鸭架子，也能加酸白菜熬汤，虽然看不见鸭肉，但里头的粉丝、豆腐等配料，都吸足鸭香味，也都是很受欢迎的吃法。

而“烤”这种烹调方法，全聚德是山东菜馆，它所有的菜中，只有烤鸭一道是烤制的，烤并不是中国东部的烹调模式。豪野鸭的鸭种来源皆来自英国樱桃谷，血统纯正。空运来台繁殖后一批批进入豪野鸭农场饲养长大，品系优良，全名为樱桃谷品种北京鸭，外界一般简称为樱桃鸭。豪野鸭油脂丰富肉质细嫩，胸厚大块，主要以出口日本市场为主。有别于传统台鸭肉硬油薄，豪野鸭更适合西餐、日式料理、法式料理、高级中式烤鸭料理等，豪野鸭在台湾是以分切鸭肉销售市占率超过七成的品牌。

④台式烤鸭与北京全聚德烤鸭的异同

台式烤鸭与北京全聚德烤鸭最主要的不同来自鸭子的大小，虽同用樱桃鸭，北京烤鸭却仅用30天左右的小鸭来烤，以保持其口感的嫩度。但台湾人当时因物质缺乏，都将樱桃鸭养至75～80天，台式这种一鸭三吃的做法就与北京烤鸭全然不同，其充分地运用了鸭子的全部，以满足客人视觉

与味觉所带来的感观以及不浪费鸭子的全部，充分表现消费者心理学里顾客花钱所买的鸭子全出现在桌上；当然其所配的佐料，如三星葱等也带来不同的味蕾感受，这都是与北京烤鸭不同之处。

如今全聚德进入台湾发展烤鸭市场，最大的考验是30天左右的鸭得在台湾养鸭场饲养才符合成本，但却因只有30天，鸭的内脏与其余部分等都未能充分长成而足以构成再利用，使得成本相对提高，台湾养鸭场市场小，不见得有能力配合这种烤鸭方式，这仍有待时间证明才行。

二者相同的食法是皆以甜面酱来调味，甜面酱是以面粉为主要原料，经制曲和保温发酵制成的一种酱状调味品。其味甜中带咸，同时有酱香和酯香，适用于烹饪酱爆和酱烧菜，如“酱爆肉丁”等，还可蘸食大葱、黄瓜、烤鸭等菜品。糖类在没有氨基化合物存在的情况下，加热至其熔点(185℃）以上时，会变为黑褐色的深色物质，并有焦香味生成，这种作用称为焦糖化反应。在烹饪中，焙烤、油炸、煎炒等食品的颜色变化与之有关，在烤制品（烤鸭、烤乳猪、烤排骨等）的表面涂上糖液，更是直接利用焦糖化作用。焦糖色现今已成为一种安全的着色剂、风味增进剂，而被广泛用于制作卤菜、红烧菜肴的调色；另外，焦糖化作用还能改善食品结构，减少水分，增强食品抗氧性和防腐能力①。

四、结　论

鸭子未来世界的SWOT强弱机危综合分析法，是由Albert Humphrey所提出来的，是一种企业竞争态势分析方法，是市场营销的基础分析方法之一，通过评价企业的优势（Strengths）、劣势（Weaknesses）、竞争市场上的机会（Opportunities）和威胁（Threats），用以在制定企业的发展战略前对企业进行深入全面的分析以及竞争优势的定位。

---

① 何江虹：《蔗糖在烹饪中的应用》，“中华饮食文化基金会会讯”，2009年5月，第15卷第2期，第42～48页。

（一）优势（Strengths）

中国人食用美食喜欢用的是蒸、炒和煮的方式，其中蒸和炒为中国特有的方法，中国的馒头、包子都是蒸的。据考据：武大郎卖的“炊饼”也是蒸饼而非烙饼，有人说就是馒头。而西方的面包蛋糕都是烤的，因为面包是西方人的主食，天天都要吃，所以他们每天都和烤这种烹调方法联系在一起。中国对烤实在没兴趣，蛋糕在中国，也变成蒸的和发糕的做法一样。足见我们对蒸的执着和爱好。我们对鸭子的吃法，也主要是蒸。比如板鸭、腊鸭、盐水鸭，都是蒸着吃，广东地区特别喜欢吃炖盅。

但近年来逐渐重视养生，希望透过对鸭子烹调方法的介绍与制作的进化，将鸭肉推广出去，再加上鸭肉、鸭蛋的营养成分接近人体所需的营养。鸭肉比鸡肉胆固醇低 46.25%，填鸭肉比鸡肉低 15.58%。鸭油（脂肪）主要含有不饱和脂肪酸，近于橄榄油，有保护人体心血管系统的作用。如鸭油烙饼冷了也不硬，作点心层次多。清朝慈禧太后在皇宫里吃的小点心大多用北京鸭油制作。另外鸭肉还是修复基因的核酸（DNA）含量较高的食品之一①。故传统烤鸭仍有其不同于欧美特色的烤法与其三吃的食用，这是鸭肉仍具有的优势之处。

（二）劣势（Weaknesses）

但以中国农业科学院北京畜牧兽医研究所研究员侯水生所供职的研究所的鸭场为例，现在仅有 4000 只左右鸭子，9 个品系，分别代表着不同的生产性能。但由于资金有限，又缺乏市场渠道等支撑，他研究的改良北京鸭项目只能靠其对外提供技术指导和服务的收入勉强维持。据了解，国内一些企业宁愿以几十元钱一只的价格引进国外优良的鸭种，而不愿培育中国自己的本土鸭。而且物种培育不能做到根据市场情况与时俱进，导致自我萎缩。南京地区消费的咸水鸭过去用的是当地产的麻鸭，一年能消费几千万只，而现在 80%以上都用樱桃谷鸭。因为樱桃谷鸭生长期短、成本便

---

① 何宏：《北京烤鸭源流》，“中华饮食文化基金会会讯”，2008 年 11 月，第 14 卷第 4 期，第 302 页。

宜，30天就可以送去屠宰了，而当地的麻鸭需要等70天。拥有百年历史的老字号、南京“盐水鸭”的代名词、年销量超过1000万只的南京桂花鸭集团，也只能使用英国“樱桃谷鸭”为鸭肉原料。从中国清代发明填鸭饲养方法以来，上述操作几乎是北京鸭唯一的养殖方式。而随着中国经济的发展，中国人的食品习惯也在发生变化，现在口感不肥不腻的鸭子需求量逐渐大增。事实上，中国消费者普遍反映烤鸭太肥了，就是因为用的是填鸭。早在50年前，英国人也提出北京鸭太肥腻，于是也改良出了瘦肉型鸭子：就是当今的“樱桃谷鸭”。随后“樱桃谷鸭”驰骋世界，市场反应热烈，而作为其祖先的北京鸭却还囿在北京烤鸭的有限市场上，坐失了市场良机。

但像法国菜对鸭子的料理就有很多种，不过万变不离其宗，总是吃那只鸭子就对了。法国人吃鸭子不像中国人吃烤鸭那样片皮、撕肉、啃骨，多半取鸭胸肥腴鲜嫩的两片，次取鸭腿紧实多脂的两块。鸭胸肉可以做的料理，不管是煎或烤，还需搭配一些珍馐，才能风味出众；鸭腿则是以烤过的风味较好。不过法国人有一道名菜叫“榨鸭”（Press Duck），就用到了鸭子最为精华的汤汁，就是“鸭血”，还有骨髓。法国人为了保持鸭肉的风味，将鸭子掐死，而非割喉放血，让血液直接沁入肉里，煮出来肉质鲜红，味道浓重，这就是所谓的“掐杀法”，在法国罗亚尔河谷、诺曼底的鲁昂（Rouen）都有。

特别是禽类的炖盅，认为能大补，所谓炖盅实际上还是蒸。除了烤鸭，中国东部的菜式几乎没有烤制的。而且几乎所有的中国饭馆，除了卖烤鸭的之外，都没有烤炉。我们常吃的烤羊肉串是中国西部的烹调方法。这种方法有的是从西方传过来的西部的烤制方法，一定要加上西部特有的香料，比如孜然等，而烤鸭并不放这些东西，这是食用方导致产制方法不变而成的劣势。

（三）机会（Opportunities）

俗语说：“鸭子一身都是宝”，就连体表所被覆的羽毛也都具有很高的经济价值。鸭属水禽，其外披之羽毛为天然的优良保暖材料，羽毛质轻柔软，间具膨松保暖等特征，常被充填于衣裳、睡袋与棉被等夹层中，然从

看似无用之物摇身一变成高经济价值产品，且居平衡对日贸易逆差之功臣。反观台湾羽绒溯自1934年以前，仅将为加工的原料外销至大陆、香港等地，再由该地加工以精致羽绒卖出，该年产量已达近400吨。时至1992年从台湾鸭产值来看，羽毛的产量为11947吨，至今仍仅列初级农产品外销产值排行第三位，故如何能大量养殖，使鸭子全身上下皆受人们所利用，这就是其竞争的机会。

（四）威胁（Threats）

目前全世界每年消费的鸭子中，中国市场占了70%，这庞大而诱人的市场在其背后是英国樱桃谷农场通过河南华英集团、山东乐港集团、六合集团等在内的中国养殖公司，每年向中国市场以及国际市场输送大约9亿只樱桃谷鸭，中国每年从英国进口樱桃谷种鸭的代价大约是2亿元人民币。

相比之下，专门生产本土北京鸭的北京金星鸭业集团的种雏鸭年销售量仅45万只、商品鸭年出仅为620万只，这和生产樱桃谷鸭的华英集团等上亿产量相比，可称是微不足道。更令人吃惊的是，这些英国“樱桃谷鸭”的祖先就是中国的“北京鸭”。但如今，英国鸭子正凭借低廉的价格和更符合现代人口味的优点，大肆抢占中国的禽鸭市场，对绝大多数中国人来说，英国“樱桃谷”农场是一个极为陌生的机构。这家成立于1958年的农场，位于英国宁静的林肯郡东北部郊区罗斯维尔（Rothwell）小镇上，因其周围有成排的樱桃树围绕而得名。据其网站上的资料介绍，上世纪50年代末，一个叫“J·尼克松”的农场主开始组织团队研究鸭子的养殖问题。他们所做的市场研究发现，很多英国人喜欢吃用北京鸭做成的烤鸭，但是都觉得当时的烤鸭品种太肥腻。如果能提高鸭的瘦肉率，肯定会成就一个巨大的市场，于是一个多学科人才组成的团队开始聚集在“樱桃谷”专门研究北京鸭的育种问题。

通过长年的遗传选择试验，英国人培育出了生长周期短的瘦肉型鸭子，很快成为英国种鸭出口的佼佼者。1984年和1994年，英国女王先后两次为“樱桃谷”农场颁发“女王勋章”，以表彰其在英国出口贸易领域的贡献。如今，全世界每年要消费超过25亿只“樱桃谷鸭”。也许人们不曾留意的

是，现在很多“北京烤鸭”所烤的并非人们耳熟能详的传统北京鸭，取而代之的是一种来自英国的鸭种：“樱桃谷鸭”，甚至享誉中外的中华老字号“全聚德”也不例外。英国的樱桃谷鸭已经成为中国市场上的主流品种。不仅北京鸭遭到冷落，江苏的麻鸭、高邮鸭、福建四川等地的番鸭等品种都在樱桃谷鸭的市场冲击下，呈现不断萎缩的态势。

笔者只希望透过对台湾美食之一“鸭子”的料理介绍来协助推广中国传统北京鸭以及其他鸭种的认识与未来料理方式的进化，也唯有如此，才能将鸭子持续改良再利用，找出最适合食用与利用它的方式。

【参考书目】

一、传统文献

1. 北魏·贾思勰：《齐民要术校释》，台北：明文书局，1986年。

2.《名医别录》原书早佚，但其有关内容仍可从后世的《大观本草》、《政和本草》中窥知。南朝南齐南梁，陶弘景《本草经集注》的内容，365种系陶弘景录自《名医别录》。曾整理古代的《神农本草经》，并增收魏晋间名医所用新药，成《本草经集注》七卷，共载药物730种，并首创沿用至今的药物分类方法，以玉石、草木、虫、兽、果、菜、米实分类，对本草学的发展有一定的影响（原书已佚，现在敦煌发现残本）其内容为历代本草书籍收载，得以流传。

3. 唐·孟诜：《食疗本草译注》，上海：上海古籍出版社，2007年。

4. 元·贾铭：《饮食须知》，《百部丛书集成之二十四》，《学海类编第二十三函》，艺文印书馆印行，台北：2008年5月。

5. 明·李时珍：《本草纲目》，台北：新文丰出版公司，1987年。

二、现代文献

1. 曲黎敏：《中医与传统文化》，北京：人民卫生出版社，2009年。

三、期刊、硕博士论文

1. 何江虹：《蔗糖在烹饪中的应用》，“中华饮食文化基金会会讯”，2009年5月，第15卷第2期。

2. 何宏：《北京烤鸭源流》，“中华饮食文化基金会会讯”，2008年11月，第14卷第4期。

3. 林衡道：《台湾的传统食品》，第四届中国饮食文化学术研讨会（The 4th

Symposium on Chinese Dietary Culture，1995 年 9 月 21 日-9 月 22 日）。

4. 黄建堤（指导教授：刘登城、陈明造）：《不同糖水处理与不同加热回温方式对冷冻脆皮烤鸭质量之影响》，台中：中兴大学畜产学系硕士论文，2002 年。

5. 詹士贤（指导教授：刘登城、陈明造）：《不同品种鸭屠体脂肪分布及其对烤鸭风味之影响》，台中：中兴大学畜产学系硕士论文，1999 年。

四、参考网络数据

1. http：//www. ducks. org. tw/duck4% E7% 94% A2% E6% A5% AD% E4% BB%8B%E7%B4%B9. htm；http：//www. ducks. org. tw/part.

2. 格全食品有限公司，时间：2012 年 3 月 14 日，网站：http：//www. gerchean. com. tw/about _ 01. htm。

3. http：//hunteq. com/foodc/foodsym？@@846930886.

【致谢】

为撰写本文特地跑了一趟南台湾，台南东山篮先生的“篮记鸭头”、宜兰“博士鸭”叶佳玲小姐、花莲县玉里镇格全食品公司潘旻宏先生，供本人采访及提供数据、照相，在此一并感谢，也将本文送给他们，期待他们生意兴隆、事业顺利。

Taiwanese Delicacies: The Origins of Yilan Duck, and Dongshan Duck Head, Taiwanese Roast Duck

Hung-Wen Wong

(Lecturer, Department of Food and Beverage Management, Taiwan Hospitality & Tourism College PHD. Student, Department of Chinese Language and Literature, National Dong Hwa University)

Abstract: The culinary culture of Taiwan has flourished over the past ten years, and has a long history. In addition to influences from original indigenous and Fujianese cuisines, the people of Taiwan have also been influenced by Japanese cuisine, and in 1945 the eight major cuisines of China united in Taiwan. These influences have enriched the culinary culture of Taiwan with unique flavors and characteristics. The Taiwanese have not merely integrated dishes from different areas; they have also combined these dishes with ingredients specific to Taiwan itself, creating unique changes and innovations facilitated by local climate and tastes. The two-day weekend effected further changes in leisure and entertainment conditions in Taiwan. Night market snacks have become prevalent throughout Taiwan over the past ten years, and the number of people eating out and traveling domestically and internationally has increased. These factors have indirectly led to snacks gradually replacing staple foods in Taiwanese culture. People often say that among the four major meats (chicken, duck, fish, and pork), duck has the

highest protein content and a moderate fat content with a more uniform distribution. However, duck is almost always a "non-mainstream" choice among snacks or staple foods. This being the case, how can the unique characteristics of duck be displayed through roasting or stewing methods that will entice more people to try it? In particular, we investigate Taiwanese uses of discarded ingredients to recreate the uniqueness and creativity of duck. We can investigate the origins of duck in Yilan, the production of duck head in the Dongshan District of Tainan, and how methods of making Taiwanese roast duck differ from methods of making Quanjude Peking roast duck.

Keywords: Taiwanese roast duck, gualu roast duck, Yilan duck, Dongshan duck head, culinary culture

饮食习性与食事行为相关主题研究

台湾社会的转型与饮食文化的创新

姚伟钧[①]

【摘要】 本文以台湾社会文化考察为基础，结合文献资料，对台湾饮食文化的精髓"小吃"、台湾饮食文化的主要特点、台湾饮食文化取得成绩的原因以及台湾饮食文化资源的开发方略等问题作了深入浅出的探讨，旨在进一步了解台湾文化。

【关键词】 台湾　社会　转型　饮食文化　创新

台湾是个美丽之岛，也是美食的天堂，要了解台湾的社会与文化，不能不了解台湾的饮食。因为在所有文化门类中，最具文化象征意义的便是饮食，饮食文化不仅是某一时代文化的反映，也记录着社会的变迁、经济的成长与文明的发展等。而且饮食文化本身还随着社会的变迁与时代的进步，不断地在解构与再建构，新的文化意涵的重组，就是文化创新的过程，而这些变化过程的记录，也为我们提供了另一个观察台湾政治、经济、文化变迁的视角。

一、台湾饮食文化的精髓——小吃

众所周知，台湾是一个外来移民众多的岛屿，数百多年来，闽粤移民、东西方的殖民者、战火下的民众先后踏上台湾这块土地，为台湾带来了多

① 华中师范大学教授、博士、博士生导师，台湾高雄餐旅大学台湾饮食文化研究所兼职教授，主要从事中国文化史与社会生活史研究。

元的饮食文化。三个多月来，在我走过的台湾各地都可以发现这种多元饮食文化的图景。例如，就饮食风味餐厅而言，可以说是三步一小吃店，五步一大餐厅，经营品种既有北方的烤鸭、熏鸡、涮羊肉，也有南方口味的樟茶鸭、盐焗鸡、麻婆豆腐，不一而足；就餐饮形式而言，除了传统的中餐外，中西快餐连锁店的经营方式也十分流行，使台湾吃的艺术变得更加快捷；就饮食风格来说，世界各国的饮食也纷纷在台湾出现，美国的汉堡、意大利的比萨、日本的生鱼片、瑞士的奶酪等，包罗万象，让台湾着实成为饕客的天堂。

要了解台湾的吃，不能不到夜市，因为在夜市里，有各式各样的小吃，充满地方特色。所以初到台湾的一个城市时，本地人常常建议先到当地的夜市走走，这样可以帮助你了解当地的风土人情和地域文化，容易更快溶入其中。

夜市开始在台湾形成时，都以每晚开市的型态出现。由于早期人们生活较单纯，夜市所贩卖的都是日常生活用品和食品，所以逛夜市成了人们最好的选择，进而由赶市集、凑热闹、讨价还价、东挑西选的购物形式，逐渐演变成了那种集美味小吃、休闲娱乐于一身的休闲夜市，成为台湾民众生活中之“小型嘉年华”，除了纯粹买卖的商业功能之外，也提供了一项民众休闲的方式。小吃摊的结市效应带动了周边的商业发展，繁多的服饰店、鞋店、百货公司、地摊，以及各类餐饮聚集于此，更因规模的逐渐扩大而形成观光夜市。

关于台湾夜市发达的原因，应该还有气候方面的因素，台湾属于亚热带气候，四季温和怡人，温度起伏不大，适宜人们户外活动，这也有利于夜市的兴旺发达。

台湾的夜市最早都是在城市中心出现的，如台北市的大稻埕，它由小商贩、小吃摊的聚集逐渐聚市而形成夜市。今天台湾各地的夜市多位于交通枢纽，通常为各地发展最早、人潮最旺的地方。方便、快速、便宜的各色小吃，除了满足来往人群的口腹之欲，更成为“快餐文化”的鼻祖。而汇聚在夜市的小吃摊，长此以往，经过时间的考验，因口碑相传而得以永

续经营，往往成为历史悠久的老牌食档，很多台湾人都是跟着摊位小吃一起长大的。

夜市的饮食以小吃为主，在某种意义上来说，台湾饮食文化的精髓就是琳琅满目的小吃。就地取材是各式小吃的长处，由于台湾四面环海，渔产丰富，因此海鲜便成为小吃原料的主要来源，如蚵仔煎、生炒花枝、鱿鱼羹、虱目鱼汤、炭烤小卷、炒蟹脚等。至于烹调手法，清蒸、生炒、油炸、火烤等，变化多端，香味四溢。

台湾小吃，多彩多姿，就名称而言，有些听起来就觉得十分奇特，我们从几个特别名称的小吃说起，例如：

台南小吃“棺材板”，名称听起来似乎不吉利，但深受台湾人喜欢，其实，“棺材”只是一块面包，将中间挖空，填入鸡肝等作料，然后再盖上一块面包，油炸着吃。棺材板的由来有一段趣味典故。据说，棺材板原名为“鸡肝板”。在20世纪40年代，鸡肝等内脏属上等食材。因此，见闻广博的台南许六一先生遂采用鸡肝为其主要内馅，且将之命名为鸡肝板。味道鲜美的鸡肝内馅好比法国的传统美食鹅肝酱，有异曲同工之妙。而这一特殊点心，在当时已十分受欢迎。过往食客，不论本地或外乡人，一到他经营的“沙卡里巴”必点鸡肝板。有一天，台大考古队来到沙卡里巴“盛场老赤崁”点心店品尝鸡肝板。大家对这似西点的食物，赞誉有加。而考古队与许六一先生闲聊之际，一位教授先生灵机一动地说：“这鸡肝板形似我们正在挖掘的石板棺。”生性乐观开朗的许六一先生听完后，爽朗地说：“那我的鸡肝板就命名为棺材板吧。”这有点耸听的名号很快就叫响了台南。或许是由于口味特殊，加上寓意升官发财，不少人竟冲着这个“好口彩”而来，于是乎就成了名吃。

还有香酥的外皮“蚵嗲”，蚵嗲是台湾相当普遍的小吃，蚵就是牡蛎，“嗲”是闽南语音饼块的意思，也是闽南语饼块计数单位。蚵嗲普遍的做法是以平勺抹上米粉，将拌匀的菜馅与鲜蚵铺放其上，再以一层米粉淋覆于上，香气浓郁的韭菜，淋上酱油膏、辣椒酱一同入口，是一道食材朴质但搭配巧妙的小吃。

碗粿、虱目鱼丸汤本是台湾南部的地方小吃，现已晋身为“国宴”菜肴，在台北独领风骚。

猪脚应该是趁热吃，而在台湾的小吃里，最负盛名的万峦猪脚反而要放冷了再吃，可能也是台湾食味上一道独特的风景线。

还有香滑嫩甜的九份芋圆，浓郁可口的花莲馄饨，嚼劲十足的彰化肉圆，鲜美无比的淡水海鲜等。

因台湾气候、物产、风土民情等不同因素的影响，形成了各地特有的不同口味，造就了各地不同的各式小吃，其著名者兹录如下：

台北：淡水鱼丸、铁蛋、阿给臭豆腐；

新竹：米粉、贡丸、润饼、客家汤圆；

苗栗：姜丝炒大肠；

台中：筒仔米糕、清水排骨面；

彰化：蚵仔煎、肉圆蚵嗲、焢肉饭；

嘉义：鸡肉饭、香菇肉羹；

南投：竹筒饭；

台南：鳝鱼面、担仔面、肉粽、碗粿、鼎边铧、虱目鱼粥、棺材板；

高雄：木瓜牛奶；

屏东：万峦猪脚、东港黑鲔鱼；

宜兰：板鸭、鸭赏、牛舌饼、龙须糖；

台东：竹笋干、大陆口味的面；

澎湖：丁香鱼，等等。

台湾南北气候环境差异较大，造成“南甜北咸”、“南蒸北炸”的情况出现，肉圆南部是用蒸的，而北部是用炸的。因此，人们透过这些地方小吃，可以认识台湾地方特产与人文特色。

根据“台湾观光局”的统计，这几年来，游客来台的主要景点排名，第一名是夜市，第二名才是台北“故宫”，可见游客来台主要的目的是享受美食，而夜市当然就成了游客们最好的选择，因为台北“故宫”的“翠玉白菜”再怎么巧夺天工，“肉形石”看起来再怎么可口，终究都无法入口，

而走一趟夜市，各种香味、各种手艺的小吃，看起来就很过瘾。

台湾夜市，也可说是浓缩了的台湾庶民文化。它在夜色中绽放光彩，吸引着一波又一波的人潮，越晚越热闹。肉圆、肉粽、担仔面、卤肉饭、四神汤、米粉汤、鱿鱼羹、臭豆腐，香气四溢，热气氤氲，长久以来温暖了无数人的胃。

2007年第6期《远见》杂志公布了通过民调选出的“台湾美食最佳代表”，排在前十名的，都不是什么饭店名菜，全是小吃。根据这个排行榜，榜首是蚵仔煎，这是几乎每个夜市都会有的台湾小吃，由蚵仔加蛋、青菜，勾芡煎成，不但好吃，而且有蛋、有青菜、有海鲜，简单一盘就可吃到好几种营养。在这次评比中，珍珠奶茶以微弱差距屈居第二，败给了蚵仔煎。第三名到第十名，则依序是蚵仔面线、臭豆腐、卤肉饭、肉圆、肉粽、担仔面、牛肉面及小笼汤包。

“台湾观光局”的统计数据还显示，从2000年起，“小吃菜肴”已超过了“风光景色”、“台湾民俗风情文化”，成为吸引外国旅客来台一游的首要诱因。

人们也许会问，台湾小吃为什么如此发达呢？这可能是台湾历史上没有什么大菜，而小吃就显得非常丰富。另外一个原因是国民党从大陆来台，带来了大批军人，也将大陆各省饮食文化以及风俗民情一并带进了台湾，在不分本省、外省人都穷的那个年代里，这些军人军眷落脚的饮食店，便是军人美食源起荟萃的大本营，一些色香味俱全的小吃伴随着深厚的人文风采与离乡背井时的浓郁乡愁就产生了。如今，这些小吃有的仍旧是路边摊；有的已成为高级饭店的桌上名肴；更有的则已自创名号、传喻四海。

除小吃外，台湾的西餐业也十分发达。近年来，随着台湾经济的发展，各种外国菜也相继地出现在台湾。台湾最早出现的西餐馆多由曾经在大陆开设过西餐厅，后迁台的人士所经营，因此市面上多属上海式的西餐，也就是有着西餐的形式，口味却夹杂了一些上海味。近年来传入台湾的外国菜，味道则较为地道，除了正式的西餐厅以外，麦当劳汉堡，意大利比萨，肯德基炸鸡，墨西哥卷饼，印度尼西亚沙威玛，澳洲岩烧，韩国石头火锅，

日本拉面、铁板烧、涮涮锅等饮食店也十分常见。同时，由于台湾对外籍劳工的引进，菲律宾、泰国、越南、印度尼西亚等地的菜肴也逐步地在台湾出现。

由此可见，台湾的饮食文化是随着台湾社会的发展而不断变化的，是台湾人民精神、物质与文化生活的反映。

二、台湾饮食文化的特色

饮食是一种生活，亦是一种文化，是和当地的物产、文化传统紧密相关的，台湾的饮食亦不例外。在明、清两代，大量的汉人移民台湾，与当地高山族居民融合，他们的后代继承了高山族乐天、开朗、朴实的个性，亦保存了重人情的儒教文化，从而形成台湾特有的饮食文化。

那么台湾菜有什么特色呢？据连横《台湾通史》曰："台湾之馔与闽粤同，沿海富鱼虾，而近山多麋鹿，故人皆食肉，馔之珍者为鱼翅、为鸽蛋，皆土产也。盛宴之时，必烧小豚。"可见，台湾菜以闽菜为基础，后又杂以大陆的粤、川、苏、沪、鲁、湘、鄂等地风味，加上部分日本料理及西方餐饮文化的影响而形成自己的特色；又由于海产丰富，因此以烹制海鲜最为擅长。口感清淡、醇和、鲜美，并兼有甜辣味，注重制汤。在烹饪方式上更具家庭风味，爽口而不油腻。在做法上，台湾菜非常精细，每一道工序都十分讲究，怎样能做到最佳的营养搭配，也有非常高的要求，这就保证了台湾菜在色、香、味方面的协调。

当然，台湾各地也有本地的不同特色，例如，由于台湾"客委会"的提倡，当下台湾客家菜非常兴旺。早期客家人到处迁徙，为了使粮食易于携带与长期保存，晒干和腌渍在客家菜中占相当重要的地位，客家主妇处理萝卜干尤其有名。客家菜口味较重，也比较咸，重视香味，客家小炒"鱿鱼炒肉"堪为代表。较有名的客家菜包括梅干扣肉、梅菜蹄膀、盐焗鸡、姜丝肥肠、炒毛肚、酿豆腐、各种封菜等。目前，不少店家在努力尝试创新，以精致化的风貌登场。

具体而言，台湾饮食文化有这样几个特点：

1. 口味以甜味为重，牛肉面、菜包，肉包也有甜味。

2. 台湾各种米制食品特别多，如糕、糍、粽、饭、丸、卷等，其名目不下百种。

3. 饮料品种繁多。与福建、广东一样，台湾有浓厚的饮茶文化，台湾茶叶从福建移植过来，至今已有两百多年，是台湾民众传统的饮料之一，台湾饮茶文化的发展与台湾的人文风俗有密不可分的关系。在台湾茶中名气最响的当属冻顶乌龙茶，被称为茶中第一绝。冻顶山山高林密土质好，栽种的青心乌龙茶等良种茶树生长茂盛。冻顶乌龙茶属于半发酵，轻焙火型。其风味独特，自然呈现花香味，口感圆滑甘润，饮后口颊生津、喉韵悠长。台湾名茶还有阿里山茶、樟树湖茶、梨山茶等。另外，台湾还有各种各样的鲜果、干果、蔬菜汁，传统饮品（酸梅汤、百果香、海石兰、糖水）再加上各种奶类与药类带来的变化，种类极其丰富。

4. 特色刨冰。台湾在 20 世纪 50 年代初，制冰、卖冰事业开始兴起，食用开始普遍，后来，从手摇刨冰机的发明到电动刨冰机的问世，卖冰业者如雨后春笋般蓬勃兴起，从单一的清冰加糖水、爱玉冰、仙草冰、杏仁豆腐冰，到现今流行的黑糖刨冰、芒果刨冰，刨冰配料越来越多，花样百出，成为一大特色。

5. 西餐与海鲜较多。

6. 食品做得精细，绵软，易消化。

7. 传统台菜不吃牛肉。早期的台湾人不吃牛肉，因为牛在台湾的开拓史上，占有相当大的功劳，一般人心存报恩的心理，都不愿意吃牛肉，此习俗直到台湾光复后，来自北方的外省人带来家乡的“红烧牛肉面”，而当兵的年轻人也以吃牛肉来维持体力，牛肉才渐有人吃。

有香港学者从历史、环境、地理等的对比中了解港、台两地的饮食，可以看出两地饮食文化是同中有异，各有悠长。

1. 港、台基本上都是中菜，这是历史因素使然。

2. 香港邻近广东省，说广东话，所以其饮食文化非常广东化，中餐厅

也以粤菜、潮州菜以及具有香港特色之港式饮食为主，而海鲜料理自然也是其强项。

3. 台湾因当初国民党由大陆来台，带来了大陆各个不同省籍的人士，也因此在台湾的中菜非常多元多样，举凡大江南北各种口味的中菜，例如北方菜（含面食）、江浙菜、川菜、湘鄂菜、粤菜、台菜，到处可见，选择多样，所以在台湾的中菜是什么口味都有，极为多元化，这是香港所不及的。

4. 异国料理。台湾近年来也有许多各式各样之异国料理，但是，香港毕竟是个高度国际化的地方，受到西方影响比台湾大，所以香港的饮食当中，各种国际性美食水平很高，比台湾更容易吃到各种地道的异国美食，也是不争之事实。

从以上这个比较中，可以看到香港与台湾的饮食文化与大陆是一脉相承的，但两地由于各自的地理环境、气候、文化以及国际影响不同，也都有着多元的饮食文化，但即使门派繁杂，口味多样，而其真正的特色则是“终于中华原味”。

三、台湾饮食文化发达的原因

近几十年来，随着台湾经济的发展，人民生活的日益改善，台湾饮食文化有了长足的发展。饮食文化的进步，是台湾社会政治、经济、文化等多种因素所推动的，由此，我们也可以认识台湾社会变化的一些轨迹。

1. 经济因素

对饮食文化的影响，经济的改善是首要原因。从原先只求温饱，到要求吃好，进而要求吃得健康。此外，经济条件改善了，人们生活节奏加快，工作忙碌，自家做饭自然少了，外食人口也就增加。在台湾的菜场，随处可见加工好的成品和半成品，比如烤好的肉禽鱼等、各式的熟菜、包好的一盒盒馄饨饺子等，主妇工作后回家做饭十分方便。

再一方面的原因，开一家小型饮食店需要的启动资本不多，是小业主

的较佳选择，而且台湾土地房屋私有，在自家楼下开个小吃店，方便不求人，又有营生，日日见财。各家人都力尽所能开发出独具特色的食品，所以花样层出不穷、琳琅满目。

2. 社会的变迁

台湾的社会变迁主要包括：社会生态改变、所得与教育程度提高、人口老龄化、晚婚、双薪家庭增多、高科技产业取代传统产业等，这些社会变迁，也同样反映在台湾的饮食文化当中。例如，有学者研究，台湾“总统府”的“国宴”菜肴就随着社会的发展而不断在更新之中，一些传统小吃成为“总统”的宴客佳肴，登上了大雅之堂。

3. 传统文化的影响

传统文化对台湾饮食文化的主要影响，表现在节庆与喜宴之上，如端午吃粽子、中秋吃月饼、冬至吃汤圆、春节吃年糕、清明吃润饼（春卷）、冬天围炉吃火锅，这些浓浓的古早味成为饮食文化传承的主要代表。

台湾还有一种特殊的外烩文化，所谓“外烩”即在屋外、街边，张罗红巾大桌，展开热闹的流水筵席，人们俗称为“办桌”，办桌文化是源自民间最具台湾特色的饮食文化。台湾人的好客多礼一直备受世人称道，因此，办桌聚餐便成为人际间互动与交流的最佳媒介。办桌的食在菜色与价格及特有的亲和力与凝聚力方面，是餐馆筵席无法比拟的，这也是办桌外烩能历久被众人所爱之因。可以说办桌活动陪着台湾人民度过人生中一些重要的时刻，举凡结婚、新居乔迁、寿宴、弥月等婚丧喜庆都可见到它的芳踪。

4. 外来文化的影响

因为经济快速发展，异国风味的饮食吹袭台湾。外来文化对台湾饮食文化的冲击主要表现在可乐、麦当劳、比萨等食品上。尤以快餐食品发展的速度最快，形成了台湾的另一种饮食文化。特别是幼儿成长的过程中，几乎完全无法幸免于这些外来快餐文化的“魔掌”，每一个小朋友都很喜欢。据有关研究表明，人们的饮食口味大概是在5岁形成的，所以麦当劳的战略定位就是主攻这些儿童。

5. 健康的重视

由于知识水平提高，医学发达，现代人对健康越来越重视，这种现象表现在台湾的饮食文化上，便是近年来所谓低油、低糖、低盐、高纤的健康食品、有机食品在台湾大行其道。

6. 宗教的因素

宗教对饮食文化的影响，最明显的就是佛教。近几年，佛教在台湾非常兴旺，不论是出家或在家居士的人数都大量增加，吃素的专门餐厅也就应运而生。许多喜宴场合，主人都另备素桌，招待吃素的客人。即使不吃全素的一般大众，也不排斥到素食馆用餐，因为对健康有益。

7. 两岸关系的改善

随着两岸交流日益密切，两岸在饮食文化上的交流会更频繁。事实上，两岸在饮食文化上有许多共同性，从台湾餐厅的一些招牌就可以看出来，像上海汤包、天津狗不理包子、山东馒头、兰州拉面、温州馄饨等，都有很高的美誉度。

8. 观光产业的发展

近几年来，由于台湾观光业与外贸业的发展，许多异国料理也进入了台湾，举凡日式、美式、意式、法式、德式、韩式、俄式、印度式、泰式等异国料理纷纷在台湾落地生根，为台湾营造了独有的餐饮融合环境，反过来促进了台湾观光业的发展。

以上几点只限于主要影响因素，其实台湾饮食文化发达的原因，若能深入去探讨，则蕴含有社会学、心理学、文化人类学等方面的学理，有待更多人一起参与研究。

四、台湾饮食文化资源的开发方略

众所周知，世界上许多发达国家，都有引以为傲的文化资源，注重文化传承，使得这些地区的人民拥有深厚的文化素养，也累积了具有产业价值的文化资源，这是非常值得我们学习的。台湾饮食文化资源十分丰厚，

文化生态系统多姿多彩，文化资源禀赋独特丰厚。就文化资源的结构型态而言，台湾饮食文化资源可以划分为七大文化系列，即人文历史文化、地域文化、民俗文化、宗教文化、园林艺术文化、娱乐休闲文化、现代科技文化等。这些文化系列内涵丰富、特色鲜明，展现了台湾文化的基质特色和精神风貌，既是丰富多样的文化型态，又是宝贵的饮食文化资源渊薮。目前台湾各地根据饮食文化资源的特点，因地制宜地采取不同的开发策略，具体而言有如下几点：

1. 深入挖掘，彰显文化内涵

台湾饮食文化资源蕴藏丰富。但是，在过去很长的一段时间里，人们一直把文化资源开发停留在保护与继承的层面上。这就使得今天的台湾仍既是一个文化资源丰厚之地，又是一个饮食文化产业开发不足之地。开发的深度不足，造成文化资源的产业化开发存在产品和服务竞争力不足。因此，在开发中，应该充分发掘、整理和利用各种文化资源，突出文化主题、彰显文化内涵。如今，台湾有些地方也在做饮食文化产业的资源调查，例如：彰化县人文荟萃、物产丰饶，他们就在着手进行《彰化县艺文资源搜集计划——饮食文化调查研究》。研究计划的目标，旨在了解彰化县二十六个乡镇市饮食文化之型态、意义及演变过程，借此整理出彰化县各类饮食文化，建构彰化的艺文特色，进而培养乡土情怀，作为彰化县乡土教学之参考教材。其终极意义无非是，发掘地方人文资源、建立彰化县饮食文化的深层内涵，并为产业文化提供新的视野及商机，以作为观光、休闲的参考。

2008 年，台北“故宫”晶华开幕，他们把中华国宝端上了餐桌，也把台湾饮食文化推升到了另一个境界。“故宫”晶华一开幕就在台湾造成轰动，并广受国际观光客的喜爱，并不是因为它的翠玉白菜有多么好吃，也不是因为它的用餐空间装潢得多么豪华，这一个身处于台北“故宫博物院”内，由“故宫”授权、晶华酒店出资兴建经营的餐厅之所以吸引人，最大的关键是它深入挖掘了中国文化资源，彰显了中国历史文化的内涵。

2. 合理规划，优化资源配置

文化资源的分布具有区域性特征，不同的地区文化资源禀赋不尽相同，不同的民族有着独具特色、绚丽多彩的民族文化，这就需要充分考虑地区之间的文化差异性和经济不平衡性，为文化资源的产业化开发进行合理规划，优化资源配置。要做到既深入挖掘区域文化资源的文化内涵，充分展现和继承民族文化的优秀传统，又从实际出发，寻找探索最适合本地特点的文化资源开发模式，因地制宜地发展有地方特色的饮食文化产业，真正达到人无我有、人有我优、人优我特，切忌人云亦云、盲目跟风。同时，在制定规划的基础上，要选准突破口，找准切入点，善于把深厚的饮食文化资源做成具体的产业项目，实施重大饮食文化产业项目带动战略。在这方面台中县山城客家传统美食产业的开发有一些成功的做法，他们因地制宜，着力打造了“石冈传统美食小铺”，发展出了系列特色饮食文化产品。如传统肉粽、综合粿、芋头粿、蜂巢蛋糕、凤梨酥、养生红糟肉粽、养生红糟酿、麻糬月饼、三角圆等；还发展出了系列特色餐点，如红糟餐饮系列、养生药膳系列、鸡尾酒餐会系列、水果餐系列、客家创新美食系列、传统年菜系列等，取得了较好的社会经济效益。

3. 整合资源、做大做强，实现规模效应

文化本身是一个复杂的系统结构，文化资源内部的每一个要素之间都是紧密地相互联系、相互制约的。这决定了饮食文化资源在开发中必须培养文化资源的整合观念，整合不同饮食文化企业或饮食文化产品，组成一定的食品加工产业链和产业集群，对不同的饮食文化企业协同合作与协调发展，建立相互协调的合作关系，形成系列的食品产业链和产业集群，使饮食文化企业实现规模经济效应。

台湾盛名是小吃，有各种中式食品，具有特色的餐厅生意兴隆，而且可在台湾各地、在海外中国人居住的地方如洛杉矶等地开立分店。但是台湾饮食业没有建立海外的大企业，无法推出适合世界口味的小吃。台湾小吃的口味胜过麦当劳汉堡，但是只能外销至海外中国人市场。饮食业有许多小老板，但是没有国际竞争力的大公司。所以，我们认为台湾小吃应该

坚持传统与创新相结合：一个是走传统路线，也就是古早味的台湾小吃；另一个是走创意路线，结合网络营销及加盟，在规模上要做大做强。

在这方面也有成功的案例，据2008年9月的《今周刊》第611期《好吃背后的秘密：鼎泰丰小笼包奇迹》一文介绍："鼎泰丰小笼包从1996年在日本东京高岛屋百货里开出第一家海外分店开始，12年间，鼎泰丰在全世界9国开拓了44家分店，也是台湾饮食业目前为止，海外分店最多的饮食巨擘，创造出惊人的'小笼包奇迹'。这颗重仅21公克的小笼包，轻巧地飞出台湾，每年在全球卖出1亿个，在9个国家有44家店，一年卖出1亿个21公克的小笼包缔造了60亿餐饮王国。没有财务预测，更端不出伟大好看的未来计划，但一年卖出1亿个小笼包的鼎泰丰，会不会继晶圆、NB之后，成为台湾下一个打进全世界的秘密武器?"我们有理由期待着康师傅、鼎泰丰等企业创造这方面的奇迹。

【参考文献】

[1] 连横：《台湾通史》，南宁：广西人民出版社，2005年。

[2] 池进、陈秋萍：《论闽台饮食文化的形成与相互影响》，《台湾农业探索》，2009年第2期。

[3]《台湾美食最佳代表：蚵仔煎险胜珍珠奶茶》，《远见》，2007年第6期。

[4] 周智武：《台湾的开发与饮食文化的变迁》，《南宁职业技术学院学报》，2006年第4期。

[5] 潘江东：《夜市文化研究》，《高雄文化研究》，2007年年刊。

附记：2008年9月与2011年5月，我应台湾高雄餐旅大学台湾饮食文化研究所的邀请，先后在台湾进行了三个多月的学术交流。在这期间，我有机会游览了台湾各地，品尝了许多台湾美食，因此，这次台湾之旅，不仅是一次学术交流，同时也是一次丰盛的美食文化飨宴。本文即为这次考察报告，是为记。

台湾客家饮食文化之传承与演变

徐富昌[1]

【摘要】饮食不仅是人们维持生命的基本物质需要，更包含着丰富的文化内涵。饮食文化是族群文化特色的载体，最能体现一个地域或族群的文化性格。客家饮食文化既包含着客家民系的历史和文化背景资讯，也蕴藏着客家民系的人生态度、生存理念和思维方式。客家饮食文化除包含了许多中原饮食文化的因素外，更多地体现了客家社会特有的风俗民情和鲜明的客家文化特性。台湾的客家饮食文化也面临同样的情境，进而呈现出丰富多样及独树一帜的台湾客家饮食文化。

台湾客家的日常饮食，首先是以米食为主。这是因为台湾有良好的稻米生长条件，故能发展出多样的米食文化，除了大米饭、油饭外，更发展出丰富的米粄文化。其次，在台湾客家人的日常饮品中，茶是最重要的饮料。客家人特好饮茶、“食茶”，既奉茶于人，又供茶于神；既饮早茶，亦沏功夫茶；更因应时空，发展出新式的擂茶来。本文通过对客家饮食文化的介绍与观察，借以提供人们更加理性、直观地了解客家人的生活风俗及心理心态，进而更加客观地把握客家文化和客家精神特质。

【关键词】客家　饮食　饮食文化　原乡　传承

一、序　论

中国是一个饮食王国，烹调和饮食实践的历史悠久，早在两千多年前

[1] 现任台湾大学文学院副院长、中国文学系教授。

的春秋、战国时代，就已经出现了比较系统性的烹调理论①。在中国的传统文化中，最广泛最深厚又最具有代表性的，可以说就是饮食文化。这是因为中国的饮食文化远远超出了单纯的饮食范畴，它是民情风俗及社会伦理的大一统的结合体②。饮食是极为平常又极为重要的事。它是人类生存和改造身体素质的首要物质基础，也是社会发展的前提。饮食文化是人类不断开拓食源和制造食品的各生产领域，和从饮食实践中展开的各种社会生活，以及反映这二者多种意识形态的总称③。张光直曾指出："到达一个文化的核心的最好方法之一，就是通过它的肠胃。"④ 这似乎说明饮食是理解一个族群精神气质最重要的角度，也是文化表述的最重要的符号。因此，有人说中国文化的代表就是饮食文化，一个人只要能游刃有余地驾驭中国的饭局，那么他的未来将是不可限量的。在中国，饮食文化牵连着社会交往的丝丝缕缕，牵一发而动全身。而作为中国文化的一员，客家饮食文化当然也不例外⑤。

台湾饮食与兼融客家、闽南、外省及原住民等不同的族群，形成了多彩多姿的人文色彩，也造就出丰富多样的饮食文化⑥。其中，客家饮食除了是客家文化的重要特色外，是客家先民早期克勤克俭的生活精神表征。

客家是汉民族大家庭中的一个独具特色的支系，他们身居异乡，魂牵故里，在饮食习俗、饮食象征、饮食心理等方面继承了许多中原饮食文化传统，但为了群体生存与发展的需要，客家人面对南方强势的百越文化、台湾高山族文化，甚至闽南文化及特殊的自然地理环境，入乡随俗，在饮食上也作出了许多适应性改变，从而形成了独树一帜的客家饮食文化。

饮食文化基本上离不开当地的自然地理条件、物产资源以及社会人文

---

① 林乃燊：《中国饮食文化》，台北：台湾商务印书馆，1994 年，第 10 页。

② 王增能：《客家饮食文化》，福州：福建教育出版社，1997 年，第 2 页。

③ 王增能：《客家饮食文化》，福州：福建教育出版社，1997 年，第 2 页。

④ [美] 尤金·N·安德森著，马孆、刘东译：《中国食物》，南京：江苏人民出版社，2003 年，第 250 页。

⑤ 刘春艳：《陆川县客家饮食习俗的文化适应与传承困境——以乌石镇为个案》，硕士论文，广西师范大学文学院，2007 年，第 2 页。

⑥ 陈贞吟、孙妤鑫：《用心品味：小吃在游客心中的意义价值》，《餐旅暨家政学刊》，2008 年 5 月第 1 期。

条件的交互影响。客家饮食特色之形成，亦是在特定的时空背景下，经过漫长的历史传承与演变过程而逐渐形成的。客家先民原是黄河、江淮流域的汉人，属于中原民族。由于天灾和战乱的驱赶，从唐末五代、两宋时期开始大量辗转南迁至闽、粤、赣交界地区聚居①，大量汉民的涌入，打破了闽、粤、赣边境地区长期以古越人后裔、畲、瑶等少数民族为主体的居民格局，他们逐渐融合，从而形成一个独特而稳定的汉族支系客家。其后，又向南方各省及海外播衍②。客家民族基本形成后，仍有赖各地移民迁入客家地区，被同化为客家民系之一员。而在这持续千年多次的迁移行动中，当然也有一些客家人在安定，久而久之反而被异化，遂以当地人自居。但大多数继续迁移的客家先祖，依然以"客人"自称，此即所谓狭义的"客家人"③。

---

① 陈志平、李晓文：《关于赣南客家历史源流的对话》，《赣南日报》，2004 年 11 月 17 日，"赣县网"，http：//bbs. ganxianw. com/thread-2028-1-40. html。

② 客家人除了向海外及台湾移民外，也有向南方他省移民者，如广西陆川县客家人就是移民群体的一支。刘春艳指出：明朝时期，闽、粤、赣一带地区人口急剧膨胀，出现人多地少、生存艰难的局面。同时，社会动荡、战祸不断，民不聊生。而地处桂东南的陆川毗邻广东的化州、高州、廉江等地，与区内的博白、玉林、北流相连，自古以来便是进出两广的交通要道。县内的九洲江，自县城始，贯通县南，途经广东廉江注入北部湾。这样在地域上极具优势的陆川就成为客家人入桂的首选。同时，陆川又是个山多田少的丘陵地区，人烟稀少，这里古时候曾是壮瑶民族的栖息地。由于战祸不断，人口急剧减少，这样就造成大量土地荒芜，无人耕种，从而为客家人的迁入提供了潜在的生存空间。这两个条件的具备，就使得客家人迁居陆川的可能转变为了现实，并在明朝时期形成高潮。他们从福建途经粤西信宜、廉江、化州等地辗转来到陆川。参见刘春艳：《陆川县客家饮食习俗的文化适应与传承困境——以乌石镇为个案》，硕士论文，广西师范大学文学院，2007 年，第 1 页。

③ 庄英章谓："客家的形成与源流有种种不同考证，我们无法在此一一论述。简单地说，根据罗香林先生的研究，客家先民南迁约可分为五个时期，第一期始自东晋五胡乱华，祖籍来自今河南、山西等地，第二、三期大约自唐末黄巢作乱至北宋才迁入赣南，然后从赣南进入闽西，从闽西再转徙粤之东北，第四、五期大约是明末清初，满人南下，又有部分客家人向其他地区或海外迁徙。其他或以服官、经商而零星的迁入者，则难以详细计算。总之，客家先民为躲避战乱，为开拓生存发展空间，也为了更美好的生活而不断迁徙。在艰苦奋斗中不断进取，这正是客家精神的一部分。"参见庄英章：《客家社会文化与饮食特性》，"行政院客家委员会·美食风味馆·客家饮食文化"网页：http：//www. hakka. gov. tw/content. asp? CuItem=7146&mp=1699，2005 年 12 月 8 日贴。

客家人历经千年迁徙，自然造就了团结奋斗、吃苦耐劳、坚忍卓绝、节俭勤劳的特性。此一特性之形成，亦因南方多山、多丘陵，一些较为平坦的地区，早为先前定居于此的民族所聚集，南迁后的客家人只得集结在山区。更因深居山区，与外界联络较为困难，故从个体而言，被异化和同化的可能也降到最低。由是之故，客家人反将民族的固有传统、文化礼俗，甚至于语言习惯都保存了下来。即使后来迁徙至台湾的客家人，亦因到得较晚，西部平原较肥沃的平坦之地早被漳州、泉州之人所开发，只得往丘陵、山区居住。在此情境之下，同样地，台湾客家族群特有的性格，也因此得以保存。

较有意思的是，客家民族饮食文化，也随着迁移之地而有所改变。亦即并无明显且独立菜系出现南迁至闽西的客家人，菜中融合了闽南的味道；在广东落脚的客家人，做出的菜色则被归入广东菜或东江菜中；桂东的客家人，以客家原有饮食文化传统为底色，融合当地的文化因子，做出的菜色则杂糅了桂系少数民族的风味；当然在台湾的客家菜，也有融合台湾菜的趋势。在此情境下，理顺客家饮食文化传承与演变的脉络，有助于我们更加了解客家文化，理解客家精神。

二、台湾客家米食介说

（一）台湾客家米食

客家人平日的主食是稻米。客家族群来自黄河流域的中原，南迁后，由于南方多山、多丘陵，一些较为平坦的地区，早为先前定居于此的民族所聚集。南迁后的客家人，只得集结在山区。所谓“无山不客，无客不山”、“逢山必有客，无客不住山”。客家饮食的食材只好受限于山产食物，尤其是赖以为主食的稻米，更是客家饮食文化不可或缺的重要部分。类似的情况也发生在迁徙至台湾的客家人身上。因迁来较晚，西部平原较肥沃的平坦之地早被漳州、泉州之人所开发，客家人只得往丘陵、山区居住。不过由于台湾地理特殊，西部平原固可生产稻米，丘陵之地，只要开垦得

宜，一样可以种植稻米。连横《台湾通史》载云：

> 台湾产稻，故人皆食稻，自城市至村庄，莫不一日三餐。……贫者亦食地瓜，可无枵腹之忧。地瓜之种，来自吕宋，故名地瓜。沙坡瘠土，均可插植，其价甚贱，而食之易饱。……可谓馈贫之粮也。薯之为物，可以生食，可以磨粉，可以酿酒，可以蒸糕。①

所谓"台湾产稻，故人皆食稻"，可见米食是台湾人的共同主食，客家人也不例外。客家人平日的主食米食及粄类，除日常所食的大米饭外，饭干也是米食的另一种变化。糯米的用途，除了作粄外，如果要煮成米饭吃，六堆的客家人都以"饭干"的形式为之。其他族群普遍食用的"米糕"以及"油饭"，在六堆客家都称为"饭干"。"饭干"也分甜饭干、咸饭干两种，风味各异，美味相同。大致说来，于佩玉指出，稻米，在中国社会中为最基本的餐食，且在中国的生命礼俗中，从出生、成年、结婚、寿诞、祭祖、节令，到最后的丧葬，均有各式的米食糕点，可见中国人对米食的重视。清朝黄淑璥《台海使槎录》对当时的米食品记载："饭凡二种，一占米煮食，一篾筒贮糯米置釜上蒸熟手团食，日三飧出则裹腰间。"② 可知当时的米分为占米及糯米两种，一种是日常煮来吃的白米，另一种是蒸熟后手团食的糯米，类似现在饭团，后来的米有粘米、糯米之分，而粘米又分蓬莱、在来③。在来米为台湾原产之米，魏丽华在《客家民俗文化》中提到：

> 日人据台以后、有中村氏者自日本携来稻种，与在来杂配，得新种，因称蓬莱；俗称中村米。饭软而粘，介于粘糯之间。唯贫苦人家，或遇荒歉，则仍食在来，盖以米价较廉而饭又较多故也。至于山野贫瘠之区，或以地瓜杂食。④

于佩玉指出："可知日人据台之后，携稻种与在来米杂配开发的新品种

---

① 连横：《台湾通史》下册卷二十三《风俗志》，民国八年纂，台北："中华丛书委员会"，1955年，第464页。

② 清·黄叔璥撰：《饮食》，《台海使槎录》，清乾隆元年序刊本册一，台北：成文出版社，1983年，第236页。

③ 于佩玉：《台湾客家节令其食俗文化研究》，硕士论文，淡江大学汉语文化暨文献资源研究所，2007年，第92页。

④ 魏丽华：《客家生活习惯》，《客家民俗文化》，台北：客家台湾文史工作室，2002年，第31页。

‘中村米’，粘度更为适宜，贫苦人家有时仍吃在来米，或以杂粮果腹。当时富家三餐可食米饭，唯贫苦人家则食粥，因为一碗米可煮成九碗稀粥。‘早期稻米生产不足，一碗米可煮三碗饭，却可煮成九碗粥，故多食粥，或以杂粮取代。’”① 有关日据时期台湾稻米的种类，邱盛琪云：

> 日本治台之前，台湾地区的稻米品种几乎只有籼米，因为是台湾在地的米种，所以日本人来台湾之后就以日文的“在地”之意称台湾的籼米为“在来米”。因为日本本土的耕地面积原本有限，人民喜食的稻米来源不足，所以大量从台湾进口稻米以补不足。然而日本人习惯吃较软质的米饭，对进口的台湾籼米无法接受，于是利用台湾耕地广阔及土质肥沃的地理环境优势为基础，致力于稻米的改良，终于培育出日本人喜欢吃的软质粳米，大量输往日本本土。既然此粳米来自史称蓬莱岛的台湾，因此便以“蓬莱米”称之。此两种米的日语名称，一直被台湾民间习惯沿用至今。蓬莱米育成之后的日治时期，台湾地区米的种类多为在来米（籼米）、蓬莱米（粳米）、糯米三大类。②

台湾光复后，政府开始大力推动台湾米的品种改良，目前所食用的，大都是自行育种的。台湾客家以大米为主食，而饭干则是米食的另一种变化。饭干分甜饭干、咸饭干两种，风味各异，美味相同。依邱盛琪的调查，甜饭干之做法为：“将糯米洗净，加糖水入电饭锅煮熟，也可以使用黑糖增加风味，趁热加入猪油、桂花酱、葡萄干、冬瓜片等拌匀。用大碗盛装倒扣或揉捏成方型小块，表面再撒稀疏的葡萄干做装饰即可取食。……近代也有用紫糯米制作饭干，但是紫糯米质地较硬不易煮熟，必须先长时间浸泡再蒸煮，虽然紫糯米饭干较难制作，材料米也相对较贵，但紫糯米的养生功效却使得紫糯米饭干在宴席上出现的机会越来越多。”③

---

① 于佩玉：《台湾客家节令其食俗文化研究》，硕士论文，淡江大学汉语文化暨文献资源研究所，2007年，第93页。

② 邱盛琪：《六堆客家粄仔文化之研究》，屏东：屏东科技大学客家文化产业研究所，2010年，第28页。

③ 邱盛琪：《六堆客家粄仔文化之研究》，屏东：屏东科技大学客家文化产业研究所，2010年，第95页。

糯米另可做成咸饭干，即所谓“油饭”，其做法“是先将糯米蒸熟保持温热备用，再将鱿鱼干泡水剪成细条状，香菇泡发后切成细条状，五花肉切成细条状。将佐料加入干虾米、红葱头细末等，全数用猪油爆香后加酱油、盐、糖、五香粉调味，再将此部分全加入蒸熟的糯米，最后趁热加入蒜末，搅拌均匀即成色香味俱全的饭干”①。一般而言，台湾的客家人常将糯米食品应用于不同节令②，但因性温热，不易消化，不宜多食，故多用来加工成点心。

（二）台湾客家米食粿（粄）

台湾因为盛产稻米，故有许多以稻米为原料的小吃，粿（粄）类即是。这些米食粿的做法有许多在古文献中就有记录，只是后来经过变化与开发，样式及风味更加丰富可口。以下针对客家米食粿（粄）及制作方法略作分析归纳：

①糍粑、麻糍、麻糬、粉糍粿

糍粑，或称粸粑、粢粑，是客家人娶妻、宴会、请客时最诚意又实惠大方的点心。台湾地区的客家人办活动、聚会，或节庆时，经常用以招待乡亲父老的食品，是客家族群向非客家族群表示欢迎的重要食品之一。糍粑，相传宋朝时在客家人聚居地区闽西长汀县内的宝珠峰山有座龙王庙，当地连年旱灾，客家人为了求雨，但家家户户能供的祭品实在不多，仅有米一项，且有些人家连可供祭龙王庙的米也只剩一点点，为了表示客家乡亲的团结友好精神，人们将糯米共蒸共捶后，做成现在的糍粑来供奉。其后，庙内住持学习居民制作糍粑出售，因风味绝佳，故有“满岚岭的糍粑子”之说。因糍粑柔韧甜美，价廉耐饱，往来旅客争相品尝，于是将糍粑这种食品传遍了客家人聚集地区粤东、闽西及赣南一带。

---

① 邱盛琪：《六堆客家粄仔文化之研究》，屏东：屏东科技大学客家文化产业研究所，2010年，第96页。

② “稻之糯者为术，味甘性润，可以磨粉，可以酿酒，可以蒸糕，台人每逢岁时庆贺，必食米丸，以取团圆之意，则以糯米蒸之也。端午之粽、重九之粢、冬至之包、度岁之糕，亦以糯米为之，盖台湾产稻，故用稻多也。”连横：《台湾通史》下册卷二十三《风俗志》，民国八年纂，台北：“中华丛书委员会”，1955年，第464页。

糍粑的做法，是将糯米提前一天浸泡，捞出后磨浆，再放入饭甑蒸熟后，倒入石臼，或边碓边翻动，或高举木槌舂捣，谓之“打糍粑”，可以增加糍粑黏性，使糍粑又软又韧，口感更佳。取出置盆，用手捏成圆丸状的糍粑，蘸花生粉或糖粉食用，又香又甜，别有风味，甚至蘸炉肉汁食用。糍粑的特色是柔韧甜圆，如做成粽形，用油炸熟，因表面是金黄色，内为银白色，又名“金包银”[①]。此外，将碓好后的糍粑搓揉成圆形或蛋形蘸糖吃，麻糍则是将糯米加水磨成乳糜状，再制成粿团后蒸熟，取少量的白芝麻炒热混合白糖洒在团块上。一般麻糬吃时揉成小团，再蘸花生粉、芝麻粉等及糖粉，也有用姜片、红糖熬煮成糖浆然后蘸着吃[②]。客家人在中元节普度时往往会吃麻糬，冬至这天，除杀鸡宰鸭，买肉置酒，备足三牲祭祀天神和祖先外，家家还要“打糍粑”。做法如前述，将糯米蒸熟，放入石臼，高举木槌舂捣，糯米饭变得又黏又软又韧，取出置盆，用手捏成圆丸状的糍粑，蘸上白糖食用，又香又甜，别有风味，甚至蘸炉肉汁食用。福建、江西一些地方的客家人，还要蘸以捣碎的炒花生仁或芝麻，更是喷香可口[③]。

图 1

图 2

②牛汶水

牛汶水是老一辈客家乡亲熟悉的点心。早期的农业社会，因客家人工

---

① “金包银”，流行于闽西上杭地区。做法是先将湿糯米粉拌白糖，放置已六分热的油锅中，等粉团膨胀变大，内空外成金黄时取出，用剪刀剪开一口，将糖粉、花生粉塞入即成。

② 王怡茹：《浅谈台湾传统日常生活中之米食》，“中国饮食文化基金会会讯”，第 11 卷第 1 期，2005 年，第 26 页。

③ 丘桓兴：《客家人与客家文化》，北京：商务印书馆，1998 年，第 95～96 页。

作都需大量劳力，往往需要点心来补充体力。因此，产生很多种类的客家点心，而“牛汶水”就是其中最普遍的客家点心。牛汶水是用糯米做成麻糬，加上姜汤、黑糖则成“水麻糬”，就是民间所说的“牛汶水”。加姜汤是因为午后多西北雨，天若变冷姜汤可以去寒；炎热时加黑糖则可消暑。“牛汶水”的名称由来很富文化寓意，早期在台湾，在夏日炎炎之际，许多农家会将水牛泡在河里避暑。群牛泡水时，只露出头与背在水面上，与这种点心中的糯米麻糬蘸黑糖水相似，故而得名。此外，“牛汶水”因为是用全糯米制成，黏黏的质感，有联结的寓意，在早期客家农村文化中，亦有祈求秧苗稳固成长、来日好收成的象征。

“牛汶水”的做法，首先，把糯米团搓匀，再分成小段，像搓汤圆一般，最后揉成圆扁形，中间压一个凹窝，就是甜点中的麻糬原型，再丢入沸水中煮熟，待浮起后，就可以捞起放入碗中，最后舀入黑糖姜汁，再加点花生粒或芝麻粒添香，就相当可口。传统客家吃法除了加黑糖姜汁外，还有淋上卤汁的吃法，有甜的，也有咸的，相当香醇美味。此外，也有以糍粑置于黑糖姜汁或卤汁来享用的①。

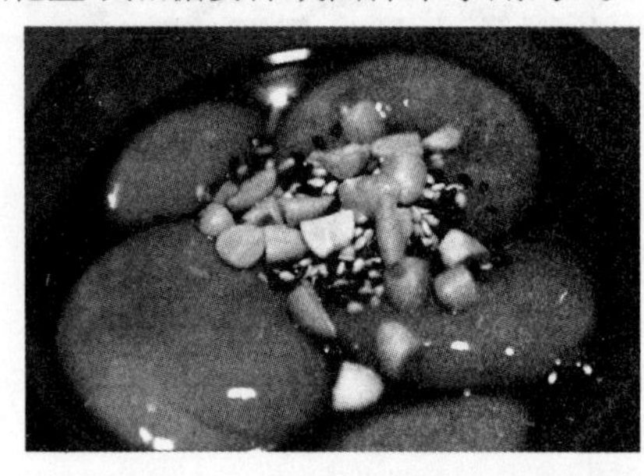

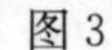

图 3

图 4

③甜板：年糕、咸甜粄、红豆粄（红豆年糕）、花生板（花生年糕）

年糕多是过年时食用，将糯米与稻米以十比一的比例加水混合，研磨

① 参见台北市政府客家事务委员会：《客家古早味点心“牛汶水”、“粢粑”》，“客家文化专栏·食衣住行”网页，http://www.hac. taipei.gov.tw/ct.asp?xItem=1046626&ctNode=26421&mp=122021。

成浆，将水分压出而成糯米团，再加入红砂糖或白砂糖蒸二至三小时即成，若加入葡萄干就是葡萄粿，加入红豆沙馅就是红豆粄，花生粄是制粄时加入花生碎末而成。咸甜粄就是咸、甜味皆有的年糕。

④粄圆：圆仔（粄圆）、汤圆、雪丸（雪圆、汤圆）、软粿（七夕粿）、𪎊汤糍、汤团

客家人把所有米食都叫“粄”，“粄圆”其实就是“汤圆”。不过，苗栗一带的客家人却叫汤圆为“雪圆”，因为研磨后沥干水分的粉团都是白的，“雪”是形容汤圆洁白的色泽，事实上客家汤圆不全然是白的，除非是丧事，否则都会掺一些揉有红粉的红色汤圆，但即便如此，他们也还是叫“雪圆”[①]。在中国大陆，北方人称元宵，南方人称汤圆。其实，元宵也是汤圆，亦称“汤团”，是中国的代表小吃之一，历史十分悠久。据传，汤圆起源于宋朝。宋吴自牧《梦粱录·荤素从食店》云：“及沿街巷陌盘卖点心：馒头、炊饼……汤团、水团、蒸糍、粟粽、裹蒸、米食等点心。”明刘若愚《酌中志·饮食好尚纪略》亦云：“自初九日之后，即有耍灯市买灯，吃元宵……即江南所谓汤团者。”《警世通言·俞仲举题诗遇上皇》：“只见俞良立在那灶边，手里拿着一碗汤团正吃哩。”《官场现形记》第八回：“陶子尧在旁边坐着吃汤团。”今江南之汤团有裹菜馅者，大如鸡子，一端捻有小尖儿，与元宵迥别[②]。可见宋时各地兴起吃这种新奇食品，用各种果饵做馅，外面用糯米粉搓成球，煮熟后，吃起来香甜可口，饶有风趣。因为这种糯米球煮在锅里又浮又沉，故它最早叫“浮元子”，其后有些地区把“浮元子”改称“元宵”。今时北方人在做的时候是以馅料加点水后，放进铺满糯米粉的大竹箩内滚动，等到沾上粉后，再用漏勺盛装入热水中漂一下捞起，就是过水，再重复入竹箩内沾粉后再过水，再捞起，如此一直重复直到元宵成适当的形状为止。

南方人其实如今也吃名为“元宵”的汤圆，有些南方人家有在春节早

---

① 参见“行政院新闻局”：“台湾美食文化馆”网页，http：//taiwanfoodculture.net/ct.asp?xItem=48395&ctNode=2695&mp=1501。

② 华夫主编：《中国古代名物大典》（上），济南：济南出版社，1993年，第701页。

晨合家聚坐共进汤圆的传统习俗。据说元宵象征合家团圆，吃元宵意味新的一年合家幸福、万事如意。江淮、上海地区就叫汤圆。汤圆在文献上也颇多见，如《歇浦潮》第三十五回："松江娘姨知他爱吃汤圆，便到附近一家糕团店内买了十六个汤圆，满满装了一碗送到房里。"《白娘子·吕洞宾卖汤团》："小伢儿看见别人吃汤圆，就吵着也要吃。"① 基本上，南方人所做的汤圆，是先以糯米做成粿粉团，再分揉成薄皮，包入馅后再搓成圆形的汤圆。如不包馅，就是"圆仔"，体积较小②。可见汤圆不是客家人专有的。

但客家重视米食，故"粄圆"是客家人在年节庆典活动时的重要点心。家母非常擅于制作"粄圆"，笔者从小吃到现在，食之不厌。此外，客家民间习俗在七夕这天会做"软粿"，这种粿类在做的时候会先揉圆，再用指甲在中间压掐出一个凹洞，丢入沸水后捞起，混合糖水中食用，主要是用来作为七娘妈的供品的，又叫"七夕粿"③。算是汤圆的变种。另有一种叫"熝汤糍"的类汤圆，是将粄脆的粉团搓揉成扁圆形，入水煮熟后，再加糖及花生粉，或加上黑糖姜汁食用，这其实就是"牛汶水"。

⑤猪笼粄（客家菜包）

客家人做的菜包，因形似竹制猪笼，因此又称"猪笼粄"。以糯米制饭皮，里面包上萝卜丝、葱、香菇、虾米、绞肉等馅料。包好后在表面捏出一条棱线，外形像"猪笼"，蒸熟即可。猪笼粄就是元宵节吃的菜包，一般的猪笼粄，大约半个手掌大，但是元宵祭土地伯公的猪笼粄，尺寸则超过数倍，代表对土地伯公的崇敬。也有将内馅包红豆泥、地瓜泥等甜馅做成的菜包称为甜包。

在台湾的客家庄，"猪笼粄"到处都买得到，但要吃到好吃地道的客家

---

① 复旦大学、日本京都外国语大学合编，许宝华、［日］宫田一郎主编：《汉语方言大词典》第二卷，北京：中华书局，1999年，第2220页。

② 李丽文、郑素月：《摇元宵包汤圆》，《烹饪月刊》（创刊号），台北：品味生活文化出版社，2001年，第54页。

③ 于佩玉：《台湾客家节令其食俗文化研究》，硕士论文，淡江大学汉语文化暨文献资源研究所，2007年，第97页。

菜包可不是怎么容易。客家菜包由糯米磨粉制作，看不到颗粒，却十分耐饱。里头仍掺进了好吃的客家牌内馅，萝卜丝、香菇、猪肉、红葱头要爆到酥香，皮薄馅多的菜包盛在月桃叶、柚叶、橘叶或香蕉叶上蒸食，香味四溢。客家菜包要以手工包制，其制作过程是先将白米清洗、泡水、磨浆、过滤之后，做成米团，再进一步加工制作。先取适量的米团，以双手先揉成圆球，再捏成中间凹陷的球面粄皮，置入炒好的内馅，再将粄皮缩口，整成两头略尖的外形，有如一个大饺子。比较讲究的客家菜包，是要以前述的米团制作皮料，而内馅部分因季节关系，在萝卜盛产季节里采用新鲜萝卜丝；而非萝卜产季时，则以萝卜丝干作馅料。以新鲜萝卜丝制作馅料时，首先要将萝卜的外表清洗干净，再将表皮刨掉，以铜筛将萝卜削成细条状萝卜丝，另起油锅，加入葱珠、小虾仁或猪肉一起爆香，再加入萝卜丝炒熟成为馅料，盛到容器时，将多余汤汁滤掉。新鲜萝卜丝口感较为清甜，又有季节的限制，做工也比较麻烦，但是很受欢迎。

图 5

⑥艾草包

“艾草包”，其实也是客家菜包的一种。为了慎终追远祭祖扫墓感恩先民，客家人在清明祭祖扫墓之际，以艾草做成菜包。一般而言，艾草包又称“艾粄”，客家人在清明节打“清明粄”，简称为“青粄”。艾草与闽南语的“鼠鞠草”类似，但艾草比鼠鞠草更香浓。通常要在清明时节，才能在

客家村庄的市集上买到，它有生鲜的，也有水煮的。“清明粄”在食材制作上，除了放糖及粄脆之外，也拌入了植物的纤维，如艾草、鸡屎藤、苎叶等，除了应节的遗风、尚有避邪、去污、补健的食俗，故有“艾粄”、“鸡屎藤粄”、“苎叶粄”的流传。艾草有杀菌清肝促进血液循环之功能，扫墓时往往分给亲友或牧童吃，藉保平安健康。艾草包与菜包内馅基本相同，只是在制作时，外皮中多加了艾草，蒸热后具艾草特有的馨香，蒸时大部分是用月桃叶，也可用竹叶代替。艾草包在制作时是以蓬莱米、糯米制成粄再搓成团后，加入川烫过的艾草及黄砂糖继续搓揉，最后揉成表面光滑的艾草粄，即可分小块包入馅料蒸熟食用[①]。

图 6

⑦鼠曲草粿（粄）

客家人在清明节另有做“鼠曲草粿（粄）”，“鼠曲草粿（粄）”与艾草包都属于“清明粄”，二者非常类似，往往被视为一类。台湾民间习俗中，在清明节来临时，会将鼠曲草全草研磨拌进糯米中，制作成粿食用。鼠曲草属菊科，别名为厝角草、清明草、黄花艾、黄蒿。鼠曲草为一至二年生草本，植株茎直立，高度约 15 厘米，偶可达 45 厘米。全株密被白色的绵

① 萧宗荣：《艾草包》，《烹饪教室 9 · 螃蟹、爆的技法、香菇、客家点心》，台北：生活品味文化传播公司，2001 年，第 64 页。

毛，使植株呈现绿白色样貌；根生叶丛生呈较宽的线形，而茎生叶薄，互生为倒披针形，先端突尖，叶全缘，两面及茎密被白色绵毛。鼠曲草于每年二、三月间开花，头状花序，中央由两性之管状花和周围雌性之舌状花聚集而成，排列成密集伞房状，具短梗或无梗，总苞片长椭圆形，呈金黄色，花期三至八月；瘦果为长椭圆形，具有黄白色冠毛。鼠曲草为台湾原生草本植物，主要分布于海滨至海拔2000公尺之开阔地，常见于田间路边。在中药上，鼠曲草具有镇咳，祛痰，治气喘、高血压、胃溃疡、支气管炎等功效，一般在药草店可以买到晒干的。而民间一般在十月时取其嫩茎叶干燥待年节取出和粉作成“鼠曲饼”食用，做法就是将母子草和糯米粉混合作皮，里面包菜脯、豆干、碎猪肉等。根据《重修政和证类》本草卷十一的记载：“鼠曲草，味甘平无毒，调中益气、止泄除痰、压时气、去热嗽。杂米粉作飧，食之甜美，生平岗熟地，高尺余，叶有白毛黄花。”[1] 此时天气干热，为了避免燥热大汗后当风，且清明之后雨季将至，气温变化大，容易感冒，鼠曲草恰能调中益气，压时气、除痰助肺。客家人将鼠曲草粿又称“刺壳粿”[2]，鼠曲草粿的作法与艾草包、红龟粿差不多，只是刺壳粿加的是鼠曲草，艾草包加的是艾草，红龟粿加的是红花米[3]。

大抵看来，台湾客家人于清明节时最常吃的粄类，为清明粄、鼠曲草粿、发粿三类。陈运栋谓以前妇女们采艾叶、芋叶、戢菜、鸡屎藤等用青草制粄，叫做“清明粄”，传说可以祛病[4]。有些客家人因崇尚节俭，也为了方便，以过年的“发粿”代替之。发粿的外形类似面包，蒸的较好吃，也可以用煎的。平日用于供神祭物，主原料为粳米浆，吃发粿在过年时原是祈福待“发”，但是一般客家人在清明节还是会吃“草仔包”，就是“清明粄”，也叫“艾草包（艾粄）”或“鼠曲草粿（粄）”。

---

① 梁·宗懔原著，王毓荣校注：《荆楚岁时记校注》，台北：文津出版社，1992年，第138页。

② 闽南语也叫鼠曲草为“刺壳”，也有客家人说吃“清明粄”是闽南人的习俗。

③ 简荣聪：《台湾粿印艺术：台湾民间粿糕饼糖塔印模文化艺术之研究》，台北：汉光文化事业有限公司，1999年，第107页。

④ 陈运栋：《台湾的客家礼俗》，台北：台原出版社，1999年，第122页。

图 7

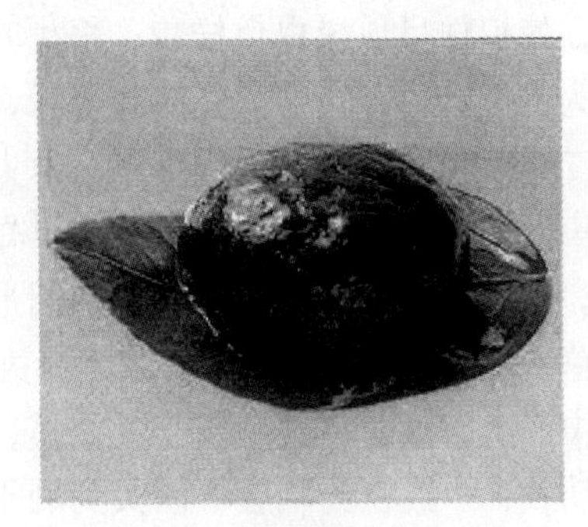

图 8

⑧粽子：糯米粽、粄粽、粿粽

客家社会一年的重要节日场合中几乎都有粽子，粽子几乎生发成客家节日场合食品的表征。在陆川客家的习俗中，粽子还是人际交往的传统馈赠礼物，比如大年初二，新婚夫妇回娘家，在他们送给岳父母的礼物中一定要备有 60 个粽子。粽子在陆川是传情达意的中介符号，蕴涵着深厚的文化内涵。它本身不仅具有使用价值，还蕴涵着程度不等的情感价值。客家粽子独特的选料和工艺程序使其味道确实与众不同[①]。台湾的客家粽子，一般有糯米粽、粄粽、粿粽三种。其中，以糯米粽最常见，“粄粽”、“粿粽”次之。于佩玉指出，客家人的“糯米粽”，可分咸、甜两种口味，使用的糯米在浸水泡软后沥干，加油及各式调味料、馅料（可先炒过）一同入锅炒至半熟后入再蒸笼蒸，可减少制备过程。但此种粽子因先用油炒过再加酱油，若习惯吃南部粽的人就会稍嫌咸油，又有人称之为“北部粽”。“粄粽”是以糯米加粳米取适当的比例混合后，加水以磨石磨出粄浆。将“粄浆”水分压除成“粄脆”，粄脆再加入其他馅料，如包子般将皮包好，外层以粽叶包裹入蒸笼蒸熟，即成“粄粽”，这种粽子因非全为糯米较好消化，而且保存时日也较久。粿粽的外形像甜粿（年糕）的颜色为略带黄色，体积比一般粽子小。在制备的时候，是以糯米加水浸泡一夜后，再入臼中加水研

① 刘春艳：《陆川县客家饮食习俗的文化适应与传承困境——以乌石镇为个案》，硕士论文，广西师范大学文学院，2007 年，第 15 页。

磨成糯米浆，移到锅内加热，一边倒入㶿油混合[①]，然后再放入蒸笼蒸熟。“㶿”是由竹木灰提炼出来的一种碱性成分，颜色是淡黄色，所以做出来的粽子也略带黄色，这种㶿油做成的粽子，具有防腐的效果，内馅一般加入豆沙馅，可直接冷食或冷藏再吃，吃食可加白糖，是夏季清凉甜品[②]。

⑨水粄（味酵粄、味粄）

“水粄”，就是俗称的“碗粿”，又称“味酵粄”、“味粄”。闽南人称“碗粿”，客家人称“水粄”。广东有些地方又叫“七层粄”，台湾有些则做成九层叫“九层粄”，不过二者仍有区别。“九层粄”是由砂糖色和白糖色两种米浆间隔层叠而成，并非一般所谓的“水粄”。“九层粄”，早年真的是叠九层，每层都很薄，所以才叫“九层粄”，现在有些只有五层，甚至三层，吃的时候可以一起咬，小孩子比较喜欢一层一层地掀着吃，有边吃边玩的感觉[③]。惠州则有别于外地，主要用作“六月六太阳诞”的专祭食品，惠州民间歌谣有唱：“六月六，晒衣服，蒸水粄，驳（点）蜡烛。”六月六那天，人们早早将屋内冬衣和被帐拿出户外暴晒，而后蒸好七层水粄，点燃红蜡烛，祭拜太阳。水粄制作时，将“在来米”研磨成米浆后，放入饭碗里蒸煮，蒸熟就可食用。一般而言，以碗盛粄浆与碗齐平蒸熟后，碗中略凹，可放入甜、咸佐料，甜碗粿蒸热为深色米浆，白色米浆为咸碗粿。水粄的用料是很普通的粘米粉浆，加以油、盐、虾米、萝卜丝、五香粉、肉粒或猪油渣等。取大圆盆，先铺一层水粉，上铺肉料蒸熟，再蒸第二层，直至七层。台湾的客家水粄有甜、咸两种口味，甜的通常在米浆里加糖，蒸熟即可。咸水粄亦极简单，煮熟后在水粄上，放些已处理好的豆干、肉、虾米、韭菜等配料及酱油，就可享用。早期的咸水粄，甚至只加虾米和韭

---

① 于佩玉：《台湾客家节令其食俗文化研究》，硕士论文，淡江大学汉语文化暨文献资源研究所，2007年，第98页。

② 黄荣洛：《客家的粽子》，《台湾客家民俗文集》，新竹：新竹县文化局，2004年，第262页。

③ 梁琼白：《我的美食印记——客家甜品》，“美食风味馆·客家饮食文化”网站，台北：“行政院客家委员会”，http://www.hakka.gov.tw/ct.asp?xItem=29275&ctNode=1709&mp=1699&ps=，关于“九层糕”，详见下文。

菜及酱油当配料而已，十分清淡①。

⑩九层板（九层糕、九层炊、九层甑、重阳糕）

“九层板”是客家人的传统米食甜点，又称九层板、九层炊、九层甑、重阳糕②。“九层板”用在来米制成，不一定要九层，以白色、褐色相间成多层，是一种类似甜粿的糕点，吃时因褐色部分加入红糖而成甜味，白色部分未加糖呈原味，厚约两寸切菱形状。传统的九层板讲究的是切开时侧面可以看到一层一层黑白相间的纹路，而且要厚薄一致，但是太厚又怕蒸不熟，所以现在制作九层板以软硬、甜味适中为重点。其做法是利用清香的红糖水，混合在来米浆，舀入一层粉浆蒸半熟，再舀入不同色的粉浆倒在上面蒸熟，反复共九层。每一层都得蒸半熟后，才能再铺上一层，一笼九层板要耗时两个小时，相当费工。九层板底层的白色口感是咸的，第三层以上则为甜的，每层厚度约半厘米；看似布丁或果冻，口感却又多一分层次与咬劲。“九”象征多数之意，因此九层板也可称为“重阳糕”，客家人过旧历年与九九重阳节时习惯品尝九层板，取其步步高升及祝福长辈长命百岁的吉祥寓意。“九层板”由于容易入口嚼食，总被当成家人烹制给小孩和老人家的食物。后来，在客家的习俗里“九层板”就演变成了反哺回馈的象征③。

图 9

---

① 参见屏东县长治乡公所：“母语广场 · 客家语 · 客家美食 · 水板（碗粿）”，网页，http：//www. pthg. gov. tw/TownCgt/CP. aspx？ s=5184&cp=1&n=14615。

② “九层糕”闽南语又叫“九层粿”，在鹿港称为“九重粿”，亦可蘸酱油食之。

③ 参见“行政院文建会”：《台湾大百科全书》，网页，http：//taiwanpedia. culture. tw/web/fprint？ ID=11769。

⑪米筛目（米苔目、米台目、老鼠粄、屎条粄、银针粉）

米筛目是客家传统小吃，又称米苔目、米台目、老鼠粄（或老鼠粉）、屎条粄、银针粉。米筛目是一种客家粉条，用在来米浆和地瓜粉混制而成，并在竹制的“米筛”（米苔）上搓揉，使粿状混合物由“米筛”上的孔洞中成线条状流出，因而得名。米筛目是一道具有弹性的美食，可煮咸热食、甜凉食，它经常在客家人莳田割禾时用，也是浴佛节的供品。米筛目源于广东梅州大埔一带，因为两端尖，形似老鼠，客家人惯称粉为“粄”，因此称老鼠粄。后来传至台湾，当地客家人称为米筛目，是指制造时把粉团经过筛子般的擦板，从洞眼（目）中搓出粉条。由于“筛”的闽南语近似“苔”，所以有米苔目之类的俗写。后来马来西亚又有人写成米台目。米筛目也传至香港，因“老鼠”之名不雅，当地人以粉条两端尖，状似银针，称银针粉①。

米筛目的做法很简单，首先将米清洗干净并浸泡三小时后，磨成米浆装成袋再进行脱水而成“粄脆”，取出放入锅中，加入地瓜粉搓揉，一直到成半熟状的团状物为止。另取一个锅子，装八分滚水，在锅上放米苔目枋，将粄团放在枋上，不断搓揉，使粄脆成细面条状掉入锅中煮熟，最后依个人口味搭配汤头就完成。米苔目在各地发展成多种口味，咸的可加肉丝、豆芽菜、韭菜等。米筛目若做成甜品，加糖水、碎冰食之，也可放入红豆、八宝等煮食。它既简单又便宜，近年来都以机器制造为主②。

⑫红粄（红龟粄、新丁粄、桃形红粄）

客家人的“红粄”，又叫“龟粄”，闽南人称“红龟粿”。“红粄”采用的图像有两种，一种是龟状，一种是桃形，都代表吉祥、长寿的意思。每

① “筛”的闽南语近似“苔”，故米筛目又有米苔目之类的俗写，其后在马来西亚又有人写成米台目。米筛目也传至香港，因“老鼠”之名不雅，港人以粉条两端呈尖锥形，状似银针，乃易称为银针粉。

② 参见“行政院文建会”：《台湾大百科全书》，网页，http：//taiwanpedia.culture.tw/web/content？ID=11807&Keyword=%E7%B1%B3%E8%8B%94%E7%9B%AE%E4%B9%9F%E8%A2%AB%E7%A8%B1%E7%82%BA%E7%B1%B3%E7%AF%A9%E7%9B%AE。

年正月十五，一年内生男婴的家庭，会特别做足足1斤的红粄祭天公，以感谢上天赐男丁之福，又叫做打“新丁粄”、打“大粄”、赛“新丁粄”，是客家庄里重要的活动，以台中县东势镇庆典活动最为盛大[①]。红粄指加入红色食用颜料制成的粄，包入甜豆沙、花生粉、芝麻馅，并将粄团染成红色，象征大吉大利。用于新婚、祝寿、求神祈愿。一般新坟也会打红粄讨吉利，桃形红粄是做成桃形的红粄，多用于节庆中。红龟粄是以糯米浆调制成深红色外皮，再以“粄印”压印出龟甲花纹，外形如龟壳，内包豆沙馅或咸菜干馅而成的点心。

“红龟粄”为闽、粤的祭神供品，以质料分，祭龟有红龟粿、面龟、鼠麦糕龟、丰聘龟、米糕龟、米龟、面线龟、米粉龟等。凡民间节庆或神佛诞辰，都用红龟粿当供物，祭毕带回分赠家人或亲友，相沿成俗。“乞龟”在人的生、老、病、死等生命重要关头，常见祭龟仪式。台湾小孩在满月、四月日、满周岁时都备红龟粿祭拜神明，再馈赠亲友，以示庆贺孩童顺利成长之意。成年人50岁以下“做生日”和50岁以上“做寿”，都用红龟粿作供品，所用数目一定要为做寿年龄再加12，表示吉利多福、寿上增寿之意。台澎地区寺庙在元宵节举行的祈福，往往会有“乞龟”活动。乞龟时，先向神明祈求，并可“加心愿”，视所求之事是否如愿决定回敬的数量，若认为得到神明眷顾，可以加数倍奉还；不然可略加若干或以原数奉还。乞得之物携返家中后，置于神案上烧香拜拜，再与家人分食或使用，取“食平安”之义。乞龟活动在澎湖最盛行，乾隆三十六年（1771）《澎湖纪略》记载：“元宵，各家先于十三夜起，门首挂灯，厅中张灯结彩；至十五日夜，各家俱备牲醴碗菜，供奉三界，合家燕饮。鸣锣击鼓，极为热闹。间亦有装扮故事，往别澳游玩者。各庙中张灯，男女出游，谓之看灯。庙中札有花卉人物，男妇有求嗣者，在神前祈福，求得花一枝或‘亚公仔’一个，回家供奉。如果添丁，到明年元宵时，另做新鲜花卉、人物以酬谢

① 参见“行政院文建会”：《台湾大百科全书·民俗·岁时节庆·元宵·乞龟》，网页，http：//taiwanpedia.culture.tw/web/content？ID=4473。

焉。”光绪十九年（1893）《澎湖厅志》也有大同小异的记载[①]。

早期在大陆的客家人，在过年或拜神、祭拜天公时，做成应景食品。其由来为大陆长汀滩头商贾的聚集地，当地的小吃颇具盛名，摊贩们就制作“红龟粄”，并以印模雕刻“福、禄、寿、喜”等吉祥字样，压印到红龟粄中，又因乌龟自古象征“吉祥”、“长寿”，常用于为长辈祝寿或为晚辈庆生时使用，染成红色象征喜气。

相对于“乞龟”，客家人的聚落则有在元宵节赛“新丁粄”的风俗。每年元宵节，以庙宇的“角头”[②] 为单位，角头内新添丁的人家都制作相当数量的“新丁粄”分赠每户人家。“新丁粄”是客家人添丁后酬神的谢礼。“新丁粄”多做成红色，待色素干后即可食用，也可以将它表面切开放入锅中煎到表面金黄后蘸酱食用，蘸酱可选用客家人自制的金桔酱加上酱油膏调味，这种吃法最具客家特色。“新丁粄”在压模时一定要洒上足够的水，才能压出漂亮的花纹，也有人先涂上少许的油在压模上防沾黏，但此法易导致“新丁粄”不易涂刷色素，且外观显得油腻，故不适宜[③]。

客家人办喜事大多会“打红粄”，客家“红粄”是用“粄粢”，做法是加入甜豆沙、花生粉或者红豆馅等，先捏成粄团，在表面染成红色，再用“粄印”，也就是糕模使它成形。粄印的花式有许多种，有代表吉祥的动物，如龙、凤、鹿、龟等，而红粄所采用的图像，即代表长寿的龟，再加上充满喜气的红，即是喜庆长寿的象征。至于其他的客家“粄”，有甜有咸，主

---

① 何本方主编：《中华民国知识词典》，北京：中国国际广播出版社，1992年，第362页。

② 台湾庙宇有“角头庙”、“宗族庙”、“人群庙”及“全境庙”（阖港庙）等不同的类型。“角头庙”，指的是某一角落内居民共建而代表该角落的庙宇，角头的人群数一般由数十户到一二百户不等，其权利义务明显，界线也很清楚。宗族庙为某一姓氏族人为其崇拜之神祇所建的庙宇，其以同族人为祭祀圈，并依“房份”轮值祭祀。人群庙为依方言或祖籍地为基础的祭祀圈，共同为其乡土神明所建的庙宇。全境庙（阖港庙）则为全乡镇市共同的信仰。参见“红毛港文化聚落”之“历史源起·聚落空间特色·角头庙与祭祀圈”，网页，http：//w2. khcc. gov. tw/Hougmaogang/home02. aspx？ ID ＝ ＄1003&IDK ＝ 2&EXEC＝L。

③ 萧宗荣等：《艾草包》，《烹饪教室9·螃蟹、爆的技法、香菇、客家点心》，台北：生活品味文化传播公司，2001年，第65～70页。

要的区别在于配料的不同①。新婚祝寿、拜神祈愿时，客家人在粄脆中加进红曲末和糖，打制红粄，用印模印出表示吉祥如意、长寿幸福的花纹，蒸熟后除自家食用外，还分送邻里亲友，让大家共享喜庆②。另外还有做成红桃形的，叫“红桃粄”。馅一般为糯米或者芋头，有时也加菜脯。以糯米粉加上粄红揉成面团之后包上之前已经磨好的花生粉末、萝卜干末（菜脯）等，印上红桃印，蒸熟即可食用。桃粄寓意吉祥。过年、嫁娶、搬迁等一般都会见到它靓丽的身影。过年过节时，可为拜神祭祀之供品。

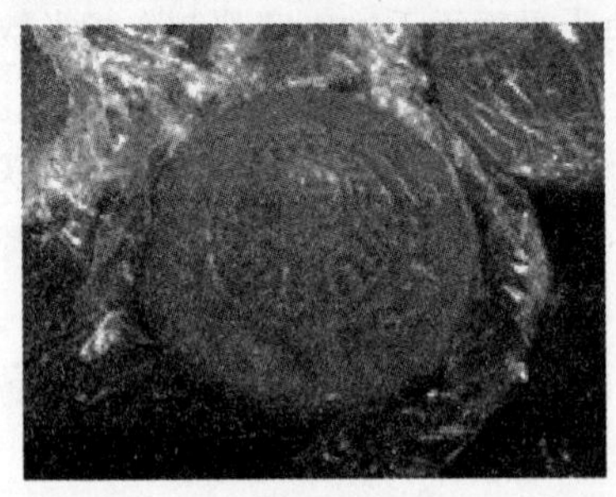

图 10

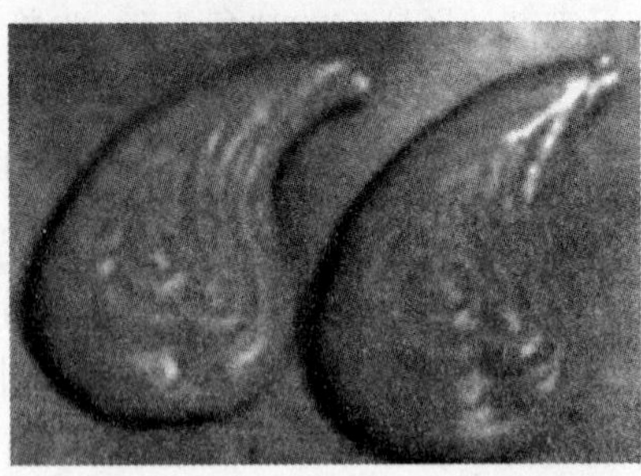

图 11

⑬菜头粄（萝卜糕）

客家的“菜头粄”，又叫“萝卜粄”，或“萝卜糕”。菜头粄在台湾、新加坡及马来西亚等地亦很普遍，当地华人以闽南、潮汕语称之为“菜头粿”。菜头粄是一种常见于粤式茶楼的点心，同时也是广东人每逢过年时必备的贺年糕点之一。其制作方式，是用在来米粉加上白萝卜切丝做成，萝卜丝须事先炒软，否则口感不会细腻，同时要趁热快速地将萝卜丝及生米浆搅拌成糊状，这样做出的萝卜糕才会细腻好吃。也可加广式腊肠和腊肉后蒸煮，做成“腊味萝卜糕”。传统粤式茶楼的萝卜糕一般分为蒸萝卜糕和

① 参见“行政院文建会”：《台湾大百科全书·民俗·生命礼俗·生育礼俗》，网页，http://taiwanpedia.culture.tw/web/content?ID=11541&Keyword=%E7%B4%85%E7%B2%84。

② 蒋宝德、李鑫生主编：《中国地域文化》（下册），济南：山东美术出版社，1997年，第3408～3410页。

煎萝卜糕两种。蒸煮好的萝卜糕，加上酱油（豉油）调味，便是蒸萝卜糕。而煎萝卜糕则是将已蒸煮好的萝卜糕切成方块，放在少量的油中煎至表面金黄色即成，还可以选择蘸上甜酱、芝麻酱或辣酱作调味。新加坡和马来西亚的“菜头粿”，通常以炒萝卜糕的方法为主。做法则是将已蒸煮好的萝卜糕切成小块，再以甜酱油、葱花、鸡蛋、蒜粒一并放到油锅中炒热便成。

台湾的客家菜头粄，则没有太多的添加，以萝卜的味道为主体。做法是在来米泡水隔夜去水磨浆，添加焖煮过的萝卜丝，调味后蒸熟，可以蘸食酱油、桔子酱等蘸料。“菜头粄”是客家人常吃的食物，和广东式萝卜糕不同的地方是材料只有在来米粉及白萝卜，没有加其他的东西在里面，也可算是素食口味，在吃时多半蘸酱油加葱或桔酱。有时也会加入碎绞肉，煮汤时加入芹菜、茼蒿、香菇、虾米、猪肉丝等，做成客家汤年糕。

⑭发粄（糕）、马蹄糕（马蹄团）

图 12

“发粄（糕）”，也叫“碗粄”，是客家人常吃的传统点心之一。河洛话叫“发粿”，也有称“松糕”的，1920 年《赤溪县志》：“松糕谓之发粄。粄，蒲满切，米饼。”① 客家人在丧事或扫墓坟头纸时，一定要“打发粄”，如果是新坟，则还要打制“红粄”，以示驱逐晦气，以后大吉大利②。“发粄”也是客家人过年必吃的点心，用以象征发财致富。《宋氏养生部》记载发糕的制作方式：“将粳米、糯米淘洗净，晾干，磨，筛取细粉，加白砂糖、蜜入笼蒸成。亦可以粉加各种果仁、

① 复旦大学、日本京都外国语大学合编，许宝华［日］宫田一郎主编：《汉语方言大词典》第二卷，北京：中华书局，1999 年，第 1552 页。

② 蒋宝德、李鑫生主编：《中国地域文化》（下册），济南：山东美术出版社，1997 年，第 3408～3410 页。

糖入笼蒸成。”[①] 不过，这和现今发粄的制作有点不同，一般是把酵母放入粄浆中使其发酵后蒸熟，也有以低筋面粉混合在来米粉加上泡打粉加水制成的[②]。通常都用小碗来蒸，量大时则以蒸笼蒸制。要蒸到粄面隆起而裂开，称之为“笑”。蒸发粄要能蒸“笑”了，才算成功，因为那是发财富贵的一种征兆。发粄的颜色有白色或褐色，味甜，柔软松散，是一种类似包子的食品。蒸制发粄要隆起且裂开，诀窍在于火力的掌控，必须先用大火蒸裂开，再用中火定型，才能蒸出“笑”貌。

⑮芋粄：芋头粄（甜、咸）

客家的“芋粄”，河洛话叫“芋粿”。如是做成元宝状的咸芋头粄，河洛话叫“芋粿巧”。芋粄为中元普度时之米制食品。制作过程是先以糯米研磨之米浆压干后，再将芋头洗净后去皮，并刨成细丝。将锅烧热后加油及虾米后爆香，再加入刨好的芋丝翻炒一分钟后加入调味料。再将煮好的米浆掺入炒好的芋头丝，搓到不粘手为止，再捏成圆桃形，一块一块压平后放置于弓蕉叶上，再放入笼床后置于灶上大鼎以热水炊熟。如食用时再用少量的油小火慢煎更具香味。芋粄也可加红豆做成甜味，或不加虾米等荤料做成素食口味。

台湾制作“芋粄”，大多在中元节，但大陆在每年农历八月中秋节前后，是芋头成熟收获的时候，客家人把丰收的芋头做成芋粄或咸芋头粄，用来拜拜。不过做成元宝状的咸芋头粄，不会用来拜天公，只拿来敬神或拜祖先。也有用芋泥和番薯粉煮味道鲜美的“芋仔饭”，或加入肉、笋、香菇等，蒸或煮“芋仔包”。同时，他们还有用芋泥、薯粉打制“芋粄”、炸“芋丸”的[③]。

---

① 李正权主编：《中国米面食品大典》，青岛：青岛出版社，1997 年，第 353 页。

② 朱清香：《自己做年糕》，《烹饪教室 12·炖补·年糕·酸白菜、酒酿》，台北：生活品味文化有限公司，2002 年，第 35 页。

③ 蒋宝德、李鑫生主编：《中国地域文化》（下册），济南：山东美术出版社，1997 年，第 3408～3410 页。

图 13

图 14

⑯米粉

以黏度较低的在来米为原料，同时为了降低黏性增加韧性，将新旧米依一定的比例混合磨成米浆，制成粿粉团，再放入蒸笼蒸七至八分熟，取出后以石臼捣至一定黏度，再反复地压，最后放入机器压成一丝丝的米粉。台湾的米粉以新竹米粉最有名，它的优点是拜地形之赐，新竹多风，有利风干米粉的条件，经由这样的气候条件下制作出的米粉风干速度快、色泽美、富弹性且不易断裂[①]。所以客家人常吃的米粉如新竹米粉外形较为细干，有别于埔里米粉的粗厚。

⑰粄条（面帕粄）

客家的“粄条”，又叫“面帕粄”或“面帕粄”，河洛人称“粿仔”或“粿仔条”，广东人则称“沙河粉”、“河粉”。北部客家庄称“粄条”，南部客家聚落则称“面帕粄”或“面帕粄”，是客家人特有的食品，也可以说是客家食物的代表。食材为米，扁平如带状，形如洁白的面条，有厚、薄之分。“粄条”（面帕粄）的制作材料与小麦、面粉无关，乃因制成后切成条状前，形状是一大片薄片，形状方正，似客家人的洗脸的“面帕”（毛巾）而得名。

“粄条”以米和番薯粉为主要原料，经过浸泡、研磨、搅拌、蒸熟等多道工序精制而成。基本上，它是用在来米磨成米浆后，再加入少许的太白

① 王怡茹：《浅谈台湾传统日常生活中之美食》，“中国饮食文化基金会会讯”，2005 年，第 11 卷第 1 期，第 25～26 页。

粉，以开水冲成熟浆后搅拌，必须搅成黏涎状，再浇灌于平底锅皿平均铺放，再将平底锅皿置放于蒸笼内蒸熟，形成一层洁白之薄膜般晶莹剔透的米副食成品，再切成长条状。

“粄条”的烹调很简单，其特色是用“烫”的，有别于一般面条是用“煮”的。在吃的时候，把香料放入碗中，然后用一根竹制的小舀匙，装入面帕粄与绿豆芽再放入煮沸的开水中烫上五分钟后即放入碗中搅拌，再加入汤肉丝即成。或先以红葱头爆香，加入厚油高汤、碎葱及青菜、薄切肉片，滚水即成。客家粄条有厚薄之分，因人喜好而择，在北部桃竹苗区常将粄条当作主食，可煮汤也可干炒，干炒或者煮汤各具风味，一般以煮汤较能吃出原味。现今的吃法多元，有以甜面酱、辣酱、蒜汁、虾米、猪鸡肉丝佐食，清香可口营养，易于消化，老少咸宜。也有在米浆内加入蔬菜汁、红萝卜汁蒸成浅绿、粉红蔬菜粄条；或加入墨鱼汁变化成地中海式黑意大利海鲜粄条。

闽南地区食用的“粿条”，也就是粄条。而“粄条”与闽南小吃“鼎边趖”有点相近，“鼎边趖”也是以在来米磨作米浆，但“鼎边趖”[①] 省略蒸的过程，鼎中置水，鼎边添火加热，以芋头蘸油抹锅后，直接将米浆倒入炒锅边沿形成薄膜，米浆沿鼎边翻滚，遇蒸气而凝固，蒸烤成形，再以锅铲铲进锅中沸汤内。或将成形的“趖”，风干后剪成块状。烹煮时，时常搭配虾仁羹、肉羹等煮成汤食，亦可搭配其他食材，包括金针菇、香菇、鱿鱼、丁香、竹笋、金勾虾、高丽菜、蒜头酥、芹菜等。

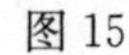
图 15

图 16

① 所谓“趖”，为闽南语词汇，原意为蠕动、游动，在此即指米浆沿鼎边翻滚的动作。

图 17

三、台湾客家饮品文化

（一）客家茶文化及其源流

在客家人的生活中，茶是重要的饮品，在文化生活中占有重要地位，也是客家民系中独特的文化色彩。茶在中国文化中有着特殊的意义，在中华饮食文化中占有重要的地位。中华民族饮食中茶叶历史悠久，茶被誉为“国饮”[①]。茶的起源，据《茶经》所载：“茶之为饮，发乎神农氏。”[②] 盖神农氏初以茶作为解毒之药物，以后方逐渐转为解渴之饮品。大抵看来，从远古至春秋以前，茶亦被用作祭品。春秋战国到西汉初期，则把茶当作菜食。西汉时，茶叶又从厨房饭桌转而作为治疗疾病的中草药。汉末开始，茶成为宫廷的高级饮料，到六朝时逐渐走出宫廷，作为普通饮料为一般群众所接受[③]。茶曾被用为祭品，亦曾作为菜食，再由菜食转为药用，进而成为饮品。几千年来，茶叶从药用转向祭坛，又由祭坛走向厨房，又从菜食再转为药用，继而成为饮料，并逐渐为大众所接受。刘焕云指出：

> 经过数千年的流行演化，饮茶“生活化”、“自然化”地融入中国

① 陈香：《茶典》，台北：国家出版社，1982 年，第 15 页；蔡荣章：《茶道教室》，台北：天下文化公司，2002 年，第 202 页。

② 唐·陆羽：《陆羽全集》，桃园：茶学文学出版社，1985 年，第 16 页。

③ 曾维才：《客家人与茶》，《农业考古》，1991 年第 4 期。

社会各阶层、各角落，并形成举世无双的饮茶文化与艺术。长期以来，中国人以超凡的智慧开发了茶饮的意境，使茶艺成为中国优美传统文化中的一环，形成一股蓬勃的茶艺风尚，茶书、茶画和茶诗也大为风行，将茶艺提升到更高的境界。由于中国幅员辽阔、历史悠久，各族群、各地区有不同的茶种与饮茶文化，这些不同的饮茶文化在交流激荡之下，不断地发展成为中国多元的茶文化特色。①

从"药茶"、"食茶"到"喝茶"，这种茶文化史，也是中华饮食文化史的重要遗产。而茶文化正是黄河文明的一部分，故亦为客家文化所继承。茶叶，对客家人而言，既是一种历史文化传承，亦在南迁过程中获得了新的发展。首先，客家先民迁徙的路线，乃自黄河流域渡江进入江淮地区，再经皖、赣，循徽州山地、武夷山脉进入闽西、粤东等地。此一移民路线实乃传统产茶区的"茶叶之路"，直接提升了客家人种植茶和饮食茶的兴趣。故客家人种植茶叶早在宋代便已开始。其次，客家人从中原南下江淮，再逐渐进入赣、闽、粤边区，生存空间发生变化，为适应新的地理环境，必须接受新的生活方式，而茶叶即是接受之一。客家人居住的闽、粤、赣边区，地属亚热带季风气候，日照足，降水丰。兼以山高林密，毒草密布，湿蒸懊热，乃"瘴雾"之地。"瘴雾"者，客家人所谓"闭痧"也，即是中暑。重者发烧头痛，昏厥休克，危及生命；轻者口舌焦烂，头重眼红，便结尿赤。而茶叶清凉解暑，除烦却病，明目益志，提神醒脑，能防止"闭痧"。

客家人因闷热湿蒸的特殊气候条件，特好饮茶。客家人管喝茶叫"食茶"。闽、粤客家地区，一早起来，便有饮茶习惯。家境稍宽者，沏上一壶茶，以待家人饮用；家境较贫者，则以粗茶（老茶叶所制作）泡茶。有些客家地区至今仍有在茶楼、茶馆里"吃早茶"的风气。在茶馆、茶楼饮用早茶，佐以糕点和精美小吃，既是生活享受，亦可疗养心身，调整生活节奏，更是待人接客、款待嘉宾的一种方式。此外，闽西、粤东客家人亦喜

① 刘焕云：《台湾客家茶文化与茶产业发展研究》，《武汉科技大学学报》（社会科学版），2011年第13卷第6期，第708～713页。

用宜兴紫砂茶具泡功夫茶，契阔谈宴，以茶助兴。在客家地区，家里来了客人，主人便先沏茶一壶，先给客人倒上七成满左右的一杯茶，再端上几碟备好待客的佐茶小点，如姜片、冬瓜条、桔饼之类的“茶料”飨客。所谓“茶料”，即“佐茶之料”，主要是桔饼、糖姜片、兰花根、冬瓜条等茶点。在闽西、粤东客家地区，年关来临或正月出门有“送茶料”的习俗。客家人的饮茶方式，除了功夫茶外，还有一种特别的饮食方法叫“擂茶”。“擂茶”在江西、福建、广东等不少客家地区都可以看到。不论是早茶、功夫茶，还是擂茶，都可以看出客家人非常重视饮茶文化。

（二）台湾客家茶文化

台湾的茶叶生产及饮用，与汉人移垦台湾有关。据台湾地方志《诸罗县志》记载，早在康熙五十六年（1717），在今南投日月潭附近水沙连地方即有人种茶①。雍正、乾隆年间，随着汉人移垦台湾日渐增多，茶文化逐渐引入台湾，特别是客家人在台湾大量种植茶树。到了清代中叶，台湾茶业逐渐跨入国际市场，和国外贸易形成了密切关系。就整体台湾茶产业来说，客家人在台湾茶产业兴盛的年代扮演着举足轻重的角色②。由于客家人大多居住在台湾山区，客家茶文化处处透显山区文化的特征。连横《台湾通史》指出：“台湾之人，中国之人也，而又闽粤之族也。闽居近海，粤宅山陬，所处不同，风俗亦异，故闽人之多进取，而粤人之重保存。”③ 所谓“闽居近海，粤宅山陬”、“闽人之多进取，而粤人之重保存”，可知客家人多居山区而重保存，故既从事茶生产，亦注重茶文化之传承。

台湾桃、竹、苗等客家地区生产的茶叶，是清代主要的贸易商品之一。

---

① 该志云：“茶……北路无种者，水沙连山中有一种，位别，能消暑瘴。武彝、松萝诸品，皆至自内地。”又云：“水沙连内，山茶甚伙，位别，色绿如松萝，山古深峻，性严冷。能却暑消胀。然路险，又畏生番，故汉人不敢入采，又不谙制茶之法，若挟能制武夷诸品者，购土番采而造之，当香味益上矣。”。周钟瑄：《诸罗县志·卷十二·杂记志·外纪》，《台湾文献丛刊》，南投：台湾省文献会，1962 年，第 194 页。

② 薛云峰：《椪风茶》，台北：宇河文化出版有限公司，2003 年，第 208～209 页。

③ 连横：《台湾通史》下册，台北：“中华丛书委员会”，1985 年，第571 页。

时至今日，台湾各地几乎都有客家茶产业，许多客家人投入种茶、制茶之行列。吴德亮指出，台湾地区的茶产业，客家茶约占五分之三[①]。客家人研发成功许多独创的茶产品，如客家酸柑茶、柚子茶、膨风茶、柚香茶等[②]。由于台湾茶文化的变化，客家茶产生态亦有重大改变，早期客家茶农以卖茶菁为主，其后自制自销，增加其附加价值，今天则以茶园作为观光与休闲产业复式经营。将茶园从农业生产转为商业经营，又从商业再转向服务业或观光业。

在闽、粤地区，茶不仅是客家文化的重要成分，更是客家饮食文化的重要载体。客家人饮茶，既是文化，也是艺术，更在其中传承礼俗[③]。我国历来就有“客来敬茶”之俗，齐世祖、陆纳等人曾倡“以茶代酒”。唐刘贞亮谓“茶有十德”，除可健身外，还能“以茶表敬意”、“以茶可雅心”、“以茶可行道”。在传统客家地区，有“奉茶”之俗，尤为特色。家里来了客人，主人便先沏茶一壶，再端上几碟备好待客的佐茶小点飨客。主人不断为客人添茶，而客人则用双手接住。在闽西客家人中，客人往往以两手指头轻敲茶杯旁边，以示不敢受此大礼之意。据说，以两指嗑点桌面，是代替双脚下跪。客家人素以好客著称，以茶礼客，是谓“知礼”。此一礼俗，

---

① 目前台湾客家茶乡与茶产业的分布于宜兰县有大同、冬山、礁溪等地，生产玉兰茶、素馨茶、五峰茶；台北县有五寮、有木、插角等地，生产绿茶、碧螺春、龙井；桃园县有大溪、复兴乡、杨梅、平镇、龙潭等地，生产武岭茶、梅台茶、秀才茶、金壶茶、红茶、绿茶、龙泉茶、东方美人；新竹县有北埔、峨眉乡、湖口乡、关西等地，生产红茶、东方美人、乌龙茶、酸柑茶；苗栗县有头份、头屋、三湾、德明、老田寮等地，生产红茶、包种、东方美人、酸柑茶、柚子茶；南投县有国姓乡、鱼池乡、信义乡（水里、鱼池），生产红茶、埔里乌龙茶、玉山高山乌龙茶；花莲县有瑞穗（舞鹤、鹤冈）、富里乡等地，生产天鹤茶（乌龙茶、白牡丹）、蜜香红茶、蜜香绿茶、柚香茶、鹤冈红茶；台东县有鹿野乡、关山乡、初鹿、卑南、太麻里等地，生产福鹿茶（金萱、翠玉）、红乌龙、台湾普洱沱茶；高雄县六龟、美浓等地，生产乔木野生茶、单欉佛手。见吴德亮：《客乡找茶》，台北：台北县政府客家事务局，2009 年，第 10 页。

② 吴德亮：《客乡找茶》，台北：台北县政府客家事务局，2009 年，第 28 页。

③ 刘焕云：《台湾客家饮食文学中茶文化之研究》，中坜：“中央大学客家学院”，2009 年，第 66～84 页。

台湾客家人亦同，据《诸罗县志·风俗志》所载，台湾人“荐客，先于茶酒”[①]，即指客人到访，台湾客家人都会泡上一壶热茶欢迎来客。向客人敬茶时，客家人都会双手捧送，恭恭敬敬地端给来者，来者也以双手接过，说声“恁仔细”，或“承蒙您”，再品茗茶香。

客家人的传统饮茶，一方面结合自己的生活饮食习惯，另一方面仍将传统礼仪思想与客家精神相结合[②]。台湾的客家人也不例外。不过，台湾的客家人并未延续在茶楼、茶馆里“吃早茶”的风气，但晨起以粗茶泡茶，供一天所饮，则尚有保存。至于客家人（主要是闽西、粤东客家人）和闽南、潮汕、广府人都喜好的“功夫茶”，台湾现今因茶业兴盛，茶艺、茶道文化盛行，是以在台湾，不只客家人喜欢功夫茶，全台都有流行品茶文化，诸如茗茶、茶器、茶泉、茶术、茶人、茶所、茶食、茶宴等都精心设计，将茶文化发扬光大。

台湾客家仍保存一些传承，如前所云，“奉茶”乃客家人的好客传承，事实上，奉茶，也展现在生活之中。沏茶敬神明、拜祖先是崇尚礼法；亲友来访，泡茶待之以礼。从家里奉茶到路边奉茶，皆是客家文化中的生活意象，茶文化让客家常民生活充满人情温度与美学韵味。由奉茶而延伸的“茶亭”，是供行人歇足、饮茶、遮光、避雨的亭子。“茶亭”，在客家地区是一种特殊的文化事象。古代有所谓的“三里一路亭，五里一凉亭”（或“五里一路亭，十里一凉亭”），因凉亭里往往设有茶水缸，有善心人士烧茶供路人免费饮用，亦称为“茶亭”，故又有“三里一茶亭，五里一楼阁”之说。“茶亭”一般都较简陋，王增能谓其“建筑形式多种多样，风格一般较为粗犷、质朴。少有飞檐斗拱，少有描龙画凤。从建筑文化的角度看，它也许是最不值得称道的一种。茶亭确实没有什么观赏价值。它的价值仅在于实用，在于为民众谋福祉。茶亭，或建于通衢的官道上，或建于无人烟的岭岗上，或建于险峻的峰巅上。过去，用鹅卵石砌成的较为宽敞平坦的

---

① 周钟瑄：《诸罗县志·卷八·风俗志》，《台湾文献丛刊》，南投：台湾省文献会，1962年，第145页。

② 刘焕云：《台湾客家饮食文学中茶文化之研究》，中坜：“中央大学客家学院”，2009年，第66～84页。

人行道叫做官道。许多茶亭便建在这通衢的官道上，或东西方向，或南北方向，视特定的地势环境而定。道路从茶亭中间直通两端”[①]。茶亭大都为乐善好施的人出资所建，中国地域广大，类似客家山区的自然环境和社会环境者颇多，却惟独客家茶亭多而普遍，王增能指出，“茶亭是客家人性格的产物”，他认为“乐善好施，劝善惩恶，急公好义，重义轻财，团结互助等等，是客家人性格的重要特点，是建筑茶亭的思想动机和精神支柱，也是客家文化意识中价值观念的一种重要表现”[②]。台湾的客家地区也保存着这样的传统，很多地方都有茶亭或简陋的奉茶处所。如苗栗县有一座百年的“十份崁茶亭”，位于大湖乡南湖村关刀山脉十份崁分水岭，为台湾第一座列入三级古迹的茶亭建筑。茶亭建于1923年，属于单间开、敞厅式建筑，左右山门各设半圆拱门，三面墙均以砂岩砌筑，屋顶为硬山搁檩结构，山墙完全封住木屋架，桁条直接搁放在墙体屋架上，后壁开设两门石条窗左右对称，有助空气流通。此外，新竹县位于峨眉石井通往北埔埔尾的“四份子茶亭”，为红砖红瓦建筑，三面墙各有一扇八角窗，造型典雅。建于1951年，由79人捐资兴建。茶亭原已破旧不堪，淹没在荒烟蔓草中，后经简单整修，方得以保存下来。竹苗地区的茶亭，大多建于19世纪末叶，跟随先民垦拓内山的脚步，分布在山间小径，茶亭可供挑夫、商旅歇脚，也供应茶水，展现了垦拓时代人情的温馨。这些茶亭早年为提供过往路人免费茶水的歇脚处，既保留了垦拓的历史，亦见证了奉茶助人的义行。

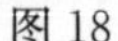

图 18

图 19

① 王增能：《客家饮食文化》，福州：福建教育出版社，1997年6月，第37～38页。

② 王增能：《客家饮食文化》，福州：福建教育出版社，1997年6月，第40页。

台湾客家的“奉茶”与“供茶”，在某种意义上是类近的。客家人对茶文化的应用，也充分体现在传统习俗和礼俗上[①]。客家人自古即以茶为敬神礼佛之物，对神佛表达崇仰之心。由于客家人将茶视为“神物”，认为“供茶”敬神是虔诚的表现，故常年以茶汤、茶叶供奉神明或祖先，早晚都会敬茶。一般寺庙里不论供奉何方神祇，早晚皆有专人看管庙堂，侍以茶汤。无人看管之寺庙，则在祭神时，献上茶叶或茶汤。据《诸罗县志·风俗志》所载，腊月二十四日恭送灶君返回天庭之日，或谓百神将回返天庭进谒天帝，“凡神庙及人家各备茶果、牲礼，印幢幡、舆马仪从而楮焚而送之，谓之送神”[②]。不仅送神要供茶、敬茶，迎神亦然。

台湾客家丧祭俗礼中，也可见茶的应用。所有祭祀礼俗中，都会有敬茶仪节。当家有丧事，亲人出殡前，会先将灵柩移于厅堂外，设香案、供桌，摆上所有祭品，行三献礼祭之；而三献礼必须焚香酹酒。在传统民间祭祀礼仪中，古代所需使用的祭器中，茶水等祭品固在其内，而客家民间祭祀礼仪中，茶、酒也是必备的祭品。《中国古代祭祀》一书指出，台湾客家民间祭典，凡备有牲品之祭，都要用酒、茶祭拜。客家民间道教拜神时，奉茶及柑、橘、香蕉、甘蔗、苹果等祭拜，借着烟雾缓缓上升、绵延不断，祈求祖先保佑、代代相传，也感恩祖先之庇佑，使得子孙福寿绵延[③]。

至于台湾客家人的婚礼习俗，同样保留了大量的中原礼俗。六礼虽有变化，其文化意涵与精神，却相承一贯[④]。台湾客家婚姻礼俗，大体上转化成婚礼前、正婚礼与婚礼后等三项[⑤]。如婚礼前的“文定”（或称送定、纳吉），又称“小聘”。在传统婚俗中，有纳吉、纳征、请期等仪式，如今则多合而为一，纳入订婚仪式中。在家庭举行的文定仪式“奉茶”，昔称“受

---

① 刘焕云：《台湾客家饮食文学中茶文化之研究》，中坜：“中央大学客家学院”，2009 年，第 66～84 页。

② 周钟瑄：《诸罗县志·卷八·风俗志》，《台湾文献丛刊》，南投：台湾省文献会，1962 年，第 153 页。

③ 刘哗原、郑惠坚：《中国古代祭祀》，台北：台湾商务印书馆，2001 年，第 21 页。

④ 陈拱初：《中原客家礼俗实用范例》，苗栗：中原周刊社，1973 年，第 5 页。

⑤ 黄鼎松：《我们的家乡苗栗——民俗篇》，苗栗：苗栗县政府，1994 年，第 53～85 页。

茶”，旧指“女子受聘”之称谓。聘妇多用茶，据《天中记》所载：“凡种茶必下子，移植则不生。故聘妇必以茶为礼。”可知“奉茶”，实有“女子一经受聘，不再受旁人家之聘”之意。台湾客家婚姻礼俗，订婚之日，“教以跪拜进退，献于舅姑尊长之礼，谓之教茶”[①]。订婚仪式进行时，准新娘由一位全福妇人手牵导引出堂，向男方来客等敬奉甜茶。茶毕，准新娘再度出厅堂收拾杯盘，此时准新郎和男方亲属均将红包及金器等放在茶盘上，俗称“压茶瓯”、“压茶盘”或“碛茶盘”，客家人谓之“扛茶碛茶盘”，然后媒人再请女家主婚人出来收定。

陈运栋于《台湾客家礼俗》一书中指出：男方在结婚当天，要送给女方工作人员六礼红包，包括厨仪、携仪、簪仪、捧茶仪、捧菜仪和盥洗仪等，俗称六礼。“扛茶”亦称“食新娘茶”，结婚当天晚饭后，由新娘在厅下端茶给男方亲友长辈，并由媒人介绍亲长；饮茶之亲友，须送一个红包给新娘，俗称“碛茶盘”或“压茶盘”。新娘于次日回赠长辈一双“占位鞋”或其他礼物；继则“食新娘酒”、“食新娘茶”：在正厅或院子内摆长桌，桌上有多种糖果、水果类，首位由主婚人及新郎分坐，其余亲友分坐长桌，新娘仍着礼服，由全福妇人陪同分别依次敬奉槟榔、香烟、甜茶和酒等，接受敬奉的亲友即讲些吉祥的四言八句，边吃边闹新娘。喝新娘酒的亲友要在空杯内放下一个红包，新娘则备有回赠的见面礼，都为各种鞋子或拖鞋，俗称“好位鞋”[②]。

客家婚后礼方面有“饮妇茶”。在“上厅”（即“庙见”或“见姑舅”）之礼[③]、“三朝”、“归宁”（俗称“做客”或“转外家”）、“上厅”[④] 后，新娘与家人共吃早餐，并以新娘为首席，以示欢迎之意。席后，新娘更衣，回至厅下，手捧一盘茶杯，由伴娘持壶斟茶，遍奉家人或长辈亲友，谓之

① 周钟瑄：《诸罗县志·卷八·风俗志》，《台湾文献丛刊》，南投：台湾省文献会，1962年，第140页。

② 陈运栋：《台湾客家礼俗》，台北：台原出版社，1991年，第52页。又见刘焕云：《台湾客家饮食文学中茶文化之研究》，中坜：“中央大学客家学院”，2009年，第66～84页。

③ 黄有志：《社会变迁与传统礼俗》，台北：幼狮文化事业公司，1992年，第89～90页。

④ 陈拱初：《中原客家礼俗实用范例》，苗栗：中原周刊社，1973年，第5页。

“饮妇茶”。长者回赠饰品或红包，成为新娘之“私己”[①]。此日新人需“见拜”亲眷，亲眷依亲疏尊老坐定大厅，新郎陪新娘手捧冰糖茶，从尊而卑敬茶。受茶者回以“长命富贵”、“百子千孙”等语，并出赠红包。在台湾北部客家地区，喝茶的人要将红包放在茶盘中，叫做“领拜钱”[②]。据《诸罗县志·风俗志》载，台湾婚俗中，“三日而庙见，庙见日，妇献茶于先祖毕，献茶舅姑；被袜、鞋履、漆衣之类以为赘，皆拜。次拜诸父、诸母，长幼尊卑以次答之；分致履袜漆衣，卑幼以红包，名曰拜茶”[③]。由上可知，茶在台湾客家婚礼中的重要性，既见文化传承，又见客家特色。

（三）台湾客家的擂茶

台湾客家地区，现今流行一种饮品叫“擂茶”，大致分布于新竹县北埔、桃园、台北、花莲、台中县东势、高雄县美浓等地。尤其以新竹县、湖口、竹东、北埔等地为著名。台湾的客家擂茶，恐与“北埔擂茶”有关。事实上，北埔擂茶并非台湾客家既有的饮食习俗，依范耆老接受访问所说，其产生“大约在1998年，北埔膨风茶的夏季茶，又叫做‘六月白’，销不出去，茶农们想要做促销，把它变成绿茶、擂茶来卖，拜托北埔民众服务站的陈重光先生，跟一个竹东的妇人借从大陆原乡带回来的雷钵及雷棍，研发符合我们口味的擂茶”[④]。耆老之言，虽值得参考，惟其来源，颇值得深究。盖以台湾其他客家区，应仍有所保存。有关擂茶的来源，杨彦杰以为大陆宁化一带的客家人喜欢饮用擂茶，他们在擂茶的食料中掺和盐、姜及各种中草药，以利于去湿御瘴[⑤]。王增能则指出：

> 有人认为，擂茶是客家人的特产，似乎除了客家，其他地方就没

---

① 黄鼎松：《我们的家乡苗栗——民俗篇》，苗栗：苗栗县政府，1994年，第85页。

② 陈运栋：《台湾客家礼俗》，台北：台原出版社，1991年，第48页。

③ 周钟瑄：《诸罗县志·卷八·风俗志》，《台湾文献丛刊》，南投：台湾省文献会，1962年，第141页。

④ 邓之卿：《山居岁月——新竹客家饮食文化及体现》，《餐旅暨家政学刊》第6卷第4期，2009年，第372页。

⑤ 杨彦杰：《客家菜与饮食文化》，《第六届中国饮食文化学术研讨会论文集》，台北：中国饮食文化基金会，2000年，第363～380页。

有制作擂茶和食擂茶的人了。这种认识有点偏颇。其实，客家民系尚未形成以前，中原地区即已有制作擂茶和食擂茶的习俗了，并且曾经风靡过全国的许多地方。不过，随着岁月的推移，元末明初以后，擂茶在中原和其他地区却逐渐消逝，只有客家人、部分畲族人及我国西南的个别少数民族继承下来并不断创新和光大。据有关数据记载，赣南、闽西、粤东、湘南、川北及台湾、香港等地的客家人至今仍保留着食擂茶的习俗，有的地方甚至还非常风行，民间有"无擂茶不成客"的谚语，颇能说明问题。①

依王氏之说，"擂茶"虽非始于客家，但后来却由客家人发扬，独树一帜，充满客家民俗风采。"擂茶"，又名"三生汤"，起源颇早，三国魏张揖《广雅》记载："荆巴间采茶做饼，成以米膏出之；茗饮，先令赤色，捣末至器中，以汤覆之，用葱、姜、桔子芼之，其饮醒络，令人不眠。"盖为擂茶之雏形。又，传说在东汉建武年间，南下征伐武陵"五溪蛮"，行军途中，天气变化无常，时而大雨滂沱，时而骄阳当空，加上行军疲劳，士兵纷纷病倒，只好驻扎马头村，但因军律严明，无人弃军脱队、糟蹋百姓粮食庄稼，对百姓秋毫不犯。正危难之中，一位老妇人将家传秘方献出，让百姓将生茶叶、生米、生姜混在陶盘中擂成糊状，然后冲入沸水，让将士服用，病情迅速好转，后人称之为擂茶，亦即现代擂茶最初的制作方法及选用材料。又，"桃花源擂茶"之起源，传说与上述大致相同，亦始于东汉。有的涉及刘备、张飞，但更多的传说是始于马援。刘备未曾至乌头村（今桃花源），无可稽考；张飞取武陵，虽路过乌头村，亦无可资佐证之记载②；唯有马援一说，有史可查。嘉靖《常德府志》记载："穿石山（今马石乡），县西南一百五十里，高都村，汉马援尝穿石窍以避暑。"唐朝杜甫《吹笛》诗有"武陵一曲想南征"，柳宗元《衡阳与梦得分路赠别》诗有

① 王增能：《客家饮食文化》，福州：福建教育出版社，1997年6月，第28页。

② 张飞传说类同，云：张飞带兵进攻武陵之际，将士均得瘟疫，无力前进，时有老草医有感于蜀军纪律严明，便献上祖传的除瘟秘方，以生茶、生姜、生米共同磨成糊状，烹煮后食用，汤到病除，擂茶便因此而流传开来。

“伏波故道风烟在”之句，前句是指马援南征五溪蛮的故事，后句是指南征所经过的路线。今桃源乌头村一带，还有伏波洞、马王庙、马王溪、穿石等可作考证。关于马援与擂茶的传说故事，桃源几乎家喻户晓。此外，“梅城擂茶”另有民间传说，该说始于楚庄王时，为扩大霸业，兴兵收服南方八个部落。兵至梅山山口，将士病倒，后由洞庭九江郡（梅城）的一位土著道姑茶婆婆取龙井水三大鼎烧开，又取陈茶粉三包、燕麦数升、山椒一升、老姜三斤倒入石碓之中，以香木槌棒捣碎后，一并倒入沸水中稍煮并加食盐，让病人大碗饮服后得救。

这些传说、载记，多无可考。惟前引张揖《广雅》中，已有关于米茶的记载，时人已习于用葱、姜、桔皮等作飧料。说明汉末已有擂茶的饮用方式。又，1973 年长沙马王堆一、三号墓土西汉竹简木牌上，有“槚一笥”、“槚笥”等字样。按《尔雅·释木》云：“槚，苦荼。”郭璞注云：“树小如栀子，冬生叶，可煮作羔饮，今呼早采者为茶，晚取者为茗。”唐陆羽《茶经》亦谓：“其名一曰荼，二曰槚，三曰蔎，四曰茗，五曰荈。”可知“槚”实即“茶”之别称。由“槚一笥”、“槚笥”之木牍遣册之出土，说明马王堆西汉墓已有茶叶陪葬。此外，该墓另出土以茶、米等原料做成的“苦羹”，此“苦羹”应即是“茗粥”。以出土文物所见，马王堆西汉古墓“苦（荼）羹”，实为擂茶之祖。可见，早在秦汉以前，茶在人们的饮食中即占有相当地位。

王增能又云：“至唐代，茶叶的制作技术已有很大的改进，人们的饮茶方式随之发生了很大的变化，米茶渐趋灭迹，但茶叶中掺葱、姜、桔皮等的习俗仍存在。”① 陆羽《茶经》亦记：“饮有桷茶、散茶、末茶、饼茶者，乃研、乃熬、乃炀、乃舂，贮于瓶罐之中，以汤沃焉，谓之庵茶；或用葱、姜、枣、桔皮、茱萸、薄荷等，煮之百沸，或扬令滑，或煮去沫……”“庵茶”，实即香料擂茶。擂茶一词，最早见于北宋《都城纪胜·茶坊》：“冬天兼卖擂茶。”，又见吴自牧《梦粱录·茶肆》：“冬月添卖七宝擂茶。”擂者，

---

① 王增能：《客家饮食文化》，福州：福建教育出版社，1997 年 6 月，第 31～32 页。

研磨也。其法乃将葱、姜、枣、桔皮、茱萸、薄荷等原料混合干擂，研磨成粉后，再加入沸水即成。

传说总归是传说，但从中可知，擂茶最初与茶叶一样用于药用。几千年的历史流传，擂茶时至今天，仍然在广大地区，尤其在客家地区广泛流行，并将之演化成各种各样的风味食品，深受人们的喜爱。这与它具有的各种保健功能密不可分。擂茶有清热解暑、提神去病、帮助消化、健脾养胃等保健功能。

从陆羽《茶经》所记“庵茶”，“或用葱、姜、枣、桔皮、茱萸、薄荷等，煮之百沸，或扬令滑，或煮去沫”，可知古代擂茶的大致材料，时至今日，多有变化。现在“擂茶”的基本材料，有些地方是茶叶、花生、大豆、芝麻等；有些则是小米、花生、芝麻、生姜、黄豆等，不一而足。其制法是将上述食材放在一起，盛在内侧带牙状粗糙面的特置陶器牙钵里，用擂木棍擂碎，再添加若干盐巴、植物油，以沸水冲泡而成。在赣南地区客家人家里，飨客之外，“擂茶”亦作为薯、芋等杂粮食用时的汤料，乃家庭主食的替代品。“擂茶”也可以用来款待客人，作为食用茶点时的一种热汤料。客人一到，家庭妇女便即刻制作，很快一钵香喷喷的“擂茶”和其他点心一道摆在客人的面前了。这在客家地区算得上待客的热情了。

大致看来，擂茶的风味，各地略有不同，在原料的选用上一般以地方习俗为依据，制作过程中，亦可依照个人喜好而添加原料。保留擂茶习俗的地方，有广东的揭西、陆河、清远、英德、海丰、汕尾、惠来、五华等地，江西的赣县、石城、兴国、于都、瑞金等地，福建的将乐、泰宁、宁化等地，广西的贺州黄姚、公会、八步等地，湖南的安化、宁乡、桃江、益阳、凤凰、常德等地，及台湾的新竹、苗栗等地。以下简述几个地区的擂茶，以见其异同：

①梅城擂茶

湖南安化的梅城客家人最爱打擂茶，所谓“山上山下都是屋，家家户户请擂茶”。梅城擂茶采用传统方法制作，茶叶采用陈年安化茶或经枫树球烘烤烟熏而成的陈茶粉作为主要原料，加上大米、花生、芝麻、绿豆、食

盐、山苍子、生姜等为原料，花生、芝麻另有处理手续，再以深井之水作为冲擂茶水。梅城擂茶因采用陈茶粉，不但营养和医药价值高，而且“其味无穷”。梅城人吃擂茶另以食品佐食，名曰“换茶”。换茶多达百余种，大致分为酸换茶、甜换茶、咸换茶、香换茶四大类。结婚擂茶多用甜换茶；丧葬擂茶常用咸换茶；防暑擂茶用酸换茶；待客擂茶则用香换茶。常备的换茶有：花生、瓜子、蒸薯片、炒薯片、炸薯片、薯糖糕、炒玉米、炒黄豆、炸蚕豆、金鼓条、巧果、酸杨梅等。一般而言，梅城女子未嫁时，不能打待客擂茶。梅城一年十二个月都有擂茶名堂：所谓“正月有开岁茶，二月有花朝茶，三月有谷雨茶，四月有初夏茶，五月有端阳茶，六月有防暑茶，七月有祭祖茶，八月有望月茶，九月有重阳茶，十月有霜华茶，十一月有寒梅茶，十二月有辞年茶”。此一茶谱即是按季节讲的。按用途分，可分为“待客茶”、“送礼茶”、“保健茶”、“喜庆茶”、“分味茶”、“答谢茶”、“功夫茶”等；按配方讲，可分为“燕麦茶”、“豇豆茶”、“嫩玉米茶”、“阴米茶”、“生米茶”、“香米茶”、“金银花茶”、“野菊茶”、“薏米茶”、“山椒茶”、“芝麻花生茶（又叫清水擂茶）”等。品类繁多，不胜枚举。

②揭西擂茶

广东揭西的客家人喜欢饮用擂茶，凡家里来了客人，主妇必以擂茶招待，或配以爆米花。凡邻居、朋友、亲房的姑娘出嫁之前，接受了一包喜糖之后，必定要擂一钵香擂茶请姑娘喝，以示祝贺。凡家里人病愈也要煮“擂茶”，请来那些曾经关心其健康，对其有帮助的邻居、朋友共同品赏，以作酬谢，并图个吉利。正月十五元宵节，家家户户都煮“十五样菜擂茶”，共同分享预示新年大吉。夏秋季节，农家都以擂茶为午餐。气候炎热之际，劳动过后，常不思饮食，若以擂茶配吃烙熟的番薯、芋头片，既能饱肚，兼除暑气，更可提振精神。擂茶的配料十分丰富，制作并不复杂，先将花生、油麻、茶叶、园香、金不换或苦棘芯放进陶钵内，以木棍擂成粉末，泡上开水；再把在锅已炒好了的萝卜干、芥蓝菜、蒜、青葱、黄豆、白菜、荞头、虾米等菜料放进钵里去搅匀，并放些咸酥花生仁即可作饮料喝。如要吃饱，即加配白米饭或爆米花，吃起来，咸、香、苦、辣、甜、酸各味俱有，不但可口开胃，而且别有风味。

③海丰擂咸茶

广东海丰茶的吃法，有清茶、咸茶、油麻茶、苦棘芯茶，以及茶饭、菜茶等。吃法迥异，制法不同，各具特色。而最为有名的便是"擂咸茶"。"擂咸茶"，就是将日常泡茶用的茶叶抓一把放进一个特别的陶钵中，另上一些盐，以木棒不断搅匀捣碎，直到变成粉末状，倒入事先炒熟的芝麻，再冲入煮沸的开水，就成了一杯喷香的咸茶。这时，把茶用碗盛起来，撒上炒熟去膜的花生仁和炒米，就是芳香四溢的"擂咸茶"。海丰人待客热情，一般的左邻右舍、亲朋好友来访，便敬上一杯清茶，偶尔也擂一擂咸茶；要是有亲人出远门数载方归，多半要擂咸茶遍请乡邻。倘若是稀客或尊长来，则非擂咸茶不可，越是贵客，茶叶的质量越是讲究，芝麻、炒米、花生也撒得越多。吃擂咸茶必是一人备好两只碗，一只端着吃，另一只盛着咸茶备添。各人吃各人的碗，决不会混淆。如此分明，以示对人的尊重。

④惠东咸茶

惠东县客家地区喜欢用咸茶招待客人，风味独特。这种咸茶，既可当茶，又可代饭，它的来历已无从查考，而它的制作则颇费工夫。咸茶的主要原料是爆米（用饭干炒制而成或用生米在爆米机中爆成），配料则有红豆、黄豆、乌豆、花生、油麻、茶叶米、香芋等。豆类可多可少，也可用其他豆类代替，如蚕豆、豌豆等。而花生、油麻、香菜必不可少。制作方法是先将爆米及豆类煮熟，然后放入花生粉、油麻、香菜，也可放入少许胡椒粉、茶叶碎，将味道调好，咸茶便成。此外，还有另一种制法，称为泡茶，即将爆米、花生粉、汕麻和香菜同时放入碗里，用开水冲泡。过了一会儿，出味后便可食用。惠东客家人除招待人外，遇到吉庆嘉事也用咸茶，如"三朝茶"、"满月茶"、"上梁茶"、"居茶"、"亲家茶"等。

⑤英德擂茶

广东英德是古老茶区，唐朝时已建有"煮茗台"，后发展成英德特色的"擂茶粥"，经久不衰。英德擂茶选用的原料，由古代的生米、生姜、生茶，演化成今天茶叶（一般选用绿茶）、炒花生、炒芝麻、陈皮、花椒、八角、肉桂、薄荷、黑豆、金银花、韭菜、茴香等丰富多样的原料。在制作过程中，一般依照个人喜好而添加原料。最后再加上油、盐以及香菜等。做出

的擂茶香醇可口、齿颊留香、荡气回肠。又说，“擂茶粥”微苦而甘，可生津止渴，清热解暑，提神醒胃，食之不厌。过去农村缺医少药，当地人治小病就靠“擂茶粥”。

擂茶、擂咸茶之外，另有客家药茶。药茶是客家地区农村群落常用的一种传统保健饮料。客家地区地处山区，可用以制作药茶的原料颇多，平日将那些有药用价值的田园蔬菜、树叶、青草采集起来洗净晒干，随时泡用。

台湾客家的擂茶，以“北埔擂茶”为代表。大陆传统原乡的擂茶口味是咸的，北埔擂茶为了迎合大多数人的口味，开发出“甜”的擂茶。北埔擂茶的创始约在 1998 年，由于茶农的需求及地方单位的提倡，开始从事擂茶改良与推广的工作。在改良擂茶的当时，请教当地耆老制作擂茶之术，其后研发并改变成甜的口味后，渐为大众所喜爱，并因此成为北埔观光的饮食特色。更因应现代人方便之需求，甚至开发出擂茶粉，容易携带与冲泡，兼具方便性与推广性。由于“北埔擂茶”的制作过程与故事性颇符合客家人的特性，故经过北埔客家人创新及口味改良后的擂茶大受欢迎，已成为新竹客家观光的饮食文化之一。

四、台湾客家饮食之文化特征

王增能在《客家饮食文化》一书中，从吃素、吃野、吃粗和吃杂几方面指出客家人的饮食结构①。所谓“吃素”，是指不吃荤和没油吃。不吃荤的“荤”，指肉类或动物油；没油吃的“油”，兼指植物油和动物油。客家人吃素，少数属于主动行为，多数属于被动行为，主要在于艰苦的生活条件，逼得客家人“想吃荤也吃不成，不想吃素也得吃”。所谓“吃野”，主要是指野菜、野果、野味。据王氏以武平客家为例所统计，客家人所吃的野味属于野菜的，有树豆、狗爪豆、刀豆、苦荠（即苦菜）等；野果有山莲子、椑柿（俗称猴锥子）、十月鸟、紫葶子、梧桐子、无花果、饶钹子（俗呼拔子）、棘纽子（又名鸡爪梨）等；野味有虎、豹、豺、狼、野猪、

① 王增能：《客家饮食文化》，福州：福建教育出版社，1997 年 6 月，第 12～18 页。

豪猪、山羊、獭、黄麂、狸（有狸猫、果子狸、五段狸、送屎狸、拱手狸）、竹鸡、雉鸡、米鸡、斑鸠、白鹭、鹧鸪、沙钻、鹌鹑、龟、鳖、蛙、蛤、田螺、石螺、石卵、白拐子（蛙之一种，梅县人尤喜捕食之）、蛇（品种很多）等，不计其数。所谓“吃粗”，王氏指出：

> 客家人向有吃粗和吃杂的文化传统。以粮食而言，稻米是主食，其他包括地瓜和芋头都归为杂粮之属。高粱粟、狗尾粟、拳头粟、包粟（即玉米）、荞麦、谷麦（即大、麦，又称毛麦）等，是薯、芋之外杂粮之主要者。稻米的制作甚粗糙。过去没有电，没有碾米机，脱壳加工仅赖砻、碓，欲成精米，颇费时力，因此吃糙米的现象十分普遍。还有一种米叫熟米，是将稻谷煮熟晒干后再砻再碓的米，这种米的表皮毫无磨损，是最典型的糙米。惟其如此，它保留了稻米的几乎全部的营养成分。①

所谓“吃杂”，王氏又指出：

> 客家人尤其喜欢吃肉杂，及禽畜的内脏，即使是充满腥气、膻气，人们不屑一顾的牛的内脏，也不例外。而且由于烹调得法，甚至能做出各种各样的美味佳肴。……客家所处的生存环境和生活条件也逼得你非实践不可，因为你没有办法挑食和偏食。②

从王氏所谈的饮食结构来看，其实这正是客家的饮食特色。王氏也具体地指出一些特色：第一，重山珍，轻海味；第二，重内容，轻形式；第三，重原味，轻混浊；第四，重蒸煮，轻炸煎。此四点主要是说明在赣、闽、粤以及桂东的客家人饮食的特色。其中可以看出，客家居域多为南方的山区和林区，野菜、野果、野生动植物资源非常丰富，尤其是野味，天上飞的、地上走的、水中游的，颇为齐备，故在饮食上呈现了上述的特色。不过，王氏有些观点仍显粗疏，以吃素而言，所谓吃不到油的讲法，恐怕是早期几百年前的客家先民饮食，客家妇女常说一句话：“炒菜时，油多放一点才好吃。”其实这反映了客家菜比较重油，特别喜欢使用肥瘦相见的“五花肉”烧菜，如“烧大块”、“扣肉”等即是如此。一直以来，客家菜被认

① 王增能：《客家饮食文化》，福州：福建教育出版社，1997年6月，第16页。

② 王增能：《客家饮食文化》，福州：福建教育出版社，1997年6月，第17页。

为重视“咸”、“肥”、“香”，可见也未必是吃素不吃荤。桂东陆川的白切猪脚、猪脚煲、扣肉卷等猪肉菜肴系列，是当地的名菜，不论是招待客人，还是家居食用，都以猪肉为原料制作出各种菜肴来飨客，这是陆川客家人特别明显的习俗。台湾客家历经两百多年的演变，失去原乡的物质系统支持，又随着台湾社会、产业的迁移蜕变，饮食文化所呈现的面貌，自然也会有所变化。事实上，台湾客家整体条件上与大陆原乡的饮食特色，大多类似，但也为了因应自然环境和物产资源以及社会人文条件而有所调整，使之自成特色。以下分别来看：

（一）重山珍野味，吃河鲜轻海味

大陆原乡的客家因客家居域多为山区，只有山珍，没有海味，自然环境决定了客家饮食重山珍、轻海味的特色。台湾的客家人由于大部分也住在山区丘陵，在食材上，同样也是重山珍、轻海味，但是却会以河鲜来取代海鲜。除了家禽、家畜外，山上野生的各式各样小动物、天上飞的鸟类、河里或池塘里的河鲜鱼类，都可以是菜肴。这也说明了台湾的客家人有类似的靠山吃山、吃野味、吃河鲜的饮食方式。台湾山多，山产之可食者也不少。如果子狸（白鼻心）、竹鸡、老鹰、鹌鹑、鹿等都可变成食物①；河里乌溜、养公、鲶鱼、鲈鳗、鲫鱼、虾虎，或池塘里的草鱼、鲢鱼、鲤鱼等，亦都是菜肴②。

（二）朴实粗杂，吃饱不吃巧

王增能指出客家饮食“重内容，轻形式”③，这与客家人大多喜欢实实在在、不甚追求花里花哨的性格有关。客家菜简单粗犷、大盘、大分量、不求盘饰。这一方面与因应劳动的生活型态，着重吃得饱，故饭菜的做法都以煮大锅饭，以吃得饱为原则；另一方面则是客家人实际的性格表现，不喜花哨，但求扎实，故不重吃得巧。刘还月认为“不吃巧而吃饱”，“这

---

① 至于有些山里或田里的老鼠，早期台湾的客家人也不排斥。

② 邓之卿：《山居岁月——新竹客家饮食文化及体现》，《餐旅暨家政学刊》，第6卷第4期，2009年，第362页。

③ 王增能：《客家饮食文化》，福州：福建教育出版社，1997年6月，第16页。

六个字是传统客家饮食中，最重要的精神所在”[①]。盖以客家人的原乡，山多田少，粮不敷食，常有饥馑的状况，导致客家人的饮食观“重吃饱不吃巧”。因不重巧，故刀工粗犷。此外，客家人又善用物资，食材多朴实粗杂。如广西博白县龙潭村的村民们的饮食观，大致就是以“食饱”为标准，并不在意所谓的色、香、形、意，也不讲究品种之间的搭配。是以刀工粗犷，砍切简单，一般家里都只配一把刀，做宴席菜时才会使用几种花式刀对胡萝卜等蔬菜进行加工。在烹调方法上，多以白切、煨汤、焖、炖、煮、蒸烧制而成，烤、炸不多，有些是油炸后再用文火蒸煮，像扣肉的烹制[②]。王增能所谓客家饮食特点中的“粗”，除了指食物以大米、粗粮为主外，也体现在菜名不雅，烹制不精细及刀工的粗糙上[③]。

台湾的客家人基本上也体现了这样的精神，吃的都是实实在在的料理，如白斩鸡、切盘的猪肉（这些当然也是大陆原乡的特色）。重实质，客家菜都是大盘、大分量的出菜，不怕客人吃。有人说“客家无大菜”，这是因为光看到菜名，不知道吃些什么。由于客家菜不重视繁复的刀工与烹调法，而讲求简单、务实的形式与吃法，因此客家菜比较不属于精致料理的菜肴[④]。客家

---

① 刘还月：《客家饮食与客家人》，《第四届中国饮食文化学术研讨会论文集》，台北：“中国饮食文化基金会”，1996年，第333页。

② 黄林：《博白县客家饮食习俗的调查与研究》，硕士论文，广西师范大学文学院民俗学专业，2007年，第11页。

③ 王增能：《客家饮食文化》，福州：福建教育出版社，1997年6月，第16页。

④ 当然客家菜也并非毫无名菜或雅菜，但毕竟是少数。王增能谓：“客家菜肴并不粗，要说有点儿‘粗’的话，似乎也是体现在如下几个方面，即菜名不够文学化，菜形不够艺术化，菜料不够‘贵族化’，菜款不够复杂化。‘不够’不等于没有，只是‘稍逊风骚’而已。就菜名来说，也有些是极富文学色彩的，如孔明借箭、八脆醉仙、麒麟脱胎、双燕迎春、四季芙蓉、玉兔归巢，等等，但笔者尚未弄清楚，这些菜名是历史上就有的呢，还是当代创造出来的？再看菜料，也有一些具有浓厚贵族色彩的。以长汀的‘麒麟脱胎’为例，‘麒麟’即乳狗，‘胎’及猪肚，猪肚内包着乳狗，吃时切开猪肚，‘麒麟’就‘脱胎’了。其制法是：先将人参塞进麻雀腹内，再将麻雀塞进鸽子腹内，再将鸽子塞进小母鸡腹内，再将小母鸡塞进乳狗腹内，最后将乳狗塞进猪肚内，用线缝好，添入鸡汤、盐、葱、料酒、酱油、红糖，盆装上蒸笼入锅内蒸4～6小时……这样的菜料和加工制作方法，未免令人咋舌！不过，在客家，这样的菜料只是少数。”参见王增能：《客家饮食文化》，福州：福建教育出版社，1997年6月，第17页。

菜没有名菜，不搞花哨。又因为“不食巧而食饱”的原则，台湾的客家人也会利用粿粄类的制作，来强化饱足感或耐饥。粿粄以糯米或粳米为主，这类食品容易食饱，消化时间较长（尤其是糯米），故粿粄类成为客家人常吃的主食、点心。客家人还尝试以米磨成皮代替面粉作皮，但因容易脆裂，所以加上糯米增加它的柔韧性，如客家人做的“浮水（米意）”及各种米食粿粄的糕点等，保留旧有中原地区的面食制作方式，加上台闽地区的米食文化，新旧融合造就了别具风格的客家饮食文化①。

（三）重原味

原味实指本味。所谓本味，首见于《吕氏春秋·本味篇》，乃指物原料经烹饪制作后，仍然能最大限度地保持其原来特有的自然风味。客家菜重视鲜香，讲究原味，如客家人常吃的菜脯、萝卜，即是先以油葱爆炒再调味，和台式做法先以盐腌过不同。讲究原味，就是讲求菜肴的本味，不重多变的调味，菜肴搭配也较单纯、不复杂，或以为这是客家族群强调本味、独味的思想，但亦有认为或许是因久居封闭山区，未受到其他近海菜系的影响所致，反而保留了现在最盛行的自然原味烹调风格。王增能认为：“这可以说是客家人对我国传统饮食文化的继承。例如袁枚即提倡菜肴的本味、独味，反对鱼翅、海参同烧，鸡与猪肉为伍，以至各不得其味。李渔也主张在烹调时保持主料的本色、本味，认为最好吃的菜肴，大多宜于单独烹制。”② 其实客家人虽重原味本味，但仍有一些创新。在烹调方法上，偶尔也会讲究。大体来说，“味”是中国菜的灵魂，“一菜一格”、“百菜百味”是中国菜肴最大的特色。“味”之美，可以说是中国古代饮食追求的最高理想境界。“味道好坏”、“好吃不好吃”是中国人评价食品好坏的第一标准。客家菜肴起源于闽、粤、赣三省交界山区，具有味型多样的特点。因为重原味，客家菜中往往喜欢用白斩鸡、白切鹅（陆川）、白切猪脚（陆川）等原味菜肴。客家人煮菜时很勤于洗锅，民谚“煮菜不用学，只要肯洗锅”，反映的正是这个特点。宁化的传统名菜“全香菇”，烹制时只加入茶油蒸

① 林嘉书、林浩：《客家土楼与客家文化》，台北：博远出版社，1992 年，第 7 页。
② 王增能：《客家饮食文化》，福州：福建教育出版社，1997 年，第 16～17 页。

熟，再淋上麻油，保持了香菇“清香”的本色本味。这原汁原味的“全香菇”，吃起来清香扑鼻，味道纯鲜，因此成为宴席上人见人爱的佳肴[①]。一般台湾客家人喜欢将五花肉烫熟之后切片，沾蒜泥加酱油，吃肉的原味；新竹的客家人则蘸桔酱加酱油，也是吃肉的原味（笔者新竹老家就是这么吃的）。还有白斩鸡、烫青菜、芥菜、高丽菜也是蘸桔酱（或加酱油），只要用桔酱蘸过就很好吃，它是新竹客家人很特殊的蘸酱。此外，吃原味的特点也展现在客家人的米食粄粿类上，如台湾的客家菜头粄（萝卜糕），以萝卜的味道为主体，简单而没有太多的添加。吃的时候，可以蘸酱油或桔酱等蘸料。配料、调料简单，也体现了原汁原味的特色。

（四）偏咸重油（肥）

偏咸重油，注重热量，是客家饮食的重要特点。客家人常居山区，出门即须爬山，生产条件艰苦，劳动时间长、强度大，故需要较多脂肪和盐分，以补充大量消耗的能量。同沿海地区比较而言，客家菜略偏咸、重油。台湾客家谚语所谓的“四两猪肉半斤盐”，正是重油、重咸的口味。传统客家人耕作粗活多，家里需要随时有热的干饭、油、盐等补充体力，以便在休息的时候能迅速地恢复体力。新竹的客家人常会以“你没食盐喔！怎么这么没力”[②] 来笑那些从事劳力却体力不济的人。此外，客家妇女常说一句话：“炒菜时，油多放一点才好吃。”可见客家菜比较重油，特别喜欢使用肥瘦相间的五花肉烧菜，如“东坡肉”、“扣肉”等即是如此。当然，早期的客家人一方面物质缺乏，另一方面基于节俭，平日未必都重油。客家人所谓的“肥”，是指过年过节煮鸡鸭时，剩下肥汤的那个油，而不是平日饮食中放很多油。所以早期客家人的饮食其实是为了物尽其用、省油而用肥汤，把肥汤加在笋干、咸菜这一类菜肴上，客家人平时煮菜并不油腻[③]。杨彦杰指出，由于油少，所以客家菜多用炖煮而少油炸。虽然客家人常说

---

① 连允东：《客家菜肴》，《科学与文化》，2005 年第 5 期，第 34 页。

② 邓之卿：《山居岁月——新竹客家饮食文化及体现》，《餐旅暨家政学刊》，2009 年第 6 卷第 4 期，第 364 页。

③ 邓之卿：《山居岁月——新竹客家饮食文化及体现》，《餐旅暨家政学刊》，2009 年第 6 卷第 4 期，第 364 页。

"炒菜时，油多放一点才好吃"，但是如果从另一个角度去理解，这种喜油的嗜好恰好是缺油生活的另一种反映，是经济环境好转之后的一种自然的心理需求①。

其实，客家菜虽非重要菜系，但现在客家菜在台湾已有一席之地。北部的桃竹苗、南部六堆的美浓，从南到北都可吃到可口的客家菜，客家小吃更成为日常食品在台湾大为风行。过去一般认为客家菜偏"咸、香、油"，从客家菜的角度观察，也确实如此。但其他菜系也未必不如此，如闽南菜也有许多是重口味的。但因客家人源于中原汉民族，所以许多客家菜的料理方式与大陆菜的做法类似，在口味上偏重"咸、香、油"的解释，不能完全概括其特色，许多北方菜也有这样的特质②。

（五）重蒸煮，轻炸煎

王增能指出，这一特征是因为客家人大多比较适应温性和清淡的饮食，较不适应热性的饮食③。但其实还有更复杂的背景。王泽巍指出，由于客家人大多比较适应温性和清淡的饮食，所以在食物制作上重"蒸"和"煮"，不爱"煎"和"炸"，且有许多汤类的菜。在宁化客家乡村，家家户户都喜欢吃捞饭，清晨捞起的米饭留待劳动回来午、晚餐吃，而饭汤则用于早餐配地瓜或地瓜干（片）、芋子。再者捞一餐，吃三餐，无所谓剩饭，减少浪费。延至今日，喝汤的习俗也保留了下来，逐渐演化成宴席上的肉片汤、清炖排骨汤、清炖母鸡（鸭）汤等④。不过，烹调方法虽然注重蒸煮，但还有很多奇巧精妙的烹制技法。除了其他菜系常用的水烹、油烹、汽烹、火烹之外，客家人在烹制菜肴时还精于用古老的"石烹"（如砂炒烫皮、瓜子、栗子等）、"竹烹"（如竹筒饭、竹筒排骨、竹筒杂烩等），并首创了"盐烹"。传统的东江盐焗鸡即将鸡埋在烧热的盐中使之焖烙而熟，与淮扬

---

① 杨彦杰：《客家菜与饮食文化》，《第六届中国饮食文化学术研讨会论文集》，台北："中国饮食文化基金会"，2000年，第363～380页。

② 于佩玉：《台湾客家节令其食俗文化研究》，硕士论文，淡江大学汉语文化暨文献资源研究所，2007年，第90页。

③ 王增能：《客家饮食文化》，福州：福建教育出版社，1997年，第17页。

④ 王泽巍：《客家饮食文化特色分析》，《福建地理》，2006年第2期，第72页。

菜系的泥烹“叫花鸡”一样享誉于世。与沿海、平原地区比较，客家地区显然相对闭塞，制作菜肴的原料存在一定的局限性，但敢于创新的客家人将烹饪技术发挥得淋漓尽致，能够就一主原料用不同的烹制方法做出多种名菜，如鸡，就有盐焗鸡、三杯鸡、白斩鸡、香菇烧鸡、河田鸡等。据初步统计，客家菜经常使用的烹制方法有四五十种。客家菜的精烹还表现在制作一道菜时，往往是多种方法组合使用，如烧制客家名菜梅菜扣肉，就要使用氽、煮、炸、煎、蒸、炖等多种方法，使猪肉和咸菜干的味道相互渗透，才产生出肥而不腻、荤素和谐、味重醇厚的绝妙效果[①]。

台湾客家菜的烹调特色，有封、炊、炒、炆（焖）、醢、腌生等方法，所谓“封”是指慢火炖至透软；“炆”是指大锅烹煮保温；“醢”是指剁成肉酱；“腌生”是指凉拌的意思，这些烹调法反映了客家菜简约、朴实的特点。同时，透过简单的菜色与烹调方法，也能展现出迷人的滋味来。大体来说，台湾客家菜煮法多以炒、炆的方法为主，没有花样、水果雕，也没有慢工出细活的菜色。如炆控肉就深具特色，客家庄在婚丧喜庆时，往往会用装油的大桶，底下烧木炭，直接去煮控肉，炆（焖）到后来连肥的都化掉，特别香、特别好吃。

客家烹调法缺乏“炸”这一项，这是由于客家人过去生活条件差，煮菜的油都是猪油，而猪油是利用猪的肥油或是五花肉的肥油炸出来的。因为少而可贵，自然舍不得去油炸食物，因此客家菜少有炸的菜肴。不过，客家人在节庆的时候，还是会有用油炸的各种点心，也有炸菜、炸甜板等。

客家菜另一个特别的烹调方法是“醢”，此法古已有之。“醢”，即指肉酱，如《三国志·魏书·王粲传》云：“昔伯牙绝弦于钟期，仲尼覆醢于子路。”（卷二十一）宋司马光《训俭示康》亦云：“脯醢菜羹。”也指剁成肉酱，如《战国策·赵策四》：“鲁仲连曰：‘然吾将使秦王烹醢梁王。’”一般也指酱，如《广雅》：“醢，酱也。”《魏书》：“自酒米至于盐醢百有余品，皆尽时味。”清毛奇龄《王君慎斋诗集序》“凡国家大事、兵农礼乐，以及

① 黎章春：《客家菜的形成及其特色》，《赣南师范学院学报》，2004年第5期，第41～43页。

钱刀酰醢之细，无不经营贯串。”客家人的“醢”有两种，一种是指剁成肉酱后煎来吃。如螃蟹醢、虾公醢等，直接把海鲜连壳剁碎之后，加入蛋汁一起煎来吃。另外，还有菜脯醢、茄子醢。其中，茄子醢更是传统的客家家常菜。这是客家菜很特别的做法。另一种是指腌渍的“酱”，如台中县东势镇的客家人将大甲溪中的溪虾、溪鱼加以腌渍保存，鱼虾类、肉类经过豆曲、盐、酒等腌渍发酵后风味特殊，并成为能长久保存的食品，这种腌渍的鱼虾类、肉类食品在东势客家地区通称为“醢”。东势客庄依山傍水，溪产、山产资源丰富，多为就地取材，在溪产方面，有溪虾渍（虾公醢）、石贴渍（石贴醢）、狗甘仔渍（狗颔醢）、溪哥渍（白哥醢）等，肉类方面有以猪肉腌渍成的猪肉渍（猪肉醢），这些腌渍肉食品除为个人喜爱食用外，常作为殊胜而贵重的礼物，馈赠亲朋好友①。

（六）多干腌酱渍类食品

腌渍食品也是客家饮食文化特色，客家人早期生活困苦，物资匮乏，为了防止断粮，为了保存食物，或是方便携带，于是衍生出腌渍类食物。如利用盐巴腌渍、晒干、红曲发酵等方式，衍生出咸菜、覆菜、咸蛋、菜脯、笋干、咸猪肉、豆腐乳、红糟鸭、咸花生酱等食物。此外，客家人为了节省，平时把猪肉腌制成咸猪肉保存，保持简单、朴实的做法与吃法。客家菜强调保存、腌渍、吃重咸的做法，正是客家菜的生存特性②。庄英章认为，这是客家人在“不稳定生态下的一种适应策略，以及俭约的表现”③。在大陆客家原乡这种就地取材制备咸菜、菜干、萝卜干等耐吃耐留的食物很常见。此外，各地尚有不同的干制食品，如明溪肉脯干、宁化老鼠干、

---

① 参见“客家委员会落格·台中县寮下生活美学发展协会”网页，台中县东势镇客庄普查/2010.10.31 报导（31），http：//archives. hakka. gov. tw/blog/liauha2525/articleAction. do? method=doViewBlogArticle&articleId=NTI3MDE=。

② 邓之卿：《山居岁月——新竹客家饮食文化及体现》，《餐旅暨家政学刊》，2009 年第 6 卷第 4 期，第 365 页。

③ 庄英章：《客家社会文化与饮食特性》，“行政院客家委员会·美食风味馆·客家饮食文化”网页：http：//www. hakka. gov. tw/content. asp? CuItem=7146&mp=1699，2005 年 12 月 8 日贴。

长汀豆腐干、连城地瓜干、永定腌菜干、上杭萝卜干、清流笋干、武平猪胆干“闽西八大干”是著名的风味食品，也是吸引旅游者的一个重要资源。

腌渍物在台湾客家庄十分普遍，于佩玉指出，台湾的客家人为了让土地休养，往往在二期稻作后，种些芥菜、小白菜、萝卜等作物。一来可做青蔬，二来可做绿肥①。吃不完的菜蔬，便做成“腌菜”保存下来，久而久之，成为客家饮食文化的特色。尤其讲究自然发酵的过程，保留食材的特色，深受大家喜欢，客家的腌制食品可分为干、泡、腌、酱四种，在制作方法上有所不同②。此四法，于佩玉云：

> （一）干：将发酵处理过的蔬菜曝晒在太阳下，使其完全干燥，以利储存。如萝卜干、覆菜、芥菜、梅干菜、高丽菜干、笋干、豆子干等。菜干的制作原料多用芥菜，做干菜首先要晒，晒出水分再腌，才不致腐败。腌好后需经一段时日才能食用，此过程称为“藏”，即保存之意。（二）泡：就是渍。它是以多量的水分及作料，腌泡蔬菜后产生咸、酸口味的各式泡菜。片岗岩在《台湾风俗志》中提到台湾人做久存的泡菜是将菜一层一层或一片一片浸在酱汁中，酱汁不能有生水以免滋生细菌，导致发霉，经过一段时日就成好吃的酱泡菜了。[按原注作：片岗岩著、陈金田译：《台湾风俗志》（台北：众文图书公司，1996年9月），第103页。] 由上可知，做泡菜非客家人专有的饮食文化，闽南人早期也常自己做泡菜，可能当时台湾生活较为贫困的缘故。（三）腌：腌制时容器要清洗干净并晒干，食物要先用盐巴搓揉均匀再放入容器中，再用重物压住，经自然发酵使蔬菜产生咸味及酸味。如以芥菜做成的酸菜、高丽菜等。（四）酱：用盐将豆腐或蔬菜脱水处理后，加入糖、酱油、豆曲或黄豆酱等添加物，经自然发酵、吸收酱汁而成。如豆腐乳、酱萝卜、酱菠萝、酱嫩姜、酱大头菜、酱朴子等。[按原注作：吴声淼：《有钱有闲的客家腌制文化》，“第五届全球化客

① 吴声淼：《有钱有闲的客家腌制文化》，“第五届全球化客家社会研讨会”论文，苗栗：苗栗县公馆乡旅游服务映象园区，2005年，第1～2页。

② 于佩玉：《台湾客家节令其食俗文化研究》，硕士论文，淡江大学汉语文化暨文献资源研究所，2007年，第90页。

家社会研讨会”论文（苗栗：苗栗县公馆乡旅游服务映象园区，2005年12月15日），第5页。][1]

腌制食品是客家饮食中重要的精髓所在，其口味亦一直坚持保留“咸”的本色，并发展出高超的腌制技术，因此客家腌制食品便成了客家菜肴中重要且具变化的食材。时至今日，客家聚落里仍然可以看到年长的妇女于自家门口暴晒萝卜、萝卜叶及晾挂覆（福）菜的景象，无论夏收芋荷，或冬藏萝卜，均是利用耕种后的空档期，趁其种植并收成可用的腌制材料，这些做法，历历展现了客家人在土地运用方面的经营智慧[2]。

五、台湾客家饮食之文化内涵

（一）祖根意识的联结

客家人源自中原，故客家文化“根在河洛”。当中原发生大规模、长时间的战乱与灾荒时，不得不离乡背井，另寻生机。自西晋开始到唐宋时期，由于战乱和灾荒等原因，客家先民开始渡黄河，跨长江，溯赣江，翻南岭，越武夷，辗转他乡，逐渐迁徙到闽、粤、赣三省交界的山区，落籍生根。并与当地土著和其他少数民族融合后，形成了一支有特殊语言、特殊习俗、特殊社会心理和特殊生计方式的族群。

在迁徙的过程中，物质文化无法携来，而精神文化却与人共存。客家文化的源头在中原，但是客家文化绝不等于中原文化。客家文化是在不断迁徙中形成的。在漫长的历史演化过程中，客家人在保留中原文化精神内核的同时，吸纳了客居地文化的营养成分，充分利用当地特有的资源，吸收当地其他族群的文化因子，因此，融会于客家饮食文化体系，创造出了独具特色的客家饮食文化。是以，研究客家饮食文化，既要探寻其与中原饮食文化的传承关系，也要接受其与移居地自然环境、生活方式和土著文

① 于佩玉：《台湾客家节令其食俗文化研究》，硕士论文，淡江大学汉语文化暨文献资源研究所，2007年，第91页。

② 杨昭景：《看见客家饮食文化的实用精神》，《客家饮食文化辑》，台北：“行政院客家委员会”，2003年，第34～37页。

化交流融合过程中产生的变化。

有些学者认为，客家人比其他中国人更中国人，盖因客家文化处于中国文化模型之边缘位置，他们身居内地通往南部沿海的要冲、枢纽，有着明显的边缘优势。客家文化保留了很多中原文化的古音古俗，甚至有些在中原地区已消失了的，在客家文化中仍然保存完好。而传统年节饮食是客家饮食文化之精华，透过客家节日饮食文化之表象，不难发现其中所遗留和渗透的中原饮食文化。

1. 饮食礼俗

①祖先崇拜

祖先崇拜是中国人普遍的信仰之一，汉民族祖先崇拜文化源远流长，人们深信：人死之后，灵魂不灭。祖辈代代离世，但其灵魂依然关注着后代子孙的一切。生者祭祀死者，即可获得死者赐福。祈求先祖庇佑宗族后代，人丁兴旺、仕途通达、财源广进、消灾去祸，乃祖先崇拜之直接目的。客家人有很强的宗族观念，聚族而居，围屋而住，自给自足，凡此皆能强化客家人的祖先崇拜心理。

客家人逢年过节、婚丧嫁娶、添丁及第，所有大事，都要到祠堂祭祀祖先，祈求祖先赐福保佑。祭祀祖先既是客家人思念故土崇敬先祖的表现，更是漂泊者渴求庇护的心理要求。“夫礼之初，始于饮食”（《礼记》），任何祭祀活动皆与饮食有关。摆在祖先牌位前的祭品，除了香烛、纸炮外，还有煮熟的鸡（全鸡）、鸭（全鸭）、肉（猪头或者其他好的部位）、鱼（全鱼），俗称“猪肉头牲鱼”，当然亦有米酒（三杯）和茶（五杯）。中元节祭祀时，则用鸭不用鸡。既要向祖先以及各方神灵上供品，还要焚烧纸衣、纸箱、纸钱以及金银元宝等物品。何以用鸭？据说乃因为鸭子水陆空畅行无阻，故能将子孙准备之祭品送达。

客家人以各种祭祀仪式表达对祖先之缅怀与敬仰，以祖先与子孙之血缘，强化宗法关系。祖先崇拜是客家人最主要的信仰，对客家人之精神世界影响深远。客家人祖先崇拜的意义在于通过繁琐的祭祀活动，加深宗族内部成员间的认同感，提醒族人自觉保持和发扬族风，激励后人建功立业

光宗耀祖。祖先崇拜产生的亲情是维系整个客家社会群体的精神纽带。

②亲友馈赠“礼尚往来”乃中国人之传统礼俗

若说节日中，祭祀祖先神灵所体现的乃为人神间的礼俗，则在节日间，亲友互赠食物，实为日常的人与人之间的礼俗。故客家人春节馈赠猪肉、发糕、水果；元宵节馈赠汤圆；端午节馈赠粽子；中秋节馈赠月饼等，皆体现了客家人热情好客之性格，亦为客居异地的中原人互相联络感情，凝聚团结的一种表现。虽然在中国的其他地方亦存在着此一礼俗，但客家人则尤甚于其他汉人，何以如此，盖因此乃客家人世代相传的祖宗规矩、亲情礼俗，不可轻视懈怠。

2. 饮食象征

饮食象征文化乃人们运用独特的思维方式和表现手法，反映主体内在心理取向的一种文化现象，人的思维活动，在饮食象征符号向饮食象征意蕴转化的过程中起着主导的作用。瞿明安在研究中国饮食文化象征论时，将中国饮食象征文化的价值取向概括为：“多子多福的生育观、白头偕老的爱情观、团圆和睦的家庭观、年年有余的财富观、期盼丰收的农事观、鱼跃龙门的人生观、祛病强身的保健观、岁岁平安的安全观、延年益寿的长寿观、崇尚孝道的伦理观、亲如手足的群众观”十一个方面①。客家人在节日饮食中，团圆、喜庆的饮食方式，崇宗重祖的饮食行为，避疫养生的节气饮食目的，期盼五谷丰收的饮食心理等方面的特征，正是这些饮食观念之具体体现。如客家人喜以食物名称来寓意吉祥：如走亲戚送礼篮，一定要附上两封“糕子”，表示步步高；年夜饭必得有鱼，以示年年有鱼（余）；过年上菜，必上芹菜、大菜（芥菜），而且一定要小孩都吃一点，大人则说“芹菜勤勤恳恳，大菜大发大富”。客家许多地方有吃“七种羹”的习俗。“七种羹”乃指大年初七（即古称“人日”）的早餐，一家人所要吃的东西：把芹菜、大蒜、葱子、韭菜、米果、鱼、猪肉放在一起煮，“芹菜”意指“勤劳”、“大蒜”意指“划算”、“葱子”意指“聪明”、“韭菜”意指“长久”、“米果”意指“团圆”、“鱼”意指“有余”、“猪肉”意指“富足”。“食

① 瞿明安：《中国饮食象征文化的思维方式》，《中华文化论坛》，1999 年第 1 期，第 63～66 页。

了七种羹，各人做零星”，意味着吃了这种羹，就要开始干些零星活了。客家人借用这些菜名，憧憬美好的未来。还有正月元宵节吃汤圆，以示团圆，端午节吃粽子是为了纪念屈原，涂雄黄酒是为了避邪，清明节吃清明糕表示对祖先的怀念，中秋节吃月饼是对团圆的渴望，重阳节以“师肉酒”祭祀表示对伟人的尊敬，冬至节吃“落水饺”是对族群来源的记忆和盼望团圆的心理。这些富有象征意义的中原饮食观，之所以能够在客家饮食文化中保存完整，大概正是由于客家人被迫迁徙的困苦，以及生存环境的窘迫，使得客家人心中的故园古俗历久弥新吧。

3. 饮食心理

过去习惯于生活在平原地区以面为主食的客家先民，南迁到山高水冷的南部山区后，生活条件艰苦，主食的构成不仅仅变成了稻米，番薯、芋头及其他瓜菜亦成了日常生活的重要补充。食材的改变，迫使客家人在饮食的选择上做出了许多让步。而从探寻客家饮食的文化脉络中，仍能清晰地看到：来自先辈的祖根意识，乃是客家人无法违逆的一个心结。客家人在接受当地食材现实的同时，非常巧妙地利用了食物制作方式上的相似性，以及食物形状上的相似性，来圆自己的思乡梦，并藉此找到以“他乡为故乡”的情感契合点。如客家饮食中的酿豆腐、烧卖、粄子、擂茶等，除了原料因地制宜，有所改造外，制作方法和食物形状，与中原地区如出一辙。冬至是我国的二十四节气之一，冬至对于古人来说至关重要，素有“冬至大如年”的说法。客家人冬至节吃的“落水饺”带有明显的中原文化传统。“落水饺”的制作与北方水饺的制作相类似。主要原料有：糯米粉、葱、蒜、肉（猪肉、鸡肉、鱼）、姜、豆腐饼、虾肉、调味料等。分两步进行：一是馅料的制作过程：先将葱、蒜、姜洗干净剁碎；再将各种肉类剁碎，然后将两种料分别炒熟（因为需要不同的火候，所以分开炒）之后再和在一起；二是糯米团的制作过程：先用开水和糯米粉，捏成团放在开水里煮熟（也可以直接将糯米粉放开水里烫熟），捞出团，再放进生糯米粉里，加少许水，将其撮成小小的黏稠的糯米团，再捏成中空的圆团，把馅放入，再将口封住，做成圆球状。然后另架锅将清水煮开，将做好的肉圆一个一个地放进开水里，就像落水一样，因而叫“落水饺”。冬至，中国北方有吃

“冬至馄饨”、南方有吃“冬至汤圆”的习俗，而“落水饺”形似汤圆，味似饺子，可以说是南北文化综合交流的结果。“落水饺”作为冬至祭祖和团圆饮食，表达了客家人缅怀中原祖先及合家团圆的文化心理。

由此可见，客家人在继承北方饮食思想、烹饪技术的基础上，在特殊的生态环境中再创了自己的节日饮食。这些具有怀旧性质的节日佳肴，镌刻着客家族群对中原故土的深深记忆，也让客家后代铭记家族渊源，不忘中原故地，传承中原文化。

综上所述，可知客家人对中原饮食文化的继承，主要是在思想、观念和情感等精神层面上的继承。那浓浓的故乡情怀，总让人觉得客家人与中原汉人没有区别。这种继承，既凸显了中原主流文化对客家人意识形态价值观念的深远影响，亦是族群的历史记忆。而这种继承内存于现在的饮食习俗中，自然就带着大量中原饮食文化的遗留。故可说中原饮食文化乃客家饮食文化之根基。

（二）本土认同的共存

饮食乃人类生存的头等大事，是人类维持生存的决定性条件，但食什么，怎么食，则在很大程度上取决于人类栖息地的自然地理条件和经济文化背景。人类学家认为“文化的变异是一种适应性变化”。客家饮食文化的演变，正是客家人在恶劣的自然环境和残酷的生存现实下，衍生出的生存伦理观念在饮食文化中的体现。

1. 客家人对移居地饮食的本土认同

客家人向以中原正统文化的传承者自居，然而，经历几次大迁徙后，客家移民所携带的原乡文化，在影响当地文化的同时，也难免受到移居地自然环境、生活方式和当地土著文化之影响。如中原人并不喜欢吃水产品，但越人却特别偏爱，因受越人影响，举凡青蛙、泥鳅、鳝鱼、小螃蟹等水产品，客家人也无所不食；中原人向来不吃蛇肉，他们认为吃蛇肉乃令人惊异恐怖的蛮荒殊俗，客家人却视蛇为珍品，不仅因其味美汤鲜，还认为蛇肉具有清热解毒，防生疮疖之效。

客家人吃荷叶包饭，亦受当地风俗影响。外出劳作，或出远门，客家人往往会以干净的荷叶，裹上饭菜当干粮，既卫生又便于携带。客家妇女

勤劳节俭，顾家爱子，偶有机会赴宴，往往只用席上的配菜或汤水佐饭，而用荷叶包上酒席上自己份额内的鱼、肉带回家给孩子吃。

由此可见，客家饮食在与当地畲、瑶等民族、部落的饮食习俗交流、碰撞、融合的过程中，逐渐产生了某种适应新的生存环境的“本土化”认同。

2. 应对环境的智慧和生存理念

生态环境乃人类谋取食物和其他生活资源的自然基础。“八山半水一分田”是客家地区生态环境的真实写照。山多田少，稻作收获不足食用，客家人就利用田头地角广种番薯、芋头等杂粮，以补主食之缺。无论家常便饭，抑是宴席酒菜，原料皆取于自然界丰富的动植物和自家饲养的家禽家畜，以及各种农副产品，如香菇、冬笋、芋头、番薯、鸡、鸭、猪、狗等。因而形成了客家菜崇尚“山珍”的特色。

客家菜肴还有一个突出特点就是干腌制品地位突出。长期的迁徙流离及聚居地经济的落后，客家人度日维艰，故多就地取材制备咸菜、菜干、萝卜干等耐吃耐留的食物。这些食物居家可佐餐，出门可配野菜充饥。仅赣南地区客家就有著名的信丰萝卜干、会昌豆腐干、兴国红薯干、南康辣椒酱等。这些著名的风味食品，随着经济的发展已经成为一种重要的旅游资源。

另外，由于客家人大多生活在山高水冷的山区，生活条件艰苦，劳动强度大，流汗多，盐分消耗大，于是形成了偏重咸、肥、香的口味特点。再者，客家山区山风阴邪、水性寒凉，食补食疗是客家饮食的另一个特点。客家人非常喜欢用温性的狗肉滋补身体抗寒，狗肉配当归和生姜焖烧，不仅保持和加强了狗肉温性的特点，更能去除臊味。客家人一年四季都喝家酿的糯米酒，认为这种酒既经济，又活血、壮筋、消除疲劳，具有滋补作用，因此，客家人每年都酿制糯米酒并沿习成俗。

客家人在吃法上，还有许多发明和创新，此固然有为谋求更佳口味和更充分营养的因素，更是他们在特定的经济文化背景和自然生态环境下，作出的适应性改变。如：客家烹饪重蒸、煮，少煎、炸，且有许多汤类菜。客家乡村，家家户户都喜欢吃捞饭，捞饭的制作相当简单，洗米下锅后，

放入比米多十倍的清水，将水烧开，等锅中的生米煮熟成饭以后，就用笊捞把饭捞出，盛于饭甑中，用饭甑蒸出来的饭散发着一股木头的清香，特别松软可口，剩下的米粥当午饭食用，余下的饭汤则配上红薯、芋头做早餐。捞一餐，吃三餐，无剩饭，少浪费，充分体现了客家人的勤劳节俭和聪明智慧。

（三）台湾客家饮食中失落的原乡情结

1. 来自原乡的失落——“酿豆腐”

“酿豆腐”，或称“豆腐酿”，是客家三大名菜之一。这道菜和客家菜中的特殊制作工艺——“酿”有关。所谓“酿”，就是将调好味的馅置入另一种食物当中。贺州芳林村客家人有所谓的“百菜酿”[①]，就是贺州客家饮食文化最具代表性的一种餐桌风味。贺州芳林村客家人，吸取当地各民族菜酿的特色，将菜酿文化发挥到了极致。该村的菜酿，五花八门，别具一格，有豆制品类、果菜类、根茎菜类、叶菜类甚至猪大肠、猪血、猪网油、还有香葱大蒜都可以做成菜酿。有人做过统计，整个贺州客家菜酿有 108 种之多[②]。由此可见，客家人逢菜必酿，一年四季中，几乎无所不酿。如酿豆腐、酿苦瓜、酿茄子、酿萝卜、酿莲藕、酿腐皮、酿辣椒、酿冬瓜、酿肉皮，以至于酿肉丸、酿鱼丸等，最终形成了系列的“酿”菜。其中，客家传统名菜“酿豆腐”被称为客家第一菜[③]。

由于南方稻多而少麦，又盛产黄豆，客家人便把豆腐当作饺皮酿进肉馅煎煮熟，发现味道特别鲜美，于是便成了客家“酿豆腐”这道名菜。“酿豆腐”是根据北方酿饺子演化而来的，因为北方人喜欢吃饺子，常说：“好吃不过饺子。”是故逢年过节都要吃，特别是大年初一吃饺子，已成为北方

---

① 王荷珣：《贺州市客家饮食文化的调查与研究——以贺州市八步区芳林村为个案》，硕士论文，广西师范大学文学院民俗学专业，2007 年，第 1 页。

② 王荷珣：《贺州市客家饮食文化的调查与研究——以贺州市八步区芳林村为个案》，硕士论文，广西师范大学文学院民俗学专业，2007 年，第 20 页。

③ 萧莹：《客家饮食的文化内涵》，《文化艺术研究》，2007 年 7 月号中旬刊，第 130 页。

人的风俗，饺子成为中原饮食文化的代表符号之一。萧莹指出："但迁入赣、闽、粤三角区的客家先民却不得不面对这样的窘境：由于小麦这种旱地作物不适宜移居地的种植环境，他们原有以面食为主的饮食方式无以为继，更无须说吃饺子了。饮食方式的截然不同更加催生了客家人对祖居地的思念，对以往生活方式的追忆，特别是饺子已成为客家人思念故土一个无法绕过的心结。为了找到与故乡感情联系的纽带，重新找回强势文化携带者的优越感，以他乡为故乡的客家人对饺子从原料到制作方法上都进行创新，发明了酿豆腐。"① 客家"酿豆腐"是贺州客家菜的代表作，它既充满了客家人深深的中原情结，又闪烁着客家先民们的智慧光芒。贺州芳林村客家豆腐酿的豆腐，是用自制的石磨把土生土长的黄豆磨出豆浆，加入卤水或石膏点化降解沉淀而成的豆腐。它的馅料选用剁成碎粒的香菇、鱿鱼、虾仁、猪肉等，拌少量味精、白盐、淀粉，一齐塞入鲜嫩的豆腐块中间，或蒸或焖，或煲或炸或煮，熟后即可食用，寒冬季节吃火锅吃酿豆腐，别有一番风味。当然，馅料以各人口味或家庭丰俭而定。火柴盒大小的水豆腐炸成金黄色，把猪肉鱼肉做成的馅"酿"入其中，放入葱花、香油，盛在鸡烫瓦煲内焖着，直到香气四溢。烹制手法另外还有红烧，有炸、煎、煮、清蒸的，有半煎半煮的，也有做火锅的。五花八门，争奇斗艳。如果将酿豆腐与饺子进行仔细的比较，就会发现，这两种乍看起来有着天壤之别的食物，实际上是何其的相似：它们都以调好味的馅料包入另外一种食物中，唯一的区别就是盛载馅料的原料，一个是豆腐，一个是面粉。

在贺州芳林村客家百菜酿中，豆腐酿可称为客家第一大菜、第一名菜。在客家，"豆腐酿"被传述为明代开国皇帝朱元璋爱吃的皇帝菜，也是达官商贾将其视为稳健儒雅中原文化的象征，是能登高雅之堂的食物。另一种油豆腐酿，大大方方，外色金黄，内白滑嫩，被誉为"金包银"，传说也是朝廷的贡品。所谓"扣肉、白斩鸡、豆腐酿"是客家人逢年过节饭桌上必

---

① 萧莹：《客家饮食的文化内涵》，《文化艺术研究》，2007年7月号中旬刊，第130页。

有的佳肴。

客家豆腐酿，正如其他客家特色菜一样，让人在经意或不经意的品尝中，体悟到客家饮食文化的精髓所在。豆腐酿显现出客家食俗的传承性和稳定性，体现了民系的原型文化特征，折射出客家民系千年一脉，延续承传的文化精髓。豆腐酿使客家饮食与现实生活保持了密切的联系，它较全面、集中地反映了客家饮食风味和浓郁的客乡气息，具有强大的生命力，是简朴的乡村生活真正的欢乐之一，历来被公认为客家饮食风格的代表①。

“豆腐酿”这道菜，不只贺州，其他如梅州等客家地区，也都有这道由中原情怀转化而来的名菜。既彰显了客家菜肴所具有的深厚文化渊源，又蕴涵着客家人浓郁的思祖情结及其中的传承和创新。然而，这样的名菜，在台湾的客家菜中却不常见。在台湾，豆腐其实是很普遍的一种食物，我们也偶尔可在一些餐厅吃到这道菜。但它却未深植在客家人的社会，进入客家人的餐桌。也就是说，由面粉而豆腐的联结，其实是断裂的。

2. 来自原乡的失落——“食蛇”

“食蛇”，是闽、粤、赣地区的客家人之喜好。客家人来自中原，而中原人向来是不吃蛇肉的，即使有吃蛇之例，也只是偶然的现象②。有关古代北方吃蛇的文献，确是凤毛麟角。依晚唐孙光宪《北梦琐言》所述，后唐庄宗在太原属邑水清池，令猎卒射蛇，并“从而食之”③。虽“从而食之”，其例应也不多。唐柳宗元《捕蛇者说》写捕蛇者之事，事在永州（今湖南零陵县)，虽为南方之地，但捕蛇之目的，非为食蛇，实乃欲进贡皇宫，以抵租税。宫中索蛇，亦非肉食，而取为药用也。所谓“腊之以为饵，可以

① 许名桥、陈源飞：《客家菜的革命从酿豆腐开始》，“智能天津网”，2006年10月。

② 王增能云：“谁都不敢断言，中原地区没有吃蛇的事实，即使有，也仅仅是极个别极偶然的现象，始终没有成为一种习俗。”参见《客家饮食文化》，福州：福建教育出版社，1997年，第69页。

③ 原文为：“太原属邑有水清池……后唐庄宗未过河南时，就郡捕猎，就池卓帐，为憩息之所。忽见巨蛇数头，自洞穴中出，皆入池中。良久，有一蛇红白色，遥见可围四尺以来，其长称是，猎卒载弩连发，射之而踣……猎夫辈共刲剥食之，其肉甚美。”

已大风、挛踠、瘘疠，去死肌，杀三虫”，亦即将蛇腊干以作药饵，用以治风病、曲脚、头肿、恶疮，去掉腐烂的肌肉，杀除三尸之虫。柳文所记，亦非食蛇文化。总之，北方中原之人认为吃蛇乃蛮荒殊俗。但南方百越民族却有食蛇之俗。越人爱吃蛇，首见于《淮南子·精神》：“越人得髯蛇，以为上肴，中国得而弃之无用。”[①] 中国者，北方中原也。

至于韩愈对蛇的态度，则颇令人玩味。韩愈因谏阻宪宗奉迎佛骨，被贬为潮州刺史。韩愈贬潮州后，有诗《初南食贻元十八协律》云：“惟蛇旧所识，实惮口眼狞。开笼听其去，郁屈尚不平。卖尔非我罪，不屠岂非情?”其中，所谓“卖尔非我罪”者，说明潮州市肆间，已有售蛇、食蛇之习。又据宋人《萍洲可谈》卷二所载：“广南人食蛇，市中鬻蛇羹。东坡妾朝云，随谪惠州，尝遣老兵买食之，意谓海鲜，问其名，乃蛇也。哇之，病数月，竟死。”[②] 朝云是否死于吃蛇羹，未可遽信，但亦间接说明，南方之地，有食蛇之俗。闽、粤、赣之地，属于百越系统，自古以来居住着土著百越族。客家人南来之后，受到当地土著的影响，视蛇为珍品。不仅因其味美汤鲜，还因蛇肉具有清热解毒，防生疮疖的奇效。这也说明，食蛇之俗，并非源自中原，实乃后起于南方之地。亦即闽、粤、赣地区的客家人，在与当地越人及其后裔紧密地互动与交融之后，客家文化深深烙上了越文化之印记，客家人的饮食生活也深受影响。客家人爱食蛇，说穿了，其实就是南来后，从越俗的结果。可见客家人在传承中原饮食文化的同时，也受当地土著的一些饮食习惯影响。亦可见客家人吃蛇之俗，当与中原饮食文化无关。

吃蛇之俗，虽与中原饮食文化无关，但客家人在中国南方确已养成吃蛇的嗜好。而台湾多山，蛇类颇多，但食蛇之俗，未见于台湾的客家人，亦是一种失落。

3. 来自原乡的失落——“辣椒”

客家菜起源于：闽、粤、赣三省交界山区，因地理及生活因素，形成

① 王增能：《客家饮食文化》，福州：福建教育出版社，1997年，第71页。
② 黎章春：《客家菜的形成及其特色》，《赣南师范学院学报》，2004年第5期。

了食物“重辣味”特色。客家人吃辣，原因有三：一因南方山区适宜种植辣椒，多产辣椒；二因山区气候潮湿，需以辣椒祛风除湿；三因山区生活劳动强度大，需以辣椒开胃，增强食欲。同属山区的川、湘地区，同具“重辣味”特色，是以湘菜、川菜亦皆重辣味。然而，川菜、湘菜之与客家菜之辣，各有不同。川菜以“麻辣”见长，湘菜以“酸辣”见长，而传统的客家菜则以“鲜辣”见长，味型不同，各具辣性。中国菜向以味型多样为特点，是以菜肴之调味技术，乃形成菜肴口味多样化及地方风味特色之主因。当一种或多种调味品和调味手段在某一地区被普遍采用时，其地方菜肴口味之特点，方才得以确定。故川菜多属麻辣，与其善用辣椒、花椒有关；湘菜多属酸辣，与其善用辣椒、醋、腌制品有关；而客家菜以鲜辣醇厚见长，则与其善用辣椒、姜、糯米酒和酱油有关①。而在传统客家人眼里，辣椒、生姜，二者不仅具有除腥提鲜、祛风除湿之作用，而且与糯米酒一样具有激发潜能、增强免疫等强身健体之功效。是以辣椒与姜配合使用，辣味得以更加纯正，再辅以家酿糯米酒和酱油，则菜肴之主味突出，副味醇厚。

不同地区，不同民系，辣味固有不同。即客家菜本身亦有区域性之别，如赣南、粤北客家菜多为较重的辣味；闽西客家菜辣味相对较轻；而粤东客家菜辣味更轻，甚至有不少客家人不吃辣，这是同一菜系在不同地域发展的差异。就客家菜形成地域的整体而言，其传统风味并没有发生根本性改变，只是程度上不同而已。不过，跨海到台，情况则不同。台湾的客家人基本不吃辣，亦无种植辣椒之传统。

六、结　论

饮食不仅是人们维持生命的基本物质需要，更包含着丰富的文化内涵。饮食文化是族群文化特色的载体，最能体现一个地域或族群的文化性格。

① 黎章春：《客家菜系构建初探》，《江西社会科学》，2006年11月，第150页。

客家饮食文化不仅包含着客家民系的历史和文化背景信息，也蕴藏着客家民系的人生态度、生存理念和思维方式。客家饮食文化除包含了许多中原饮食文化的因子外，更多地体现了客家社会特有的风俗民情和鲜明的客家文化特性。

与中原文化一脉相承的客家文化，以儒家思想为价值取向，尚仁礼、慕理义、勤耕读、乐诗书，尊崇儒家文化为自己的文化内核。凡此皆具体展现在客家饮食文化之中。大陆的客家饮食，既承受着来自中原的祖根意识，饮食受到中原文化的影响；同时又因南迁之故，既受地理环境的制约，也受社会环境的异化，故在进行本土认同之际，自然会受到移居地自然环境、生活方式和当地土著文化的影响。

台湾的客家饮食文化也面临同样的情境。台湾饮食兼融客家、闽南、外省及高山族等不同的族群，形成了多彩多姿的人文色彩，也造就出丰富多样的饮食文化。而客家人在此种情境下，由于身居异乡，魂牵故里，所展现的客家饮食文化特色，在饮食习俗、饮食象征、饮食心理等方面，虽继承了许多中原饮食文化的传统，但为了群体生存与发展的需要，客家人面对南方强势的百越文化、台湾高山族文化，甚至闽南文化及特殊的自然地理环境，入乡随俗之下，在饮食上也作出了许多适应性改变，从而形成了独树一帜的台湾客家饮食文化。

台湾客家的日常饮食，首先是以米食为主。这是因为台湾有良好的稻米生长条件，故能发展出多样的米食文化，除了大米饭外，油饭也是米食的一种。此外，更发展出丰富的米粄文化，如糍粑、牛汶水、甜粄、粄圆、菜包、艾草包、粽子、九层粄、米筛目、红粄、菜头粄、发粄、芋粄、米粉、粄条等各色的米粄。不同地区的客家人，又往往发展出不同特色的米粄，也发展出日常所食与祭仪所用的不同米粄食品。其次，在台湾客家人的日常饮品中，茶是最重要的饮品。客家人特好饮茶、“食茶”，既奉茶于人，又供茶于神；既饮早茶，亦沏功夫茶；更因应时空，发展出新式的擂茶。茶，在日常生活中被饮用，也在祭祀神明中被供奉，更在婚丧之礼俗中被充分应用。至于饮酒，其实客家人是善饮的，老的会饮，少的也会饮；

男的会饮，女的也会饮。客家人有一种糯米酿制的黄酒，凡客家家庭几乎家家都能酿制。不过，这个传统，在台湾的客家中，只有少数家庭能自酿自饮，无法普及。这当然与台湾的社会情境及早期的公卖制度有关。本文没特别针对此一饮品论述，实乃客家民间几乎已不擅此种工艺，民间已少见此一饮品。

此外，本文不特别谈各种不同的菜肴菜谱，只在饮食文化特征及文化内涵中论及，实因篇幅不宜过度，故舍之。总之，本文通过对客家饮食文化的介绍与观察，藉以提供人们更加理性、直观地了解客家人的生活风俗及心理心态，进而更加客观地把握客家文化和客家精神特质。

The heritage and evolution of Taiwanese Hakka cuisine

Abstract: Diet is not only a basic material need for people to sustain life, but it also contains rich cultural connotations. Food culture is the carrier of the ethnic and cultural characteristics that best embodies the character of a geographic or ethnic culture. Hakka cuisine includes both Hakka family history and cultural background information. It also encompasses Hakka life attitudes, survival philosophy and way of thinking. Hakka cuisine contains much Mainland China food culture; besides, it reflects the unique social customs of the Hakka people and creates a distinctive Hakka cultural identity. In fact, Taiwanese Hakka cuisine is also facing the same situations; therefore, it is showing the world its own diversity and uniqueness.

First of all, the major part of the Taiwanese Hakka daily diet is rice-related dishes. Because Taiwan is a good place to grow rice, Hakka people have developed a huge variety of rice-related cuisine. In addition to rice and glutinous oil rice, there are various types of rice cakes. Secondly, among Taiwanese Hakka daily drinks, tea is the most important beverage. Hakka people love tea, and spend time to "have tea time". They serve tea to others and also offer tea to worship the Gods. They have tea in the morning, and also enjoy performing the Gongfu tea ceremony at any time of the day. Furthermore, in response to changes of time and space, Hakka people have developed modern Leicha (mashed tea). This introduction and observation on Hakka food culture provides a more rational and intuitive understanding of

Hakka customs and their way of thinking. Thus, it will help us grasp the essence of Hakka culture, and their spirit more objectively.

Keywords: Hakka, cuisine, food culture, hometown, heritage

日治时期台湾饮食文化中的西洋料理初探

许佩贤[①]

【摘要】本文就传播与实践两方面，来探讨“日治时期台湾饮食文化中的西洋料理”。首先，从广播料理节目及妇女杂志的菜单，考察日治时期西洋料理传播的一个途径，并尝试分析这些菜单中西洋料理的内容、形态以及西洋料理如何融合在地的饮食文化，而达到传播的目的。其次，从新食材的取得、西洋料理的消费以及西洋料理的厨师三方面，探讨西洋料理实际被做、被吃的状况，同时也着眼于西洋料理人的组织“台湾司厨士协会”的意义。

【关键词】西洋料理　日治时期　司厨士

一、序　论

虽然西洋的食品、饮料在清末就已经传入台湾[②]，但大体说来，还是到日本统治以后，台湾社会才有比较普遍的“西方文明初体验”[③]。饮食是日常生活每天都要经历的事项，西洋式的饮食文化可以说是“西方文明初体验”的重要项目，即使很多台湾人可能没有什么机会上西洋料理店享用西

① 台湾师范大学台湾史研究所副教授。

② 翁如珊：《清末台湾洋货的进口与消费》，硕士论文，台南成功大学历史系，2010 年。

③ 采用作家陈柔缙畅销书的书名，见陈柔缙：《台湾西方文明初体验》，台北：麦田出版社，2005 年。

洋料理，但是他们的饮食生活中其实也逐渐出现各种西洋饮食文化的要素。本文的目的即在于探讨日治时期西洋料理如何出现于台湾的饮食文化中。

关于日治时期台湾的西洋料理，此前有陈玉箴的研究《从日记看士绅阶级对西洋料理及食品的受容》。该文提出西洋食品进入台湾的过程为适应、融合与接受的过程，由于士绅相对来说比较有机会接触西洋食品，因此作者利用黄旺成及林献堂两人的日记，考察日治时期台湾社会接受西洋食品的样貌。从黄旺成日记可知20世纪初期台湾都市中等家庭中，比较常出现的西洋食品是牛乳、饼干、葡萄酒，作者一方面考察黄旺成日记中关于这些西洋食品的记录，同时也透过其他数据呈现这三种食品在当时台湾社会的流通情形。另一方面，像林献堂这样的富豪家族的出身，且曾经到欧洲游历，他对于西洋料理的接受度比黄旺成更高，经常与亲友到西洋料理店用餐，家中也会自已做西洋料理，表现了西洋料理被接受且家庭化的过程[①]。

陈玉箴的这个研究，虽然只是研讨会上发表的论文，应该还没有全部完成，不过她已经提出了相当重要的问题方向，也有很好的研究成果，特别是利用像日记这样的史料，最能清楚地描绘台湾人对西洋料理接受的过程。但是，日记所能看到的比较是个人的经验，本文希望能从更大众化的材料——例如报纸、杂志，更广泛地考察当时西洋料理被介绍进台湾社会的样貌[②]。

二、西洋料理的传播

根据陈玉箴的整理，日本占领台湾不久，台北北门街即开设了西洋料理屋“台湾楼”，其后数年陆续有明治楼、玉山亭、卫生轩等西洋料理店开

① 陈玉箴：《从日记看士绅阶级对西洋料理及食品的受容》，“日记与台湾史研究”学术研讨会论文集，台中：中兴大学，2010年8月19—20日。

② 陈玉箴该文虽然以日记为主，但也介绍了相当重要的杂志《台湾司厨士协会报》，只是该文重点在介绍杂志中的法式料理菜单。本文也将利用该杂志的内容，但希望能更进一步思考“台湾司厨士协会”这个组织的意义。

设。最著名也最昂贵的西洋餐厅，应属1908年开业的铁道ホテル。1910年以后，西洋料理店逐渐增加，同时，也出现许多食堂式的简易洋食店及咖啡馆（カフェー）。西洋料理店以法式料理为主；简易洋食店贩卖咖喱饭、咖啡等，也提供外送服务；而咖啡馆除了贩卖咖啡、洋式点心之外，也有许多西式餐点，早餐提供吐司面包、牛乳、水煮蛋，午餐则包含肉类、面包及米饭等①。从这个简单的整理，我们可以了解早期西洋料理在台湾出现的大致样貌。

在这个过程当中，台湾民众（包括日本人及台湾人）要接触西洋料理，最直接的方法当然是到西洋料理店或洋食店去用餐。除了经由在餐厅实际享用西洋料理之外，在家中自己做西洋式的料理应该是更多人共有的经验。但是，一般民众如何开始在家庭中自己料理西洋式食品呢？当然在外面的餐厅享用了什么新菜色，回家自己按照味觉记忆料理的人应该也有不少吧。但是更可能的方式是，从料理书、报纸杂志的料理专栏，甚至是从后来广播的料理节目中吸收新的知识，而尝试在家中料理本来不熟悉的西洋菜色。也就是说，媒体的料理专栏、料理节目，应该是一般民众接受西洋料理的知识、菜色、技术的重要来源。

从日治初期以来的报纸、杂志，经常性地介绍西洋料理的知识、礼仪、做法等。《台湾日日新报》约自1920年开始，开设“家庭料理”专栏，早期比较多日式料理或当时称为“支那料理”的菜色介绍，1922年8月起有将近一年的时间，陆续刊载由铁道hotel的宫川四郎口述的食谱，其中就开始有比较多的西洋料理菜色。例如チキンブロース（鸡高汤）、ハンバークステーキ（汉堡排）、マーマレードプヂング（橘子果酱布丁）、早餐的ハムエッグ、トースト、ココア、ホットケーキ（火腿蛋、吐司、可可、松饼）等②。这个家庭料理专栏一直到日本统治末期都持续开设，显然有一定的读

① 陈玉箴：《从日记看士绅阶级对西洋料理及食品的受容》，“日记与台湾史研究”学术研讨会论文集，台中中兴大学，2010年8月19—20日，第12～17页。

② 《家庭料理》，《台湾日日新报》1922年8月25日，第4版；1922年9月8日，第4版；1922年11月17日，第7版；1923年2月9日，第3版等。

者群。30年代台湾的广播系统日渐完备，其中料理节目也是长期固定的节目，其传播的力量可能更大于平面媒体。这些料理专栏或料理节目，不只是针对西洋料理，对于台湾整体的料理文化应该具有相当的重要性。以下拟就广播电台的料理节目以及妇女杂志中的料理专栏两者介绍的西洋料理，考察西洋料理进入大众社会的一些面向。

（一）广播电台的料理节目

台湾的广播电台自1928年开台，由台湾总督府交通局递信部成立台北放送局（代号JFAK），模仿日本本国的体制，成立事实上由官方主导的社团法人台湾放送协会负责广播业务，其后于1932年成立台南放送局(JFBK)、1935年成立台中放送局（JFCK），战争后期于1943年成立嘉义台、1944年成立花莲台，在日本统治结束前，大体上已建立起全岛性的广播网①。

电台开播后不久，即有“家庭料理讲座”的节目，目前可见最早的料理节目表是1929年1月19日，由笹仓定次讲解“西洋料理菜单”。这份菜单介绍从前菜、正餐到甜点、饮料的法式料理全餐②。笹仓定次早先似乎任职于中央研究所食物研究部，1929年时已经转任台北放送局，他也经常受邀到各地教授西洋料理③，由笹仓主持的料理讲座至少连续播了十次，其内容包含西、日、台式各种料理④。广播料理的节目一直持续到至少40年代初期都有，由不同的讲师轮流讲授。连续十几年都没有被淘汰的广播节目，

① 何义麟：《日治时期台湾广播事业发展之过程》，收于台湾师范大学历史系、台湾省文献委员会合编：《回顾老台湾、展望新故乡：台湾社会文化变迁学术研讨会论文集》，台北：台湾师范大学历史系，2000年，第297～298页。

② 义：《JFAK家庭料理讲座 午前十时三0分》，《台湾日日新报》1929年1月19日，第7版。该报导部分字体无法辨识，可以辨识的菜色包括：沙丁鱼吐司、豌豆汤、鸡料理、牛肉料理、色拉、布丁、柠檬茶。

③ 《料理讲习会》，《台湾日日新报》1925年1月27日，第5版；《文化料理讲习会》，《台湾日日新报》1925年8月12日，第2版；《家庭料理讲习会》，《台湾日日新报》1928年1月18日，第2版；《料理讲习会》，《台湾日日新报》1928年2月15日，第5版；《新竹/治餐讲习》，《台湾日日新报》1929年1月30日，第4版等。

④ 《JFAK》，《台湾日日新报》1929年3月2日，第7版。

应该有一定的收听率，可以想见其在台湾的料理文化上必然有影响力。

《台湾日日新报》每天都会刊载广播电台的节目单，关于料理节目的节目单详简不一，有时仅列出有“家庭料理献立（菜单）”时间，有时有菜名，有时有详细的材料甚至做法，有时会说明主讲者，有时则否，也并不是每一天都有。因此，以下以1932年及1933年的4月份菜单为例，来考察广播料理节目传递了什么样的料理知识及菜色，而其中又包含着什么样的西洋料理的菜色、知识与技法。以1932—1933年的材料为分析对象，一方面是这个时期有比较详细的内容，另一方面，30年代以后，比起20年代或之前应该有更多的近代西洋事物普及，也可以说是西洋料理开始有比较高的知名度或接受度的时期，作为考察的时间点应有其意义。

荷兰的饮食文化研究者カタジーナ・チフィエルトカ指出，日本接受西洋饮食有三个层次的导入过程。第一是素材的导入，第二是料理（包括调理技术）的导入，第三是用餐体系的导入。素材的导入是日本接受西洋料理最早的形式，如大家所熟知的牛肉的导入，而马铃薯或乳制品的导入也是自明治前期就可以看到。但更重要的是料理的导入，把洋风素材用于日本料理，或是在西洋料理中使用和风素材，因而日本在接受西洋饮食的过程中，可以看到各种和洋折衷型的料理出现，亦即在西洋料理中使用和风调味料（例如酱油或味淋）或是加入和风素材（例如使用肉和葱做炖煮浓汤），或是以西洋式的料理法来料理日本原有的料理（例如鱼肉三明治或抹茶薯泥）。用餐体系的导入主要是指正式场合的西餐礼仪等①。

---

① カタジーナ・チフィエルトカ指出有以下五种折衷方式：第一种是在西洋料理中加入和风调味料，第二种是在西洋料理中加入和风素材，第三种是日本料理的西洋版，第四种是西洋料理的日本版，第五种是西洋料理与日本料理并立的料理。不过其实第三种和第四种很难区分，而且实际上也是运用了第一、二种方式而达成，因此正文中的说明乃是将チフィエルトカ的说法以笔者的理解加以整合。カタジーナ・チフィエルトカ：《近代日本の食文化における“西洋”の受容》，收于芳贺登、石川宽子监修：《全集　日本の食文化　第八卷　异文化との接触と受容》，东京：雄山阁出版，1997年，第163—180页。カタジーナ・チフィエルトカ，Katarzyna J. Cwiertka，为莱登大学文学部日韩研究所研究员，台湾曾出版其重要著作：陈玉箴译：《饮食、权力与国族认同：当代日本料理的形成》，台北：“国立编译馆”，2009年。

在チフィエルトカ的研究中，我们可以看到西洋料理融入日本饮食文化的过程充满了各种调整、折衷，不过如果要勉强辨别料理中的西洋元素或日本元素的话，素材、调味料及烹调方式应该是可以列举出来的指标。根据这样的指标，我将上述两个月节目表中的菜色加上分类，做成表1。分类主要是根据其素材、调理方式来区分，分为日式料理、西洋料理。其中红烧鱼一道，或许日本也有类似的料理鱼的方式，但从其拼音来看，应该是台湾话的发音，因此仅此一道注记成“台式料理”。这样的分类或许并不精准，尤其有很多料理在日本本国也已经融合了不同的风格，有些西洋料理到了日本，日本化成日本式洋食，有些则是将日本式的食材以西洋料理的方式来料理，已经是“和洋折衷”。不过大概从其材料或料理法，还是可以稍微区别出来。

从表1来看，1932年4月的26道菜，日式料理有14道菜、西洋料理有12道菜；1933年4月的19道菜，日式料理有10道、西洋料理有9道。虽然仍是以日式料理为多，但西洋料理也有相当数量，显见西洋料理在此时应该是被大家认为可以很容易接近的饮食。

而究竟是哪些西洋料理“雀屏中选”成为广播料理节目介绍的菜色呢？我们仔细来看一下表1中被分类为西洋料理的20道菜。

表1　1932年4月及1933年4月广播料理节目的食谱一览表

编号	A	分类	B	分类	出处：《台湾日日新报》
1	□丼	日	吉野蛤の渍汁	日	1932.4.1（6）
2	莲根の梅肉和へ	日	三色辛子和へ	日	1932.4.2（4）
3	コーンビーフのクリーム煮	洋	青トマトの渍物	洋	1932.4.5（6）
4	鲭のトマト、ケチャツプ	洋	ポーク・コロツケ	洋	1932.4.6（4）
5	鱼肉の南蛮烧	日	□鲑の舞子渍	日	1932.4.8（6）
6	精进寿司	日	小乌贼の肉诘め	日	1932.4.9（6）
7	胡瓜と乌贼のサラド	洋	フレンチ・ソース	洋	1932.4.10（6）
8	牛肉の吸物	日	笋のきんぴら煮	日	1932.4.12（4）

续表

编号	A	分类	B	分类	出处：《台湾日日新报》
9	卵のホワイト・ソース煮	洋	もやしの芥子和へ	日	1932.4.13（4）
10	ハヤシ・ライス	洋			1932.4.15（6）
11	ソーセージ・トマト□	洋			1932.4.17（6）
12	ハムと野菜のサラダ	洋			1932.4.18（5）
13	鯛饭	日	吸物	日	1932.4.19（6）
14	鲔山かけ	日			1932.4.20（6）
15	オムレツ・エスバ□□□	洋			1932.4.24（4）
16	紅燒魚（アンシヤウヒイ）	台			1932.4.27（6）
17	ぺニード・バナナ	洋	ホツト・ケーキ	洋	1933.4.6（6）
18	カスタープデイング	洋	スポンチ・ケーク	洋	1933.4.7（4）
19	メンチ・コトレット	洋	ボイルド・ビーフ	洋	1933.4.10（6）
20	トマト・サラド	洋	キユカンパー・サラド	洋	1933.4.11（6）
21	蒸パンの作り方	洋			1933.4.19（4）
22	豚团子に小芋串刺	日	炒り豆腐	日	1933.4.21（4）
23	鯛味噌の作り方	日	铁花味噌の作り方	日	1933.4.22（6）
24	お多福豆の煮方	日	十六寸の煮方	日	1933.4.23（6）
25	福神渍	日	糠味噌床の作り方	日	1933.4.24（5）
26	小判玉子□わらび清汁	日	笋□肉路取合	日	1933.4.25（4）

这20道西洋料理中，色拉类有小黄瓜与乌贼色拉、火腿蔬菜色拉、番茄色拉、小黄瓜色拉（7A、12A、20A、20B），此外，腌渍青番茄（3B）应

该也可以算是色拉类。糕点、点心类有炸香蕉、松饼、奶油布丁、海绵蛋糕、蒸蛋糕（17A、17B、18A、19A、21A）。这里虽然没有介绍西洋套餐的顺序，但显然西洋料理中餐前食用的色拉、餐后食用的甜点，都透过广播料理节目被介绍到台湾来。

肉类料理有奶油炖牛肉（3A）、可乐饼（4B）、牛肉饭（10A）、炸肉饼（19A）、白煮牛肉（19B）等。日本人本来不吃牛肉，明治维新之后，在政府的文明开化政策下，吃牛肉也成为文明开化的表征之一，甚至由天皇带头吃牛肉。因此，如果说得极端一点，牛肉料理基本上都可以算是西洋料理。台湾虽然不是在这种由上而下的文明开化政策中开始吃牛肉，但是牛肉料理对台湾社会来说应该也是外来的新尝试[①]。4B的可乐饼和15A的蛋卷[②]是明治以来代表性的日化洋食。

被介绍到台湾来的西洋料理，有很多显然是经由日本“和洋折衷”之后的饮食文化。鱼类，像鲭鱼，本来日本料理文化中也经常食用，但是以番茄酱来调理，就带上了西洋味（4A）。从调理方式来看，很明显带有洋风的是3A的奶油浓汤、7B的法式酱料、9A的奶油白酱等。而这种浓稠酱料的料理，通常需要奶油、牛奶及面粉等西洋式的材料，较长时间炖煮。也就是说，利用西洋式的素材，以西洋式的烹调方式来料理西洋料理，有相当程度地被介绍到台湾来。番茄酱、色拉酱、胡椒是常见的西洋式调味料。洋葱、马铃薯广泛被应用在各种肉类料理及色拉上。热狗、火腿、牛肉罐头这种西洋式肉品也被介绍。从烹调方式来看，除了炖煮之外，“裹粉煎炸”的方式，（19A、4B）也随着西洋料理的菜色被介绍。

广播的料理节目，每天介绍一两个菜色，这些菜色未必有什么关联性，我们虽然可以从这里考察当时应该有相当传播力的料理内容，但无法从这里考察在当时台湾的饮食文化中，这些台、日洋料理如何组合在一般民众的餐桌上。以下拟以号称当时台湾唯一妇女杂志《台湾妇人界》中的料理

---

① 陈柔缙曾举陈逸松和张深切回忆录中吃牛肉的经历。陈柔缙：《台湾西方文明初体验》，台北：麦田出版社，2005年，第36～41页。

② 字体不清楚，无法确认全部菜名及食材，应该是西班牙风的蛋卷。

专栏来考察这个问题。

（二）广播电台的料理节目

《台湾妇人界》创刊于1934年5月，创刊词中宣言要创办一个专为台湾妇女的需要而发行的杂志。因为是以妇女为对象，所以有相当多的篇幅介绍育儿、夫妇相处、家庭经济、料理、裁缝等家庭经营的文章，料理虽然没有固定的专栏，但几乎每一期都有料理讲座或料理相关的文章刊载。杂志设定的对象也包括台湾籍的妇女，因此，在料理相关文章中，不仅有日本人熟习的和洋料理的介绍，也有台湾料理的介绍[①]。前节提到的笹仓定次，也在“科学应用荣养食料研究会”的头衔下，发表不少料理文章。以下拟以刊载在该杂志上的一份“整月菜单设计”为题材，考察此时台湾一般民众餐桌上的菜色。

1936年8月，爱国高等技艺女学校的老师白石保，发表了一篇很特别的文章，题为《本志独特　岛内の材料で出来る每夕献立一ヶ月》[②]，后来陆续刊载，共介绍了四个月份的菜单设计[③]。这篇文章很特别的地方是，作者把一整个月晚餐的主菜、副菜（有时是汤）或小菜都设计好，其中每个月大约有10道菜左右，有详细的介绍料理法。每天大抵是2道菜，四个月便介绍了200多道菜色，我们应该可以把它理解为当时一般民众常吃（做）或可以常吃（做）的家庭料理。更重要的是，我们也可以从这里窥见，日本料理和西洋料理是以如何的形式一起出现在同一次的餐食中。可惜的是，这200多道菜，几乎没有可以视为台湾料理的菜色，勉强要说的话，大概10月29日的“红烧立鱼（鲤鱼）”及12月15日的“烧卖”应该可以算入台湾料理，不过也是非常有限。

以下仅以8月份的菜单为对象，同样也是依据前述原则，将之分类为日式料理或者西洋料理，见表2。

---

① 杨贞子：《简单に出来る家庭向けの台湾料理》，《台湾妇人界》1：6，1934年6月号，第149～150页。

② 《台湾妇人界》，1936年8月，第157～162页。

③ 其他三篇分别刊载在1936年10月、11月、12月。

表 2　台湾妇女杂志中介绍的一个月菜单

编号	A	分类	B	分类	日期
1	鮪の山かけ 山葵酱油	日	南瓜の甘煮	日	8月1日
2	豚肉カツレツ 附合せキャベツ纐切り	洋	枝豆の胡麻和へ	日	8月2日
3	鰺の盐烧 附合せ粉□ポテト	日	蛤の潮汁	日	8月3日
4	チキン、ライス 福神渍	洋	野菜サラダ	洋	8月4日
5	柳川锅 小芜のアチヤラ	日			8月5日
6	冷し素面 茄子の鸭烧	日			8月6日
7	ビーフテーキ	洋	野菜スープ	洋	8月7日
8	木の叶丼	日	大根と紫苏の烟酢	日	8月8日
9	五目すし	日	玉子三叶清汁	日	8月9日
10	飞鱼と野菜のカレスチユー	洋	ほうれん草の浸し	日	8月10日
11	氷入玉子豆腐	日	鲆のバタ烧	洋	8月11日
12	□汁	日	さやいんけんの芥子和へ	日	8月12日
13	ハツシユービーフ	洋	チキンスープ	洋	8月13日
14	五目烧そば 红生姜	日			8月14日
15	豚の酢蒸し	日	蒲鉾と烧海苔清汁	日	8月15日
16	蟹のコロッケ	洋	つまみ菜のお浸し	日	8月16日
17	三叶ほぐし鱼の玉子とぢ	日	胡瓜とハム二杯酢	洋	8月17日
18	鰯のつくね烧芥子酱油	日	豆腐椎茸の清汁	日	8月18日

续表

编号	A	分类	B	分类	日期
19	芙蓉蟹	日	林檎カレンズおろし和へ	洋	8月19日
20	マカロニータンバル	洋	玉葱のバタいため	洋	8月20日
21	鯛の空扬 附合せ南瓜の空扬 レモン轮切り	日			8月21日
22	冬瓜のあんかん	日	晒鯨と若布の芥子味噌和へ	日	8月22日
23	ハンバークステーキ	洋	胡瓜のいけもり	日	8月23日
24	青豆虾仁 “虾と豆の油炒め”	日	葱と豆腐の清汁	日	8月24日
25	カレー、ライス	洋	フルツ、サラダ	洋	8月25日
26	茶碗蒸し	日	新牛蒡の味噌煮	日	8月26日
27	豚肉のつけ烧	日	かき玉子と葱の清汁	日	8月27日
28	海老の天ぷら 大根おろし	日	蚬汁	日	8月28日
29	野菜オムレツ	洋	春菊のお浸し	日	8月29日
30	鰆のソテー	洋	とろゝ昆布白鱼干の清汁	日	8月30日
31	フイッシュパイ	洋	附合せさやいんけん	日	8月31日

数据来源：白石保：《本志独特　岛内の材料で出来る毎夕献立一ヶ月》，《台湾妇人界》，1936年8月，第157～162页。

这份菜单中共提供了58道菜，其中有38道是日式料理，20道可以归类为西洋料理。与前面关于广播料理节目所见类似，色拉（4B、25B）或西洋式的汤品（如7B野菜汤、13B鸡汤）可以作为一道配菜。日本化的洋食可乐饼（16A）、炸猪排（2A）、咖喱饭（25A）、蔬菜蛋卷（29A）等也出现在菜单中。也有从名字来看就十分洋化的マカロニータンバル（20A，通心粉）、フイッシュパイ（31A，法式鱼派）。调味用的调味料或食材，也是少

不了奶油、洋葱、番茄、马铃薯等西洋食材。

此外，特别值得注意的是，这20道西洋料理菜色，其中5天有2道菜都是西洋料理（4日、7日、13日、20日、25日），其余有10天的搭配都是一和一洋的菜色。这里可以看到チフィエルトカ所指出的，和洋折衷不只是在同一个菜色中和洋折衷，也在同一次餐食或同一份菜单中和洋折衷[①]。

虽然，“传统的”台湾料理没有在这份菜单设计中，我们无法看到是否某些料理中存在着某种形式的“台日折衷”或“台洋折衷”，但是，当“和洋折衷”已经日常化后，或许也意味着各式食材、料理法、调味的折衷混用，并不会给当时的台湾人带来什么困扰。

另一方面，虽然这些西洋料理的介绍者绝大部分是日本人，其所介绍的西洋料理，自然也有很大的比例是在日本内地已经被大家所接受的西洋料理或和洋折衷料理，或是在日本被称为“洋食”的、比较平民化的西洋料理。但是，在日本本国所接受的西洋料理，未必和被介绍到台湾来的西洋料理可以画上等号。至少这些料理家必须如白石保所宣称的——以在台湾可以取得的食材来介绍，因此，这些被介绍到台湾来的西洋料理也仍然具有台湾在地的意义。

三、西洋料理的实践

前节主要说明西洋料理透过媒体的传播，可以说是纸上的西洋料理。本节则拟就实际上也就是从食材引进、餐厅及厨师等实践上来考察西洋料理的传播。

（一）西洋料理的新食材——以洋葱、马铃薯为例

如前节所述，西洋料理之所以可以被区别出西洋料理，其中一个很重要的指标是其食材及调味方式。在上述西洋料理中，常被使用的食材是洋

① カタジーナ・チフィエルトカ：《近代日本の食文化における“西洋”の受容》，第174页。

葱及马铃薯。因此以下拟追索这两种食材在台湾出现的经过。

1937年医师叶猫猫受总督府委托，调查台湾人的饮食习惯[①]。在报告书中，他列出28道一般台湾人的菜色、材料及调味料，其中都没有用到洋葱和马铃薯[②]，显然叶猫猫的观察中，两者皆不是台湾人一般会使用的食材。

确实如此，洋葱本来就是外来的食材。日本统治以后，起初都是由日本进口[③]，1933年才在台湾试植成功。在此之前，台湾虽然没有栽种洋葱，但每年自日本移入的数量不少，1930年有735万斤，金额高达22万圆[④]。这些进口的洋葱，应该有很多都用在西洋料理上吧。由于需求量大，台湾本地的农试单位，也不断研究如何在本地种植，1933年终于宣称在台南试植成功，其后，台中、高雄、台北、台南、花莲等地也都陆续栽植成功[⑤]。

马铃薯和洋葱一样，很少用于台湾本地的传统料理，但马铃薯的试做比洋葱早很多[⑥]。叶猫猫的记录中，虽然列举的台湾人三餐菜色都没有用到马铃薯，但有些宴会料理，如龙凤鲜腿、三丝蟳丸等菜色则会使用到马铃薯[⑦]。此外，叶猫猫在统计各种食材料理前后产生的重要变化时，调查了22种包括各种菜类、肉类在内的食材，其中有将马铃薯列入调查，表示一般

① 叶猫猫：《台湾人食ノ荣养学的考察　后编　实地调查ヨリ见タル台湾人食ト其批判》，台北：台湾总督府热带医学研究所，1941年。

② 叶猫猫：《台湾人食ノ荣养学的考察　后编　实地调查ヨリ见タル台湾人食ト其批判》，台北：台湾总督府热带医学研究所，1941年，第191～192页。

③ 《台北の野菜》，《台湾日日新报》1908年8月3日，第7版。该报导中提到，从内地移入台北的野菜主要有洋葱、马铃薯、南瓜、牛蒡。

④ 《台南农事试验场で玉葱栽培に成功》，《台湾日日新报》1933年4月15日，第3版。

⑤ 《台中州农试场で 玉葱の栽培に成功 栽培希望者は同场に申込ば 小册子を寄赠する》，《台湾日日新报》1934年1月21日，第3版。《毛马胡瓜について 今度は南瓜の改良 玉葱の栽培にも成功 台北州蔬菜试验场の活动》，《台湾日日新报》1934年2月5日，第3版。《タウサイ蕃社で 良い玉葱が出来る 花莲港厅では、将来 大に繁殖を图る计划》，《台湾日日新报》1934年6月23日，第3版。

⑥ 《马铃薯の试作》，《台湾日日新报》1908年3月12日，第2版。

⑦ 叶猫猫：《台湾人食ノ荣养学的考察　后编　实地调查ヨリ见タル台湾人食ト其批判》，台北：台湾总督府热带医学研究所，1941年，第200页。

台湾人应该也有可能会使用[①]。

马铃薯因富含淀粉质，可以作为米食的代用品，早在20年代台湾的报纸上就已经刊载利用马铃薯作为代用主食的提倡，虽然该文应该主要针对日本国内而写，但也被介绍给台湾的主妇们。在这一篇记事中，也具体提供了不同的料理法，例如将马铃薯蒸熟后拌大豆粉，或是以高汤煮成马铃薯汤，或是做成马铃薯色拉等和洋折衷的料理[②]。到了第二次世界大战时，就更被政府当局大力宣传其作为代用食的可能性。

除了洋葱和马铃薯之外，叶猫猫所列举的食材当中，也有一些西洋食品，例如火腿，用于酒楼宴客菜单中的红炖鱼翅、梅花酥鸡，也有使用面粉做成面衣来炸虾，这有一点像由日本传来的カツレツ的做法。

虽然，仅就叶猫猫的记录来看，台湾人的饮食习惯还是很少利用西洋食材，当然也因此无法做成西洋料理。但是，当台湾越来越容易取得洋葱、马铃薯等食材时，就表示台湾更多人利用某种形式的西洋料理成为可能。

（二）可享用西洋料理的餐厅

可以享用西洋料理的地方，除了像铁道hotel那样的正式西洋料理店之外，1910年以后各地也出现不少简易食堂贩卖简单的洋食。20年代之后，洋风的咖啡厅也成为民众享用西洋料理的场所[③]。咖啡厅进入30年代以后更是蓬勃发展。1932年，是台北市内咖啡店数量达到顶峰的时期。

所谓咖啡店，并不完全等于我们现在喝咖啡的地方。咖啡店除了可以喝咖啡之外，通常也会提供简单的餐点，最重要的是店内有“女给”服务，因此很多研究会着重在咖啡店的“情色性格”。然而，与本文有密切相关的是，在传播西洋料理方面，咖啡店或许比一般说的西洋料理店更有影响力。

1912年在新公园内开幕的カフェー・ライオン可能是台湾最早以咖啡

① 叶猫猫：《台湾人食ノ荣养学的考察　后编　实地调查ヨリ见タル台湾人食ト其批判》，台北：台湾总督府热带医学研究所，1941年，第195页。

② 《主妇のメモ》，《台湾日日新报》1926年6月13日，第6版。

③ 陈玉箴：《从日记看士绅阶级对西洋料理及食品的受容》，“日记与台湾史研究”学术研讨会论文集，台中中兴大学，2010年8月19—20日，第14～15、17页。

店为名的店家，其经营方针乃承袭当时东京地区讲究格调、摩登的咖啡店[①]。翌年有カフエーイーグル开业[②]。20年代以后，一方面各地开设许多新的咖啡店，也有不少料理店跨足咖啡店的经营。

但是，20年代，台湾各地方规范餐饮业的法规，还没有明订关于咖啡店的相关规则。以新竹州的法规来看，1921年时，仅公布“料理屋饮食店取缔规则”及“取扱手续”。1932年，重新公布“料理屋、饮食店、カフエー、席贷取缔规则”及“取扱手续”[③]。显然是当咖啡店已经蓬勃发展到具有相当影响力了，政府机关才事后修改法规加以规范。根据1932年的法规，区分料理屋、饮食店与咖啡店的标准是，咖啡店不管名称为何，只要是设有包厢，有洋风设备，提供饮食，并有妇女在其中陪侍接待者，皆属咖啡店。

虽然也有咖啡店提供和汉饮食，但在有洋风设备的咖啡店，提供西洋式的餐点似乎更普遍，有些咖啡店也会打出“西洋料理”的特色。(图1)

图1　咖啡店的广告[④]

以台北市来看，表3是市内各类型餐饮店的统计数字。根据表3，自1928年起到1941年间，咖啡店的数量在1931年到1932年间有一个跳跃式的成长，从32所激增为126所，而且此126所中，由台湾人开设的店由前年度的2所急增为75所，也就是说，增加的店几乎都是台湾人开设的。不过这个数字在1933年又急降为59所（其中内地人48所，台湾人11所）。这个落差委实过大，很有可能是统计集计的方式不同产生的落差，但是无论如何，1932年应该是咖啡店急速成长的一年，这也意味着在咖啡店贩卖的西洋料理应该有很大的成长。

① 参考廖怡铮：《传统与摩登之间——日治时期台湾的咖啡店与女给》，硕士论文，台北政治大学台湾史研究所，2011年。

② 《カフエーイーグル》，《台湾日日新报》1913年11月15日，第7版。

③ 《新竹州警察法规》，新竹：新竹州警务部，1922年，第607页；《新竹州警察法规》，新竹：新竹州警务部，1932年，第50页。

④ 见《台湾日日新报》，1933年1月1日，第10版。

表3 台北市内各类型餐饮业店数（1928—1941）

	料理店	咖啡店	饮食店	吃茶店
1928	96	7	120	12
1929	93	8	150	18
1930	89	16	147	30
1931	91	32	125	44
1932	135	126	171	14
1933	139	59	222	9
1934	146	(58) *	187	
1935	108	58	187	—
1936	98	52	217	
1937	89	51	205	
1938	83	49	249	
1939	95	40	306	
1940	78	32	304	
1941	90	39	252	

数据来源：各年度《台北市统计书》（台北：台北市役所）。

说明：1. 原资料有分本岛人、内地人、朝鲜人、外国人等，此处仅记总数。

2. *该年度似将咖啡店的统计并入料理店及饮食店，原书附注料理店中有37间、饮食店中有21间为咖啡店，因此加（ ）以示区别。

（三）西洋料理人的存在

在咖啡馆最蓬勃发展的1932年底，台湾的西洋料理人成立了台湾司厨士协会。“司厨士”一词本来是19世纪后半叶以后，日本与外国来往的船只上，负责料理及服务的人，后来变成专门指从事西洋料理的料理人。1925年10月，日本各地司厨士团体组成“日本司厨士协同会”，全国各地设有支

部，十分活跃[①]。但此时，台湾并未设置支部。一直到1932年12月，台湾成立独立的“台湾司厨士协会”。台湾司厨士协会值得注目的地方是，这可以说是台湾第一个以研究西洋料理、由西洋料理相关人士所组成的团体，而更令人瞩目的是，其成员大部分都是台湾人。

台湾司厨士协会事务所起初设在台北市寿町二丁目一番地，1932年12月6日举行发会式[②]。台湾司厨士协会的趣意书中指出，“西洋料理已成为近代人日常生活不可或缺的东西”，显然这些料理人心中，西洋料理事实上具有近代饮食生活的合理性与便利性。

趣意书中也提出该会成立的另一个背景是，国家已经不得不面对粮食问题及保健问题，而这两者都与饮食生活有关，因此身为料理人的司厨士于此时结成组织。如果从“十五年战争”的观点来看，1933年已经进入战争的第3年，此时虽然还没有粮食管制，然该协会于此时成立，应该也与1929年经济大恐慌以后的粮食问题有关。

协会成立时有会员69人，其中日本人（以名字判断）有11人，其余都是台湾人，分属于以台北市为主的30几个不同的餐饮业者，绝大多数是咖啡店。其后，基隆、花莲港厅二地成立支部。会员陆续有一些增减，但总数并没有相差太大。这一年台北市内的料理店有139所、咖啡店59所、饮食店222所、吃茶店9所，如果仅就咖啡店来看，咖啡店中的料理人参加的比例相当高，说这是咖啡店西洋料理厨师的组织也不为过。陈玉箴也指出，这个协会的设立标志着西洋料理在台湾的发展于此时期已逐渐蓬勃。

会长岛川清周，是美人座的成员，副会长是トモエ（巴）咖啡店的台湾人吴梅江。如果从会员多数是台湾人来看，也有可能选举日本人为会长只是方便与官厅打交道的权宜之计。

---

① “公益社团法人全日本司厨士协会”网站，http://www.ajca.jp/about_us/about_us.html，2012年3月20日撷取。根据该网站，战前成立的“日本司厨士协同会”，于战争中活动几乎停止，战后，1956年组成“全日本司厨士联合协议会”，1958年设立“全日本司厨士协会”，翌年得厚生省认可成为社团法人，2011年改称“公益社团法人全日本司厨士协会”，发行《西洋料理》会报。

② （书记）歌岛俊熊：《诸报告》，《台湾司厨士协会会报》第1号，第31页。

仅就可见的资料，协会的会员人数维持在 70 人左右。从绝对数来看，一个 70 人的团体，应该不算很多。但是如果想一想，在台北市一地有 70 个西洋料理的厨师，可能其意义就不同。

协会成立后，于 1933 年 1 月发行会报，预定每月发行一期，但目前可见的杂志到 1936 年的 1 月为止，仅有 8 册，从各册的编号方式来看，应该是原本即未如期发行，并非缺号。1936 年 1 月以后是否继续发行则无法确认。

表 4 《台湾司厨协会会报》发行资料一览

封面所标示卷号		编辑兼发行人	协会住所	页数广告未计
创刊号 1933No. 1	1933 年 1 月	歌岛俊熊	台北市寿町 2-1	32
1933No. 2	1933 年 3 月	森田幸平	台北市寿町 2-1	26
1933No. 3	1933 年 7 月	菊池留作	台北市寿町 2-1	40
1933No. 4	1933 年 10 月	白畑秀朗	台北市本町 3-1 *第 4 号的会务报告：事务所移转，这个地址是“乐天地”。	12
1934 第二卷第二号 五月号	1934 年 5 月	日根三郎	台北市本町 3-1	14
新春交欢号	1934 年 12 月	林部米一	台北市本町宝通 2-2	14
二月号 第六卷	1935 年 2 月	林部米一	台北市本町宝通 2-3	19
特辑号	1936 年 1 月	林部米一	台北市片仓通曙内	30

会报发行的日期很不稳定，页数变化也很大，少的时候仅十几页，整个看起来，似乎会务运作得不是非常顺利。

各期的会报都一定刊登的告示是“想雇用最好司厨士的各位或需要帮手的人，请不要客气提出来，不需任何手续费，为各位服务”。这个广告要吸引的对象主要是餐饮业的老板，本来“会员就职的斡旋”就是成立趣意

书中提出的工作项目之一，刊登这样的告示，似乎也很合理。不过，会报也会特别刊登“目下休养中的会员”名单，人数其实还不少，1933 年 3 月，甫成立 3 个月的协会，70 名会员中，有将近 20 名在“休养中”①。但是，这似乎不是真正的休养。

创会干部之一的吴盖溪在《营业の合理化》一文中，以“不景气—失业—闭店”开头，提出他对当下业界的观察：“司厨士如果只给切肉，操平底锅的业务的话是不对的。采买也是司厨士的重大责任。咖啡店只是让人家喝很香的咖啡，这是过去的事了，断发、围裙被废，变成高价的和服，从彩色电灯，变成尖端式的各种装饰；只要二十圆的蓄音机就足够了，却一定要百圆的高价品，顾客才能满足。就这样，33 年时代的咖啡因经费膨胀收入减退，经营四苦八苦。这都需要司厨士诸兄有责任的细心注意，与营业主最善的营业方针，我们才能征服这个营业至难的时代。”②

第 4 号中，署名秀朗生的会员也提到：“目下经济界的过渡期，我高砂岛也是不况之底，一点都不夸张，是杀人般的不景气。我等料理界也很消极，新开业等近来很少。此时休养者，何时可以突破就职战线。”③

1935 年初，副会长吴梅江在文章中说：“想来，昭和九年复杂深刻化的我业界，依各种形式，出现多角的变化现象，是从来也没有过的事。特别是由于业界的变动，以致我们协会会员之心胆受胁。”④

从这些线索，我们似乎可以看到，整个业界很紧缩，司厨士其实失业问题严重。或许我们可以说，在 1932 年这样一个西洋风的咖啡店蓬勃发展的同时，其实内部也蕴藏着危机。

另一方面，虽然只有很少的会报留下，但是其中却透露了很重要的西洋料理在台湾发展的轨迹。陈玉箴特别提及会报中刊载的法式套餐的菜单，其内容应大致可以表现当时较高贵的西洋料理店的西洋料理，同时她也指

---

① 《台湾司厨士协会会报》第 2 号，1933 年 3 月，第 26 页。

② 吴盖溪：《营业の合理化》，《台湾司厨士协会会报》第 3 号，1933 年 7 月，第 38 页。

③ 秀朗生：《会员よ兹に革たに》，《台湾司厨士协会会报》第 4 号，1933 年 8 月，第 1～2 页。

④ 吴梅溪：《年头に际して所怀》，《台湾司厨士协会会报》第 6 号，1934 年 12 月，未编页码。

出在这些菜单中和洋混合的特色①。除了菜单的完整性之外，我特别留意在会报中发表文章的台湾人司厨士。这些西洋料理的厨师是如何养成的呢？他们应该可以读懂用日文写的法国料理书，甚至也懂得法文或英文，他们可以用日文写作介绍这种西洋饮食文化，熟悉各种食材、料理法的说法。他们不是有丰厚资产的餐饮店经营者，只是受雇于这些咖啡店或食堂的厨师，竟然可以有这样的语言及餐厨造诣，着实令人注目。

1936年以后，台湾司厨士协会的活动状况不详，可以确认的是，至晚在1941年时已成为“日本司厨士协会台湾支部”，配合日本国策，推动代用食、国民食的活动②。

四、结　论

以上从过去未受重视的广播料理节目及妇女杂志的菜单，考察日治时期西洋料理传播的一个途径，并尝试分析这些菜单中西洋料理的内容、形态以及西洋料理如何融合在地的饮食文化，而达到传播的目的。其次，从新食材的取得、西洋料理的消费以及西洋料理的厨师三方面，探讨西洋料理实际被做、被吃的状况，同时也着眼于西洋料理人的组织“台湾司厨士协会”的意义。

本文仅就传播与实践两方面，约略整理日治时期西洋料理传入台湾的一些面向。这些面向自然不足以全部概括整个西洋料理传入的过程，尤其也不能回答“被接受”的状况，但是，从这些食谱、菜单、食材、餐厅、厨师等不同的面向来探索台湾的饮食文化，无论如何是有其重要性的。

附录一　台湾司厨士协会趣意书

随时势进展，所谓西洋料理，已成为近代人日常生活不可或缺之物。

此风潮必然与我国国民行将遇到瓶颈的粮食问题及保健问题有密切关系。我们

① 陈玉箴：《从日记看士绅阶级对西洋料理及食品的受容》，“日记与台湾史研究”学术研讨会论文集，台中中兴大学，2010年8月19—20日，第18～19页。

② 《食粮展示会米穀局の新庁舍で开く》，《台湾日日新报》1941年3月14日，第3版。

司厨士断然觉醒，也深信我们负有解决粮食消费面及营养学上问题的重大使命。

为了解决此，我们有志者得此神圣职业，对墨守落伍恶习者，以道德感善导此等之士。我们同志团结一致，相互研究调理法、充实知识、提升人格，藉此合作自重的机会，致力于提升社会地位的修养，也希望我们协会与资本家亲善融合，为此献身奋斗。我们确信我等有志者可以完成此重大使命。

我等司厨士共同发扬协会事业，立脚于相互扶助的精神。

一、料理的讲习　讲习会及会报

二、失业的救济　依营业者的希望，中介司厨士

三、其他

由以上迈向远大的理想而努力。

期望基于贤明的店主诸位的援助，

对我们司厨士的希望达成给予绝大的支持。

台湾司厨士协会

台北市寿町二丁目一番地

附录二　1933 年台湾司厨协会会员名簿

一六食堂	太田正一
一六食堂	林海清
カフエーエデン	刘阿永
カフエーエルテル	林文阳
カフエーエルテル	廖水来
カフエーキング	森一雄
カフエーゴンドラ	何炉
カフエーゴンドラ	林诗章
カフエージヤングル	杨烟吉
カフエースベラン	吴捌拾栋
カフエータイガー	森本一一

续表

カフエーたつみ	黄杜饭
カフエートモエ	吴梅江
カフエートモエ	黄政坤
カフエーボタン	张永此
カフエーミヨコ	紀顧
カフエーモンバリ	陈漠彰
カフエーやつこ	林嵩仪
カフエーライオン	陈威烈
カフエーライオン	谢健成
カフエ一太陽	林孙灏
カフエ一太陽	简开云
カフエ一孔雀	王哉杷
カフエ一孔雀	林杉盖
カフエ一日活	仓桥一英
カフエ一日活	高金土
カフエ一日活	杨性义
カフエ一水月	林炳丙
カフエ一水月	颜水令
カフエ一永樂	深堀惣市
カフエ一永樂	森田幸平
カフエ一永樂	简待福
カフエ一玉川	潘水木
カフエ一次高	郭支财
カフエ一南國	陈来清

续表

カフエー美人座	西久保留治郎
カフエー美人座	島川清周
カフエー美人座	徐义麟
カフエー美人座	荒井久明
カフエー美人座	高国成
カフエー美人座	許東
カフエー第一看觀樓	施进桂
ブラチナ	高有得
ロンドン	黄莲枝
赤玉食堂	吕枝福
赤玉食堂	林永州
京町食堂	陈耄
京町会馆	郭永福
松井食堂	詹金水
員林カフエー銘國	許紅
海山食堂	吕火同
高砂ビヤホール	佐藤贞一郎
高砂ビヤホール	简文川
高雄カフエー森源	佐藤润之助
基隆カフエー	简开明
荻ノ家	黄□毁
菊元デパート	西泽观良
台中スベラン	柯永标
台中高砂ビヤホール	邱金涂
台中高砂ビヤホール	陈来发

续表

台北ホテル	陈良诚
臺南林屋デバート	北岡長三郎
龍山食堂	許清波
总督食堂	钟家佑
摄津旅馆	吴火木
	王贤
	合原知孝
	吴盖溪
	细谷丰
	郭茂修
	徐模楢
	陈桃廉
	陈寻源
	斐有利
	森川久吉
	游福生
	黄石森
	温富
	潘金贵
	蔡清亭
	郑雇
	赖珍财
	赖庆生
	谢白鹤
	谢守正

A study of the western cuisine in Taiwan food culture during the Japanese occupation

Pei-Hsien Hsu
(Professor of Graduate Institute of Taiwan History,
National Taiwan Normal University)

Abstract: According to cooking programs on radio and menu of women's magazine, this thesis tries to understand the way to spread the western cuisine during the Japanese occupation, analyzing content and form of the western cuisine, knowing the western cuisine how to be mixed with local food culture, and finally achieving the aim of spread. Secondly, by getting the new ingredients, consuming the western cuisine and chef of the western cuisine, discussing how to cook and eat the western cuisine in actual, and focusing the meaning of organization of the western cuisine chef.

Keywords: western cuisine, colonial Taiwan, shichushi

台湾战后社会阶级、饮食模式与健康风险之关联

——以战后台湾社会为例

陈端容[①]

【摘要】社会阶层位置、饮食习惯与健康的关系密不可分。社会阶层地位高者普遍较社会阶层低者健康。研究证实，一个人的生活环境塑造一个人的饮食习惯。另外，研究也指出社经地位较低者罹患慢性病的几率较社经地位高者高，而这些慢性病又特别与饮食习惯与营养环环相扣。根据文献，社会阶层地位高者较社经地位低者多摄取高质量且营养密度高的食物，如新鲜且低脂的食物。另外，高社经地位者可能有较多渠道与资源获得高质量的食物，因此，如欲消除因社经地位差异而导致的健康不平等，我们需要找出问题根源并设计不同社会群体的介入方案。

本研究从性别、职业阶级、教育程度、年龄、所得高低以及都市化程度等面向了解不同社经地位与饮食习惯之关系。利用"国健局"与"国卫院"的国民健康访问与国民营养变迁调查之长期资料，探讨饮食行为与社会阶层相关性。结果指出，第一，教育程度较高的（研究所以上）明显摄取较少的油脂及高糖食物，以及较多蔬菜类食品。第二，随着时间的变化，劳动阶层在油脂类食物上的摄取，不降反升。第三，白领阶层在摄取蔬菜类食品及油脂类食品均较劳动阶层多。第四，收入水平较高者，摄取蔬菜类食物之频率亦较高。第五，教育年限愈高，特别是受教育16年以上者，

---

① 台湾大学公共卫生学系暨健康政策与管理研究所副教授；人口与性别研究中心人口组组长。

较有健康饮食模式。不健康的饮食习惯随着年龄递增而递减。最后，新兴城市较已开发、高龄化、农业、或偏远地区的城市呈现最不健康的饮食习惯。结论：健康风险与饮食行为有关，饮食行为亦受社会阶层位置高低影响。不同社会阶层具有特定的饮食偏好与文化，需要进一步掌握其中的影响机制。本研究支持了社会不平等透过生活型态与饮食行为复制了健康不平等的论点。

【关键词】饮食行为　社会阶级　健康不平等　社会不平等

一、序　论

法国社会学者 Bourdieu（e. g., A Social Critique of the Judgment of Taste 一书, 1984）早在 20 世纪初即提出一个重要的观念，即生活型态 (life style) 并非是一个个人选择，而是具有明显的社会阶级属性。Bourdieu 指出生活型态中的“饮食偏好”，亦具有明显的阶级属性。换言之，饮食品味不是凭空而来，而是决定于不同家庭社经地位的教养概念、族群生活方式，以及不同社会阶级所拥有的物质条件等原因。饮食品味不仅是个人行为，而且具有集体性，由不同社会阶级透过家庭的社会化过程逐渐形成之相互约制的习惯，并形成一种特定的行为模式，此行为模式从而决定了每个社会阶级所暴露的健康风险程度。正如世界卫生组织（WHO）在 2010 年提出的全球健康状况报告（Global Status Report）中指出的，生活型态的选择决定现代世纪疾病（如肥胖、心血管疾病、糖尿病等）的罹病与死亡的几率。因此，如何解构社会阶级、生活型态选择与健康风险之间的动态关系，有助于促进未来国民健康的提升与预防。

本研究的目的在于：①收集世界各国针对生活型态、饮食偏好与食物经济学《The choice of necessity》等研究文献；②分析整理目前世界各国对社会阶级与饮食偏好之关系的研究现况与成果；③针对台湾自 2001 年至 2008 年间台湾民众“饮食行为”之变化趋势进行分析，并针对不同社会阶

级，不同社会属性之饮食偏好差异及历史变化进行分析。

二、世界各国对社会阶层与饮食型态相关性的研究

个人饮食型态受社会、心理与社会经济因素影响，许多学者（如Passim & Bennet，1943；Jellife，1967；Ellis et al.，1976）都曾提出有关不同饮食消费类型的理论模式。Bingham（1981）、Fehily（1984）与Barker（1989）很早即提出饮食型态、行为与环境经济因素三者间关联的实证研究（Barker et al.，1990；Bingham，Mcneil，& Cummings，1981；Fehily，1983；Fehily，Phillips，& Yarnell，1984）。在这些实证研究中，发现个人的社会阶层地位，以及教育程度影响最为明显（Berkman LF，1997；Krieger，Williams，& Moss，1997；Liberatos，Link，& Kelsey，1988）。

社会阶层地位因子已广泛被用于探究与食物摄取之关系（Mishra et al.，2006），这些研究多来自已开发国家，如澳洲、美国（Popkin，Haines，& Reidy，1989）、英国（Fraser et al.，2000；James，Nelson，Ralph，& Leather，1997）、荷兰（van Rossum，van de Mheen，Witteman，Grobbee，& Mackenbach，2000）、西班牙（Arija，Salvado，FernandezBallart，Cuco，& MartiHenneberg，1996）与芬兰（G. Roos，Johansson，Kasmel，Klumbiene，& Prattala，2001）。在上述欧洲国家中，食物项目消费在不同社会群体之间有差别。系统性的回顾研究（E. Roos，Prattala，Lahelma，Kleemola，& Pietinen，1996）指出个别欧洲国家之社会阶层地位不同，蔬果消费亦呈现明显差异。2003年学者Sanchez-Villegas根据九个欧洲国家在1989年到1999年间，已发表和未发表的饮食习惯调查研究中，系统性地评估基于社会阶层地位（以教育与职业等级为主）不同，而对于吉士和牛奶品项上的消费差异。研究结果显示，高社经地位与吉士消费量的增加有关，在女性间，最高及最低教育水平的吉士每日消费量估计差异是每日9.0克（95%信赖区间为7.1～11.0），男性则为6.8克（95%信赖区间为3.4～10.1）；如果以职业来看，得到相似结果。在女性间，最高及最低职业阶层的吉士每

日消费量估计差异是每日5.1克（95%信赖区间为3.7～6.5）；而男性则为4.6克（95%信赖区间为2.1～7.0）。但在牛奶消费方面，在教育与职业水平上皆没有统计上显著差异（Sanchez-Villegas et al.，2003）。Roos等学者推论高社经地位者可能有较佳的健康饮食知识（E. Roos et al.，1996；A. M. Smith & Baghurst，1992），且较高教育程度的人对于健康的知识与饮食较低社经地位的人来得多。高社经地位的人偏好现代性食物方式，且在摄取乳制品时，也选择低脂乳制品；而社经地位较低者较容易选择传统的食物（A. M. Smith & Baghurst，1992）。

另外，在2003年Sanchez-Villegas等人的研究也指出，七个欧洲国家中共有十一个研究指出，高社经地位与水果、蔬菜的大量消费有正面关系（Sanchez-Villegas et al.，2003）。相似的结果在De Irala-Estevez等人的研究中也可印证，De Irala-Estevez指出高社经地位人士的蔬果摄取量较低社经地位多，也反映出较健康的饮食习惯，相反，欧洲较低社经地位者饮食习惯较不健康，作者推论教育程度较高的人比较有能力了解或收集健康相关信息（De Irala-Estevez et al.，2000）。

在2010年Giskes等学者则综合回顾了社经地位不同的欧洲成人的食物摄取状况与体重增加、过重以及肥胖之关系。他们搜集了1990年至2007年间，包含检视社会阶层地位（SEP）与食物能量消费、脂肪、纤维、水果、蔬菜与饮食模式共47篇研究。他们的研究指出，在社经弱势族群中，有较高的总脂肪摄取量。然而，较为一致的饮食不平等的现象则是在蔬果消费方面，低社经群体较少有蔬果的高消费量。脂肪与纤维摄取在社会阶层上的差异较小，亦没有地区或性别差异。这些发现显示，只有在蔬果消费上有明确的阶层差异，可为肥胖及心血管疾病不平等提供重要归因（Giskes，Avendano，Brug，& Kunst，2010）。事实上，在欧洲已有足够证据支持“高社经地位者与低肉类及低脂肪摄取量相关”之假说（Groth，Fagt，& Brondsted，2001；Johansson，Thelle，Solvoll，Bjorneboe，& Drevon，1999；E. Roos et al.，1996；Sanchez-Villegas et al.，2003）。在澳洲，学者Smith & Baghurst研究不同社经地位族群对于食物选择与营养的摄取是否与慢性疾

病盛行有关，针对1500位澳洲乡村的成年人调查有关社经地位与饮食摄取细节。其结果显示在澳洲饮食型态与社经地位有显著的差异，高社经地位者比较有健康、低油脂、精致糖密度（refined sugar densities）与高纤维的饮食摄取，但也摄取较多的酒精密度，较高工作职位的族群会购买全麦、低脂牛奶（low fat milk）、水果、精致谷类食物、全脂牛奶（full cream milk）、炸的肉类与肉制品、全糖（discretionary sugar）、更多的干酪（A. M. Smith & Baghurst, 1992）。

英国的部分，Martikainen等人利用伦敦公务员之Whitehall Ⅱ研究（Whitehall Ⅱ study of London civil servants），第三期（1991—1993）样本为39岁～63岁共8004位为研究对象，并使用食物饮食频率问卷（food frequency questionnaire）进行调查，生物性危险因子则来自医疗上的检体结果，定义出六个膳食型态（dietary patterns），发现高工作阶层的男性相较于低工作阶层的男性吃掉“不健康”与“非常不健康”的食物的胜算比分为1.26和3.34。上述相对应于女性上的胜算比与胜算分为2.98和6.19（Martikainen et al., 2003）。其结论认为相较于较高社经地位群体，较低社经地位的群体有明显的健康风险差异，社会阶层较低的族群可能有较多财务与取得管道方面的限制。Barker（1990）则随机选取北爱尔兰16岁～64岁共592位研究对象（男258，女334），七天的饮食称重记录与饮料消费记录，并收集社会、个人与身体测量资料。该研究从饮食记录中记录40种类的食物，并利用主成分分析法归类四项饮食型态，分别为传统型、广义（cosmopolitan）型、方便型与一肉二蔬菜型，研究发现北爱尔兰社会阶层在选择主食以及与食物有关特征（food predominance and association）上有相当大的差异。第一类是主食的成分，年纪较长、乡村、天主教徒的男性往往选择高油及碳水化合物的食物，如面包与马铃薯。习惯传统饮食的人比较容易不喝酒、且住在乡村地区。第二类的分析为食物的多样性，多为女性，比较容易吃多样性的食物，可能的原因是她们是准备食物者（food provider），对食物的营养及健康较关心。从社会阶级分析，北爱尔兰社经地位较高的人比较容易摄取生鲜蔬果及鱼类，劳工阶级则多选择便宜易饱的食物，如高碳水化

合物食物及猪肉。第三类分析法则是食物取得的方便性，年轻人，尤其是男性较容易选择快餐。总而言之，Barker 认为，想要改善健康、改善饮食习惯的运动需要针对不同族群的饮食习惯对症下药（Barker et al.，1990）。

荷兰的学者 Miller 从 Dutch National Food Consumption Surveys 的横断性研究中探讨不同社经地位之成人饮食摄取及时间趋势的状况，他们研究 19 岁以上之男性 6008 人及女性 6957 人，记录其两天食用摄取记录衡量每日摄取量。结果显示，低社经地位者患上糖尿病及不吃早餐的比例较高，低社经地位者食用较多马铃薯、肉及肉类产品、肥肉、咖啡及软性饮料；而高社经地位者食用较多蔬菜、吉士、酒精营养摄取，部分高社经地位者，摄取较多蔬菜蛋白（Miller，1997）。综合上述，许多有关饮食的调查发现，不同的社会群体在饮食行为与偏好上存有差异；此外，美国境内不同地区的饮食习惯差异很大，个人收入与社会阶级和地区的社会经济发展层次高度相关（Diez-Roux et al.，1999）。有鉴于此，英美营养学者指出未来应有更多的研究应关注低收入者的饮食情况，以及形成更有计划性的饮食健康介入（Darmon & Drewnowski，2008）。更重要的，这些饮食型态与社会文化、生活型态及社经变项有关，且发现饮食行为是由不同文化与人口地理交互影响而成的（Barker et al.，1990）。社经地位的差异造成弱势群体较无法接触到健康饮食相关信息（Rankin et al.，1998；Turrell，1998）。Darmon（2008）的研究也发现：在工业社会中，疾病盛行率与死亡率会随着社经地位的不同而改变；弱势者有较高肥胖、糖尿病、心血管疾病、骨质疏松、蛀牙与癌症等疾病的罹患率。这些疾病都与饮食之营养含量有关，因而能推论饮食因子（dietary factors）可解释社会阶层地位的健康不平等（social inequities in health），亦即越富足者不但比较健康，也较贫困者摄取营养含量较高的食物（Darmon & Drewnowski，2008）。教育程度、工作职位、收入亦与社会阶级在饮食行为上的差异高度相关（Busselman & Holcomb，1994；Macario，Emmons，Sorensen，Hunt，& Rudd，1998；Turrell，Hewitt，Patterson，& Oldenburg，2003）。Sanchez-Villegas 等学者在 2003 年就曾指出，新鲜蔬果消费量与死亡率呈现负相关，新鲜蔬果消费量高，其死亡率

越低（Sanchez-Villegas et al.，2003）。而处于较低社会阶层者，在新鲜蔬果消费量明显少于较高社会阶层者。换言之，社会结构位置可能决定了人们的饮食行为，而饮食模式决定健康风险的高低（Barker，Mcclean，Thompson，& Reid，1990）。

另外Galobardes（2001）指出教育或职业程度较低者，摄取较少的鱼肉、蔬菜，而摄取较多油炸食物、面类、马铃薯、白糖与啤酒，故较少机会摄取到铁质、钙质、维他命A与维他命D等营养物质。换言之，教育、职业等级与健康饮食模式有关（Galobardes，Morabia，& Bernstein，2001）。再者，学者亦指出健康的饮食型态被认为包含较高的蔬果消费以及较低油脂、肉类的摄取（Sanchez-Villegas et al.，2003）。因此，与低社经水平人口群相比，高社经地位者倾向消费较大量的蔬果、纤维产品以及较少量的肉类、肉制产品与脂肪（De Irala-Estevez et al.，2000；Erkkila et al.，1999；Fraser et al.，2000）。此外，Martikainen（2003）的研究显示，相较于社经地位较高群体，社经地位较低群体在购买健康的食物时，在财务与取得管道方面，可能面临较多的限制（Martikainen et al.，2003；G. D. Smith & Brunner，1997；Sooman，Macintyre，& Anderson，1993）。高社经地位者因而较易摄取生鲜产品、低社经地位的人则较易摄取精致碳水化合物与油脂（Darmon & Drewnowski，2008）。Turrell等研究则显示社经地位较低的族群的食物购买行为较少与建议的健康饮食方针一致，因此对于有关饮食相关的疾病可能存在较高的风险（Turrell，Hewitt，Patterson，& Oldenburg，2003）。

针对食物购买行为与饮食消费的质与量亦有广泛的讨论（Erkkila，Sarkkinen，Lehto，Pyorala，& Uusitupa，1999；Fraser，Welch，Luben，Bingham，& Day，2000；Hupkens，Knibbe，& Drop，2000）。Darmon（2008）的研究更进一步地探讨社会阶层地位与饮食质量间的关系（Darmon & Drewnowski，2008）。他们的研究指出，由于受限于经济能力，低社经阶级者多半消费较低营养的食物，而高收入社会阶级则消费较多的全谷类、瘦肉、鱼、低脂的食品和新鲜蔬果，也因此消费较多精致谷类和额外的脂肪，故饮食的质量和型态与所处社会阶层地位有一定影响（Darmon &

Drewnowski, 2008)。一般来说，中高社会地位者较劳工阶级的人有较多样的饮食习惯（Hupkens, Knibbe, & Drop, 1997)，且牛奶和肉这两个品项的购买量呈现出明显的阶级差异——高教育、专业阶级者摄取较多的牛奶及肉类，低教育或劳工阶级者，食用其他高热量替代食品（Mennell, Murcott, & Vanotterloo, 1992)。但若研究营养摄取（如热量及纤维质)，则其社会地位差异较不明显（Hulshof et al. , 1991; Prattala, Berg, & Puska, 1992; Kromhout, Doornbos & Hoffmans, 1988; Lepage, 1985)。Van Otterloo (1990) 表示社会阶层地位影响饮食习惯的不同，居住在芬兰、挪威、瑞典等国家的高社会地位群体，自 1970 年至 1990 年时才开始减少食用脂肪，增加食用水果及蔬菜，而低社会地位群体在 5 年至 10 年后才跟进。综合上述所言，高质量的饮食、食物的丰富性及高热量的饮食型态与社会阶层地位有一定的关系。

除了在成人社会地位会影响食物与营养的摄取，在学校里，孩童的社会阶层也可解释健康的不平等。Ruxton & Kirk 在 1996 年针对 136 位 7 岁至 8 岁不同社会阶级的孩童进行一周之饮食型态调查，发现低社会阶层的孩童和高社会阶层的孩童有着不同饮食模式，低社会地位孩童的饮食中，能量和微量营养素的摄取显著较低，即低社会地位孩童是营养摄取不足的群体，因此 Ruxton & Kirk 认为营养教育应聚焦于如何影响低社会地位孩童日常饮食之模式 (Ruxton & Kirk, 1996)。

但过去研究通常为横断式研究，较少有长期的研究结果，从上述我们知道饮食型态与性别、社会阶级和教育程度有关，但对于这些变项的长期研究较为缺乏。Mishra 等学者进行了长期趋势分析研究，他们探讨长期饮食型态与社会人口因子的关系，利用三个时间点——1982 年（36 岁)、1989 年（43 岁)、1999 年（53 岁)，搜集 1265 名的参与者并完成 5 天的饮食调查。该研究使用因素分析分别确认女性的三种饮食型态：水果与蔬菜、地区食物与饮酒、肉类与马铃薯及甜菜；而男性的部分则包含两个饮食型态：地区食物与饮酒、综合饮食。结果发现饮食型态在 1989 年和 1999 年分别有显著的改变，且除了女性对于肉类与马铃薯及甜菜这种饮食型态者有

下降的趋势外，其余型态皆为上升。针对当地饮食和酒精摄取情况，发现男性以时间差异、地区差异、社会阶层差异、教育等级差异，女性以时间差异、社会阶层差异、教育等级为影响因子。而水果、蔬菜等方面，显著影响因子为时间差异、地区差异、社会阶层差异、教育等级差异。最后在肉类、马铃薯和青菜类方面，则以时间和地区差异为显著影响因子。影响之方向与前述单一时间的研究类似。最近在加拿大的研究也指出社经地位和营养的关系随着时间也越来越密切，而蔬菜价格和水果不合理的持续涨价在过去 20 年中，让低社经地位者无法获得高质量饮食的消费，使其健康状况受到影响（Darmon & Drewnowski, 2008）。因此从长期研究结果来看，饮食型态的改变与社会经济阶级、地区差异有关，且随着时间的改变，人们的饮食行为也随之不同（Mishra, McNaughton, Bramwell, & Wadsworth, 2006）。

以上回顾之世界各国文献关于社会阶层地位与饮食行为的关系，大多指出社会阶层、教育、职业等级与饮食型态之健康风险呈现明显正相关。可惜的是，目前台湾对社经地位对于饮食型态的选择皆无相关研究，从各国文献我们知道，饮食型态对于个人健康有极大影响，而社会经济的地位与条件更是重要的考虑因子。饮食型态也与某些疾病的发生率有关，饮食较不健康者罹患疾病（如肥胖、糖尿、心血管、癌症等）的风险相较于饮食健康者要高。在这样环环相扣的关系下，研究社会阶层与饮食型态的相关性，更显得重要。

三、台湾的社会阶层与饮食型态之相关分析

本研究报告的资料來源分为两大类：①为相关国际文献收集整理；②为地方当局相关单位针对台湾地区进行的大规模抽样调查，采人口等比抽样原则，符合台湾地区人口特性，具有推论台湾整体状况的统计力。其中有两项：①国民健康调查（National Health Survey, 2001 & 2005），两次调查，每次分别有 3 万人的调查资料。②2008 年国民营养健康变迁调查

(Nutrition and Health Survey in Taiwan, NAHSIT)。在每次的国民营养健康状况调查中，有登录每位国民的饮食偏好及习惯，亦包括其他属于生活形态的相关信息，有助于本研究针对不同社会阶级、社会属性（如性别及家庭角色）等进行分析。

（一）性别与不良饮食之关系

如表1所示，男性与女性对于油脂食物、高糖食物及含糖饮料之摄取，在各年度都有显著差异。男性摄取油脂食物及含糖饮料之频率显著高于女性，而女性摄取高糖食物之频率显著高于男性。

表1

性别	男		女		Chi-Square
	N	%	N	%	
2001					
油脂食物（汉堡、薯条、披萨）					
每周数次	1201	13.35	892	9.78	56.5908**
每周一次以下	7797	86.65	8233	90.22	
高糖食物（饼干、糖果、巧克力）					
每周数次	2797	31.11	3307	36.25	53.4729**
每周一次以下	6193	68.89	5816	63.75	
含糖饮料（可乐、沙士、冰淇淋、奶昔、冰品）					
每周数次	5405	60.08	4481	49.1	220.068**
每周一次以下	3592	39.92	4645	50.9	

续表

性别	男		女		Chi-Square
	N	%	N	%	
2005					
油脂食物（汉堡、薯条、披萨）					
每周数次	1243	13.39	761	8.64	103.318**
每周一次以下	8040	86.61	8043	91.36	
高糖食物（饼干、糖果、巧克力）					
每周数次	3205	34.53	3685	41.85	102.614**
每周一次以下	6076	65.47	5120	58.15	
含糖饮料（可乐、沙士、冰淇淋、奶昔、冰品）					
每周数次	4504	48.52	3162	35.92	293.801**
每周一次以下	4779	51.48	5643	64.08	
2008					
高糖食物（饼干、糖果、巧克力）					
每周数次	1017	50.1	1088	54.35	7.2868*
每周一次以下	1013	49.9	914	45.65	
含糖饮料（可乐、沙士、冰淇淋、奶昔、冰品）					
每周数次	416	18.7	206	9.3	81.4614**
每周一次以下	1809	81.3	2010	90.7	

观察年代趋势发现，女性每周数次摄取油脂食物之比率 2005 年较 2001 年有下降趋势，男性没有差异（图 1）；两性高糖食物摄取每周一次以上比率均增加，女性由 2001 年之 36.25%上升至 2008 年之 54.35%，男性由 31.11%上升至 50.1%（图 2）；两性每周饮用含糖饮料一次以上比率均大幅减少，2001 年至 2008 年女性由 60.08%下降至 18.7%，男性由 49.1%下降至 9.3%（图 3）。

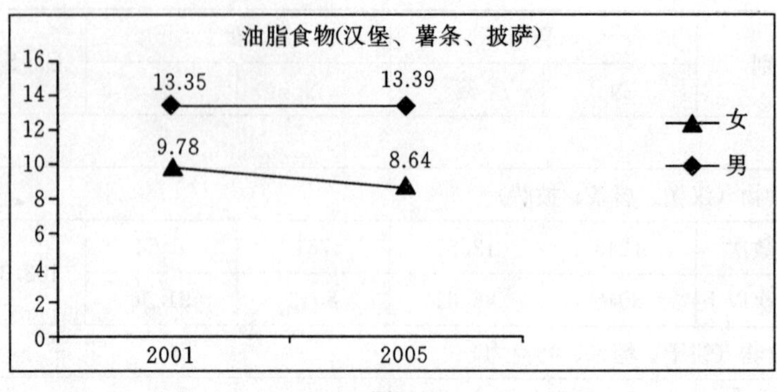
油脂食物(汉堡、薯条、披萨)
16
14
12
10
8
6
4
2
0
13.35
13.39
9.78
8.64
2001
2005
女
男

图 1

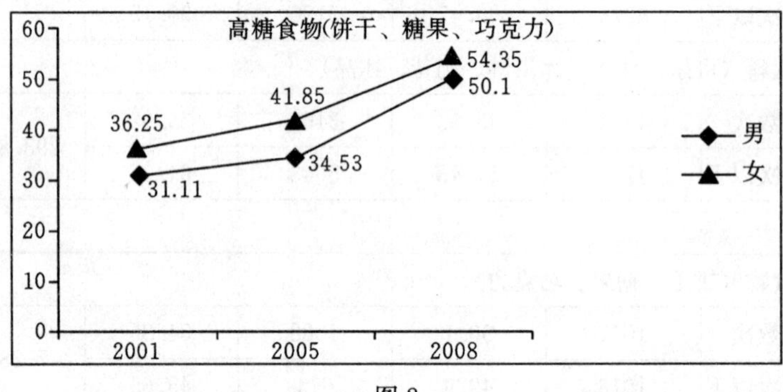
高糖食物(饼干、糖果、巧克力)
60
50
40
30
20
10
0
54.35
50.1
41.85
36.25
34.53
31.11
2001
2005
2008
男
女

图 2

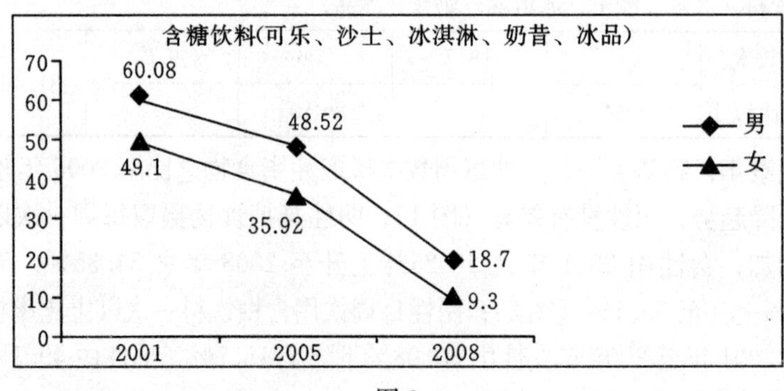
含糖饮料(可乐、沙士、冰淇淋、奶昔、冰品)
70
60
50
40
30
20
10
0
60.08
48.52
49.1
35.92
18.7
9.3
2001
2005
2008
男
女

图 3

(二) 职业阶级与不良饮食之关系

表 2

职业	专业白领		一般白领		技术蓝领		一般蓝领+农		Chi-Square
	N	%	N	%	N	%	N	%	
2001									
油脂食物（汉堡、薯条、披萨）									
每周数次	298	9.49	314	12.12	101	9.25	239	1099	46.6398**
每周一次以下	2841	90.51	2276	87.88	991	90.75	1936	89.01	
高糖食物（饼干、糖果、巧克力）									
每周数次	849	27.06	916	35.38	303	27.75	685	31.49	67.6685**
每周一次以下	2289	72.94	1673	64.62	789	72.25	1490	68.51	
含糖饮料（可乐、沙士、冰淇淋、奶昔、冰品）									
每周数次	1684	53.65	1491	57.55	701	64.19	1288	59.22	67.1642**
每周一次以下	1455	46.35	1100	42.45	391	35.81	887	40.78	
2005									
油脂食物（汉堡、薯条、披萨）									
每周数次	283	7.88	322	11.11	144	9.09	257	8.45	22.2983**
每周一次以下	3310	92.12	2576	88.89	1441	90.91	2784	91.55	
高糖食物（饼干、糖果、巧克力）									
每周数次	1082	30.11	1104	38.08	478	30.18	998	32.83	53.2627**
每周一次以下	2512	69.89	1795	61.92	1106	69.82	2042	67.17	
含糖饮料（可乐、沙士、冰淇淋、奶昔、冰品）									
每周数次	1282	35.67	1130	38.98	807	50.91	1242	40.84	108.728**
每周一次以下	2312	64.33	1769	61.02	778	49.09	1799	59.16	
2008									
高糖食物（饼干、糖果、巧克力）									
每周数次	160	54.61	431	62.01	277	46.09	726	49.86	39.6745**
每周一次以下	133	45.39	264	37.99	324	53.91	730	50.14	
含糖饮料（可乐、沙士、冰淇淋、奶昔、冰品）									
每周数次	42	13.29	121	16.05	126	19.21	222	13.7	12.2395*
每周一次以下	274	86.71	633	83.95	530	80.79	1398	86.3	

如表2所示，各职业阶级对于油脂食物、高糖食物及含糖饮料之摄取，在各年度都有显著差异。一般白领阶级油脂食物摄取频率比率最高，其次为一般蓝领与务农者。

观察年代趋势发现，一般白领阶级每周摄取油脂食物一次以上之比率最高，其次为专业白领，技术蓝领最低（图4）；一般中层白领阶级高糖食物摄取每周一次以上比率有减少趋势，蓝领摄取频率上升。值得注意的是，2008年专业白领在高糖食物摄取量上大幅下降，一般蓝领大幅上升（图5），各职业阶级饮用含糖饮料之趋势与高糖食物摄取相同（图6）。大致反映台湾社会阶层间的饮食行为有愈来愈明显的趋势。

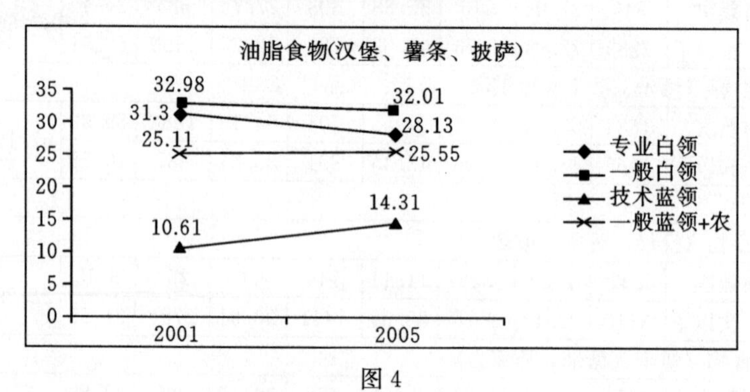

图4

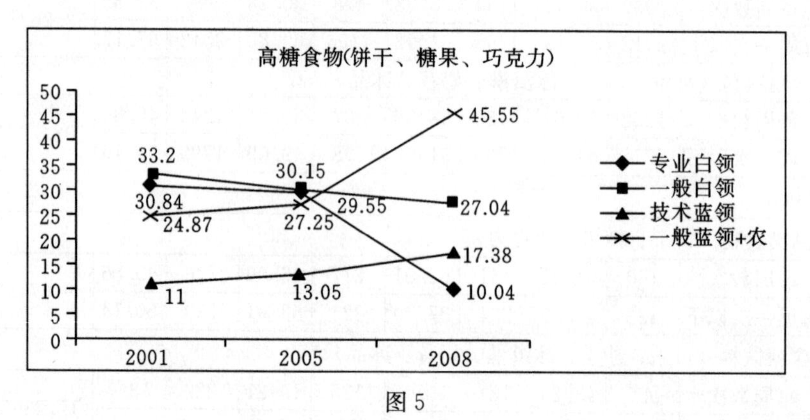

图5

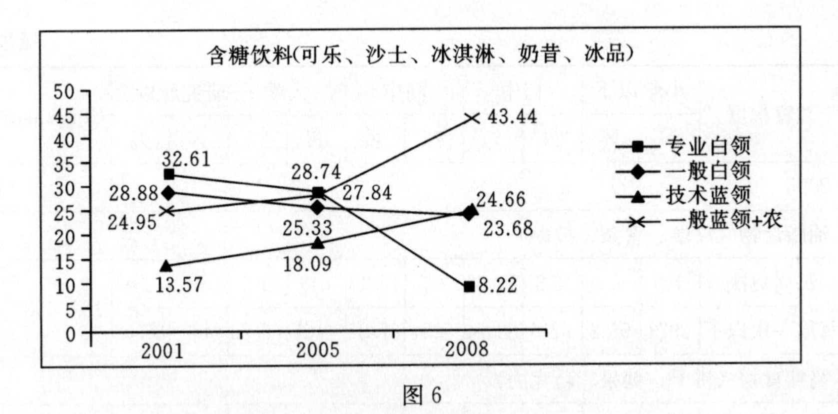

图 6

(三) 教育程度与不良饮食之关系

如表 3 所示，教育程度对于油脂食物、高糖食物及含糖饮料之摄取，在各年度都有显著差异。高中教育程度者摄取频率最高，其次为大学，研究所以上者摄取不良饮食之频率比率最低。

表 3

教育程度	小学以下		初中		高中		大学		研究所以上		Chi-Square
	N	%	N	%	N	%	N	%	N	%	
2001											
油脂食物（汉堡、薯条、披萨）											
每周数次	84	1.8	510	14.94	853	14.8	600	15.24	46	13.41	584.297**
每周一次以下	4572	98.2	2904	85.06	4910	85.2	3337	84.76	297	86.59	
高糖食物（饼干、糖果、巧克力）											
每周数次	961	20.66	1348	39.52	2160	37.5	1513	38.43	119	34.69	482.65**
每周一次以下	3691	79.34	2063	60.48	3600	62.5	2424	61.57	224	65.31	
含糖饮料（可乐、沙士、冰淇淋、奶昔、冰品）											
每周数次	1596	34.29	2078	60.87	3570	61.94	2423	61.54	214	62.39	1038.98**
每周一次以下	3059	65.71	1336	39.13	2194	38.06	1514	38.46	129	37.61	

续表

教育程度	小学以下		初中		高中		大学		研究所以上		Chi-Square
	N	%	N	%	N	%	N	%	N	%	
2005											
油脂食物（汉堡、薯条、披萨）											
每周数次	150	4.8	408	11.26	725	12.13	648	13.47	73	13.47	162.698**
每周一次以下	2973	95.2	3216	88.74	5254	87.87	4161	86.53	469	86.53	
高糖食物（饼干、糖果、巧克力）											
每周数次	939	30.07	1518	41.91	2273	38.01	1955	40.65	203	37.45	121.144**
每周一次以下	2184	69.93	2104	58.09	3707	61.99	2854	59.35	339	62.55	
含糖饮料（可乐、沙士、冰淇淋、奶昔、冰品）											
每周数次	913	29.23	1719	47.43	2693	45.03	2131	44.3	207	38.19	287.309**
每周一次以下	2210	70.77	1905	52.57	3287	54.97	2679	55.7	335	61.81	
2008											
高糖食物（饼干、糖果、巧克力）											
每周数次	695	44.67	259	49.33	576	54.55	520	64.28	54	64.29	91.6633**
每周一次以下	861	55.33	266	50.67	480	45.45	289	35.72	30	35.71	
含糖饮料（可乐、沙士、冰淇淋、奶昔、冰品）											
每周数次	105	6.09	89	15.14	205	17.7	198	22.55	25	27.78	170.755**
每周一次以下	1619	93.91	499	84.86	953	82.3	680	77.45	65	72.22	

2001 年不论油脂食物、高糖食物或含糖饮料，均为高中摄取最多，其次为大学、初中、小学以下，研究所以上最少。2005 年教育程度为初、高中之油脂食物摄取较 2001 年有下降，但整体排序仍然不变（图 7）。教育程度为小学以下者于 2008 年摄取高糖食物之频率大幅上升，其他教育程度者均有下降之趋势（图 8）。

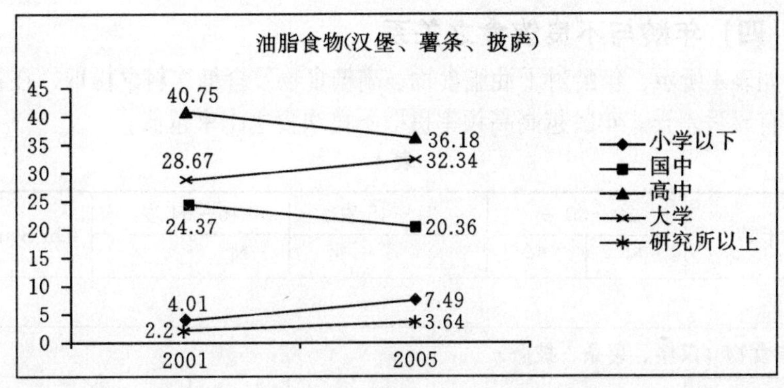
油脂食物(汉堡、薯条、披萨)
45
40
35
30
25
20
15
10
5
0
40.75
36.18
28.67
32.34
24.37
20.36
4.01
7.49
2.2
3.64
2001
2005
小学以下
国中
高中
大学
研究所以上

图 7

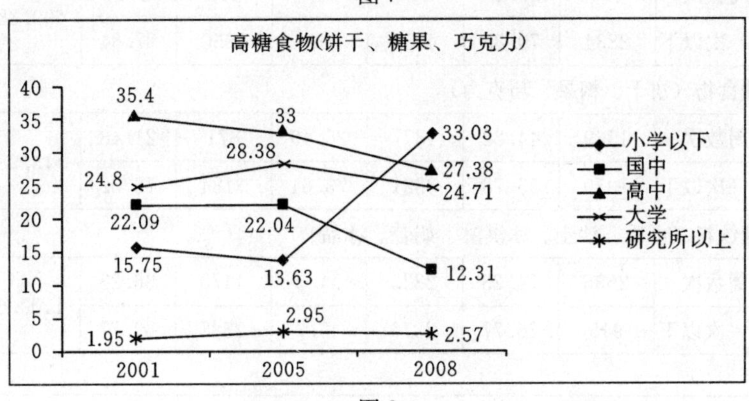
高糖食物(饼干、糖果、巧克力)
40
35
30
25
20
15
10
5
0
35.4
33
33.03
28.38
27.38
24.8
24.71
22.09
22.04
15.75
13.63
12.31
1.95
2.95
2.57
2001
2005
2008
小学以下
国中
高中
大学
研究所以上

图 8

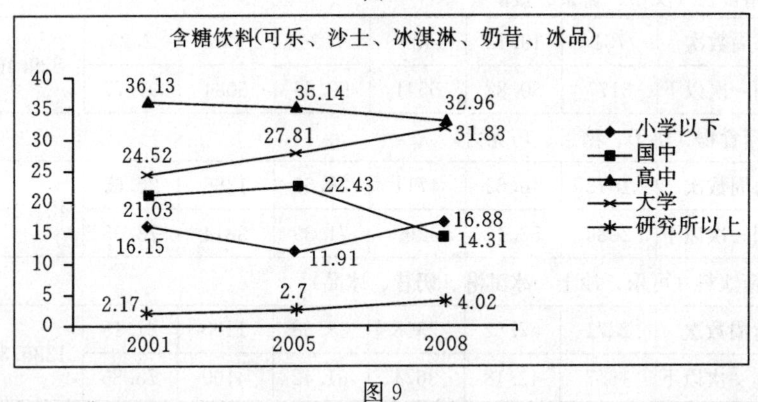
含糖饮料(可乐、沙士、冰淇淋、奶昔、冰品)
40
35
30
25
20
15
10
5
0
36.13
35.14
32.96
31.83
27.81
24.52
22.43
21.03
16.88
16.15
14.31
11.91
2.17
2.7
4.02
2001
2005
2008
小学以下
国中
高中
大学
研究所以上

图 9

（四）年龄与不良饮食之关系

如表4所示，年龄对于油脂食物、高糖食物及含糖饮料之摄取，在各年度都有显著差异。年龄越高高频率摄取不良饮食之比率越低。

表4

年龄	20—30岁		31—45岁		46—64岁		Chi-Square
	N	%	N	%	N	%	
2001							
油脂食物（汉堡、薯条、披萨）							
每周数次	715	20.15	416	8	108	2.66	690.385**
每周一次以下	2834	79.85	4783	92	3950	97.34	
高糖食物（饼干、糖果、巧克力）							
每周数次	1569	44.22	1377	26.49	871	21.48	513.983**
每周一次以下	1979	55.78	3821	73.51	3184	78.52	
含糖饮料（可乐、沙士、冰淇淋、奶昔、冰品）							
每周数次	2635	74.23	2823	54.3	1470	36.23	1100.63**
每周一次以下	915	25.77	2376	45.7	2587	63.77	
2005							
油脂食物（汉堡、薯条、披萨）							
每周数次	751	19.12	439	7.34	116	2.23	829.46**
每周一次以下	3177	80.88	5541	92.66	5084	97.77	
高糖食物（饼干、糖果、巧克力）							
每周数次	1842	46.89	1711	28.61	1386	26.65	491.458**
每周一次以下	2086	53.11	4269	71.39	3814	73.35	
含糖饮料（可乐、沙士、冰淇淋、奶昔、冰品）							
每周数次	2271	57.82	2308	38.58	1100	21.15	1286.32**
每周一次以下	1657	42.18	3674	61.42	4100	78.85	

续表

年龄	20—30 岁		31—45 岁		46—64 岁		Chi-Square
	N	%	N	%	N	%	
2008							
高糖食物（饼干、糖果、巧克力）							
每周数次	408	68.57	428	50.41	580	47.5	75.0206**
每周一次以下	187	31.43	421	49.59	641	52.5	
含糖饮料（可乐、沙士、冰淇淋、奶昔、冰品）							
每周数次	199	31	192	20.45	144	10.58	126.961**
每周一次以下	443	69	747	79.55	1217	89.42	

20—30 岁每周摄取油脂食物一次以上之比率最高，其次为 31—45 岁，46 岁以上最低（图 10）；20—30 岁及 31—45 岁高糖食物摄取每周一次以上比率有减少趋势，而 46 岁以上族群大幅上升，由 2001 年之 22.82%上升至 2008 年之 40.96%，超越 20—30 岁及 31—45 岁（图 11）；20—30 岁及 31—45 岁每周饮用含糖饮料一次以上比率稍为下降，而 46 岁以上于 2008 年大幅上升 7%，整体而言，仍以 20—30 岁摄取之频率最高（图 12）。

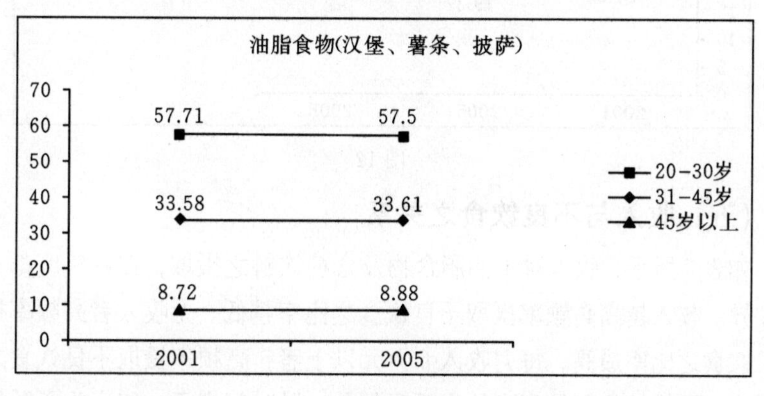

图 10

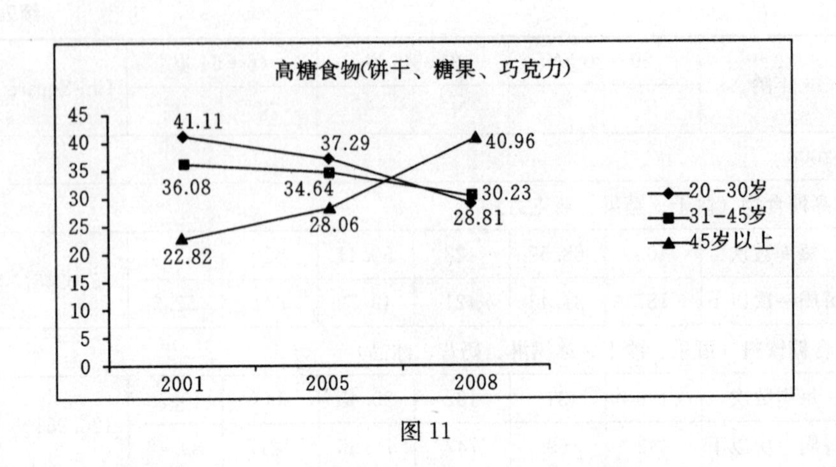

图 11

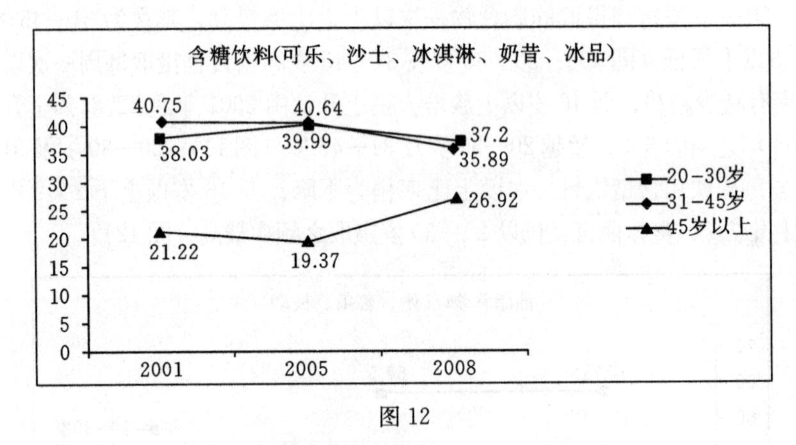

图 12

(五) 收入与不良饮食之关系

如表 5 所示，收入对于油脂食物及含糖饮料之摄取，在各年度都有显著差异。收入越高高频率摄取不良饮食之比率越低。无收入者高频率摄取不良饮食之比率最高，每月收入 6 万元以上者，高频率摄取不良饮食之状况最少，可推知收入较高者饮食质量较佳。以时间来看，每个收入阶层族群之摄取频率均有下降趋势。

表 5

个人月收入	无收入		2 万元以下		2—6 万元		6 万元以上		Chi-Square
	N	%	N	%	N	%	N	%	
2001									
油脂食物（汉堡、薯条、披萨）									
每周数次	948	15.61	365	8.01	682	10.74	91	8.84	165.205***
每周一次以下	5124	84.39	4194	91.99	5669	89.26	938	91.16	
高糖食物（饼干、糖果、巧克力）									
每周数次	4063	66.91	2521	55.3	3977	62.62	676	65.69	155.63***
每周一次以下	2009	33.09	2038	44.7	2374	37.38	353	34.31	
含糖饮料（可乐、沙士、冰淇淋、奶昔、冰品）									
每周数次	2367	39	1450	31.81	2343	36.89	316	30.71	73.1674***
每周一次以下	3703	61	3109	68.19	4008	63.11	713	69.29	
2005									
油脂食物（汉堡、薯条、披萨）									
每周数次	93	10.22	863	10.03	246	8.13	39	7.41	12.5984*
每周一次以下	808	89.78	7739	89.97	2778	91.87	487	92.59	
高糖食物（饼干、糖果、巧克力）									
每周数次	550	61.11	5356	62.26	1917	63.39	325	61.79	2.0643
每周一次以下	350	38.89	3247	37.74	1107	36.61	201	38.21	
含糖饮料（可乐、沙士、冰淇淋、奶昔、冰品）									
每周数次	405	45	3516	40.87	1129	37.33	165	31.37	37.3658***
每周一次以下	495	55	5087	59.13	1895	62.67	361	68.63	
2008									
高糖食物（饼干、糖果、巧克力）									
每周数次	478	44.97	772	43.03	564	50.9	207	47.15	17.7578**
每周一次以下	585	55.03	1022	56.97	544	49.1	232	52.85	
含糖饮料（可乐、沙士、冰淇淋、奶昔、冰品）									
每周数次	203	19.1	239	13.32	359	32.4	112	25.51	159.577***
每周一次以下	860	80.9	1555	86.68	749	67.6	327	74.49	

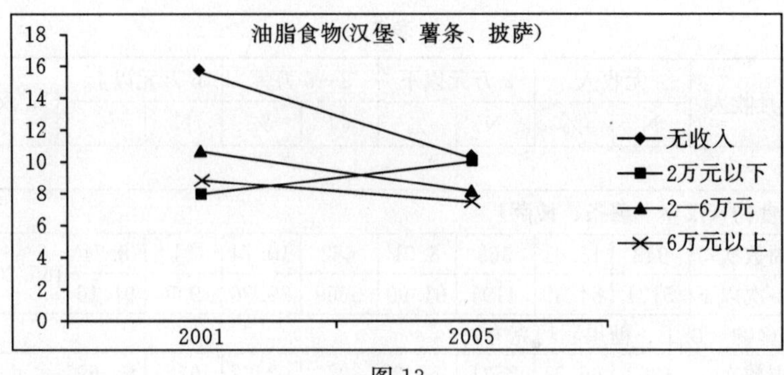

图 13

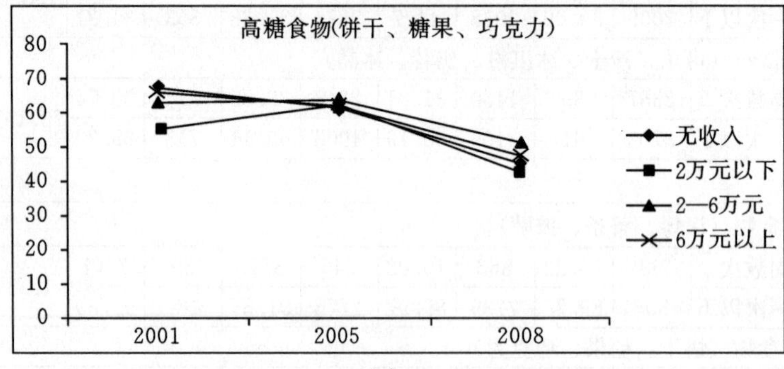

图 14

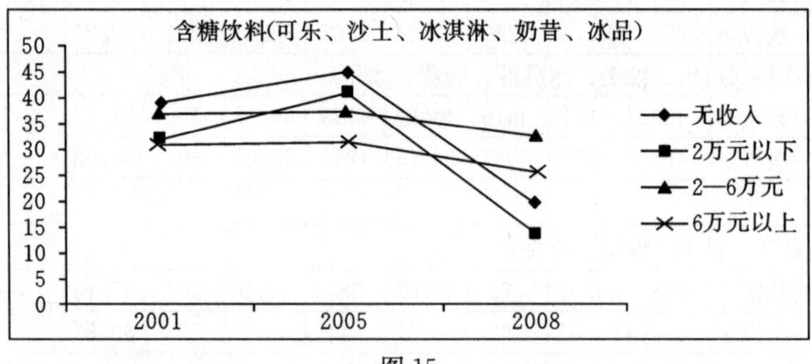

图 15

(六) 都市化程度与不良饮食之关系

都市化程度的数据仅有 2005 年的相关资料。分析数据结果显示，一般及新兴市镇摄取油脂、高糖食物及含糖饮料之程度最高，其余依序为中度

都市化都市、高度都市化都市及高龄化、农业、偏远乡镇（图 16）。

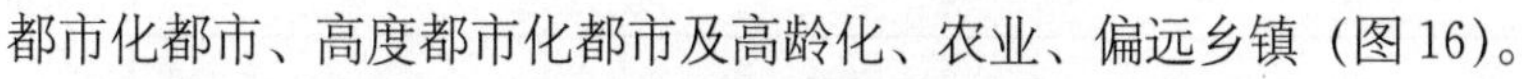

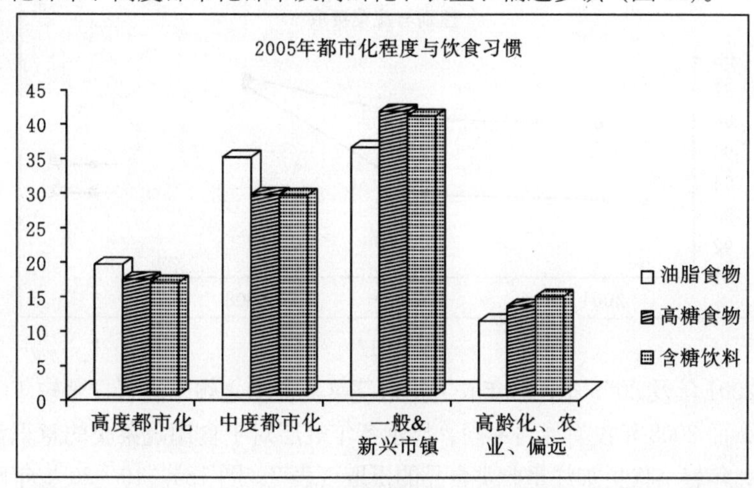

图 16

（七）性别、年龄、职业别、教育程度、收入与蔬菜摄取之关系

如表 6、图 17 所示，女性对于蔬菜类之摄取，不论年份均较男性高，2001 年及 2005 年男性及女性摄取之频率有显著不同，2008 年没有显著不同。男性与女性之蔬菜摄取随着年代递进均有上升的趋势。

表 6

	男		女		Chi-Square
	N	%	N	%	
2001					
每周数次	8408	93.46	8744	95.82	49.8861***
每周一次以下	588	6.54	381	4.18	
2005					
每周数次	8687	93.62	8460	96.08	55.7304***
每周一次以下	592	6.38	345	3.92	
2008					
每周数次	2160	97.12	2159	97.38	0.2843
每周一次以下	64	2.88	58	2.62	

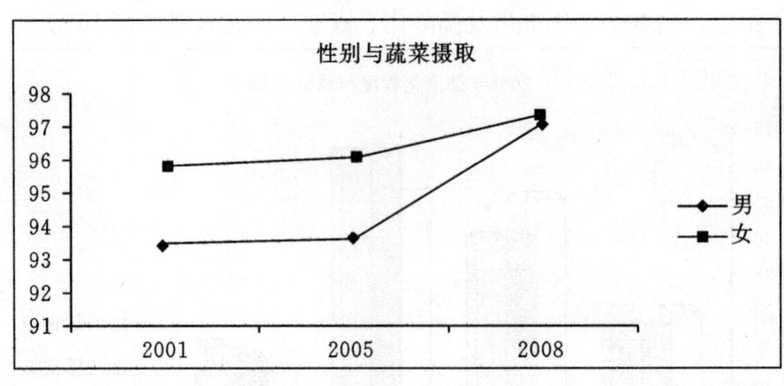

图 17

2001 年及 2005 年，较年长者摄取蔬菜类食物之频率高者显著较年龄低者多，而 2008 年没有显著不同，显示各年龄层对于食用蔬菜类的意识都有加强，年轻一代更加注重此类食品的摄取（表 7、图 18）。19—30 岁年龄层于 2008 年高频率食用蔬菜比率大增，31—45 岁、46—64 岁历年皆稳定成长。

表 7

年龄	19—30 岁		31—45 岁		46—64 岁		Chi-Square
	N	%	N	%	N	%	
2001							
每周数次	3640	93.31	4978	95.75	3935	97.02	64.6686***
每周一次以下	261	6.69	221	4.25	121	2.98	
2005							
每周数次	3941	92.14	5751	96.17	5071	97.54	169.167***
每周一次以下	336	7.86	229	3.83	128	2.46	
2008							
每周数次	682	98.27	915	97.44	1334	97.51	1.4552
每周一次以下	12	1.73	24	2.56	34	2.49	

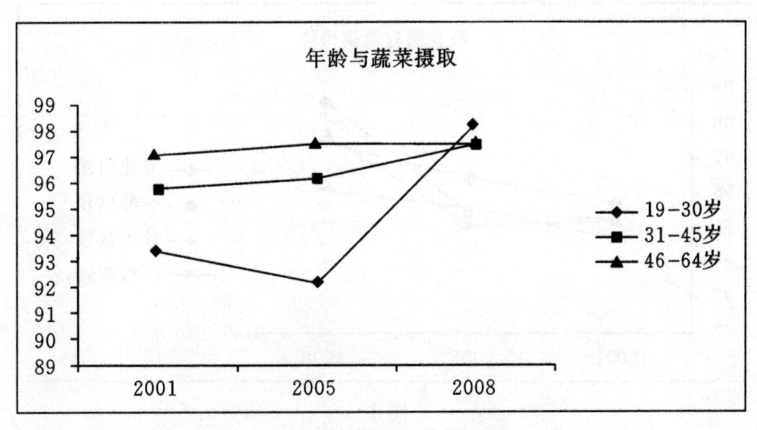

图 18

如表 8、图 19 所示，职业类别对蔬菜的摄取，在 2001 年及 2005 年均没有显著影响，而在 2008 年则有了显著差异，一般白领阶级者食用蔬菜最多，其次为技术蓝领、专业白领及一般蓝领。

表 8

职业	专业白领		一般白领		技术蓝领		一般蓝领十农		Chi-Square
	N	%	N	%	N	%	N	%	
2001									
每周数次	3005	95.73	2468	95.25	1038	95.14	2460	94.69	3.4412
每周一次以下	134	4.27	123	4.75	53	4.86	138	5.31	
2005									
每周数次	3465	96.41	2765	95.44	1506	95.08	2906	95.56	6.5348
每周一次以下	129	3.59	132	4.56	78	4.92	135	4.44	
2008									
每周数次	310	97.48	744	98.67	638	97.7	1563	96.13	13.2669*
每周一次以下	8	2.52	10	1.33	15	2.3	63	3.87	

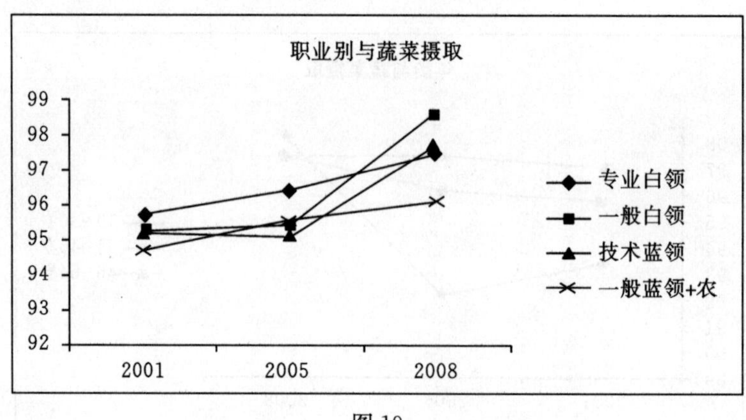

图 19

如表 9、图 20 所示，2001 年、2005 年及 2008 年教育程度均对蔬菜摄取的多寡有显著的影响，2001 年及 2005 年高摄取者比率最多的是小学以下或是研究所以上，而到了 2008 年转换成教育程度越高，高频率摄取蔬菜的比例越高。

表 9

教育程度	小学以下		初中		高中		大学		研究所以上		Chi-Square
	N	%	N	%	N	%	N	%	N	%	
2001											
每周数次	4449	95.57	3207	93.96	5425	94.12	3736	94.89	326	95.32	15.0252*
每周一次以下	206	4.43	206	6.04	339	5.88	201	5.11	16	4.68	
2005											
每周数次	3005	96.25	3415	94.26	5641	94.38	4551	94.62	526	97.05	23.6296***
每周一次以下	117	3.75	208	5.74	336	5.62	259	5.38	16	2.95	
2008											
每周数次	1649	96.04	577	97.63	1134	97.59	868	98.75	90	98.9	18.5538**
每周一次以下	68	3.96	14	2.37	28	2.41	11	1.25	1	1.1	

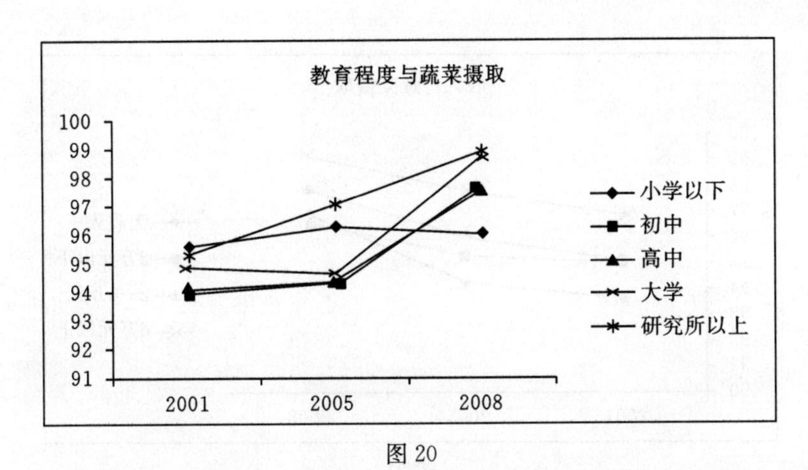

图 20

如表 10 所示，2001 年、2005 年及 2008 年个人月收入均与蔬菜摄取频率高低有显著相关，月收入六万元以上者，高频率摄取蔬菜的比率最高达到 96%以上，其次为 2～6 万元，收入 2 万元以下及无收入者，高摄取比率较低。

以历年趋势来看，则图 21 中不论收入多寡对于蔬菜的摄取均有成长。

表 10

收入（个人/月）	无收入		2 万元以下		2～6 万元		6 万元以上		Chi-Square
	N	%	N	%	N	%	N	%	
2001									
每周数次	5679	93.57	4330	94.94	6037	95.07	996	96.79	26.0620***
每周一次以下	390	6.43	231	5.06	313	4.93	33	3.21	
2005									
每周数次	848	94.22	8191	95.24	2901	95.93	514	97.72	11.7667*
每周一次以下	52	5.78	409	4.76	123	4.07	12	2.28	
2008									
每周数次	962	96.88	1651	96.55	1051	97.77	424	99.07	9.7600*
每周一次以下	31	3.12	59	3.45	24	2.23	4	0.93	

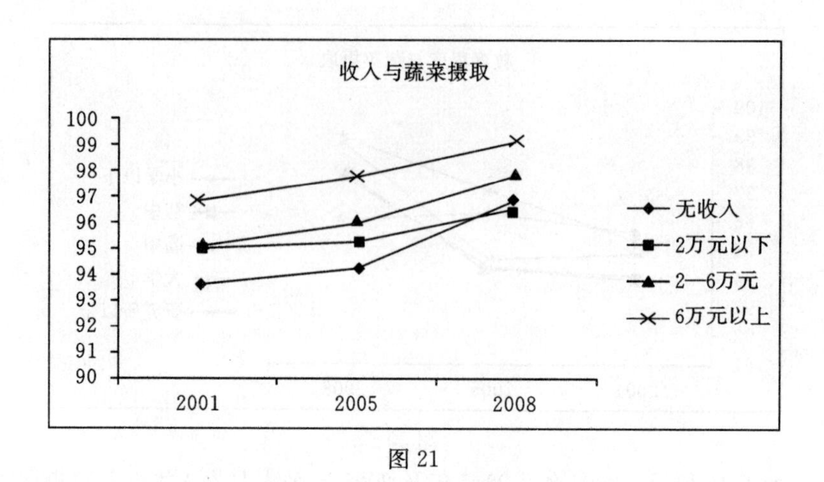

图 21

四、讨论与结论

台湾的长期资料呈现出几个重要的饮食行为与社会阶层相关性表征。第一，教育程度较高的（研究所以上）明显摄取较少的油脂及高糖食物。第二，教育程度高者明显摄取较多蔬菜类食品。第三，随着时间的变化，劳动阶层在油脂类食物上的摄取，不降反升。第四，一般白领阶层在摄取蔬菜类食品及油脂类食品均较劳动阶层多。第五，收入较高者，高频率摄取蔬菜类食品之比率较高。

整体而言，较差的饮食质量内容与较低的社会经济地位有关。教育程度高、白领阶级及收入高者有较好的饮食内容，例如食用较多蔬菜、减少高糖类食物摄取等，反观劳动阶层则摄取较多油脂食物。台湾数据也呈现类似的模式，需要更进一步掌握与理解社会经济环境变迁，才能分析在社会变迁下，社会阶层如何适应与承受环境的影响，如何反映在饮食型态的改变，也就是理解社会经济阶级、饮食、地区差异的多重变迁，较能掌握健康风险的历史变化（Mishra，McNaughton，Bramwell & Wadsworth，2006）。

【参考文献】

Arija V.，Salvado J. S.，FernandezBallart J.，Cuco G.，Marti Henneberg C. Consumption，alimentary habits and nutritional state of the population of Reus，Spain . 9. The evolution of food consumption，the participation in energy and nutrient intake and the relationship with socioeconomic and cultural level from 1983 to 1993. *Medicina Clinica*，1996，106 (5)：174-179.

Barker M. E.，McClean S. I.，McKenna P. G.，Reid N. G.，Strain J. J.，Thompson K. A.，Williamson A. P. Wright M. E. Diet，Lifestyle and Health in Northern Ireland. A Report to the Health Promotion Research Trust. Coleraine：University of Ulster，1989.

Barker M. E.，Mcclean S. I.，Thompson K. A.，Reid N. G. Dietary Behaviors and Sociocultural Demographics in Northern-Ireland. *British Journal of Nutrition*，1990，64 (2)：319-329.

Berkman L F，Macintyre S. The measurement of social class in health studies：old measures and new formulations. IARC Scientific Publications，1997，138：51-64.

Bingham S.，Mcneil N. I.，Cummings J. H. The Diet of Individuals-a Study of a Randomly-Chosen Cross-Section of British Adults in a Cambridgeshire Village. *British Journal of Nutrition*，1981，45 (1)：23-35.

Blane D.，Smith G. D.，Bartley M. Social-Class Differences in Years of Potential Life Lost-Size，Trends，and Principal Causes. *British Medical Journal*，1990，301 (6749)：429-432.

Busselman K. M.，Holcomb C. A. Reading Skill and Comprehension of the Dietary Guidelines by Wic Participants. *Journal of the American Dietetic Association*，1994，94 (6)：622-625.

Darmon N.，Drewnowski A. Does social class predict diet quality? *American Journal of Clinical Nutrition*，2008，87 (5)：1107-1117.

De Irala-Estevez J.，Groth M.，Johansson L.，Oltersdorf U.，Prattala R.，Martinez-Gonzalez，M. A systematic review of socio-economic differences in food habits in Europe：consumption of fruit and vegetables. *European Journal of Clinical Nutrition*，2000，54 (9)：706-714.

Diez-Roux A. V.，Nieto F. J.，Caulfield L.，Tyroler H. A.，Watson R. L.，

Szklo, M. Neighbourhood differences in diet: the Atherosclerosis Risk in Communities (ARIC) Study. *Journal of Epidemiology and Community Health*, 1999, 53 (1): 55-63.

Ellis J. A, Wiens J. A, Rodell C. F, Anway J. C. A conceptual model of diet selection as an ecosystem process. Journal of Theoretical Biology, 1976, 60: 93-108.

Erkkila A. T., Sarkkinen E. S., Lehto S., Pyorala K., Uusitupa M. I. J. Diet in relation to socioeconomic status in patients with coronary heart disease. *European Journal of Clinical Nutrition*, 1999, 53 (8): 662-668.

Fehily A. M. Epidemiology for Nutritionists . 4. Survey Methods. *Human Nutrition-Applied Nutrition*, 1983, 37 (6): 419-425.

Fehily A. M., Phillips K. M., Yarnell J. W. G. Diet, Smoking, Social-Class, and Body-Mass Index in the Caerphilly Heart-Disease Study. *American Journal of Clinical Nutrition*, 1984, 40 (4): 827-833.

Fraser G. E., Welch A., Luben R., Bingham S. A., Day N. E. The effect of age, sex, and education on food consumption of a middle-aged English cohort-EPIC in East Anglia. *Preventive Medicine*, 2000, 30 (1): 26-34.

Friel S., Marmot M. G. Action on the Social Determinants of Health and Health Inequities Goes Global. *Annual Review of Public Health*, 2011, *Vol* 32, 32, 225-236. doi: DOI 10.1146/annurev-publhealth-031210-101220.

Galobardes B., Morabia A., Bernstein M. S. Diet and socioeconomic position: does the use of different indicators matter? *International Journal of Epidemiology*, 2001, 30 (2): 334-340.

Giskes K., Avendano M., Brug J., Kunst A. E. A systematic review of studies on socioeconomic inequalities in dietary intakes associated with weight gain and overweight/obesity conducted among European adults. [Research Support, Non-U. S. Gov't Review.] Obes Rev, 2010, 11 (6): 413-429. doi: 10.1111/j.1467-789X.2009.00658. x

Groth M. V., Fagt S., Brondsted L. Social determinants of dietary habits in Denmark. *European Journal of Clinical Nutrition*, 2001, 55 (11): 959-966.

Hulshof K. F. A. M., Lowik M. R. H., Kok F. J., Wedel M., Brants H. A. M., Hermus R. J. J., Tenhoor F. Diet and Other Life-Style Factors in High and Low

Socioeconomic Groups (Dutch Nutrition Surveillance System). *European Journal of Clinical Nutrition*, 1991, 45 (9): 441-450.

Hupkens C. L. H., Knibbe R. A., Drop M. J. Social class differences in women's fat and fibre consumption: A cross-national study. *Appetite*, 1997, 28 (2): 131-149.

Hupkens C. L. H., Knibbe R. A., Drop M. J. Social class differences in food consumption-The explanatory value of permissiveness and health and cost considerations. *European Journal of Public Health*, 2000, 10 (2): 108-113.

James W. P. T., Nelson M., Ralph A., Leather S. Socioeconomic determinants of health-The contribution of nutrition to inequalities in health. *British Medical Journal*, 1997, 314 (7093): 1545-1549.

Jellife D. B. Parallel food classifications in developing and industrialized countries. American Journal of Clinical Nutrition, 1967, 20: 279-281.

Johansson L., Thelle D. S., Solvoll K., Bjorneboe G. E. A., Drevon C. A. Healthy dietary habits in relation to social determinants and lifestyle factors. *British Journal of Nutrition*, 1999, 81 (3): 211-220.

Krieger N., Williams D. R., Moss N. E. Measuring social class in US public health research: Concepts, methodologies, and guidelines. *Annual Review of Public Health*, 1997, 18: 341-378.

Kromhout D., Doornbos G., Hoffmans M. D. A. F. Voedselkeuze, leefwijze en sterfte in relatie tot opleiding (Food choice, lifestyle and mortality in relation to education). Tijdschrift Sociale Gezondheidszorg, 1988, 66: 345-348.

Lepage Y. Recent dietary trends in Belgium: socio-economic aspects. In Diehl, J. M. Leitzmann, C. (Eds), Measurement and determinants of food habits and food preferences: 148 C. L. H. HUPKENS ET AL, 1985.

Liberatos P., Link B. G., Kelsey J. L. The Measurement of Social-Class in Epidemiology. *Epidemiologic Reviews*, 1988, 10: 87-121.

Lu¨ schen G. Cockerham W. C. Health and social stratification. In Lu¨ schen G., Cockerham W., Van Der Zee J., Stevens F., Diederiks J., Ferrando M. G., d'Houtaud A., Peeters R., Abel T. Niemann S., Health systems in the European Union. Diversity, convergence, and integration 1995, 89-100. Mu¨nchen: Oldenbourg

Verlag.

Macario E., Emmons K. M., Sorensen G., Hunt M. K., Rudd R. E. Factors influencing nutrition education for patients with low literacy skills. *Journal of the American Dietetic Association*, 1998, 98 (5): 559-564.

Marmot M. G., Mcdowall M. E. Mortality Decline and Widening Social Inequalities. *Lancet*, 1986, 2 (8501): 274-276.

Marmot M. G., Smith G. D., Stansfeld S., Patel C., North F., Head J., … Feeney A. Health Inequalities among British Civil-Servants-the Whitehall-Ii Study. *Lancet*, 1991, 337 (8754): 1387-1393.

Martikainen P., Brunner E., Marmot M. Socioeconomic differences in dietary patterns among middle-aged men and women. *Social Science & Medicine*, 2003, 56 (7): 1397-1410.

Mennell S., Murcott A., Vanotterloo A. H. The Sociology of Food-Eating, Diet and Culture. *Current Sociology-Sociologie Contemporaine*, 1992, 40 (2): 1-152.

Miller B. D. Social class, gender and intrahousehold food allocations to children in south Asia. *Social Science & Medicine*, 1997, 44 (11): 1685-1695.

Mishra G. D., McNaughton S. A., Bramwell G. D., Wadsworth M. E. J. Longitudinal changes in dietary patterns during adult life. *British Journal of Nutrition*, 2006, 96 (4): 735-744. doi: DOI 10.1079/Bjn20061871.

OPCS. Occupational mortality 1970-1972. London: HM Stationery Office, 1978.

Passim H. Bennet J. W. Social process and dietary change. In The Problem of Changing Food Habits. Bulletin no. 108, 113. Washington, DC: National Academy of Sciences, 1943.

Popkin B. M., Haines P. S., Reidy K. C. Food-Consumption Trends of United-States Women-Patterns and Determinants between 1977 and 1985. *American Journal of Clinical Nutrition*, 1989, 49 (6): 1307-1319.

Prattala R., Berg M. A., Puska P. Diminishing or Increasing Contrasts-Social-Class Variation in Finnish Food-Consumption Patterns, 1979-1990. *European Journal of Clinical Nutrition*, 1992, 46 (4): 279-287.

Rankin J. W., Winett R. A., Anderson E. S., Bickley P. G., Moore J. F., Leahy M., … Gerkin R. E. Food purchase patterns at the supermarket and their

relationship to family characteristics. *Journal of Nutrition Education*, 1998, 30 (2): 81-88.

Report of an EC workshop, Giessen, West-Germany. Euro-Nut report 7. 109-116. Wageningen: Stichting Nederlands Instituut voor de Voeding.

Roos E., Prattala R., Lahelma E., Kleemola P., Pietinen P. Modern and healthy?: Socioeconomic differences in the quality of diet. *European Journal of Clinical Nutrition*, 1996, 50 (11): 753-760.

Roos G., Johansson L., Kasmel A., Klumbiene J., Prattala R. Disparities in vegetable and fruit consumption: European cases from the north to the south. *Public Health Nutrition*, 2001, 4 (1): 35-43. doi: DOI 10.1079/Phn200048.

Ruxton C. H. S., Kirk T. R. Relationships between social class, nutrient intake and dietary patterns in Edinburgh schoolchildren. *International Journal of Food Sciences and Nutrition*, 1996, 47 (4): 341-349.

Sanchez-Villegas A., Martinez J. A., Prattala R., Toledo E., Roos G., Martinez-Gonzalez M. A., Grp F.-. -. A systematic review of socioeconomic differences in food habits in Europe: consumption of cheese and milk. *European Journal of Clinical Nutrition*, 2003, 57 (8): 917-929. DOI: DOI 10.1038/sj.ejcn.1601626.

Smith A. M., Baghurst K. I. Public-Health Implications of Dietary Differences between Social-Status and Occupational Category Groups. *Journal of Epidemiology and Community Health*, 1992, 46 (4): 409-416.

Smith G. D., Brunner E. Socio-economic differentials in health: The role of nutrition. *Proceedings of the Nutrition Society*, 1997, 56 (1A): 75-90.

Sooman A., Macintyre S., Anderson A. Scotland's health—a more difficult challenge for some? The price and availability of healthy foods in socially contrasting localities in the west of Scotland. Health Bulletin (Edinburgh), 1993, 51 (5): 276-284.

Sanchez-Villegas A., Martinez J. A., Prattala R., Toledo E., Roos G., Martinez-Gonzalez M. A., Grp F.-. -. A systematic review of socioeconomic differences in food habits in Europe: consumption of cheese and milk. European Journal of Clinical Nutrition, 2003, 57 (8): 917-929. doi: DOI 10.1038/sj.

ejcn. 1601626.

Turrell G. Socioeconomic differences in food preference and their influence on healthy food purchasing choices. *Journal of Human Nutrition and Dietetics*, 1998, 11 (2): 135-149.

Turrell G., Hewitt B., Patterson C., Oldenburg B. Measuring socio-economic position in dietary research: is choice of socio-economic indicator important? *Public Health Nutrition*, 2003, 6 (2): 191-200. doi: DOI 10. 1079/Phn2002416.

Van Otterloo A. H. Eten en eetlust in Nederland (1840-1990). Een historisch-sociologische studie. (Food and appetite in the Netherlands (1840-1990). A historicsociological study.) Amsterdam: Bert Bakker, 1990.

Van Rossum C. T. M., Van de Mheen H., Witteman J. C. M., Grobbee E., Mackenbach J. P. Education and nutrient intake in Dutch elderly people. The Rotterdam Study. *European Journal of Clinical Nutrition*, 2000, 54 (2): 159-165.

Foods, Social Class and Health Risk: Evidence from postwar Taiwan

Duan-Rung Chen
(Associate Professor of the Department of Public Health and Institute of Health Policy and Management, Division Chief of Population Studies at Population and Gender Studies Center, Taiwan University)

Abstract: Health inequality persists among the social classes; people with higher SES are generally healthier than those with lower SES. Growing evidence suggests one's diet pattern is shaped by one's cultural surrounding; and assuming health is greatly linked to diet, this paper aims to find the different dietary patterns born specifically to different SES groups. Evidence shows that low SES groups are at higher risks of developing chronic diseases, chronic diseases greatly associating to eating behavior and nutrition. From evidence, higher SES groups consume more foods of higher quality and nutrient density compared to low SES groups; of healthy foods of fresh and low fat products compared to unhealthy fatty and sugary foods. In addition, people of higher SES may have easier access and budget to foods of higher quality, whereas, people of lower SES may be confined to food of lower quality due to constrains in budget, knowledge, and resource. The connection between social class eating patterns, and health is inseparable. This paper looks at the dietary patterns of different SES groups grouped by gender, income level, occupation, education, age, and degree of urbanization in

Taiwan. The data is retrieved from National Health Interview Survey, conducted by the National Health Research Institutes and Health Promotion, Department of Health. The results show men consume fatty and sugary drinks at a higher frequency than women, women consume sugary foods more than men. White-collar workers consume both fatty foods and vegetables more than blue-collar workers; yet the consumption of fatty foods increase from 2001 to 2008 only among the blue collar workers. The frequency of unhealthy eating decreases with age, and lastly, newly developed cities has the poorest diet compared to developed, aging, agricultural, and rural areas. In conclusion, in order to grasp the changes in health risks, we need to first gain comprehensive knowledge of specific characteristics of each social status group and their eating pattern.

Keywords: Dietary patterns, social class, social inequality, health inequality

风土与名物：从地方小吃到“非物质文化遗产”

陈玉箴[1]

【摘要】台湾许多地方基于各自特殊的地理、自然资源、习惯以及人们的独特创意，发展出丰富的农特产、水产品及烹饪方式，美食因此成为台湾许多地方的重要特产与观光资源。这些特色美食的形成，承续了民间传统、知识与技能，并非单纯的食物，而是台湾社会食生活与饮食传统(foodways）的一环，属于台湾社会“非物质文化资产”（intangible cultural heritage）重要的一部分，值得重视及保存，尤其是各地小吃，更被认为显示了当地独特的民间食文化特色。本文讨论“风土”与各地特产名物的关系，并进一步思考饮食是否能成为重要的文化遗产或资产。

“非物质文化遗产”的概念在近几年广受国际社会重视，联合国教科文组织（UNESCO）在2003年通过的保护非物质文化遗产的公约中，强调诸如表演艺术、仪式、知识、口述传统等无形的文化表现形式均属人类重要资产应加以保护。但对饮食是否能成为“无形文化遗产”，目前相关规范较为歧异。本文即对此规范在饮食上的应用进行思考与讨论。

【关键词】风土　小吃　非物质文化遗产

一、非物质文化遗产

“非物质文化遗产”的概念在近几年广受国际社会重视，联合国教科文

---

① 高雄餐旅大学台湾饮食文化产业研究所助理教授。

组织（UNESCO）在2003年通过的保护非物质文化遗产的公约中，强调诸如表演艺术、仪式、知识、口述传统等无形的文化表现形式均属人类重要资产应加以保护。但对饮食是否能成为“非物质文化遗产”，目前相关规范较为歧异。本文拟对此规范在饮食上的应用进行思考与讨论。

日本、韩国是较早注意到非物质文化资产保护的国家。日本在1950年公布的《文化财产保护法》，即触及非物质文化资产的保护①。在1975年制订的新版《文化财产保护法》中，更明确将民俗资料分为有形文化财和无形文化财两种。韩国自60年代上半叶也开始选定重要的非物质文化遗产进行保护②。而联合国教科文组织（UNESCO）虽早在1972年就通过了《保护世界文化和自然遗产公约》，不过该公约指的文化遗产，是指有形的文物、建筑群、遗址。联合国教科文组织进一步在2003年通过《保护非物质文化遗产公约》，该公约乃参照1989年的《保护民间创作建议书》、2001年的《教科文组织世界文化多样性宣言》和2002年第三次文化部长圆桌会议通过的《伊斯坦堡宣言》等，强调“非物质文化遗产”的重要性，指出“非物质文化遗产”是文化多样性的熔炉，亦是可持续发展的保证。该公约强调非物质文化遗产与物质文化遗产、自然遗产三者具有内在相互依存的关系。在全球化与社会转型的过程中，非物质文化遗产同样面临破坏与可能消失的危机，因此需要制订保护的相关准则。

该公约特别注意到“小区”对非物质文化遗产之“生产、保护、延续和再创造方面”具有重要性，保护的目的是能够丰富文化多样性和人类的创造性，并提高年轻一代对保护非物质文化遗产的意识。

该公约第二条对“非物质文化遗产”提出了明确的定义：

> “非物质文化遗产”指被各小区、群体，有时是个人，视为其文化遗产组成部分的各种社会实践、观念表述、表现形式、知识、技能

① 林保尧：《中日文化资产法令比较与案例省思——以民族艺术、民俗及有关文物为例》，《文资学报》，2005年第1期。

② 吴秀卿：《韩国传统艺能的传承现况及其反思》，刊于浙江师范大学浙江省非物质文化遗产研究基地编，《非物质文化遗产研究集刊》第2辑，北京：学苑出版社，2009年。

以及相关的工具、实物、手工艺品和文化场所。这种非物质文化遗产世代相传，在各小区和群体适应周围环境以及与自然和历史的互动中，被不断地再创造，为这些小区和群体提供认同感和持续感，从而增强对文化多样性和人类创造力的尊重。在本公约中，只考虑符合现有的国际人权档，各小区、群体和个人之间相互尊重的需要和顺应可持续发展的非物质文化遗产。

公约亦明确定义了“非物质文化遗产”的项目，包括：

(1) 口头传统和表现形式，包括作为非物质文化遗产媒介的语言；

(2) 表演艺术；

(3) 社会实践、仪式、节庆活动；

(4) 有关自然界和宇宙的知识和实践；

(5) 传统手工艺。

在此定义下，饮食文化属于一种社会实践，饮食文化中的许多作为并涉及与自然界和宇宙有关的知识、实践，不仅如此，饮食文化中含括的技术层面，如特殊的烹调技术、手法、餐具、烹调器具，也有可能属于传统手工艺的一部分，因此，饮食文化也属“非物质文化遗产”的一部分。而该公约所称的“保护”，则指确保非物质文化遗产生命力的各种措施，包括这种遗产各方面的确认、建档、研究、保存、保护、宣传、弘扬、传承（特别是通过正规和非正规教育）和振兴，都包含在内。对于饮食文化的确认、建档、研究、宣扬、传承，将饮食文化视为一种文化遗产予以向下一代接续，对于社群或个人来讲都是重要的任务。

非物质文化遗产的世代传递，其实是一种具有社会、经济价值的知识传递，不仅关乎个别社群的文化传承，而且关乎整个国家或国际社会多元文化性的发展。

UNESCO 指出非物质文化遗产的数项特色[①]：

①传统与当代并存：不仅是指过去留下的遗产，也包含当代的社会与

① http://www.unesco.org/culture/ich/index.php?lg=en&pg=00002.

文化实践。

②Inclusive：包容性，非物质文化遗产联结过去、现在与未来，予人认同感、连续感与社会凝聚。

③Representative：需将传统、技术、风俗相关的知识传递给其他社群或下一个世代。

④社群为基础必须是由一群人或社群所认可的。

在实际评选的标准上，则包含如下数点①：

①具有作为人类创作天才代表作的特殊价值。

②根植于相应群体的文化传统或文化历史中。

③在该民族及文化群体中具有确认文化身份的作用；作为灵感及文化交流的源泉，亦是凝聚各民族或社群的方式；目前在该群体中具有文化及社会作用。

④展现优秀的实践技能与艺术水平。

⑤是某现存传统文化的唯一见证。

⑥或因缺乏保护措施，或因变化过速，或因城市化、外来文化影响而濒临消失的危险。

教科文组织每年集会讨论哪些可以列入非物质文化资产名单，对于濒临消失的项目，则特别列为“急需保护的非物质文化遗产”（in Need of Urgent Safeguarding）②。至2011年12月为止，“非物质文化遗产”共有267项，“急需保护的非物质文化遗产”则有27项。2011年新增的“急需保护非物质文化资产”，如中国赫哲族的伊玛堪说唱艺术、印度尼西亚亚齐省的千手舞（Saman dance）、阿拉伯联合酋长国的传统编织技艺、秘鲁胡阿齐派

① 根据UNESCO“人类口头和非物质遗产代表作宣布计划”条例Proclamation of Masterpieces of the Oral and Intangible Heritage of Humanity，Guide for the Presebntation of Candidance Files（1998）附录一第六条标准第二项之规定，参见：《无形文化资产振兴管理系统之建构——以台湾木偶戏发展为例》，台湾师范大学美术学系博士班美术行政与管理组博士论文，2011年，第23页。

② http：//www.unesco.org/culture/ich/index.php？lg＝en&pg＝00011&inscription＝5&type＝3.

尔人（Huachipaire）以哈拉克姆巴特语（Harákmbut）演唱的祈祷歌，巴西伊奥夸（Yaokwa），埃纳韦尼·纳维人为维护社会及宇宙秩序而举行的仪式、波斯湾地区伊朗蓝吉木船的传统造船与航海技术、伊朗戏剧化叙事那卡力（Naqqāli）、马里秘密社团夸莱杜嘎（Kôrêdugaw）的智慧仪式、蒙古国的蒙古笛的长调民歌演奏技巧（循环呼吸法）等。至于最新被列入“人类非物质文化遗产”名录的，则是2011年11月27日通过的中国皮影戏和比利时鲁汶的年龄组仪式（Leuven age set ritual repertoire）。

上述被列为非物质文化遗产的项目，除了特殊技术与表演性质的艺术活动，如舞蹈、音乐演奏技巧、说唱之外，还有许多是关乎社会性的仪式，是在特定社群中发展出来，用以维持群体的秩序，也反映了该社群的信念，属于一种“社会实践”。除此之外，由于中国政府积极申请非物质文化遗产保护，举凡中医针灸、书法、剪纸、妈祖信仰、南音、昆曲、端午节等，目前也都已被UNESCO列为“非物质文化遗产”。

而在目前共267项“非物质文化遗产”中，与饮食文化相关的“非物质文化遗产”共有四项：法国美食、地中海饮食、传统墨西哥菜以及北克罗地亚的姜饼人制作技术，均是在2010年获得UNESCO委员会通过的。以下针对此四项分项介绍：

（一）The gastronomic meal of the French 法国美食传统

评审委员会委员强调，法国美食传统在法国已成为“一种社会日常习俗，为庆祝个人和团体生活中的最重要时刻，如出生、结婚、生日、成功和重逢”，是一种将人们齐聚一堂，共享美食艺术滋味（the art of good eating and drinking）的节庆大餐（festive meal）。美食大餐强调团聚、美味的愉悦以及人与自然的平衡。

构成此大餐的基本要素包括：谨慎选择的菜色、购买味道相合的当地食材、食物与酒的良好搭配、布置美丽的餐桌以及消费时的特定举动，例如闻嗅与品尝桌上的食物。美食大餐应尊重既定的结构，以餐前酒开始，以烈酒结束，包含其中至少四道餐点（前菜、鱼/肉与蔬菜、干酪、甜点）。美食家拥有对于美食传统的深入知识，并保有对相关仪式之实践的鲜明记

忆，透过他们口语或书写的传递，可将之传至下一代。此美食使家人与朋友更加亲近，并强化了社会的联系①。

法国美食传统是2008年由法国总统在参观巴黎农业国际博览会时，首次表达要向联合国教科文组织提出候选申请的。这项提案得到法国农业部、众多名厨和美食家的支持，他们一致认为“烹饪即文化”。对法国人而言，以聚餐的方式在一起品尝美酒佳肴，庆祝美好时光，是法国传统的重要组成部分，也是充满生机的一种传统。换言之，聚餐共享美食的传统，已与法国的文化认同相融合。

法国驻联合国教科文组织常任代表于贝·德冈松（Hubert de Canson）则强调，法国美食传统并非固守不变的法则，而是吸收极为丰富多样的外来饮食，不断创造出创新的菜肴，是一值得坚持的、顺应现实的开放理念。而在申请成功后，法国宣示将采取保护、推广法国美食传统的具体措施，包括：学校教学中增加相关教学内容，让年轻一代关注自己的美食传统，并将餐桌艺术代代相传②。

（二）Gingerbread craft from Northern Croatia 克罗地亚北部的姜饼人制作技术

相传此技术是在中世纪传到克罗地亚并成为一种工艺技术的，做姜饼人的工匠通常也同时制作蜂蜜与蜡烛。制作姜饼人的过程十分需要技术与速度。制作者使用面粉、糖、水、泡打粉及香料，在装饰时则会运用图画、小镜子、诗等，在众多形状中，心型姜饼是最普遍的造型，经常用在婚礼上。

每个姜饼人的制作者有各自的区域范围，同一个区域范围内只会有一个制作者，彼此不会重叠。姜饼人的制作工艺技术在克罗地亚北部地区已经流传数世纪，原本只传给男性，现在则男女皆可，因此有男性、女性的制作师父。在克罗地亚，姜饼人也已成为最获普遍认可的Croatian identity

---

① http://www.unesco.org/culture/ich/index.php?lg=en&pg=00011&RL=00437.

② http://www.fi-taipei.org/spip.php?article2941　2010年11月26日发布。

象征。今日姜饼是当地节庆或聚会时的重要角色，提供当地人们一种认同感与连续感[①]。

（三）The Mediterranean diet 地中海饮食（Spain，Greece，Italy，Morocco）

此项目由地中海周边的西班牙、希腊、意大利、摩洛哥四国联合申报通过。"地中海饮食"是指一套从地景到餐桌的技术、知识、实践与传统，包括谷物、种植方式、捕鱼、保存方式、加工、准备以及更重要的食物的消费。地中海饮食的特色在于其历长久时空而仍维持的营养架构，主要包括：橄榄油、谷物、新鲜或干燥的水果、蔬菜、适量的鱼、奶、肉类，及许多调味料、香料以及酒类，同时尊重每个社群独特的信念。

然而，在联合国教科文组织认证的文件上亦指出，"地中海饮食"要保护的不仅是食物本身，因为共餐是社会风俗与节庆的基石，它能促进社会互动，能产生大量的知识、歌曲、格言、故事与传说，此系统根植于对土地与生物多样性的尊重，并确保地中海区域中与渔、农相关技术及传统活动的保存与发展，如西班牙的 Soria、希腊的 Koroni、意大利的 Cilento 及摩洛哥的 Chefchaouen。女性在此经验传递及仪式相关知识、传统庆祝活动及技术保存中均扮演重要角色[②]。

"地中海饮食"一词出现的历史其实不长，是在 1945 年由美国的营养学家 Ancel Benjamin Keys 提出的。到 90 年代中期，哈佛大学的 Walter Willett 以 60 年代希腊及意大利南部的饮食习惯为例进行研究，认为在地中海周边地区居民的饮食方式，是以谷物、豆类、核果等为主要粮食，并用新鲜水果作甜点，大量使用含不饱和脂肪的橄榄油、低脂奶酪、新鲜鱼类、家禽等，相较之下，蛋类和红肉则较少食用。此种多纤维、少饱和脂肪的日常饮食方式，能使人们获取较少的脂肪含量，可降低心脏病和癌症罹患比率，居民也较长寿。此种健康取向的饮食风格、食物生产方式以及相关的衍生

---

① http：//www. unesco. org/culture/ich/index. php? lg=en&pg=00011&RL=00356.
② http：//www. unesco. org/culture/ich/index. php? lg=en&pg=00011&RL=00394.

知识、文化等，是其能够获得联合国申报通过的主要原因。

（四）Traditional Mexican cuisine-ancestral, ongoing community culture, the Michoacán paradigm 传统墨西哥菜

传统墨西哥菜是一相当广泛的文化模式，包含特定的农耕、特定仪式、年代久远的技术、烹饪技巧与祖先流传下来的风俗、惯例。这促成了集体对整个传统食物程序（food chain）的参与，此 food chain 是指从种植到烹调与食用，此系统的基础是玉米、豆类与辣椒，独特的耕作方法，例如 milpas（即玉米及其他谷类的轮种）、chinampas（在湖区的人造可耕岛）。食物烹调程序则例如 nixtamalization（石灰去壳的玉米，可增加营养价值），以及特殊的烹调用器具，例如石磨以及研钵等。

墨西哥的“本地要素”，指的是各种蕃茄、南瓜、酪梨、椰子等。墨西哥菜中每日经常食用的 tortillas and tamales 对墨西哥人而言更具有象征意涵，二者都是由玉米制作，也是供品的主要部分。在 Michoacán 州及整个墨西哥都有女性厨师与其他实践者共同种植作物、烹调传统菜肴。他们的知识与技术传达了社群的认同、强化社会连结，并且建立更强大的地方、地区与国家认同，在 Michoacán 州人们的努力也凸显了传统食物在促进永续发展上的重要性。

除了上述四项与食物有关的“非物质文化遗产”项目之外，这几项在 UNESCO 申请的成功，也大大鼓励其他国家开始申请以饮食文化为主题的无形文化遗产，例如，日本在 2011 年也开始讨论以日本精致料理进行申请。2011 年在日本的讨论会上，由著名的日本饮食学者、静冈文化艺术大学熊仓功夫校长担任会长。与会代表认为，日本食文化是以米饭为中心，营养均衡。特色包括对高汤鲜美的讲究以及活用发酵食品。希望以这些特色向联合国教科文组织提出申请。

除了联合国教科文组织对饮食文化有“无形文化遗产”的认定之外，各国也有许多将饮食列为无形文化遗产的作法。例如，韩国将朝鲜（1392—1910）王朝的“宫廷饮食”列为国家指定的重要无形文化遗产第 38 号，将之视为今日韩国传统饮食的精髓。在首尔的“宫廷饮食研究院”，则是宫廷

饮食的传授教育机关，该研究院所传承的宫廷饮食，袭自朝鲜最后一位御膳厨房尚宫韩熙顺（1889—1972），韩熙顺服侍过朝鲜王朝最后两个国王高中（在位期间1863—1907）与纯宗（在位期间1907—1910），她又将手艺传授给黄慧性。在1972年韩熙顺尚宫辞世后，便由黄慧性接手，黄将宫廷料理在学问上系统化并向下传递。依据首尔官方说法，宫廷饮食研究院是延续正统韩国"宫廷饮食"的唯一地方。不仅保存、传授韩国传统宫廷饮食，也致力复原许多被遗忘的传统饮食①。

在实际运作上，宫廷饮食研究院具有资料保存、研究与推广的功能。其硬设备大致分为教室、研究室与资料室。研究与数据保存方面，研究院的资料室与研究室中存有韩国传统饮食的幻灯片数据与古文献，及朝鲜饮食等相关资料。研究课程包含宫廷饮食、聘礼贡献（新娘第一次见公婆的时候奉上的饮食）、仪式饮食（拜拜时的饮食）等。推广与体验方面，研究院也提供多种饮食体验课程。给一般民众的课程包括：

（1）宫廷饮食课程

将朝鲜王朝的宫廷饮食传授给一般民众，并将韩国饮食的理论及实际技能有体系地吸收的课程。

（2）传统饮食课程（乡土饮食、泡菜、家常菜）

可以有体系地学习各地方的特色乡土饮食的课程，包括宫廷泡菜，向熟悉各地不同季节泡菜与特别泡菜的宫廷专家学习，也学习应用泡菜做料理，可以学习到使用各季节的新鲜食材制作、储藏饮食及家常菜。

（3）饭店韩定食课程

由专家教授季节料理、套餐料理、韩式套餐、接待贵宾料理等正确的食谱与秘方的课程。

在韩国的例子中，专责机构的设立与"饮食文化体验课程"，均是无形文化遗产保存的重要方式。必须设置专责机构，有专业的研究人员，进行饮食文化的深入探究与保存工作，各项开放给民众的体验、学习课程，则

---

① http://www.visitseoul.net/cb/article/article.do?_method=view&m=0004003002007&p=03&art_id=537&lang=cb.

是让饮食文化知识能够推广、永续的重要方式。唯有让更多民众可以了解到自身文化所拥有的文化知识、遗产，才能够透过个人或社群的实践，让“无形文化遗产”更长久地保存下去及永续发展。这也才是认定、保护“无形文化遗产”的最重要原因。

二、风土与地理商标

除了“无形文化遗产”的保护之外，目前采用的另一类似方式，则是颁布特定食物的商标。此种商标的颁布，往往与地理要素有关，也就是与构成地方特色美食的“风土”，包含气候、地形等地理条件等有较密切的关系。

如下以欧洲及中国大陆的例子进行说明：

（一）欧洲

地理标示制度在欧洲已有一百多年的历史。欧盟的地理标示保护制度是在各成员国国内法的基础上发展起来，并受法国法制很大影响，内容十分完备、详尽，保障的品项多，也保护各区域的极大利益。欧盟也是积极推动地理标示保护的主要国际力量①。

欧洲共同体对于地理标示的保护制度可以分为三大体系，一是对于葡萄酒和烈酒以外的农产品和食品地理标示保护的体系；二是对于葡萄酒和烈酒的保护体系；三是依共同体商标规则注册为集体标章（collective mark）的保护体系。

在地理标示概念方面，则分为地理标示和原产地名称，对于地理标示的保护，是采专门立法和依商标法注册为集体标章双轨并行的方式。在地理标示构成要素方面，农产品、食品地理标示限于“名称”（包含地理名称、传统名称），而葡萄酒和烈酒地理标示、集体标章的构成要素是“标

---

① 周建文：《欧洲共同体地理标示制度》，地理标示网，2007年，http://seed.agron.ntu.edu.tw/IPR/GI/GIchou0701.pdf（2010/12/5下载）。

识”、“标记”，所以不管是“名称”或“非名称”的地理标示，都可以注册为集体标章①。

欧盟现行制度有三种保护规范，包括原产地命名保护制度（Protected Designations of Origin，PDO）、地理标示保护制度（Protected Geographical Indications，PGI）和传统特产保护制度（Traditional Specialties Guaranteed，TSG）。生产者或消费者团体可依据农产品与食品的种类与特性，自行决定要申请何种注册类别。

(1) 原产地命名保护制度（Protected Designations of Origin，PDO）

凡申请原产地命名保护注册的农产品与食品，必须明确界定出产区的地理范围，而且从产品生产、加工到配制的所有产制阶段，均必须在该产地范围内完成。依此定义，原产地命名保护制度所保障的农产品与食品要件有二：

第一，原产地的特殊地理环境，必须对该产品具备的质量与特性，有根本上的或唯一的影响，而来自原产地地理环境的影响因素，则包含气候、土壤质量与地方知识技能等自然因素和人为因素。

第二，该产品从原料生产、加工、配制到完成阶段，所有的产制过程必须发生在特定的地理区域内，亦即该产品注册名称所指涉的地理范围内。因此，在原产地命名保护制度的概念下，农产品与食品特征和地理产地之间，应具有客观且紧密的联结关系，则方能以特定的产出地作为产品名称命名的依据。

(2) 地理标示保护制度（Protected Geographical Indications，PGI）

地理标示保护制度与前述原产地命名保护制度（PDO），两者均在保障以产地命名的农产品与食品之权益，亦即强调产品特色与产地条件间的地理联结关系，同时两者均不保障以通用名称命名的产品，但在地理区域与产品特征间关系的定义与规范上，略有差异。凡申请地理标示保护制度保障的农产品与食品，必须符合两项条件：①申请 PGI 时，必须在产品名称

① 周建文：《欧洲共同体地理标示制度》，地理标示网，2007 年，http：//seed. agron. ntu. edu. tw/IPR/GI/GIchou0701. pdf (2010/12/5 下载)。

所标示的地理区域内生产，但PGI仅要求该产品只要有生产阶段其中一项在其命名的地区内实施即可，故PGI的产品原料取得与产品加工地区，可能分属于不同的地理区域。②PGI产品与地名之间，亦要求必须具有连结关系，但地理标示保护制度对于产品名称与地理区域关联性的要求较为弹性[①]。

原产地命名保护制度所认定的产品特征必须归因于特定地理区域的影响；而地理标示保护制度仅要求农产品或食品所具有之特殊质量、声誉或其他特性等其中一项与来源地的地理条件相关。依据PGI的概念，产品本身所具备的实质特征，并非注册为PGI产品的关键因素，单凭产品所享有的声誉与产地间的地缘关系，即可申请地理标示制度的保障[②]。

(3) 传统特产保护制度（Traditional Specialties Guaranteed, TSG)

与前二者强调地缘的认证不同，传统特产保护制度并非以食品在地理上的原产地为认定基础，而是着重“传统特产”所具备的独特性质。此独特性质乃指农产品或食品所具备的单一特征或一组特征，且该特征得以和同类别的相似产品进行明确区隔者，诸如产品的口味，或使用特定的原料配方。此种认定方式的特色在于能突显传统特产与众不同的特殊性质，提升传统特产的竞争力。

注册为传统特产保护制度产品的要件，包括：①该产品必须为传统产品，且具有能与其他产品相区隔的特征；②产品名称本身必须能与其他的产品名称者进行明确区隔，且需为不可转译的名称；③该产品名称能表达出农产品或食品的特殊性质；④该产品名称中，不可含有地理标示保护制度与原产地命名保护制度中所认可的地理名词。

上述三种欧盟的原产地命名、地理标示与传统特产保护制度，乃由私人自行选择采取PDO、PGI或TSG三种中的何种认证。经过各会员国先行

① 王俊豪、周孟娴：《欧盟农产品原产地命名、地理标示与传统特产保护制度》，《农政与农情》，第172期，1995年10月，第79～86页。

② 王俊豪、周孟娴：《欧盟农产品原产地命名、地理标示与传统特产保护制度》，《农政与农情》，第172期，1995年10月，第79～86页。

审查后，再交由欧盟执委会进行查核。

值得注意的是，欧盟也开放欧盟以外第三国生产的农产品与食品申请PGI与PDO两种产品注册，但必须遵守欧盟执委会的相关规定检验要件，并针对该产品提出相同或等值的保证，且该国也需对欧盟验证注册的PDO、PGI农产品与食品提供相同的保护措施①。

在具体申请项目上，申请人需提供产品特色的详尽细节，让该地理区域内的新进生产者，可以依据产品说明内容生产出相同的产品。

PDO与PGI的产品说明书（specification）是说明该产品重要性的关键文件，内容需包含如下项目：产品名称、产品描述、地理区域、原产地证明、生产方式、产品与地理区域的链接关系等②。

在上述项目中，“产品名称”应采用包含某地区或特定地方的名称，在特定的情况下，也允许以国家（country）的名称来命名产品 。特别是在PDO的制度中，还可以接受采用传统名称（traditional name）来命名的产品，只要该传统名称能明确地指出农产品或食品来自某个特定的地区或地理区域，就可依此命名。此种方式，充分地展现了“地方风土”对于特色美食的直接关联与重要性。而在“地理区域”方面，则是特指“产品生产或加工的地区”。地理范围的界线，以能影响最终产品特色的自然或人为因素划定。这样的规范更加强调地理区域特色对于产品特性具有相当大的决定程度。而为求精确，PDO、PGI制度要求提出“原产地证明”，即是指生产农产品或食品的地理区域之相关证据，以掌握产品从生产端到最终销售端的产销路径。

此外，PDO、PGI产品说明书中更关键的一点是，必须说明“产品与地理区域的链接性”。此乃指该产品与特定地理区域链接关系的相关解释。对于PDO与PGI制度，只说明该地理区域的特性，如地理环境或当地自然条

① 王俊豪、周孟娴：《欧盟农产品原产地命名、地理标示与传统特产保护制度》，《农政与农情》，第172期，1995年10月，第79～86页。

② 王俊豪、周孟娴：《欧盟农产品原产地命名、地理标示与传统特产保护制度》，《农政与农情》，第172期，1995年10月，第79～86页。

件，其实尚不足以佐证产品质量与地理链接关系的正当性。而二者的要求又有所不同：对于 PDO 产品及其与地理区域的关联性，须描述该地理环境中固有的自然与人为因素，并解释这些因素如何影响了产品的质量与特性。如同已登记为“非物质文化遗产”墨西哥传统饮食，地方上特殊的耕作技术、制作食品的技法，甚至包含梯田、磨坊或灌溉系统等基础农耕设施，因此需特别说明这些地理条件与产品的特殊性，说明时尤须重视具体、客观、言之有物，不可流于形容词式的描述，具体而言，须包含其产品感官概况（organoleptic profile）与特殊的物理特性（如构造、形状、颜色、风味、气味等）。

而对 PGI 产品与地理区域的关联性，由于 PGI 产品的命名是以农产品或食品原产出的区域、特殊地方（specific place），甚至是国家名称来命名，也正是因为该地理原产地的特性，地方产品也会具有特殊的质量及声誉。因此在 PGI“产品与地理区域链接关系”的阐述上，会特别强调，该产品在生产、加工或调制过程中，至少应有一项阶段，必须发生在其所界定的地理区域内。

相较于前二者，TSG 产品说明书的主要内容则包括如下项目：欲注册的产品名称、生产方法的描述，特别是与产品特性相关说明、产品内含传统特性的评价、产品所具备特殊性质的描述以及特殊性质最低要求和检验程序有关的规范等。

（二）中国

以“扬州炒饭”为例，2010 年 2 月，中国国家工商总局商标局颁布了“扬州炒饭”的证明商标，获得相当重视。此证明是由扬州市烹饪协会提出申请的，目的是规范、传承扬州炒饭的制作技艺，强化扬州炒饭的品牌与产业，并形成标准化、品牌化的经营。

“扬州炒饭”商标由图案和“扬州炒饭”四字组成，仅用于炒饭类商品，注册有效期限是 2008 年 12 月 14 日至 2018 年 12 月 13 日。商标图案由一朵琼花、米粒和饭铲、炒锅组成，其图像如同米粒正在炒锅里翻炒，琼花则是扬州的市花，目的在凸显扬州炒饭的地域文化特征。

在法律上，该证明商标并非名称专用权，换言之，在扬州以外的店家其实仍然可以贩卖“扬州炒饭”，只不过此证明商标保证了该商品或者服务（如扬州炒饭）的原产地、原料、制造方法、质量或其他特定质量。此证明商标由对此商品或服务具有监督能力的组织所控制，可由该组织以外的单位或个人使用于其商品或者服务。根据扬州市烹饪协会的说法，为加强“扬州炒饭”证明商标的管理，维护商标信誉，在商标注册成功后，市烹协就制定了《扬州炒饭证明商标使用管理规则》。规则规定，“经考察，已领取营业执照，具有一定的生产、经营条件和厨师力量，自愿执行《扬州炒饭标准》的企业可使用扬州炒饭商标”。商标使用人必须与市烹协签订契约并接受监督。

以扬州炒饭来说，有其特定的烹调方式与配方，并建立在特定的历史基础之上。所谓正宗扬州炒饭可追溯自魏晋南北朝时期，据《齐民要术》所载，炒蛋在当时成为一种菜肴，广陵（今扬州）的船民发明了方便、价廉、耐饥的蛋炒饭，此饭很快传至中原；隋代，越国公杨素创制了碎金饭。隋炀帝三幸扬州时，碎金饭也是他喜食的菜肴之一。到了 明代，扬州民间厨师在炒饭中增加配料，形成了今日扬州炒饭的雏形。清嘉庆年间，汀州伊秉绶出任扬州太守。他在扬寓黄氏园（今四桥烟雨楼一带）经常举行诗文酒会，扬州炒饭成为酒会时尚菜肴。其特色是在葱油蛋炒饭的基础上，加了虾仁、瘦肉丁等。

三、从地方小吃到“非物质文化遗产”

地方小吃经常被视为台湾的特色美食，若画一张台湾地图，从南到北，在许多乡镇都可以标示该地的著名特产，而人们所认定的地方小吃，其特色便在于：具备乡土滋味，是民间文化的结晶，同时也是俗民生活特色的展现。各地小吃的不同，不仅呈现不同区域在地理环境、气候上的种种差别，也反映了人们不同的生活方式、技术与生活态度等。这些随着乡土条件累积而产生的地方小吃，在观光业发展之后，有部分被包装为“名物”，

也就是地方特产，可以作为地方美食的代表。

例如，根据“观光局”资料，在2000年至2005年间，在地方上举办的地方饮食节庆就至少包括：柳营牛奶节、新化地瓜节、关庙凤梨竹笋节、玉井芒果节、东山龙眼节、麻豆文旦节、关子岭椪柑节、官田菱角节、永康菜头节、新市毛豆节、莲乡莲藕节、新埔柿饼节、东港黑鲔鱼观光季、宜兰三星葱蒜节、云林台湾咖啡节、大岗山龙眼蜂蜜文化节、成功啤酒节、山上网室木瓜节、安定芦笋节、北港麻油节、台北牛肉面节、台北打牙祭(联合台北市各大观光饭店及餐厅推出各式主题美食，例如梅子飨宴、高山族美食及台菜）等。除此之外，后续举办以小吃为主题的节庆，还有嘉义火鸡肉饭节、彰化肉圆节、台南清烫牛肉节等，均以地方特色美食为号召，希望吸引更多来自不同地域的观光客。

然而，本文试图提出的概念是，对于这些被视为“名物”的地方小吃，不仅应将之视为一种观光资源，或仅是为地方赚取利润的手法，更是地方文化传承之所系，是应该以严正态度，将之视为地方重要的文化遗产予以保存、维护，并且向下传递的。换言之，也就是将地方小吃更加提升到“非物质文化遗产”的层次。

要达到此层次，由本文前述种种对“非物质文化遗产”概念的介绍以及具体作法的说明，可具体归纳出数种达此途径的重要方法，例如：

（一）认定标准的建立

可参考UNESCO及日、韩等国家标准，并参酌本地情况，采用如下判断标准，具体认定何者适合界定为“非物质文化遗产”：（1）须根植于地方文化传统或文化历史中；（2）展现优秀的技能与艺术水平；（3）具有确认文化身份的作用，亦是文化交流的源泉；（4）可凝聚地方社群，亦有助于各社群间的交流。

（二）专责机构的设立

必须设立专责机构，负责研究、认定、保护、推广重要的饮食文化资产。其中不仅有专门的研究人员，持续研究及保护传统饮食文化、特色美食的相关历史、典故、文物、器具、技术等，也要设置推广人员，将研究

成果及传统的生活面貌，与特色美食相关的知识、技能，透过授课或出版的方式，广泛推广为更多人知悉。

（三）地理标示认证制度

若干饮食文化极具地理特性，亦具高度文化区辨性，可从地理标示的基准，设立认定、评选标准，并供各地生产者遵守。此不仅在商业面有极大帮助，更是保护传统特色美食不致变调的重要认定、维护程序。

在将地方小吃建立为“非物质文化遗产”的过程中，小吃作为一种“文化”具有知识的趣味，而非只是吃吃喝喝的生理过程，小吃的兴起与小吃的知识化、文本化实是同时进行、互相滋养的。因此，也必须透过深入的田野调查、口述历史访谈、影音记录等方式，深入挖掘地方特殊的饮食文化、传统习俗及演变过程，并将之记录保存，才能真正建立一套“饮食无形文化资产”数据库。将珍贵的地方饮食文化，以“无形文化资产”的方式建置起来。

Natural Conditions and Local Specialty: From Local Delicacies to "Intangible Cultural Heritage"

Yu-Jen Chen
(Assistant Professor of the Graduate Institute of Taiwan Food Culture, Kaohsiung University of Hospitality and Tourism)

Abstract: Local natural conditions of many Taiwanese towns, including their geographical environments, natural resources, living habits and local people's creativity, have given rise to various rich local agricultural products, seafood, and remarkable cooking methods. Local delicacies have become important specialties as well as tourist resources of many towns in Taiwan. These local delicacies are composed of Taiwanese foodways and part of the Taiwanese intangible cultural heritage, which are worthy of emphasis and preservation. This article examines the relationship between natural environments and local delicacies, considering how specific food can be safeguarded preserved as important intangible cultural heritage.

"Intangible cultural heritage" is an important concept around international societies. The United Nations Educational, Scientific and Cultural Organization (UNESCO) has established the Convention for the Safeguarding of the Intangible Cultural Heritage in 2003. While "intangible cultural heritage" contains the practices, representations, expressions, as well as the knowledge and skills (including instruments, objects, artefacts, cultural spaces), this article explores how food and local delicacies can be safeguarded as local knowledge and cultural heritage.

Keywords: Natural environment, local delicacies, intangible cultural heritage

温泉、美食与养生

——战后台湾一种休闲文化的形塑①

金仕起②

【摘要】本文是一项初步尝试，目的在探讨战后台湾美食、养生与温泉事业结合的历史背景与发展历程。依时序先后，本文讨论三个重点：

一、国际交流：台湾温泉事业的发展是国际互动的产物，应当放在区域文化互动的脉络下审视。不论时间久暂，曾经生息其间的高山族住民、西班牙与荷兰殖民者，明郑、清领时期移入的汉人与欧美客居的商旅、日治时期的来台日人、战后移入的中国大陆人士及国际商旅，都为台湾温泉事业的发展注入了新生命。他们又如何形塑台湾的温泉与饮食文化？

二、政经消费：战后台湾饮食、养生与温泉的结合，在一定意义上，是混杂着政经情势与生产消费活动等诸多因素形成的现象。战后台湾的政经情势曾经历不同阶段的发展，各有其内在与外塑的因素，这些因素如何影响或反映在饮食与温泉相结合的消费行为之上，又与相关产业形态、品牌形象的转变发生哪些特殊的互动？

三、在地认同：美食、养生与温泉经过战后半个多世纪的发展，已经成为东亚地区、台湾颇具代表性意义的在地族群象征之一。在发展相关产业之余，台湾的经营者与消费者、官方与民间如何藉此形构独树一帜的在地认同？如何透过一再地诠释与再诠释赋予此类休闲产业以鲜明的文化意涵？它们又引发了哪些进一步的思考？

---

① 本文写作期间承蒙东华大学历史系陈鸿图教授提供数据及惠示意见，特此致谢。

② 台湾政治大学历史学系副教授。

透过上列三个问题的检讨，我希望能够厘清：文化、产业与族群之间可能如何发展永续共存的健康互动。

研究发现，17世纪之初，台湾尽管已成为东、西方交通辐辏之地，但当时相继来台的西班牙人、荷兰人与中国大陆汉人，仅关切与高山族住民进行买卖、采制硫磺，而较少注意温泉。17世纪下半叶以后，来台的中国大陆人士虽络绎于途，然而，也许受其固有观念的影响，其视温泉，犹多以为瘴疠，而"不敢迫视，恐中其气，或至立毙"。至19世纪后半叶，台湾因清廷屡为欧美海权国家所败，成为西人通商口岸，中国文人于是知温泉之为沐浴览胜之所，德商亦开风气之先，在台设置温泉俱乐部。

乙未（1896）之后，日人治台期间，则因其故习，大事调查、发掘台湾温泉，并于温泉区广设军、警疗养所及各式公私浴场，作为日人及国际商旅在台养生、休憩与社交之所。20世纪以后，因官、商住宿、应酬之需，台湾温泉区客馆酒楼林立、艺妓酌妇随之而来，遂寖假成为"欲界之仙都"、"炎荒之乐土"。而台人亦渐染此风，温泉因又成为台人从事娱乐、社交与疗养之要地矣。汉人之酒楼与东西洋传入之和、洋料理屋之充塞温泉区，可说即因上述情势之产物。

"国府"迁台之初，台湾温泉事业之发展即承日治基础因革损益。战后初期，"国府"大量接收日人经营之官、私浴场与疗养所，或者圈地充当官长个人之招待所、休憩区，或者转作官署成员的俱乐部或因公差旅的短期住宿场所。60年代以后，随台湾国际商务往来渐趋频繁，温泉之地乃成为本地商务人士与国际客旅饮宴酬酢、灯红酒绿之所。90年代以后，台湾政治情势日益开放，外人来台日众，为发展观光与文化产业，民间与地方政府遂有计划地辅导既有之温泉业者转型更新，往多角化的方向经营事业。2000年以后，因健保制度之普遍推行，人民日益重视健康休闲，业者因又进一步结合在地美食与泡汤吸引客众，形成今日特色美食与温泉事业并行之景况。不过，90年代以后，以往为了经济效益，高度开发温泉区的作法也引发了若干省思。

【关键词】温泉　美食　养生　休闲文化　台湾

一、序　论

这篇短文是一项初步尝试，目的在探讨战后台湾美食、养生与温泉事业结合的历史背景与发展历程。依时序先后，本文讨论三个重点：

1. 国际交流：台湾温泉事业的发展是国际互动的产物，应当放在区域文化互动的脉络下审视。不论时间久暂，曾经生息其间的高山族居民、西班牙与荷兰殖民者，明郑、清领时期移入的汉人与欧美客居的商旅、日治时期的来台日人、战后移入的中国大陆人士及国际商旅，如何形塑台湾的温泉与饮食文化？

2. 政经消费：战后台湾饮食、养生与温泉的结合，在一定意义上，是混杂着政经情势与生产消费等诸多因素形成的现象。战后台湾的政经情势曾经历不同阶段的发展，各有其内在与外塑的因素，这些因素如何影响或反映在饮食与温泉相结合的消费行为之上？

3. 在地认同：美食、养生与温泉经过战后半个多世纪的发展，已经成为东亚地区、台湾颇具代表性意义的在地族群象征之一。在发展相关产业之余，台湾的经营者与消费者、官方与民间如何藉此形构独树一帜的在地认同？如何透过一再地诠释与再诠释赋予此类休闲产业以鲜明的文化意涵？它们又引发了哪些进一步的思考？

透过上列三个问题的检讨，我希望能够厘清的问题是：文化、产业与族群永续生存间可能如何发展、永续共存的健康互动。

二、战前台湾温泉与酒楼文化的结合

台湾地处菲律宾海板块和欧亚板块推挤的造山带上，位居西太洋边缘季风气候区，雨量丰沛，因此地热发达。据调查，至今台湾已有一百二十余处自然涌出或人工发掘的温泉受到发现和命名。它们主要分布于台湾北部、中央山脉、中央山脉山麓，及本岛四周之小火山岛屿。除今彰化、云林，及金门、马祖两离岛，各县市均有至少一处温泉。泉质则因地质，可

分为碳酸盐泉和硫酸盐泉两大类①。

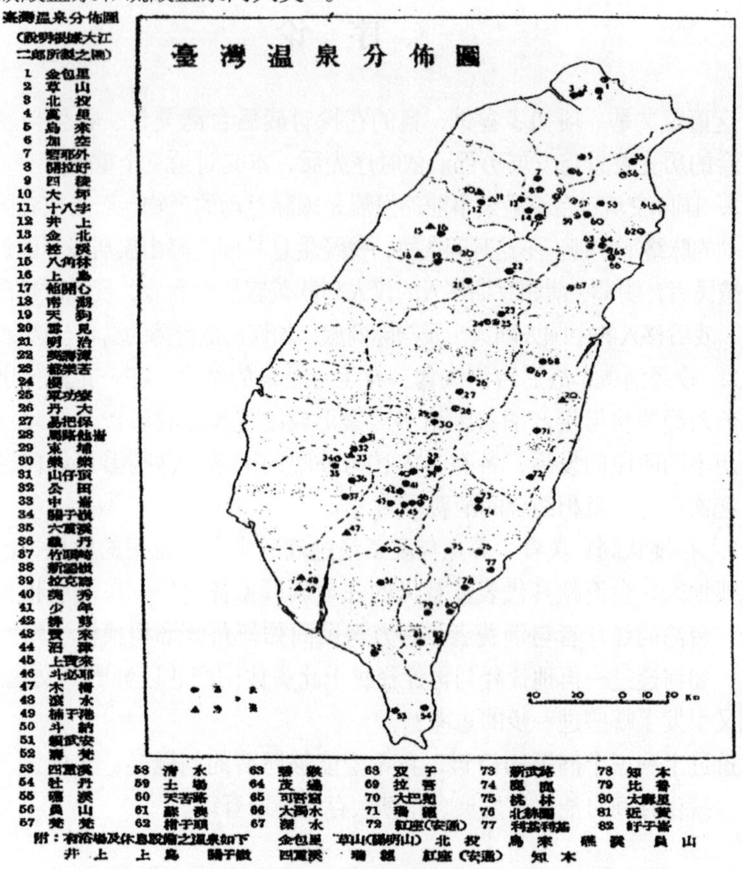

图1 采自颜沧波，《台湾之温泉》，《台湾银行季刊》第7卷第2期，1955年

台湾温泉与住民的关系，似乎自始即相当密切，只是随认识、需要或风尚之异，不同时代的住民往往有不同的呈现。就早期住民而言，今在新

---

① 颜沧波：《台湾之温泉》，《台湾银行季刊》第7卷第2期，1955年，第129～147页；李仁承：《台湾之温泉（一）》，《台湾文献》第26卷第2期，1975年，第225～233页；余炳盛：《台湾的矿产系列（十一）：大地的气息：温泉与地热》，《台湾博物》第17卷第1期，1998年，第25～35页；宋圣荣、刘佳玫：《台湾的温泉》，台北：远足文化，2006年一版六刷。

北市乌来区的泰雅族乌来（Ulai）社，其名之意即为温泉。原在今宜兰县员山乡员山村一带，后移徙员山乡惠好村噶玛兰族村社芭荖郁社（Pa-lau-ut-a），其社名亦“温泉”之意。旧社址约在今宜兰县礁溪乡奇立丹路一带，后移往今德阳村的噶玛兰族村社奇立丹社（Ki-li-tan），社名原意为“产鲤鱼之地”，也有“温泉”之意[①]。位居今南投县仁爱乡精英村庐山的赛德克族雾社群部落之一的马赫坡社（Mahebo），即位居现今庐山温泉上方台地；地处今南投县仁爱乡的赛德克族分支之一德克达亚社（Tgdaya），亦位居春阳温泉泉址附近[②]。凡此，皆可以一窥北台与中台地区早期高山族聚落与温泉的地缘关系。而成书于1918年的连横《台湾通史》亦曾描述：

> 阿里山为玉山之子，森林之富冠东洋，天赋之宝藏也。火山在治之东南，烈焰腾空，下有温泉，居民引火以炊，挹泉以浴，奇境也。[③]

尽管文本的时代偏晚，但同样可以令人想见，早年阿里山地区高山族住民利用温泉烹食、洗浴的大致景况。

台湾早期与温泉开发比较相关的活动，主要是硫磺的采制。17世纪以前，已有少数汉人来到台湾经商，开采硫磺以供中国大陆制作火药之需；17世纪以后，台湾成为东、西方世界交通辐辏之会，不论是西方的海权殖民国家，如葡萄牙、西班牙及荷兰，还是东方的中国大陆及日本的海上商人、海盗，或流亡者，基于经济利益或国家防务考虑，皆欲占领台湾作为战略要地或物资转运站[④]。17世纪前叶，汉商作为中间人，曾协助占领台湾北部的西班牙殖民者与原住民从事贸易，采制硫磺。1640年前后，荷属东印度公司旗下商人远道东来，也循类似模式，由汉商中介，自高山族住民手中取得

---

① 詹素娟：《族群、历史与地域：噶玛兰人的历史变迁（从史前到1900年）》，台北：台湾师范大学历史所博士论文，1998年。

② 廖守臣：《泰雅族的文化：部落迁徙与拓展》，1984年。

③ 连横：《台湾通史》，台北：台湾银行经济研究室，1959年，卷五，《疆域志》，“嘉义县”，第111页。

④ 曹永和：《荷兰与西班牙占据时期的台湾》、《荷据时期台湾开发史略》，收入氏著：《台湾早期历史研究》，台北：联经出版公司，2002年初版八刷，第25～70页；《明郑时期以前之台湾》、《十七世纪作为东亚转运站的台湾》，收入氏著：《台湾早期历史研究续集》，台北：联经出版公司，2001年初版二刷，第37～148页。

硫磺，运往印度尼西亚巴达维亚城。1642年后，荷属东印度公司攻占鸡笼，逐出西班牙势力，进驻台湾北部地区。由于今淡水地区北投一带盛产硫磺，荷人于是大量开采硫磺，营销印度沿海、东京、柬埔寨和巴达维亚等地。同时，中国大陆战乱加剧，急需硫磺充作战备，因此，荷人也向中国大陆大量输出硫磺，获取经济利益①。西、荷之人是否对温泉感到兴趣，或是否已经利用温泉，因史料有缺，不得而知；但他们透过汉人中介，与原住民贸易而大量采制硫磺之举，应当对温泉区的发现产生了一定影响。

明郑至清领时期，移入台湾汉人渐多，他们虽知温泉常与硫磺并生，但其意仍多在采硫磺，而往往对温泉望而生畏。似乎要到19世纪中叶以后，此一情况才逐渐改观。按现存文献可知19世纪末日治之初大规模调查与开发温泉以前，汉人所见温泉分布地，主要包括：

（一）北部：台北北投山（今台北市北投区）②，草山（今台北市阳明山）③，三貂山（今新北市瑞芳区三貂岭）④，淡水厅治（今新竹市）⑤。

---

① 杨彦杰：《荷据时代台湾史》，台北：联经出版公司，2000年，第六章《经济掠夺》，第223～225页。

② 林朝崧：《无闷草堂诗存》，台北：台湾银行经济研究室，1959年，卷三，《北投温泉》，第105页；洪弃生：《瀛海偕亡记》，台北：台湾银行经济研究室，1959年，《寄鹤斋诗选》，“七言今体·游台北杂咏十首”，第102页；吴德功：《观光日记》，台北：台湾银行经济研究室，1959年，“明治三十三年二十一日至三十一日”（收入《台湾游记》）；邱文鸾、刘范征、谢鸣珂：《台湾旅行记》，《台湾旅行记（三）》，第33页；连横：《剑花室诗集》，台北：台湾银行经济研究室，1959年，《宁南诗草》，“稻江冶春词”，第71～72页；《雅堂文集》，台北：台湾银行经济研究室，1959年，卷三，《笔记》，“台湾史迹志·北投”，第228页；《台湾诗荟杂文钞》，台北：台湾银行经济研究室，1959年，《文钞》，“送陈耀庭归北投序”，第14页；《台湾诗钞》，台北：台湾银行经济研究室，1959年，卷十四，《梁启超》，“台湾杂诗”，第252页。

③ 连横：《雅堂文集》，台北：台湾银行经济研究室，1959年，卷四，《笔记》，“啜茗录”，第305页。

④ 《福建通志台湾府》，台北：台湾银行经济研究室，1959年，《山川》，录自孙尔准等修、陈寿祺纂（道光十五年程祖洛等续修，魏敬中重纂），《重纂福建通志》，卷十五，《噶玛兰厅》，第92页。

⑤ 卢尔德嘉纂辑：《凤山县采访册》，台北：台湾银行经济研究室，1959年，癸部，《艺文（二）》，“诗词·再迭台江杂咏·范咸”，第44页。

（二）东部：兰阳汤围（今宜兰县礁溪汤围沟）①。

（三）中部：玉山②，诸罗十八重溪（今南投县信义乡）③，彰化④。

（四）南部：嘉义县城东四、五十里火山（今嘉义县中埔乡）⑤，嘉义县文庙尖峰火山岩（今台南市关仔岭）⑥，台湾府治（今台南市）⑦，凤山县上淡水社（今屏东县万丹乡、内埔乡）⑧，上淡水凤山县下淡水社（今屏东县

---

① 黄逢昶：《台湾生熟番纪事》，台北：台湾银行经济研究室，1959 年，《台湾竹枝词》，第 25～26 页；连横：《台湾诗乘》，台北：台湾银行经济研究室，1959 年，卷三、卷四，第 147、169 页；柯培元撰：《噶玛兰志略》，台北：台湾银行经济研究室，1959 年，卷十三，《艺文志》，诗，“汤围温泉”，第 193 页；卷十四，《杂识志》，第 199 页。

② 朱仕玠：《小琉球漫志》，台北：台湾银行经济研究室，1959 年，卷六，《海东剩语（上）》，“硫磺泉”，第 59 页；唐赞衮：《台阳见闻录》，台北：台湾银行经济研究室，1959 年，卷下，《山水》，“玉山”，第 111～112 页；《胜景》，“琉璜泉”，第 122 页；《福建通志台湾府》，台北：台湾银行经济研究室，1959 年，《山川》，录自孙尔准等修、陈寿祺纂（道光十五年程祖洛等续修，魏敬中重纂），《重纂福建通志》，卷十五，《嘉义县》，第 69 页；柯培元撰：《噶玛兰志略》，台北：台湾银行经济研究室，1959 年，卷十三，《艺文志》，文，“望玉山记 · 陈梦林”，第 675 页；范咸纂辑，《重修台湾府志》，卷一，《封域》，山川，“诸罗县”，第 22 页。

③ 黄叔璥：《台海使槎录》，台北：台湾银行经济研究室，1959 年，卷四，《赤崁笔谈》，“纪异”，第 78 页；刘良璧纂辑：《重修福建台湾府志》，台北：台湾银行经济研究室，1959 年，卷十九，《杂记》，“祥异”，第 475 页；《福建通志台湾府》，台北：台湾银行经济研究室，1959 年，《杂录》，录自孙尔准等修、陈寿祺纂（道光十五年程祖洛等续修，魏敬中重纂），《重纂福建通志》，卷二百七十二，《祥异》，第 1037 页。

④ 陈肇兴：《陶村诗稿》，台北：台湾银行经济研究室，1959 年，卷七，《壬戌》，“二十日彰化城陷”，第 91 页。

⑤ 夏献纶：《台湾舆图》，台北：台湾银行经济研究室，1959 年，《嘉义县图》；《清一统志》，《台湾府》（据《嘉庆重修一统志》），《山川》，第 20 页；不著撰人，《台湾地舆全图》，台北：台湾银行经济研究室，1959 年，《嘉义县图》，“嘉义县舆图说略”，第 58 页。

⑥ 吴德功：《戴施两案纪略》，台北：台湾银行经济研究室，1959 年，《戴案纪略》，卷中，第 34 页；连横：《雅堂文集》，台北：台湾银行经济研究室，1959 年，卷三，《笔记》，“台湾史迹志 · 火山”，第 231 页；洪弃生：《寄鹤斋选集》，台北：台湾银行经济研究室，1959 年，《文选》，“古文 · 游关岭记”，第 92 页；“骈文 · 游关岭温泉记”，第 132～133 页。

⑦ 连横：《台湾诗乘》，台北：台湾银行经济研究室，1959 年，卷二，《赤瓦歌》，第 54～55 页。

⑧ 朱仕玠：《小琉球漫志》，台北：台湾银行经济研究室，1959 年，卷六，《海东剩语（上）》，“硫磺泉”，第 59 页。

万丹乡社上村)[①]，凤山县大滚水社（今高雄市燕巢区)[②]，恒春县四重溪加芝莱社（今屏东县车城)[③]。

尽管清人发现温泉已众，彼时初至台湾的汉人，仍多视温泉为有害之物。如清康熙三十五年（1696）冬，浙人郁永河为“榕城药库灾，毁硝磺火药五十余万无纤介遗。有旨责偿典守者，而台湾之鸡笼、淡水，实产石硫磺”，于是慨然请行，在次年（1697）春赴台采硫[④]。五月间，他来到今北投一带，记曰：

> 复越峻坂五六，值大溪，溪广四五丈，水潺潺巉石间，与石皆作蓝靛色，导人谓此水源出硫穴下，是沸泉也；余以一耆试之，犹热甚，扶杖蹑巉石渡。更进二三里，林木忽断，始见前山。又陟一小巅，觉履底渐热，视草色萎黄无生意；望前山半麓，白气缕缕，如山云乍吐，摇曳青嶂间，导人指曰：“是硫穴也。”风至，硫气甚恶。更进半里，草木不生，地热如炙；左右两山多巨石，为硫气所触，剥蚀如粉。白气五十余道，皆从地底腾激而出，沸珠喷溅，出地尺许。余揽衣即穴旁视之，闻怒雷震荡地底，而惊涛与沸鼎声间之；地复岌岌欲动，令人心悸。盖周广百亩间，实一大沸镬，余身乃行镬盖上，所赖以不陷者，热气鼓之耳。右旁巨石间，一穴独大，思巨石无陷理，乃即石上俯瞰之，穴中毒焰扑人，目不能视，触脑欲裂，急退百步乃止。左旁一溪，声如倒峡，即沸泉所出源也。[⑤]

---

① 《清一统志》，台北：台湾银行经济研究室，1959年，《台湾府》（据《嘉庆重修一统志》），《山川》，第23页。

② 《清一统志》，《台湾府》（据《嘉庆重修一统志》），《山川》，第23页；卢尔德嘉纂辑：《凤山县采访册》，台北：台湾银行经济研究室，1959年，乙部，《地舆二》，“诸山”，第43页；不著撰人，《台湾府舆图纂要》，台北：台湾银行经济研究室，1959年，《台湾府舆图纂要》，“台湾府舆图册·山水·凤山县”，第25页；《凤山县舆图纂要》，“凤山县舆图册·山川·山”，第139页。

③ 屠继善纂辑：《恒春县志》，台北：台湾银行经济研究室，1959年，卷十五，《山川》，“川”，第256页。

④ 郁永河：《裨海纪游》，台北：台湾银行经济研究室，1959年，卷上，第1页。

⑤ 郁永河：《裨海纪游》，台北：台湾银行经济研究室，1959年，卷中，第25～26页。

这里的“沸泉”即今之温泉，而郁氏以“大沸镬”比况，视之“心悸”，可见不仅确如陈鸿图所言，“反映了中国温泉文化不普遍的现象”[①]；他对“沸泉”左近“穴中毒焰扑人，目不能视，触脑欲裂，急退百步乃止”的反应，恐怕也一定程度说明了汉人长期视南方为瘴疠之地的印象，比如郁氏就曾指出：“人言此地水土害人，染疾多殆，台郡诸公言之审矣……以余观之：山川不殊中土，鬼物未见有征，然而人辄病者，特以深山大泽尚在洪荒，草木晦蔽，人迹无几，瘴疠所积，入人肺肠，故人至即病，千人一症，理固然也。”[②] 乾隆二十八年（1763），朱仕玠赴台途中，也曾引述驻防台湾水师游击朱廷谟描述上淡水温泉，指出：“人远望水滚起如沸汤，约高二、三尺，不敢迫视，恐中其气，或至立毙。”[③] 可以想见其时，屏东万丹、内埔一带虽然已有温泉，但其时仍抱着“恐中其气，或至立毙”的传统认识，不敢亲近。光绪二十年（1894），卢尔德嘉所纂《凤山县采访册》，曾根据旧志转述今高雄燕巢一带的“滚水山不甚高，顶涌温泉。先是，濆涌出泉，水多泥淤，至乾隆十二年（1747），始涌温泉，近地不生草木”[④]，似乎彼时当地人民对如何运用温泉尚不得其门而入。

不过，入台汉人对温泉的看法并非一成不变，大约道光年间（1821—1850），汉人对温泉的态度就逐渐改观了。比如道咸之间（约1840—1852），陈淑均、李祺生先后纂辑的《噶玛兰厅志》有《汤围温泉》诗，则云：“华清今已冷香肌，别有温泉沸四时。十里蓝田融雪液，几家丹井吐烟丝。地经秋雨真浮海，人悟春风此浴沂。好景兰阳吟不尽，了应汤谷沁诗脾”[⑤]，

---

① 陈鸿图：《知本溪水资源利用的变迁》，《两岸发展史研究》，2006年第2期，第18页。

② 郁永河：《裨海纪游》，台北：台湾银行经济研究室，1959年，卷中，第26页。

③ 朱仕玠：《小琉球漫志》，台北：台湾银行经济研究室，1959年，卷六，《海东剩语（上）》，“硫磺泉”，第59页。

④ 卢尔德嘉纂辑：《凤山县采访册》，台北：台湾银行经济研究室，1959年，乙部，《地舆二》，“诸山”，第43页。

⑤ 陈淑均纂、李祺生续辑：《噶玛兰厅志》，台北：台湾银行经济研究室，1959年，卷八，《杂识（下）·纪文（下）·诗·兰阳八景》，第416页。

可见康乾以下，百年之间，中国至台人士似乎因东、西方世界互动的日益频繁，和与在地住民来往日多，已经知道利用温泉洗沐，并视兰阳礁溪汤围沟温泉为览胜之所了。下逮光绪年间（1875—1908），虽然清廷对台温泉地的开发仍仅着眼于采制硫矿[①]，但洪弃生于清廷割台后游北投，已有诗云："天然风景翠微间，流出温泉玉一湾。浴罢纳凉高阁里，青青坐看北投山"[②]，可见此时之北投温泉已确为士人沐浴散心之地。

值得注意的是，清领时期，汉人虽未对台湾温泉多所注意，但在第一次鸦片战争（1839—1842）后，欧美诸国已先后派军前来台湾，对台湾所产蔗糖、樟脑、硫磺、煤炭等经济资源的价值有所知悉。第二次鸦片战争（1856—1860）后，清廷与英法等国签订《天津条约》与《北京条约》，清廷允增台湾港口为通商港埠，于是台湾正式设关开市，与欧美国家进行贸易，各国商船纷纷而至，来自欧美之外人与传教士也渐多[③]。因此，遂有英人C. Collingwood在北台从事调查硫磺泉和科学研究一事[④]。不过，Collingwood氏系着重硫磺之经济利益，或出于博物学之知识探讨，则待进一步了解。台湾温泉事业的开发，一般认为和日本之殖民统治台湾关系密切。惟光绪十九年（1893）五月，已有台北洋商德人奥利（Ouely），"获悉北投有天然温泉，遂来此开设俱乐部，虽非公开对大众营业，但却是北投开设温泉浴室的一个起源"[⑤]。可见日人入台以前，台湾之温泉利用已与国际商旅关系密切。

乙未（1896）日人入台后，因日人故习以为温泉可以疗病卫生[⑥]，因此

---

① 陈鸿图：《知本溪水资源利用的变迁》，《两岸发展史研究》，2006年第2期，第18页。

② 洪弃生：《瀛海偕亡记》，《寄鹤斋诗选》，"七言今体·游台北杂咏十首"，台北：台湾银行经济研究室，1959年，第102页。

③ 曹永和：《清季在台湾之自强运动》，收入氏著：《台湾早期历史研究》，台北：联经出版公司，2002年初版八刷，第482～484页。

④ 颜沧波：《台湾之温泉》，《台湾银行季刊》第7卷第2期，1955年，第129页。

⑤ 李仁承：《台湾之温泉（二）》，《台湾文献》第26卷第3期，1975年，第181页。

⑥ 陈鸿图：《知本溪水资源利用的变迁》，第19页。

除了随即展开全台温泉调查工作①，也在调查工作告一段落后，陆续选定如台北北投、台东知本等地作为军方疗养所②，或由官方设置公共浴场③，或由官方补助民间设置公共浴场④。相对于官方民间的脚步则更快，乙未当年，即已有日本商人平回源口在北投创办“天狗庵旅馆”，为当地最早之温泉旅社⑤。同治六、七年（1864—1865）间，台湾北部地震，今新北市金山金包里地区涌出温泉。明治三十二年（1899），当地遂有乡民设置小型浴池营业，至大正元年（1912）当地人又再集资开路辟池，成为台北的旅游胜地⑥。

军方在温泉地设置的疗养所不论，以北投温泉区公共浴场为例，日治

① 《温泉调查复命书》，见台湾文献分馆藏，《台湾总督府及所属机构公文类纂》，9678册，15卷，18号，内务门殖产部，矿业地质类，明治二十九年（1896）5月11日条；“蕃地温泉分析方医院へ依赖”，见台湾文献分馆藏，《台湾总督府及所属机构公文类纂》，9804册，161卷，5号，内务门殖产部，第五类，矿业地质类，明治三十一年（1898）4月条；“四重溪温泉地ヲ转地疗养地トシテ陆军所辖地へ组入方ニ关スル件”，见台湾文献分馆藏，《台湾总督府及所属机构公文类纂》，9837册，194卷，34号，内务门庶务部，土地类，明治三十一年（1898年）6月条；“矿泉ニ关スル调查书类回送方依赖（本岛各卫戍病院长）”，见台湾文献分馆藏，《台湾总督府公文类纂》，6卷，4670册，4号，殖产门，杂类，明治三十四年（1901年）年2月1日条。

② 李仁承：《台湾之温泉（二）》，第181页。陈鸿图：《知本溪水资源利用的变迁》，第20～21页。

③ “北投温泉涌出地买收费寄附受纳认可”，见台湾文献分馆藏，《台湾总督府及所属机构公文类纂》，4880册，8卷，18号，财务部，第二三类，国库及地方税寄附ニ关スル书类，明治三十九年（1906）1月1日条；总督府“北投温泉地买收ニ关スル件”，见台湾文献分馆藏，《台湾总督府及所属机构公文类纂》，4884册，文号18，3卷，第三门，警察门，第七类，公众卫生类，明治三十九年（1906）1月1日条。

④ 总督府台中州“彰化温泉公共浴场施设费补助”，见台湾文献分馆藏，《台湾总督府及所属机构公文类纂》，10799册，14号，总内1860，昭和十二年（1937）条；“州预算认可（台中州）·明治温泉公共浴场”，见台湾文献分馆藏，《台湾总督府府报》，0887a期，9号（典藏号：0071030887a009，昭和五年2月14日（19300214））。

⑤ 李仁承：《台湾之温泉（二）》，《台湾文献》第26卷第3期，1975年，第181页。

⑥ 李仁承：《台湾之温泉（三）》，《台湾文献》第27卷第2期，1976年，第319页；陈鸿图：《知本溪水资源利用的变迁》，第18～19页。

初期，总督府除了铺设电话、道路，建置停车场，为民间经营温泉团体提供免费土地，进行相关矿物调查。明治三十四年（1901），淡水线火车开通后，旅馆酒楼日见增加，“星汤”、“松涛园”等浴室亦相继开张①。大概由于若干料理屋、饮食店等饮食业者进驻温泉区，因此，总督府又于明治四十四年（1911）颁布相关取缔、管理办法②。明治晚期以后，又陆续调查泉水水质、沉淀物，和水道拓宽工程③。大正二年（1913），日人遂大举兴建规模宏大公共浴场，并以此为中心，大事开发北投游乐地④。

---

① 李仁承：《台湾之温泉（二）》，《台湾文献》第26卷第3期，1975年，第181页。

② 《矿泉场海水浴场ノ地域内ニ限リ料理屋饮食店取缔规则第十一条后段ヲ适用セサル件认可》，见台湾文献分馆藏，《台湾总督府公文类纂》，5342册，3卷，26号，警察门，司法警察类，明治四十四年（1911）12月1日条。

③ “自働电话开始 来八月十六日ヨリ北投温泉场ニ自働电话机ヲ设置シ公众シ通话ヲ开始ス（台北邮便电信局）”，见台湾文献分馆藏，《台湾总督府府报》第1204号（典藏号：0071011204a008，明治三十五年（19020815））；总督府“财团法人北投温泉改良会へ温泉涌出地无料使用ノ件”，见台湾文献分馆藏，《台湾总督府及所属机构公文类纂》，4914册，33卷，5号，第八门，财务门，第十类，官有财产类，明治三十九年（1906）8月条；台北厅“北投停车场温泉场间道路敷地寄附受纳认可”，见台湾文献分馆藏，《台湾总督府及所属机构公文类纂》，4967册，23卷，5号，财务部，第二十三类，国库及地方税寄附ニ关スル书类，明治三十九年（1906）8月条；总督府“嘱托出口雄三北投温泉产新矿物调查报告”，见台湾文献分馆藏，《台湾总督府及所属机构公文类纂》，5437册，9卷，14号，第十门，殖产门，第四类，矿业类明治四十四年（1911）7月条；总督府“北投温泉沉淀物试验用石块配置ニ关スル复命书”，见台湾文献分馆藏，《台湾总督府及所属机构公文类纂》，5417册，77卷，10号，第十门，殖产门，第四类，矿业类，明治四十四年（1911年）11月条；总督府“北投温泉调查复命书（冈本要八郎）”，见台湾文献分馆藏，《台湾总督府及所属机构公文类纂》，2043册，131卷，10号，第十门，殖产门，第四类，矿业类，明治四十五年（1912）7月1日条；总督府“北投温泉调查复命书（冈本要八郎）”，见台湾文献分馆藏，《台湾总督府及所属机构公文类纂》，5654册，62卷，15号，第十门，殖产门，第四类，矿业类，大正二年（1913）1月条；总督府“温泉地等ノ发展ヲ目的トスル联合会议ニ关スル件回答（拓殖局次长）”，见台湾文献分馆藏，《台湾总督府及所属机构公文类纂》，6397册，3卷，5号，第四门，外事门，第四类，杂类，官外七二二，大正六年（1917）条；总督府“台北州北投庄水道扩张工事及温泉改善施设资金借入ノ件（指令第七二九号）”，见台湾文献分馆藏，《台湾总督府及所属机构公文类纂》，10564册，5号，总内四一，昭和七年（1932）3月条。

④ 李仁承：《台湾之温泉（二）》，《台湾文献》第26卷第3期，1975年，第181页。

图 2　北投温泉松涛园（明治四十一年〔1908〕）①

图 3　北投温泉（公共浴场，昭和五年〔1930〕）②

---

① 台湾总督府交通局铁道部：《台湾铁道名所案内》，台北：江里口商会，明治四十一年（1908），采自台湾大学图书馆“台湾旧照片数据库”，图像网址：http：//photo. lib. ntu. edu. tw/pic/db/detail. jsp? dtd _ id=32&id=508&57&pk=seq&showlevel=2。

② 台湾总督府交通局铁道部：《台湾铁道旅行案内》，昭和五年（1930），采自台湾大学图书馆“台湾旧照片数据库”，图像网址：http：//photo. lib. ntu. edu. tw/pic/db/detail. jsp? dtd _ id=32&id=5599&36&pk=seq&showlevel=2。

图 4　北投温泉（昭和八年〔1933〕）[①]

图 5　北投温泉への道（昭和十年〔1935〕）[②]

大体而言，在昭和三年（1928）大江二郎绘制全台 82 处温泉分布图前[③]，已有浴场及休息设备之温泉地就包括多处：金包里、草山、北投、乌

① 台北市役所：《たいほく》，昭和八年（1933），采自台湾大学图书馆“台湾旧照片数据库”，图像网址：http：//photo. lib. ntu. edu. tw/pic/db/detail. jsp? dtd _ id = 32&id = 25346&28&pk=seq&showlevel=2。

② 小川嘉一编：《台湾铁道旅行案内》，台北市：日本旅行协会台湾支部，昭和十年（1935），采自台湾大学图书馆“台湾旧照片数据库”，图像网址：http：//photo. lib. ntu. edu. tw/pic/db/detail. jsp? dtd _ id=32&id=7027&39&pk=seq&showlevel=2。

③ 李仁承：《台湾之温泉（一）》，《台湾文献》第 26 卷第 2 期，1975 年，第 231 页。

来、礁溪、员山、井上、上岛、关仔岭、四重溪、瑞穗、红座（安通）、知本，可说已经遍布全台（见前列附图）。

图 6　新竹州上ノ岛温泉公共浴场（昭和五年〔1930〕）[①]

图 7　台中州マヘボ温泉浴场（昭和五年〔1930〕）[②]

① 台湾总督府中央研究所：《台湾总督府中央研究所工业部汇报》第 6 号，昭和五年（1930），采自台湾大学图书馆“台湾旧照片数据库”，图像网址：http：//photo. lib. ntu. edu. tw/pic/db/detail. jsp? dtd _ id=32&id=5128&20&pk=seq&showlevel=2。

② 台湾总督府中央研究所：《台湾总督府中央研究所工业部汇报》第 6 号，昭和五年（1930），采自台湾大学图书馆“台湾旧照片数据库”，图像网址：http：//photo. lib. ntu. edu. tw/pic/db/detail. jsp? dtd _ id=32&id=5129&13&pk=seq&showlevel=2。

图 8　四重溪温泉（昭和五年〔1930〕）①

图 9　礁溪温泉场：西山旅馆（昭和八年〔1933〕）②

温泉地设置公共浴场后不久，旅馆、酒食与娱乐业者亦相继进入营业。以北投为例，连横举家迁沪（1933）前，曾指出，“草山温泉，名闻内外，

① 台湾总督府交通局铁道部：《台湾铁道旅行案内》，台北市：昭和五年（1930），采自台湾大学图书馆“台湾旧照片数据库”，图像网址：http：//photo. lib. ntu. edu. tw/pic/db/detail. jsp? dtd _ id=32&id=5589&99&pk=seq&showlevel=2。

② 小山权太郎：《兰阳大观》，台北：南国写真大观社，昭和八年（1933），采自台湾大学图书馆“台湾旧照片数据库”，图像网址：http：//photo. lib. ntu. edu. tw/pic/db/detail. jsp? dtd _ id=32&id=608&9&pk=seq&showlevel=2。

以浴之者可以爽精神而祛疾病也。然温泉虽佳，远方难致。张君耀庭乃取发源之磺油，制之成块，色白如粉，以供洗澡，名曰汤花”①，温泉区“歌管楼台，天开不夜，酒痕花气，地号长春；诚欲界之仙都，而炎荒之乐土”②，反映在1910年至30年代的大正、昭和时期，北投一带温泉已经是供人洗浴、祛疾、游憩，而或有酒楼歌伎的景点了。

图10　本岛人艺妓（昭和三年〔1928〕）③

酒食餐饮业者之所以进驻温泉区，当与清领晚期至日治初期台湾公共饮食空间的形成与发展，以及台湾所处的地理位置有关。如曾品沧所说：

> 餐馆在台湾的起源甚晚，日治初期的数据显示，清末时台南府城和台北艋舺等地已有酒楼设立，惟数量屈指可数。1895至1911年间，

---

① 连横：《雅堂文集》，台北：台湾银行经济研究室，1959年，卷四，《笔记》，“啜茗录”，第305页。

② 连横：《雅堂文集》，台北：台湾银行经济研究室，1959年，卷三，《笔记》，“台湾史迹志·北投”，第231页。

③ 加藤骏：《常夏之台湾》，台北市：常夏之台湾社，昭和三年（1928），采自台湾大学图书馆“台湾旧照片数据库”，图像网址：http://photo.lib.ntu.edu.tw/pic/db/detail.jsp?dtd_id=32&id=20861&180&pk=seq&showlevel=2。

> 随着统治政权的转换，台湾各城市不仅纷纷出现日人设立的日本料亭与西洋料理屋外，一时之间各种酒楼，也在城市中蔚然兴起。酒楼、日本料亭与西洋料理屋，成为当时台湾餐馆的主要三种形式。相对于日本料亭与西洋料理屋主要是满足在台日人日常饮食所需，提供各种声色娱乐，一解其背井离乡之苦，酒楼则成为本地文人、士绅等精英阶层的重要活动场域，在此聚会宴饮、迎来送往、吟诗唱和成了新兴的社会活动，官、绅也在此彼此联谊、交流，俨然是殖民统治者与被统治阶层的重要沟通平台。至1911年之后，随着工商业发达、公共活动增加，餐馆的消费活动益见频繁。其中的酒楼，不再是少数精英阶层专擅的社交场所，举凡工商团体、新知识分子，乃至一般市井，皆可随时光顾。至此，酒楼的性质逐渐朝城市居民公共活动空间的方向发展，除了餐宴、娱乐以及社交外，更有举办职业或小区团体会议、艺文展览、演说会等凝聚公共意见、批判时政、传播新时代信息等功能。易言之，在此阶段的酒楼，虽然仍以传统的宴饮和娱乐形式来服务群众，但这个空间实已超脱传统的存在意义，成为市民阶级所共有，一个崭新的生活与文化场所。①

又据蔡志明研究，新建于大正六年（1917）的台北江山楼，第四层设有特别招待室、洋式澡堂、理发室、屋顶花园与大理石圆桌②。简言之，由于台湾位处东、西方海运辐辏之地，与特殊的政治情势发展使然，在国际商旅往来频繁，酒楼与和、洋料理屋，不啻提供了客旅洽谈商务的重要场所。

那么，清领时期已经不乏“歌管楼台”，“酒痕花气”的北台湾温泉区是否也与上述宴饮、娱乐场所的发展同步一趋？日文报导指出，当卢沟桥事变发生之际（1937），北投温泉区除了拥有台北州营的公共浴场，各种团

---

① 曾品沧：《从花厅到酒楼：清末至日治初期公共空间的形成与扩展（1895年—1911年）》，《中国饮食文化》第7卷第1期，2011年，第89～142页。

② 蔡志明：《台湾公众饮酒场所初探：1895—1980》，《中国饮食文化》第7卷第2期，2011年，第121～167页。

体的俱乐部、布尔乔亚阶级的别墅林立，又有各式旅馆、料理屋提供音乐、泡汤之乐，已是特种阶级为了社交、洽谈商务的“欢乐境”了。报导同时也胪列了来自日本国、台北州、新竹州、台中州、台南州、高雄州、花莲港、台东厅、澎湖厅等地的艺妓与酌妇人数①。可知至晚在昭和初期，北投一地已因温泉公共浴场的设置，已成为充斥饮食、情色、乐歌之地，为商务人士、中产阶级娱乐、社交的重要场所，而且完全不受中、日战事的影响，呈现了夜夜笙歌的场景。

综上所述，日治时期，台湾各地重要温泉区的设施可以分为几种类型：一是总督府及各州厅兴建或补助兴建的公共浴场，以及军方或警察部门设置的疗养所。二是日人在台经营的综合式温泉休闲会馆，主要充作日人及国际商旅沐浴、饮宴，及声色享乐等社交、商务往来之用。三是台人集资兴建的民间浴场，同时附有旅舍、餐饮等设施。民间业者并已筹组职业公会②。

推究战前台湾温泉与酒楼文化结合的背景，恐怕仍得回到台湾的地理位置思考。如前所述，17 世纪后，台湾即已成为东、西交通辐辏之地。19 世纪以前，汉人固然缺乏“温泉文化”的传统，因此往往在采硫之外，对与硫磺并生的温泉畏而远之，或对“蕃人”利用温泉炊食、沐浴的传统视如不见。19 世纪以后，则由于东、西世界互动趋于激烈，汉人来台日久，汉“蕃”之间货贸、往来频仍，而逐渐知晓利用温泉洗沐，以温泉区为览胜散心之地。日人领台之初，基于其传统卫生观念，在温泉区设置军方疗养处所或公共浴场，以维系军民健康。其后，则又因国际商旅之需，在温泉区形成了包罗旅店客舍、情色宴饮、歌妓乐妇等多元内容的娱乐圈。而

① 不著撰人，《汤の北投》，《台湾公论》第 2 卷第 9 期（昭和十二年（1937）9 月 1 日），第 25 页。

② “台湾文献馆”，《行政长官公署档案》，《台北县人民团体组训名称更正案》（典藏号 00301270003004，1946 年 7 月 1 日—7 月 2 日），其中有“北投旅馆温泉业暨基隆煤炭零售商业应修正为台北县北投镇旅馆温泉商业同业公会、台北县基隆区煤炭商业同业公会”等语。又据“台湾文献馆”，《行政长官公署档案》，《台北县已成立人民团体更名案》（典藏号 00301270003009，1946 年 10 月 12 日），也有“台北县温泉旅馆业同业公会应改称为台北县北投镇温泉旅馆商业同业公会”等语，推测原组织应当都是日治时期所遗。

台人在习染此风之余，也竞相效尤，使温泉文化寖假成为庶民生活之一环，而汉人之酒楼、日本与欧美人士带入之和、洋料理屋及其饮食，遂亦成为温泉文化不可分割的一部分了。

三、战后台湾温泉、美食与养生文化的形塑

如前文所述，日治时期温泉设施的经营者主要有三，即总督府及下属州厅，日人在台温泉业者，及台人业者。战后初期，美军曾一度占领台湾，因此，以往日人所遗留的部分温泉区设施，曾为美军承借，充作驻台美军休憩之用。是后，“国府”迁台前后，乃由行政长官公署充作员工休闲之用[1]。此外，日治时期由日人经营的温泉区旅馆，在战后初期除转作公务人员休闲或公出期间之短期宿舍，又交由各地方当局成立之温泉管理处辖治，平常或亦出租营利[2]。整体而言，战后两蒋统治时期，日治时期官方及日人

---

① 如1946年5月9日台湾省行政长官公署秘书处稿秘事（三五）发文第340号致台湾省日产处理委员会函指出：

事由：为台北关税务司公署代请拨用房屋函请查照由

案　交下财政部台北关税务司公署政字第一三四号代电，以台北县温泉区北投第七四、七五号房屋（华泉旅馆产主冢口重治即）前经勘为同仁公余休憩之所，并于本年二月间先后函请台北县政府暨台湾省日产处理委员会登记，请于日人归国接收日产时，将该项产业拨充海关之产在案。现美军已撤离，嘱转知将该产正式拨用等由，相应函达。即请查照办理为荷

此致

台湾省日产处理委员会

处长张〇〇

副处长马〇

以上，见“台湾文献馆”，《行政长官公署档案》，《台北关税务司公署请拨台北县温泉区房屋案》（典藏号00326700001019，1946年5月5日）。

② “台湾文献馆”，《行政长官公署档案》，《农林处归北投镇中山里四九号房舍》（典藏号00301710102069，1946年9月27日）；“台湾文献馆”，《行政长官公署档案》，《请将七星区草山磺溪一五三番地房屋拨充草山宾馆职员宿舍案》（典藏号00326700001017，1946年5月5日）；“台湾文献馆”，《行政长官公署档案》，《农林处请拨北投星乃汤旅社案》（典藏号00301710102015，1946年4月9日）。

在台者所遗温泉区设施，多由“国府”统筹接收、管理及经营，或者不对外开放，而仅充作各官署、国营事业体长官个人或员工之俱乐部、招待所、活动中心。或者对外开放，由官方经营获利。至于日治时期，原由台人经营的民间温泉设施，则视温泉区泉源之丰匮，或有无地震灾变而颇有兴替。大体而言，90年代以前，全台经营温泉区的思维以开发为主，而鲜少致意于环境保育。以下，即以90年代以前之发展为限，分官方与民间两类，略述全台重要温泉区之经营情况。

（一）官方兴筑部分

北台：

1. 阳明山：日治时期，明治三十四年（1901）今中山楼附近已设置旅社、别墅、俱乐部与疗养所。大正二年（1913），又兴建公共浴场。昭和十二年（1937），则成立公园[①]。战后，因蒋介石驻在之故，1949年8月“台湾省政府”于草山众乐园公共浴池成立草山管理局，并将当时的台北县士林、北投二镇划归管理局。1950年草山更名阳明山，草山管理局亦更名为阳明山管理局。相关公设温泉设施亦由管理局统筹管制。1967年，台北升格为直辖市，同年兴建中山楼。1974年，台北市政府去除阳明山管理局对士林、北投二区行政权力，管理局仍负责阳明山风景区之维护与管理。

2. 北投：战后于1974年以前，北投温泉区由阳明山管理局下辖北投温泉管理所主管，除民间温泉业者外，官方除设置国防部第二职员宿舍、北投邮政招待所，并于北投公所及中山堂等地经营管理公共浴室[②]。

3. 金山：中国青年反共救国团所属金山青年活动中心，自1973年9月起，该中心即就地勘查温泉泉脉，于同年底开发两处人工新泉。据云，当时欲利用温泉作多方面治用计划，终极目标在建造一座全台唯一合乎标准的大温泉游泳池。该中心并装设水管，导引至中心中的别墅套房及团体村舍作为沐浴之用[③]。

---

① 李仁承：《台湾之温泉（二）》，《台湾文献》第26卷第3期，1975年，第179页。

② 李仁承：《台湾之温泉（二）》，《台湾文献》第26卷第3期，1975年，第184页。

③ 李仁承：《台湾之温泉（三）》，《台湾文献》第27卷第2期，1976年，第320页。

4. 新竹：清泉温泉，即日人所谓井上温泉，地近空军基地，曾于1963年葛乐礼台风期间全部被毁。1973年底，由五峰乡公所以公共造产之地方建设经费挖掘泉源。1974年则继以二期工程兴建浴场，恢复台风前之旧观①。

中台：

1. 谷关：昭和三年（1927）始建浴场，日本总督原在该地设有别墅，战后改为台电招待所。70年代，大甲溪北岸有和平乡公所经营之旅舍，并有由“警察招待所”易名之“观光山庄”，由警察派出所经营②。

2. 庐山：昭和十八年（1942），因能高郡丰福安警察课长巡视到此，颇为激赏，于是约请埔里官绅及雾社电台工程人员等再度前往探测，终于决定开发为浴场。次年（1943），即筑成日式木造平房两间，及大浴池一座，作为警察疗养所。战后，于1952年开放③。1954年9月13日，蒋介石并曾前往游览。70年代，“南投县政府”委请台大教授凌德麟负责温泉区之设计规划。全区占地90公顷，兴建包括阶梯式观光旅舍、日式温泉旅舍，及周末别墅区的住宿区、山地文化村、雾社事件纪念公园、温泉游泳池、人工湖、煮蛋池、露营区及宗教中心。1976年1日4日当时“行政院长”蒋经国巡视后，曾指示迅即规划开发，“南投县政府”逐正式决定以公共造产贷款实践上述方案④。

3. 八卦山：八卦山山麓原出冷泉，昭和八年（1933）以人工利用机械压缩接引上山，然后焙炉加热，再导引至浴室供人沐浴。昭和十六年（1941）遭大火焚毁。战后，1949年某长官巡视彰化，认为修建八卦山温泉可繁荣彰化，遂于当年重建。1950年重建完成，即对外开放⑤。

---

① 李仁承：《台湾之温泉（三）》，《台湾文献》第27卷第2期，1976年，第322～323页。
② 李仁承：《台湾之温泉（三）》，《台湾文献》第27卷第2期，1976年，第324页。
③ 李仁承：《台湾之温泉（四）》，《台湾文献》第28卷第3期，1977年，第105页。
④ 李仁承：《台湾之温泉（四）》，《台湾文献》第28卷第3期，1977年，第106～107页。
⑤ 李仁承：《台湾之温泉（五）》，《台湾文献》第30卷第1期，1979年，第158页。

东台：

知本：日治期间，曾于明治四十年（1907）在该处兴建军方疗养所、公共浴场及贵宾馆。战后，1961年，官方曾增建温泉旅社与疗养所。1976年2月，知本温泉特定区都市计划经“省府都市计划委员会”修正通过，由“县府”公告实施，为台东唯一特定区，以促进整体观光之发展[①]。

(二) 民间开发

北台：

1. 阳明山：战后，在今中山楼附近陆续成立了中国大饭店、国际饭店、新荟芳旅社等几处温泉旅馆，兼营餐饮[②]。

2. 北投：除前述官方经营者外，90年代以前，北投温泉区“歌管楼台”，“酒痕花气”之盛况不仅不减日治时期，更有过之[③]。

3. 金山：温泉区有金山大饭店，于1961年由民间新辟，据云其“楼下，整个一层全作了休息室，约可容纳四百多人，更衣室、饭食部、茶座、太阳伞等，一应俱全”[④]。

4. 乌来：1960年9月聘请日本索道专家近藤勇先生前来乌来瀑布顶端勘查，保证适于架设空中缆车及辟建乐园。1961年5月开始申请架设空中缆车及规划乐园，全区占地26公顷。1964年9月奉准施工，空中缆车基础地基钻探，岩壁开辟、水土保持、云仙饭店、云仙湖、溜冰场、射箭场、游泳池、高尔夫练习场等工程于是展开。同年10月成立乌来空中缆车股份有限公司。1967年7月完成第一期工程并经当局有关单位安全检查通过，同时改名为乌来观光事业股份有限公司，同年8月6日正式开幕营业[⑤]。值得一提的是，云仙饭店的一、二层为大餐厅，备有当地特产之菜

---

① 李仁承：《台湾之温泉（六）》，《台湾文献》第30卷第4期，1979年，第170页。
② 李仁承：《台湾之温泉（二）》，《台湾文献》第26卷第3期，1975年，第180页。
③ 李仁承：《台湾之温泉（二）》，《台湾文献》第26卷第3期，1975年，第179页。
④ 李仁承：《台湾之温泉（三）》，《台湾文献》第27卷第2期，1976年，第319页。
⑤ 云仙乐园简介：http：//www. yun-hsien. com. tw/ch/Yun _ Hsien. php。

肴，亦有大众化餐饮，以供游客之需，三、四层楼为旅馆部，有套房及迭席房①。

中台：

庐山：见前，不赘。

南台：

大岗山：昭和十三年（1938）冈山警察课在此设置警察疗养所，战后由民间接办，兴建温泉旅社。温泉旅社内备有中、西餐，二十四小时供应不断，山产、海产各种风味都有②。

东台：

1. 礁溪：即清领时期汉人所谓汤围温泉区，战后温泉旅舍、山庄别墅林立，游客如云。70年代前后，以礁溪警察局为中心，五六百公尺之内，即有四五十家旅社与温泉有关③。

2. 知本：见前，不赘。

战后，对台湾温泉区之开发利用，影响最巨大的，盖在蒋经国担任“行政院长”期间。1974年9月，时任“行政院长”的蒋经国在“立法院”宣布，决定于十大建设完成后，开发中央山脉丰富资源，除现有之南、北、中部横贯公路外，另再兴建三条横贯公路④。南投庐山、台东知本等地温泉之大规模开发均与此有关，惟开发之际，往往无法兼顾环保需求。

其后，台湾经营温泉思维的分水岭大概是1989年由“台湾省政府经济建设动员委员会”制订的“台湾省温泉风景区开发建设纲要计划”。兹摘录其要点如下：

会中确定本计划之审查原则如次：

①具备下列条件之温泉区，列为本计划考虑开发或整建地区，并选择

---

① 李仁承：《台湾之温泉（三）》，《台湾文献》第27卷第2期，1976年，第319页。

② 李仁承：《台湾之温泉（五）》，《台湾文献》第30卷第1期，1979年，第165页。

③ 李仁承：《台湾之温泉（六）》，《台湾文献》第30卷第4期，1979年，第173～175页。

④ 李仁承：《台湾之温泉（四）》，《台湾文献》第28卷第3期，1977年，第108页。

一、二处重要据点作为示范，优先办理，以早日彰显本计划效益。

1. 泉量丰富，景观优美，具有发展潜力。

2. 土地取得容易。

3. 交通便利。

4. 地方政府有配合意愿。

5. 已规划完成。

②已开发之温泉区，仍由原经营管理单位办理；新开发者，则由旅游局辅导地方政府开发后以公共造产方式经营管理，或将有偿性之设施，鼓励民间投资经营。

③无偿性之公共设施（如联外道路，指示标志、步道、污染防治设施、环境绿化美化、公厕、解说设施、旅游安全设施及资源保育设施等）由政府投资办理；有偿性设施（如住宿、餐饮、露营与游憩设施等）则由地方政府以公共造产方式办理，或鼓励民间投资办理。

④温泉之开发，应以资源保育为前提作完善规划。且各温泉区应建立水源保护及水源管理制度。

⑤各据点开发后之经营管理及维护费用，采自给自足方式办理。

……

选定地区：

本计划共选定十六处温泉风景区办理，分为新开发与整建二类：

1. 新开发者：为桃园县新兴温泉、新竹县清泉温泉与北埔冷泉及台东县金仑温泉，共四处。

2. 整建者：为宜兰县礁溪温泉与苏澳冷泉、台中县谷关温泉、台南县关子岭温泉、高雄县大岗山温泉、不老温泉与宝来温泉、屏东县四重溪温泉、台东县知本温泉、花莲县瑞穗温泉、红叶温泉与安通温泉，共十二处。

本省目前已发现之温泉计有八十余处，除上述十六处外，其余六十处未列入本计划之原因，分类列述如次：

1. 已列入其他开发计划者：如台北县金山磺港温泉，高雄县茂林多纳

温泉已列入“台湾省新风景区开发建设纲要计划”，苗栗县泰安温泉已列入“第三号省道纵贯公路游憩系统开发计划”中办理。

2. 因都市计划（风景特定区计划）尚未完成法定程序者：如南投县庐山温泉与东埔温泉现正办理检讨中，目前无法据以执行。

3. 暂缓开发者：如宜兰县芃芃温泉、新竹县秀峦温泉等系田泉量不丰，交通不便①。

据上可知，省当局之开发温泉有几个要点：一、辅导地方当局开发后以公共造产方式经营管理，或将有偿性之设施，鼓励民间投资经营。二、温泉之开发，应以资源保育为前提。三、着重温泉区之游憩功能。此后，官方规划台湾温泉区之经营方向，即以此为准据②。

90年代以后，台湾温泉区产业的发展，则是朝着结合美食、养生、旅游与在地文化的多角化经营方向发展。台湾近二十年来，环绕着温泉区形成的各地相关产业协会，多至不胜枚举。值得一提的是，上述产业发展的过程中，为了有效营销在地特色，无形之间也抟聚了在地参与相关产业的人民间的共通认同。基于开发利得，也重新发掘和诠释了以往受到忽略的在地历史与文化，调整了对邻近及以往较为陌生的国家、文化的认识，除了深化在地住民对乡土的认识，也拓展了对国际上其他国家、地区文化的了解。也可以说，名为休闲文化的温泉产业经营，其前景与影响已不限于产业，而是广泛地形塑了在地人民历史与文化视野的一项活动。

---

① “台湾文献馆”，《省府委员会议档案》，《经济建设动员委员会签为交通处函送“台湾省温泉风景区开发建设纲要计划”审议结果案》（典藏号00501196906，1989年11月20日）。

② 黄佩贞等：《台湾水利产业报导：温泉产业：水利产业的创新与知识管理》，《节约用水季刊》第30卷第4期，2003年，第19～23页；郭万木：《从温泉管理问题谈温泉法》，《节约用水季刊》第34卷，2004年，第43～48页；陈维民等：《台湾温泉开发之地质条件评估》，《台湾矿业》第56卷第2期，2004年，第62～72页；朱斌妤等：《经济发展与环境保护之抉择——以高雄县六龟温泉区开发案为例》，《台湾土地金融季刊》第41卷第4期，2004年，第141～161页；张国谦：《台湾温泉观光休闲产业投资开发决策之研究》，《台湾银行季刊》第55卷第4期，2004年，第212～226页；顺阳工程顾问有限公司，《台湾温泉资源开发管理综合计划》，台北：“行政院经济部水利署”，2011年。

四、余 论

综上所述，今天的台湾，除彰化、云林之外，无处不有温泉。早期的高山族住民似乎已就温泉“引火以炊，挹泉以浴”，有的聚落邻近温泉，有的则以温泉名其族属或乡土，与温泉的关系可说相当亲近。

17世纪之初，台湾尽管已成为东、西方交通辐辏之地，但当时相继来台的西班牙人、荷兰人与中国汉人，仅关切与高山族住民进行买卖、采制硫磺，而较少注意温泉。17世纪下半叶以后，来台的中国大陆人士虽络绎于途，然而，也许受其固有观念影响，其视温泉，犹多以为瘴疠，而“不敢迫视，恐中其气，或至立毙”。至19世纪后半叶，台湾因清廷屡为欧美海权国家所败，成为西人通商口岸，中国文人于是知温泉之为沐浴览胜之所，德商亦开风气之先，在台设置温泉俱乐部。

乙未（1896）之后，日人治台期间，则因其故习，大事调查、发掘台湾温泉，并于温泉区广设军、警疗养所及各式公私浴场，作为日人及国际商旅在台养生、休憩与社交之所。20世纪以后，因官、商住宿、应酬之需，台湾温泉区客馆酒楼林立、艺妓酌妇随之而来，遂寖假成为“欲界之仙都”、“炎荒之乐土”。而台人亦渐染此风，温泉因又成为台人从事娱乐、社交与疗养之要地矣。汉人之酒楼与东西洋传入之和、洋料理屋之充塞温泉区，可说即因上述情势之产物。

“国府”迁台之初，台湾温泉事业之发展即承日治基础因革损益。战后初期，“国府”大量接收日人经营之官、私浴场与疗养所，或者圈地充当官长个人之招待所、休憩区，或者转作官署成员的俱乐部或因公差旅的短期住宿场所。60年代以后，随台湾国际商务往来渐趋频繁，温泉之地乃成为本地商务人士与国际客旅饮宴酬酢、灯红酒绿之所。90年代以后，台湾政治情势日益开放，外人来台日众，为发展观光与文化产业，民间与地方政府遂有计划地辅导既有之温泉业者转型更新，往多角化的方向经营事业。

2000年以后，因健保制度之普遍推行，人民日益重视健康休闲，业者因又进一步结合在地美食、轻食与泡汤吸引客众，形成今日特色美食与温泉事业并行之景况。不过，90年代以后，以往为了经济效益，高度开发温泉区的做法也引发了若干省思。

2002年3月20日，"行政院"函请"立法院"审议"温泉法草案"。公函说明指出：

一、"经济部"函以温泉具有观光休闲游憩、农业栽培、地热利用及生物科技发展等多元功能，适当之开发利用，对于振兴观光事业，维护国民健康均有重大帮助。地区温泉资源虽然丰富，惟温泉休闲游憩区遭遇公共设施不足，整体景观零乱、设备老旧、卫生管理不善、管线任意加设、水权无法取得登记、建筑物土地使用分区不合、非法占用公有土地等问题。为有效解决该等问题，突破现行法律，让现有观光休闲旅游经营业者合法生存，落实国内旅游发展，并振兴观光事业，及保育与永续利用温泉资源，同时兼顾其他相关法令所保障之利益，经搜集国外温泉管理相关法令，研究国内温泉地区现况，共邀集产、官、学界举行座谈会后，爰拟具"温泉法"草案，报请核转贵院审议。

二、经提本年3月6日本院第2776次会议决议，"通过，送请'立法院'审议"。①

"温泉法"草案，次年（2003年）6月3日在"立法院"经三读通过②，同年7月2日以第09200121190号令制定公布全文32条，并于2005年7月1日由"行政院"以院台经字第0940023288号令发布施行。2010年5月12日复以第09900116601号令修正公布该法第5、第31条条文，并于同年6月10日由"行政院"以院台经字第0990032497号令发布，自同年7月1日

① "立法院公报"91卷20期3216号（2002年），附《立法院议案关系文书》（院总第1053号，政府提案第8452号，2002.3.23印发），第667～668页。

② "立法院公报"92卷33期3307号（2003年），第一册，《院务会议》，第331页。

施行①。

"立法院"通过之该法第一、二条如下：

> 第一条　为保育及永续利用温泉，提供辅助复健养生之场所，促进国民健康与发展观光事业，增进公共福祉，特制定本法。
>
> 第二条　本法所称主管机关：在中央为经济部；在直辖市为直辖市政府；在县（市）为县（市）政府。有关温泉之观光发展业务，由中央观光主管机关会商中央主管机关办理；有关温泉区划设之土地、建筑、环境保护、水土保持、卫生、农业、文化、原住民及其他业务，由中央观光主管机关会商各目的事业中央主管机关办理。②

对照前述"行政院"公函，及"立法院"通过该法之"立法目的"与"主管机关"条文内容，不难发现，21世纪台湾"温泉法"的形成主要有以下几个目的：一、环境保育与永续利用。二、促进国民健康。三、发展观光休闲。四、发展农业栽培、地热利用，及生物科技发展等。因此，它不仅是必须整合政府经济（以水利为主）、环保、卫生、农业、文化、交通（以观光为主）、高山族住民等不同部门的一项业务，更是关涉社会经济关系、土地规划管理、族群文化互动，与人民健康、休闲生活等不同领域面向，台湾全民都须面对的一项课题。

对照上述立法，主要负责台湾温泉相关商务营销的"交通部观光局"则指出：

> 台湾的温泉开发与利用，是由德国人 Ouely 在公元1894年首度在北投发现，台湾割让日本之后，日本对温泉使用文化经验影响台湾，公元1896年3月，日本大阪人平田源吾在北投开设台湾第一家温泉旅馆"天狗庵"，不仅开启北投温泉乡的年代，也是台湾温泉文化的滥觞，日据时代最负盛名的四大温泉分别为北投、阳明山、关子岭与四重溪。不过，公元1945年以后，台湾温泉由盛极转衰，进而没落，公元1999年在有关单位的推动之下，近年来台湾温泉风华才又重现，掀

① 见"立法院"法律系统网站：http://lis.ly.gov.tw/lgcgi/lglaw。

② 见"立法院"法律系统网站：http://lis.ly.gov.tw/lgcgi/lglaw。

起一股温泉热效应。①

不论上述描述是否属实，“观光局”的说法、“温泉法”的立法考虑与法律内容都不约而同地反映：战后台湾环绕着温泉的相关活动，曾经长期处于法制阙如、乏于规划与管理的境地，一直要到21世纪初才完成了相关的立法工作。

尽管“行政院”的公函内容说明，前此已经存在“温泉休闲游憩区遭遇公共设施不足，整体景观零乱、设备老旧、卫生管理不善、管线任意加设、水权无法取得登记、建筑物土地使用分区不合、非法占用公有土地”等诸多问题，但90年代以后，台湾温泉产业的发展，仍然朝着结合美食、养生、旅游与在地文化的多角化经营方向发展。以台北市温泉发展协会为例，该协会网页即指出：

> 台北市温泉发展协会前身为新北投温泉发展协会，因应推广温泉文化国际化，更名为台北市温泉发展协会，期为台北市之温泉文化与温泉观光旅游提升国际新形象，呈现北投温泉饭店与温泉观光资源新风貌。②

该协会并试图结合以下元素营销温泉相关产业：一、文化：台北曾经是凯达格兰族、荷兰、日人殖民统治者，和中国大陆移民的生活小区，藉此彰显台北文化传统的多样性。二、美食：同样以上述文化为基础，宣传融合上述文化的各色餐饮。三、养生：配合美食，利用磺质温泉的特色，宣扬泡汤有益身心，可以舒压、疗疾，达到健康目的。四、旅游观光：根据台北外围地区具特色的景观，规划旅游路线与住宿旅馆。此外，我们也可以从该协会网页制作的日文与英文界面得知，他们要求的对象不限于台湾住民，同时也包括与台湾渊源深厚的日本游客与欧美旅人③。

---

① 见“交通部观光局”网站：http：//www. tbroc. gov. tw/m1. aspx? sNo=0001035。

② 网页见：http：//www. taipeisprings. org. tw/chinese/about/about. htm，2012年2月20日撷取。

③ 网页见：http：//www. taipeisprings. org. tw/chinese/about/about. htm，2012年2月20日撷取。

然而，由于战后长期乏于管理和70年代以后，“政府”提倡国民休闲文化，因此，台湾温泉地的现况，如陈鸿图有关台东知本溪的研究所示：

> 知本溪在温泉被挖掘前，其水利只有传统的灌溉利用和卑南族人的活动区域而已，对知本溪的冲击甚低。温泉的出现及大量被凿取后，温泉水虽不是直接从知本溪溪水汲取，但一来影响知本溪地下水的补注，二来改变知本溪来满足泡汤的需求，二者对知本溪的影响远甚过于灌溉、发电等水利功能对河川的冲击。台湾有许多温泉都位于河川两旁，如乌来温泉、谷关温泉、四重溪温泉、文山温泉；或位于山谷之间，如北投温泉、关子岭温泉。在休闲风潮之下，温泉利用与自然环境的关系值得观察及探讨。①

知本溪流域温泉地的发展，无疑是全台各地温泉区的缩影；温泉利用与自然环境的关系则是我们在探讨温泉、美食与养生关系之余，必须持续观察及探讨的重要课题。

---

① 陈鸿图：《知本溪水资源利用的变迁》，《两岸发展史研究》第2期，2006年，第1～35页。

Hot Spring, Cuisines, and Life Nurturing: The Formation of Leisure Lifestyle in Taiwan (1945-2010)

Shih-Ch'i Chin

(Associate Professor of the Department of History, Chengchi University)

Abstract: This essay is a preliminary study, which is to explain why and how hot spring, cuisines, and life nurturing could be combined to shape a sort of leisure lifestyle in Taiwan after 1945. These are the dimensions I try to explore: international and cross-cultural interactions, political and economical needs, production and consumption, local identity and exotic incentives. What I found are as following:

1. Before 17th century, aboriginals were more or less acquainted with hot springs in Taiwan. Some of them bathed and cooked with hot springs, lived next to the site of hot spring or even called their tribes or their habitat as "hot spring."

2. From early 17th to late 19th century, Spanish, Dutch or Chinese came to Taiwan successively and tried to trade the sulfur mineral, which usually coexisted with hot springs, with aboriginals without intention or knowledge making use of hot springs they found.

3. From late 19th to the early half of 20th century, under the supervision of Japanese colonial government in Taiwan, both Japanese and Taiwanese

established private and public bath houses, villas, taverns, clubs, or restaurants around the site of hot springs all over the island for sakes of health, leisure, entertainment, social life or simply the lust. And that's why the cuisines of western and eastern style were introduced to satiate the appetites of businessmen or social elites.

4. From 1945 to 1980, Kuo-ming-tang government took over and monopolized most of the facilities and resources of hot spring they acquired from Japanese colonial government. They built or renovated old hot spring sites and explore new sites more for officials than for civilians. However, in private sectors, Taiwanese also installed leisure facilities in those sites of hot spring they succeeded from their elders to satisfied their customers from inland or overseas.

5. From 1980 to 2010, for the sake of environment protection and global economical competition, on the one hand, codes to regulate the use and preservation of hot springs were made and enforced; on the other hand, diverse cuisines from native or exotic origins had been combined with health nurturing were used to promote the hot spring industry.

Keywords: Hot Spring, Cuisines, Health Nurturing, Leisure Lifestyle, Taiwan

established private and public hot spring villas, taverns, clubs, or restaurants around the site of hot springs all over the island for sake of health, leisure, entertainment, social life or simply the lust. And that's why the customs of Western and Japanese style were thereby introduced to satisfy the appetite [illegible] of social elites.

From 1945 to 1960, the Kuomintang government took over and monopolized most of the facilities and resources of hot springs they acquired from Japanese colonial government. They built or renovated old hot spring sites and explored new sites more for officials than for citizens. However, in private sectors, Taiwanese also installed leisure facilities in those sites of hot spring that succeeded from their elders to attract more customers from inland to overseas.

From 1986 to 2007, for the sake of environment protection and global economical competition, on the one hand, codes to regulate the use and preservation of hot springs were made and enforced. On the other hand, diverse fashions from native or exotic origins had been combined with health nurturing were used to promote the hot spring industry.

Keywords: Hot Spring, Custom, Health, Nurturing, Leisure, Industry, Taiwan